11—055 职业技能鉴定指导书

职业标准·试题库

变电检修

（第二版）

电力行业职业技能鉴定指导中心 编

电力工程 变电运行与检修专业

中国电力出版社
CHINA ELECTRIC POWER PRESS

内 容 提 要

本《指导书》是按照劳动和社会保障部制定国家职业标准的要求编写的，其内容主要由职业概况、职业技能培训、职业技能鉴定和鉴定试题库四部分组成，分别对技术等级、工作环境和职业能力特征进行了定性描述，对培训期限、教师、场地设备及培训计划大纲进行了指导性规定。本《指导书》自1999年出版后，对行业内职业技能培训和鉴定工作起到了积极的作用，本书在原《指导书》的基础上进行了修编，补充了内容，修正了错误。

试题库根据《中华人民共和国国家职业标准》和针对本职业（工种）的工作特点，选编了具有典型性、代表性的理论知识（含技能笔试）试题和技能操作试题，还编制有试卷样例和组卷方案。

《指导书》是职业技能培训和技能鉴定考核命题的依据，可供劳动人事管理人员、职业技能培训及考评人员使用，亦可供电力（水电）类职业技术学校教学和企业职工学习参考。

图书在版编目（CIP）数据

变电检修：11—055 / 电力行业职业技能鉴定指导中心编. —2版. 北京：中国电力出版社，2009.4（2025.7 重印）
（职业技能鉴定指导书. 职业标准试题库）
ISBN 978-7-5083-8435-1

Ⅰ. 变…　Ⅱ. 电…　Ⅲ. 变电所–检修–职业技能鉴定–习题　Ⅳ. TM63–44

中国版本图书馆 CIP 数据核字（2009）第 013350 号

中国电力出版社出版、发行
（北京市东城区北京站西街 19 号　100005　http://www.cepp.sgcc.com.cn）
北京雁林吉兆印刷有限公司印刷
各地新华书店经售
*
2002 年 2 月第一版
2009 年 4 月第二版　　2025 年 7 月北京第三十七次印刷
850 毫米×1168 毫米　32 开本　15.125 印张　389 千字
印数 153001—153500 册　　定价 **48.00** 元

电力职业技能鉴定题库建设工作委员会

第一版编审人员

编写人员 于万祥 贾健夫 肖信昌

审定人员 王长有 陈显军

第二版编审人员

编写人员 叶章辉 潘桂谦 叶 军

李 昂

审定人员 李斐明 张秉俊 郭 锐

说　明

为适应开展电力职业技能培训和实施技能鉴定工作的需要，按照劳动和社会保障部关于制定国家职业标准，加强职业培训教材建设和技能鉴定试题库建设的要求，电力行业职业技能鉴定指导中心统一组织编写了《电力职业技能鉴定指导书》（以下简称《指导书》）。

《指导书》以电力行业特有工种目录各自成册，于 1999 年陆续出版发行。

《指导书》的出版是一项系统工程，对行业内开展技能培训和鉴定工作起到了积极作用。由于当时历史条件和编写力量所限，《指导书》中的内容已不能适应目前培训和鉴定工作的新要求，因此，电力行业职业技能鉴定指导中心决定对《指导书》进行全面修编，在各网省电力（电网）公司、发电集团和水电工程单位的大力支持下，补充内容，修正错误，使之体现时代特色和要求。

《指导书》主要由职业概况、职业技能培训、职业技能鉴定和鉴定试题库四部分内容组成。其中职业概况包括职业名称、职业定义、职业道德、文化程度、职业等级、职业环境条件、职业能力特征等内容；职业技能培训包括对不同等级的培训期限要求，对培训指导教师的经历、任职条件、资格要求，对培训场地设备条件的要求和培训计划大纲、培训重点、难点以及对学习单元的设计等；职业技能鉴定的依据是《中华人民共和国国家职业标准》，其具体内容不再在本书中重复；鉴定试题库是根据《中华人民共和国国家职业标准》所规定的范围和内容，以实际技能操作主线，按照选择题、判断题、简答题、计算题、绘图题和论述题六种题型进行选题，并以难易程度组合排列，同时汇集了大量电力生产建设过程中具有普遍代表性和典型性的实际操作试题，构成了各工种的技能鉴定试题库。试题库的深度、广度涵盖了本职业技能鉴定的全部内容。题库之后还附有试卷样例和组卷方案，为实施鉴定命题提供依据。

《指导书》力图实现以下几项功能：劳动人事管理人员可根据《指导书》进行职业介绍，就业咨询服务；培训教学人员可按照《指导书》中的培训大纲组织教学；学员和职工可根据《指导书》要求，制订自学计划，确立发展目标，走自学成才之路。《指导书》对加强职工队伍培养，提高队伍素质，保证职业技能鉴定质量将起到重要作用。

本次修编的《指导书》仍会有不足之处，敬请各使用单位和有关人员及时提出宝贵意见。

电力行业职业技能鉴定指导中心

2008 年 6 月

目　录

1 职业概况

1.1 职业名称

变电检修工（11—055）。

1.2 职业定义

从事变电设备检修维护，进行安装调试操作，使其安全质量得到保障的人员。

1.3 职业道德

热爱本职工作，刻苦钻研技术，遵守劳动纪律，爱护工具、设备，安全文明生产，诚实团结协作，艰苦朴素，尊师爱徒。

1.4 文化程度

中等职业技术学校毕（结）业。

1.5 职业等级

本职业按照国家职业资格的规定，设为初级（五级）、中级（四级）、高级（三级）、技师（二级）、高级技师（一级）五个技术等级。

1.6 职业环境条件

常温、无噪声、无毒、无烟气的环境下工作。

1.7 职业能力特征

能根据视觉协调手足，利用工具迅速、灵活、准确地做出反应，检修维护变电设备，具有完成既定检修工作的能力，又有领会理解和应用技术文件的能力，能用精练语言进行联系、交流、配合、协调工作，并能准确而有目的地运用数学进行计算，具有凭思维想象能力理解几何形体和懂得三维表现方法的能力及识图能力，具有工具、材料、备品备件的识别、使用能力，具有检查、分析、判断的能力，具有组织培训和传授技艺的能力。

2 职业技能培训

2.1 培训期限

2.1.1 初级工：在取得初级职业资格的基础上（中等职业技术学校毕业），进厂（局）见习期间的技能培训累计不少于 500 标准学时；

2.1.2 中级工：在取得初级职业资格的基础上累计不少于 400 标准学时；

2.1.3 高级工：在取得中级职业资格的基础上累计不少于 400 标准学时；

2.1.4 技师：在取得高级职业资格的基础上累计不少于 500 标准学时；

2.1.5 高级技师：在取得技师职业资格的基础上累计不少于 350 标准学时。

2.2 培训教师资格

2.2.1 具有电气专业中级以上技术职称的专业技术人员和取得本职业高级工、技师资格证书的人员（经师资培训并合格）可担任初、中级工培训教师。

2.2.2 具有电气专业高级技术职称的专业技术人员（经师资培训并合格）可担任高级工、技师和高级技师培训教师。

2.3 培训场地设备

2.3.1 具有本职业（工种）基础知识培训的教室和教学设施，有变电检修专业多媒体教学片及多媒体教学系统。

2.3.2 具有基本技能训练的实习场所及实际操作训练设备。如断路器、隔离开关、互感器、避雷器、电缆导线等及其专用工具、仪器、备品备件。

2.3.3 具有一定的典型设备的仿真模型并带有透视、抛面的结构模具。

2.4 培训项目

2.4.1 培训目的：通过培训达到《职业技能鉴定规范》对职业的知识和技能的要求。

2.4.2 培训方式：以自学和集中辅导相结合的方式，进行理论知识的学习，脱产集中训练和不脱产训练并结合现场实际工作进行专业技能操作的训练。

2.4.3 培训重点：

（1）变电设备型号参数、技术规范及工作原理、设备基本构造及作用、变电设备运行规程。

（2）变电设备检修工艺要求、质量标准、检修试验标准和试验周期、试验方法、调试要领。

（3）变电设备检修工艺导则、规程，变电设备大、小修内容、规定及检修程序和检修周期。

（4）新设备的组装调试、验收鉴定，本专业的技术改进工作及新技术应用，有关变电设备验收规范。

（5）变电设备事故抢修工作内容、要求、注意事项及事故总结报告，有关安全工作规程导则。

2.5 培训大纲

本职业技能培训大纲，以模块组合（MES）——模块（MU）——学习单元（LE）的结构模式进行编写，其学习目标及内容见表1；职业技能模块及学习单元对照选择见表2；学习单元名称见表3。

表 1　　学习目标及内容

模块序号及名称	单元序号及名称	学习目标	学习内容	学习方式	参考学时
MU1 变电检修人员职业道德	LE1 变电检修工的职业道德与素质	通过本单元学习之后，了解变电检修人员的职业道德规范，自觉遵守行业规范	1. 热爱祖国和本职工作 2. 刻苦学习钻研业务技术 3. 爱护设备和工器具 4. 团结协作，尊师爱徒，具有集体观念 5. 遵纪守法，安全文明生产，履行岗位职责	自学	8
MU2 电工基础	LE2 直流电路	通过本单元的学习，能掌握直流电路的基本概念和基本定律，能进行一般电路的计算	1. 欧姆定律 2. 基尔霍夫定律 3. 电功率与电能 4. 电阻串、并联（星角网络等效互换） 5. 支路环流法 6. 回路电流法 7. 节点电压法 8. 戴维南定理	讲课或自学	32
	LE3 交流电路	通过本单元的学习，掌握正弦交流电的基本概念，能进行电路的分析和计算	1. 正弦交流量及其相量表示法 2. 正弦交流电路中的电阻、电容、电感元件的特性 3. 交流电路中 RLC 组合串、并联及其谐振 4. 三相正弦交流电路 5. 三相电源、负载的连接及对称电路计算	讲课或自学	32

续表

模块序号及名称	单元序号及名称	学习目标	学习内容	学习方式	参考学时
MU2 电工基础	LE4 电磁理论	通过本单元的学习，掌握电磁学的基本概念和定律，并能对磁路进行准确的分析判断	1. 磁场强度与磁路定律 2. 载流体在磁场内受力 3. 导体在磁场内运动	讲课或自学	16
	LE5 电工仪表	通过本单元的学习，掌握常用仪表工作原理，并能正确使用和保管	1. 电流表、电压表的原理及使用 2. 万用表的原理及使用 3. 电桥及绝缘电阻表的原理及使用 4. 电能表、功率表的原理及使用 5. 保管方法	讲课与自学，结合实际操作	24
MU3 电工材料	LE6 绝缘材料	通过本单元的学习，了解绝缘材料的种类和特性，掌握其适用范围及场合	1. 绝缘材料的特性和分类 2. 材料的识别与选用 3. 应用及注意事项	讲课	8
	LE7 磁性材料	通过本单元的学习，了解磁性材料的种类及特性，掌握应用范围	1. 磁性材料的种类及特性 2. 磁性材料的作用及注意事项 3. 电磁制品 4. 特种电工材料的特性	讲课	8

续表

模块序号及名称	单元序号及名称	学习目标	学习内容	学习方式	参考学时
MU4 机械制图	LE8 画法几何	通过本单元的学习，掌握制图的基本概念和画法，并能根据实物画出其三视图或剖视图	1. 点线面的投影 2. 三视图的画法 3. 剖视图的识读及画法	讲课与实习	12
	LE9 专业制图	通过本单元的学习，掌握基本知识，并能准确识读零件图和设备装配图，具有按图纸安装设备的能力	1. 零件图的画法与识读 2. 结构图的识读 3. 装配图的识读与设备的构造尺寸 4. 按图纸进行设备零件的组装	讲课与操作	16
MU5 钳工基础	LE10 钳工知识与操作	通过本单元的学习，掌握钳工基本知识和基本技能，并能进行相应的操作	1. 錾、锉削的方法 2. 锯割技术 3. 钻孔、铰孔、攻丝、套丝的技能 4. 常用量具的使用方法	讲解、示范、实际操作	32
MU6 安全与消防	LE11 安全知识与实施	通过本单元的学习，掌握变电检修的安全要求及注意事项，做好开工前的安全准备工作和开工后的贯彻落实工作	1. 电力生产安全法规 2. 保证安全的组织及技术措施 3. 检修的安全工作与考核 4. 开工前的安全准备和开工后的落实执行	讲课或自学	16

续表

模块序号及名称	单元序号及名称	学习目标	学习内容	学习方式	参考学时
MU6 安全与消防	LE12 消防与急救	通过本单元的学习，学会使用消防器材和掌握人工呼吸方法	1. 消防工作的管理 2. 消防器材的种类、作用及使用方法 3. 能掌握急救的原则、步骤及方法 4. 急救的注意事项	操作、演示学习	16
MU7 起重与搬运	LE13 起重与搬运	通过本单元的学习，掌握起重和搬运的基本知识，并能够利用工具参与起重和搬运工作	1. 起重工具的种类及适用场合 2. 起重工具的使用方法及注意事项 3. 搬运工具的种类及各种绳扣的适用场合 4. 搬运工具的使用方法及注意事项 5. 高空作业安全保障及注意事项 6. 起重与搬运工具的保管	结合实际学习	24
MU8 绝缘与测试	LE14 绝缘与测试	通过本单元的学习，掌握设备绝缘的设计原理及要求，并能进行设备绝缘测试，并准确分析数据	1. 电介质的基本性能 2. 电气设备绝缘的原理及要求 3. 电气试验方法 4. 数据分析，隐患的判断	讲课和实验操作	32

续表

模块序号及名称	单元序号及名称	学习目标	学习内容	学习方式	参考学时
MU9 高压断路器检修知识	LE15 断路器构造和工作原理	通过本单元的学习，掌握电弧的特点、灭弧方法和断路器原理	1. 电弧的产生与灭弧原理 2. 油断路器的工作原理、构造及特点 3. 真空断路器的工作原理、构造及特点 4. SF_6 断路器的工作原理、构造及特点 5. 空气断路器的工作原理、构造及特点 6. 组合电器的工作原理、构造及特点 7. 断路器的检修周期、检修项目、检修工艺的质量标准 8. 断路器常见故障及处理方法	讲课及自学	32
	LE16 断路器检修作业	通过本单元的学习，掌握断路器检修的工作程序、方法及其检修技能	1. 检修前的准备工作 2. 断路器的拆卸、清洗、修理和组装 3. 断路器的安装，机械尺寸的调整及测试 4. 预防性试验及反事故措施要求 5. 验收项目及标准 6. 紧急事故处理的原则方法及注意事项，检修范围、要求及技能	结合实际操作讲课及自学	48

续表

模块序号及名称	单元序号及名称	学习目标	学习内容	学习方式	参考学时
MU10 SF_6断路器及GIS安装检修与测试	LE17 SF_6断路器及GIS的安装	通过本单元的学习，掌握SF_6断路器及GIS的基本部件安装技术	1. 安装前的准备工作 2. 基础与支架 3. 灭弧室安装 4. 吸附剂安装 5. 操动机构的安装	实际操作学习及自学	16
	LE18 SF_6断路器及GIS的检修测试	通过本单元的学习，掌握湿度测试方法，检漏方法及处理方法	1. 抽真空及SF_6气体密度检测 2. 湿度测量及SF_6断路器检漏、分析及处理 3. 电气试验及验收 4. 专用工具的使用及保管 5. 测试工作注意事项	结合实际操作学习及自学	32
MU11 操动机构检修	LE19 操动机构检修	通过本单元的学习，掌握操动机构的工作原理，达到维护、检修常见设备故障的操作技能	1. 四连杆及变直机构的原理 2. 各类机构的工作原理 3. 电磁、弹簧、液压、气动等机构的检修工艺、标准和方法 4. 交直流控制回路 5. 直流系统	实际操作培训及自学	40

续表

模块序号及名称	单元序号及名称	学习目标	学习内容	学习方式	参考学时
MU12 隔离开关	LE20 隔离开关检修	通过本单元的学习，掌握各种隔离开关工作原理、构造，并能处理常见的故障和异常现象	1. 隔离开关的种类、构造、原理、型号及参数 2. 高压熔断器的构造、原理及适用场合 3. 准备检修工作及安装工作 4. 调整及验收标准 5. 事故处理及反措要求	结合实际操作讲课及自学	32
MU13 有载分接开关检修	LE21 有载分接开关检修	通过本单元的学习，掌握有载分接开关的工作原理、构造，并能处理常见的故障和异常现象	1. 有载分接开关的原理、构造 2. 有载分接开关的拆卸、清洗、修理、组装与调试 3. 有载分接开关故障分析与排除	实际操作学习及自学	16
MU14 母线电缆检修	LE22 母线电缆检修	通过本单元的学习，掌握母线及电缆的加工、安装与检修技能	1. 母线的加工与安装 2. 母线常见故障及检修 3. 电缆的故障与检修 4. 电缆中间接头与终端接头的制作	实际操作讲课及自学	24

续表

模块序号及名称	单元序号及名称	学习目标	学习内容	学习方式	参考学时
MU15 变压器及互感器的维护检修	LE23 变压器及互感器的维护检修	通过本单元的学习，掌握变压器及互感器的构造、工作原理，并能对变压器及互感器常见故障和异常现象进行检修处理	1. 变压器原理、构造、型号及参数 2. 电流互感器及电压互感器原理、构造、型号及参数 3. 变压器、电流互感器、电压互感器预防性试验及反事故措施 4. 二次控制回路，控制箱、盘 5. 一般性的检修和事故抢修	实际操作及自学	50
	LE24 电容器、电抗器与消弧线圈检修		1. 电容器、电抗器的结构及原理 2. 消弧线圈的构造及作用 3. 一般性的检修和事故抢修	自学	16
MU16 避雷器和接地装置	LE25 避雷器和接地装置	通过本单元的学习，掌握避雷器和接地装置的构造、原理、作用及安装与维护技能	1. 氧化锌避雷器的原理与构造 2. 阀式避雷器的原理与构造 3. 接地体的原理与构造 4. 工作接地、保护接地的原理与作用 5. 避雷器的安装与维护 6. 预防性试验及性能分析	实际操作学习及自学	16

续表

模块序号及名称	单元序号及名称	学习目标	学习内容	学习方式	参考学时
MU17 电网运行技术	LE26 电网监控	通过本单元的学习，掌握电网运行方式及电网中各种电气设备的投、切操作和中性点运行方式	1. 主接线分类及优缺点，配电装置分类及优缺点 2. 中性点运行方式分析 3. 电网的电压与频率控制调节 4. 倒闸操作；线路、变压器的投、切操作	理论学习与自学	24
	LE27 继电保护与自动装置	通过本单元的学习，掌握线路和变压器保护的基本原理、功能和调试方法	1. 保护基本原理和要求 2. 线路继电保护配置与原理 3. 变压器和母线保护配置及原理 4. 重合闸装置与保护的配合 5. 备用电源自动投入装置	理论学习及自学	32

续表

模块序号及名称	单元序号及名称	学习目标	学习内容	学习方式	参考学时
MU18 组织管理工作	LE28 工程计算	通过本单元的学习，掌握检修工作预算方法	1. 检修工作预算 2. 大、小修的决算	理论学习	8
	LE29 技术档案管理	通过本单元的学习，掌握检修记录、检修报告、施工技术组织措施的书写技能，设备管理和技术档案等管理技能	1. 检修记录，数据测试 2. 检修报告，施工技术组织措施 3. 资料保管 4. 设备的管理、方法及实施，设备等级划分及技术档案	讲课与自学	16
	LE30 检修工作的组织管理	通过本单元的学习，掌握法规、规定、规程的实施，检修工作的实施方案，新技术的应用，变电施工安全措施的编制与落实	1. 法规、制度、规定、规程的实施 2. 检修工作的组织实施，施工方案制定 3. 新技术的应用与传授 4. 变电所施工安全措施的编制与落实	理论学习及自学	24

表 2

职业技能模块及学习单元对照选择表

模块		MU1	MU2	MU3	MU4	MU5	MU6	MU7	MU8	MU9	MU10	MU11	MU12	MU13	MU14	MU15	MU16	MU17	MU18
内容		变电检修人员职业道德	电工基础	电工材料	机械制图	钳工基础	安全与消防	起重与搬运	绝缘与测试	高压断路器检修知识	SF_6断路器及GIS安装检修与测试	操动机构检修	隔离开关	有载分接开关检修	母线电缆检修	变压器及互感器的维护检修	避雷器和接地装置	电网运行技术	组织管理工作
参考学时		8	104	16	28	32	32	24	32	80	48	40	32	16	24	66	16	56	48
适用等级		初级	初级		初级	初级				初级			初级		初级	初级	初级		
		中级	中级		中级	中级	中级			中级	中级	中级	中级		中级	中级	中级		
		高级	高级	高级	高级		高级	高级	高级	高级	高级	高级		高级	高级	高级	高级	高级	高级
		技师		技师			技师	技师	技师	技师	技师	技师		技师				技师	技师
		高级技师		高级技师			高级技师	高级技师	高级技师	高级技师	高级技师	高级技师						高级技师	高级技师
学习单元LE序号选择	初	1	2，3		8	10	11 12			15			20		22	23	25		
	中	1	2，3，4		8，9	10	11 12			15	17	19	20		22	24	25		
	高	1	3，4，5	6，7	8，9		11 12	13	14	15，16	17，18	19		21	22	23	25	26，27	28，29，30
	技师	1		6，7			11 12	13	14	15，16	17，18	19		21				26，27	28，29，30
	高级技师	1		6，7			11 12	13	14	15，16	17，18	19						26，27	28，29，30

表3　　学习单元名称表

单元序号	单元名称	单元序号	单元名称
LE1	变电检修工的职业道德与素质	LE16	断路器检修作业
LE2	直流电路	LE17	SF_6断路器及GIS的安装
LE3	交流电路	LE18	SF_6断路器及GIS的检修测试
LE4	电磁理论	LE19	操动机构检修
LE5	电工仪表	LE20	隔离开关检修
LE6	绝缘材料	LE21	有载分接开关检修
LE7	磁性材料	LE22	母线电缆检修
LE8	画法几何	LE23	变压器及互感器的维护检修
LE9	专业制图	LE24	电容器、电抗器与消弧线圈检修
LE10	钳工知识与操作	LE25	避雷器和接地装置
LE11	安全知识与实施	LE26	电网监控
LE12	消防与急救	LE27	继电保护与自动装置
LE13	起重与搬运	LE28	工程计算
LE14	绝缘与测试	LE29	技术档案管理
LE15	断路器构造和工作原理	LE30	检修工作的组织管理

3 职业技能鉴定

3.1 鉴定要求

鉴定内容和考核双向细目表按照本职业(工种)《中华人民共和国职业技能鉴定规范·电力行业》执行。

3.2 考评人员

考评人员是在规定的职业（工种)、等级和类别范围内，依据国家职业技能鉴定规范和国家职业技能鉴定试题库电力行业分库试题，对职业技能鉴定对象进行考核、评审的人员。

考评人员分考评员和高级考评员。考评员可承担初、中、高级技能等级鉴定；高级考评员可承担初、中、高级技能等级和技师、高级技师资格考评。其任职条件是：

3.2.1 考评员必须具有高级工、技师或者中级专业技术职务以上的资格，具有 15 年以上本工种专业工龄；高级考评员必须具有高级技师或高级专业技术职务，取得考评员资格并具有 1 年以上实际考评工作经历；

3.2.2 掌握必要的职业技能鉴定理论、技术和方法，熟悉职业技能鉴定的有关法规和政策，有从事职业技术培训、考核的经历；

3.2.3 具有良好的职业道德，秉公办事，自觉遵守职业技能鉴定考评人员守则和有关规章制度。

鉴定试题库

4

4.1 理论知识（含技能笔试）试题

4.1.1 选择题

下列每题都有 4 个答案，其中只有一个正确答案，将正确答案填在括号内。

La5A1001 两点之间的电位之差称为（C）。

（A）电动势；（B）电势差；（C）电压；（D）电压差。

La5A1002 电源电动势的大小表示（A）做功本领的大小。

（A）电场力；（B）外力；（C）摩擦力；（D）磁场力。

La5A1003 力的三要素是指力的大小、方向和（D）。

（A）强度；（B）单位；（C）合成；（D）作用点。

La5A1004 在 30Ω电阻的两端加 60V 的电压，则通过该电阻的电流是（D）。

（A）1800A；（B）90A；（C）30A；（D）2A。

La5A1005 在一电压恒定的直流电路中，电阻值增大时，电流（C）。

（A）不变；（B）增大；（C）减小；（D）变化不定。

La5A1006　交流 10kV 母线电压是指交流三相三线制的（A）。

（A）线电压；（B）相电压；（C）线路电压；（D）设备电压。

La5A1007　正弦交流电的三要素是最大值、频率和（D）。

(A) 有效值；（B）最小值；（C）周期；（D）初相角。

La5A2008　照明电压为 220V，这个值是交流电的（A）。

（A）有效值；（B）最大值；（C）恒定值；（D）瞬时值。

La5A2009　电源作 Y 形连接时，线电压 U_L 与相电压 U_{ph} 的数值关系为（A）。

（A）$U_L=\sqrt{3}U_{ph}$；（B）$U_L=2U_{ph}$；（C）$U_L=U_{ph}$；（D）$U_L=3U_{ph}$。

La5A2010　一只标有“1kΩ、10kW”的电阻，允许电压（B）。

（A）无限制；（B）有最高限制；（C）有最低限制；（D）无法表示。

La5A2011　交流电路中，某元件电流的（C）值是随时间不断变化的量。

（A）有效；（B）平均；（C）瞬时；（D）最大。

La5A3012　当线圈中的电流（A）时，线圈两端产生自感电动势。

（A）变化时；（B）不变时；（C）很大时；（D）很小时。

La5A3013　交流电的最大值 I_m 和有效值 I 之间的关系为（A）。

（A）$I_m=\sqrt{2}I$；（B）$I_m=\sqrt{2}I/2$；（C）$I_m=I$；（D）$I_m=\sqrt{3}I$。

La3A3014 在正弦交流电路中，节点电流的方程是（A）。

（A）$\Sigma I=0$；（B）$\Sigma I=1$；（C）$\Sigma I=2$；（D）$\Sigma I=3$。

La5A5015 一段导线，其电阻为 R，将其从中对折合并成一段新的导线，则其电阻为（D）。

（A）$2R$；（B）R；（C）$R/2$；（D）$R/4$。

La4A1016 把交流电转换为直流电的过程叫（C）。

（A）变压；（B）稳压；（C）整流；（D）滤波。

La4A2017 铁磁材料在反复磁化过程中，磁感应强度的变化始终落后于磁场强度的变化，这种现象称为（B）。

（A）磁化；（B）磁滞；（C）剩磁；（D）减磁。

La4A2018 电容器在充电过程中，其（B）。

（A）充电电流不能发生变化；（B）两端电压不能发生突变；（C）储存能量发生突变；（D）储存电场发生突变。

La4A3019 如果两个同频率正弦交流电的初相角 $\varphi_1-\varphi_2>0°$，这种情况为（B）。

（A）两个正弦交流电同相；（B）第一个正弦交流电超前第二个；（C）两个正弦交流电反相；（D）第二个正弦交流电超前第一个。

La4A3020 在 RL 串联的变流电路中，阻抗的模 Z 是（D）。

（A）$R+X$；（B）$(R+X)^2$；（C）R^2+X^2；（D）$\sqrt{R^2+X^2}$。

La4A3021 当线圈中磁通减小时，感应电流的磁通方向（B）。

（A）与原磁通方向相反；（B）与原磁通方向相同；（C）与原磁通方向无关；（D）与线圈尺寸大小有关。

La4A3022　已知两正弦量，u_1=20sin（ωt+π/6），u_2=40sin（ωt−π/3），则 u_1 比 u_2（D）。

（A）超前 30°；（B）滞后 30°；（C）滞后 90°；（D）超前 90°。

La4A4023　某线圈有 100 匝，通过的电流为 2A，则该线圈的磁势为（C）安匝。

（A）50；（B）400；（C）200；（D）0.02。

La4A5024　将一根导线均匀拉长为原长的 2 倍，则它的阻值为原阻值的（D）倍。

（A）2；（B）1；（C）0.5；（D）4。

La4A5025　电路中（B）指出：流入任意一节点的电流必定等于流出该节点的电流。

（A）欧姆定律；（B）基尔霍夫第一定律；（C）楞次定律；（D）基尔霍夫第二定律。

La3A2026　功率因数用 cosφ 表示，其公式为（D）。

（A）cosφ=P/Q；（B）cosφ=Q/P；（C）cosφ=Q/S；（D）cosφ=P/S。

La3A3027　磁力线、电流和作用力三者的方向是（B）。

（A）磁力线与电流平行与作用力垂直；（B）三者相互垂直；（C）三者互相平行；（D）磁力线与电流垂直与作用力平行。

La3A4028　交流电路中电流比电压滞后 90°，该电路属于（C）电路。

（A）复合；（B）纯电阻；（C）纯电感；（D）纯电容。

La3A5029　在变压器中性点装入消弧线圈的目的是（D）。

（A）提高电网电压水平；（B）限制变压器故障电流；（C）提高变压器绝缘水平；（D）补偿接地及故障时的电容电流。

La2A1030　两根平行直导体分别有相反方向的电流通过时，它们产生的电动力使两直导体（C）。

（A）两力抵消；（B）相互吸引；（C）相互排斥；（D）两力相加。

La2A2031　两个 10μF 的电容器并联后与一个 20μF 的电容器串联，则总电容是（A）μF。

（A）10；（B）20；（C）30；（D）40。

La2A3032　电感元件上电压相量和电流相量的关系是（D）。

（A）同向；（B）反向；（C）电流超前电压 90°；（D）电压超前电流 90°。

La2A5033　构件受力后，内部产生的单位面积上的内力，称为（D）。

（A）张力；（B）压力；（C）压强；（D）应力。

La2A5034　继电保护对发生在本线路故障的反应能力叫（C）。

(A) 快速性；（B）选择性；（C）灵敏性；（D）可靠性。

La2A5035　电力系统为了保证电气设备的可靠运行和人

身安全，无论是发、供、配电设备必须可靠（A）。

（A）接地；（B）防雷；（C）防止过电压；（D）防止大电流。

La1A3036 直流电路中，电容的容抗为（A）。

（A）最大；（B）最小；（C）零；（D）无法确定。

La1A5037 戴维南定理可将任一有源二端网络等效成一个有内阻的电压源，该等效电源的内阻和电动势是（A）。

（A）由网络的参数和结构决定的；（B）由所接负载的大小和性质决定的；（C）由网络结构和负载共同决定的；（D）由网络参数和负载共同决定的。

Lb5A1038 避雷针的作用是（B）。

（A）排斥雷电；（B）吸引雷电；（C）避免雷电；（D）削弱雷电。

Lb5A1039 万用表的转换开关是实现（A）的开关。

（A）各种测量及量程；（B）电流接通；（C）接通被测物实现测量；（D）电压接通。

Lb5A1040 万用表用完后，应将选择开关拨在（C）挡上。

（A）电阻；（B）电压；（C）交流电压；（D）电流。

Lb5A2041 互感器的二次绕组必须一端接地，其目的是（D）。

（A）提高测量精度；（B）确定测量范围；（C）防止二次过负荷；（D）保证人身安全。

Lb5A2042 变压器各绕组的电压比与它们的线圈匝数比

（B）。

（A）成正比；（B）相等；（C）成反比；（D）无关。

Lb5A2043　为了防止油过快老化，变压器上层油温不得经常超过（C）。

（A）60℃；（B）75℃；（C）85℃；（D）100℃。

Lb5A2044　摇测低压电缆及二次电缆的绝缘电阻时应使用（A）绝缘电阻表。

（A）500V；（B）2500V；（C）1500V；（D）2000V。

Lb5A3045　测量绕组直流电阻的目的是（C）。

（A）保证设备的温升不超过上限；（B）测量绝缘是否受潮；（C）判断接头是否接触良好；（D）判断绝缘是否下降。

Lb5A3046　绝缘油在少油断路器中的主要作用是（C）。

（A）冷却；（B）润滑；（C）灭弧；（D）防腐。

Lb4A1047　断路器之所以具有灭弧能力，主要是因为它具有（A）。

（A）灭弧室；（B）绝缘油；（C）快速机构；（D）并联电容器。

Lb4A3048　绝缘油做气体分析试验的目的是检查其是否出现（A）现象。

（A）过热、放电；（B）酸价增高；（C）绝缘受潮；（D）机械损坏。

Lb4A3049　功率因数 cosφ 是表示电气设备的容量发挥能力的一个系数，其大小为（B）。

（A）P/Q；（B）P/S；（C）P/X；（D）X/Z。

Lb4A3050　电气试验用仪表的准确度要求在（A）级。

（A）0.5；（B）1.0；（C）0.2；（D）1.5。

Lb4A3051　35kV电压互感器大修后，在20℃时的介质损失不应大于（C）。

（A）2%；（B）2.5%；（C）3%；（D）3.5%。

Lb4A3052　35kV多油断路器中，油的主要作用是（D）。

（A）熄灭电弧；（B）相间绝缘；（C）对地绝缘；（D）灭弧。

Lb4A3053　避雷器的作用在于它能防止（B）对设备的侵害。

（A）直击雷；（B）进行波；（C）感应雷；（D）三次谐波。

Lb4A3054　真空断路器的触头常常采用（C）触头。

（A）桥式；（B）指形；（C）对接式；（D）插入。

Lb3A1055　变压器的功能是（D）。

（A）生产电能；（B）消耗电能；（C）生产又消耗电能；（D）传递功率。

Lb3A2056　纯净的SF_6气体是（A）的。

（A）无毒；（B）有毒；（C）中性；（D）有益。

Lb3A2057　GW5–35系列隔离开关，三相不同期接触不应超过（B）mm。

（A）3；（B）5；（C）7；（D）10。

Lb3A2058　纯电容元件在电路中（A）电能。

（A）储存；（B）分配；（C）消耗；（D）改变。

Lb3A3059　当温度升高时，变压器的直流电阻（A）。

（A）随着增大；（B）随着减少；（C）不变；（D）不一定。

Lb3A3060　GN-10 系列隔离开关，动触头进入静触头的深度应不小于（D）。

（A）50%；（B）70%；（C）80%；（D）90%。

Lb3A4061　Y，d11 接线的变压器，二次侧线电压超前一次侧线电压（D）。

（A）330°；（B）45°；（C）60°；（D）30°

Lb3A4062　避雷针高度在 30m 以下与保护半径（A）关系。

（A）成正比；（B）成反比；（C）不变；（D）没有。

Lb3A4063　GW7-220 系列隔离开关的闸刀后端加装平衡的作用是（B）。

（A）减小合闸操作力；（B）减小分闸操作力；（C）增加合闸操作速度；（D）减小分闸操作速度。

Lb3A5064　高压断路器的额定开断电流是指在规定条件下开断（C）。

（A）最大短路电流最大值；（B）最大冲击短路电流；（C）最大短路电流有效值；（D）最大负荷电流的 2 倍。

Lb2A2065　SF_6 气体灭弧能力比空气大（D）倍。

（A）30；（B）50；（C）80；（D）100。

Lb2A2066　SW6 型少油断路器液压机构的加热器应在（**B**）时使其投入。

（A）–5℃；（B）0℃；（C）2℃；（D）4℃。

Lb2A3067　电力变压器本体中，油的作用是（**B**）。

（A）绝缘和灭弧；（B）绝缘和散热；（C）绝缘和防锈；（D）散热和防锈。

Lb2A3068　运行中的电压互感器，为避免产生很大的短路电流而烧坏互感器，要求互感器（**D**）。

（A）必须一点接地；（B）严禁过负荷；（C）要两点接地；（D）严禁二次短路。

Lb2A3069　铝合金制的设备接头过热后，其颜色会呈（**C**）色。

（A）灰；（B）黑；（C）灰白；（D）银白。

Lb2A3070　为了降低触头之间恢复电压速度和防止出现振荡过电压，有时在断路器触头间加装（**B**）。

（A）均压电容；（B）并联电阻；（C）均压带；（D）并联均压环。

Lb2A3071　真空灭弧室内的金属波纹管的作用是（**A**）。

（A）密封；（B）灭弧；（C）屏蔽；（D）导电。

Lb2A2072　户外油断路器的顶部铁帽、接口、螺丝等处封闭不严而进水将使（**A**）。

（A）油位升高；（B）缓冲空间大；（C）油温升高；（D）油位下降。

Lb2A4073　液压机构运行中起、停泵时，活塞杆位置正常而机构压力升高的原因是（B）。

（A）预充压力高；（B）液压油进入气缸；（C）氮气泄漏；（D）机构失灵。

Lb2A4074　有载调压装置在调压过程中，切换触头与选择触头的关系是（B）。

（A）前者比后者先动；（B）前者比后者后动；（C）同时动；（D）二者均不动。

Lb2A4075　油浸变压器干燥时，其绕组温度不超过（C）。

（A）110℃；（B）100℃；（C）95℃；（D）85℃。

Lb2A4076　输电线路上发生相间短路故障的主要特征是（D）。

（A）电流不变；（B）电压不变；（C）电流突然下降、电压突然升高；（D）电流突然增大、电压突然降低。

Lb2A4077　运行中的高压设备其中性点接地系统的中性点应视作（D）。

（A）不带电设备；（B）运行设备；（C）等电位设备；（D）带电体。

Lb2A5078　任何载流导体的周围都会产生磁场，其磁场强弱与（A）。

（A）通过导体的电流大小有关；（B）导体的粗细有关；（C）导体的材料性质有关；（D）导体的空间位置有关。

Lb2A5079　避雷器的均压环，主要以其对（B）的电容来实现均压的。

（A）地；（B）各节法兰；（C）导线；（D）周围。

Lb2A5080 设备发生事故而损坏，必须立即进行的恢复性检修称为（**B**）检修。

（A）临时性；（B）事故性；（C）计划；（D）异常性。

Lb1A2081 刀开关是低压配电装置中最简单和应用最广泛的电器，它主要用于（**B**）。

（A）通断额定电流；（B）隔离电源；（C）切断过载电流；（D）切断短路电流。

Lb1A4082 高压设备试验后，个别次要部件项目不合格，但不影响安全运行或影响较小的设备为（**B**）。

（A）一类设备；（B）二类设备；（C）三类设备；（D）不合格设备。

Lb1A4083 母线接头的接触电阻一般规定不能大于同长度母线电阻值的（**C**）。

（A）10%；（B）15%；（C）20%；（D）30%。

Lb1A4084 **SF_6**断路器交接实验时，**DL/T 596—1996**《电力设备预防性试验规程》规定**SF_6**气体的微水含量应小于（**B**）**ppm**。

（A）100；（B）150；（C）200；（D）300。

Lb1A4085 **SF_6**气瓶存放时间超过（**B**）以上时，在使用前应进行抽验，以防止在放置期间可能引起的成分改变。

（A）3个月；（B）半年；（C）1年；（D）2年。

Lb1A4086 绝缘油作为灭弧介质时，最大允许发热温度为

(B)℃。

（A）60；（B）80；（C）90；（D）100。

Lb1A5087　为了改善断路器多断口之间的均压性能，通常采用的措施是在断口上（C）。

（A）并联电阻；（B）并联电感；（C）并联电容；（D）串联电阻。

Lc5A1088　变压器铭牌上的额定容量是指（C）。

（A）有功功率；（B）无功功率；（C）视在功率；（D）最大功率。

Lc5A2089　衡量电能质量的三个主要技术指标是电压、频率和（A）。

（A）波形；（B）电流；（C）功率；（D）负荷。

Lc5A2090　隔离开关的主要作用是（C）。

（A）断开电流；（B）拉合线路；（C）隔断电源；（D）拉合空母线。

Lc5A3091　錾子的握法有（C）。

（A）1 种；（B）2 种；（C）3 种；（D）4 种。

Lc5A3092　把空载变压器从电网中切除，将引起（B）。

（A）电网电压降低；（B）电压升高；（C）电流升高；（D）无功减小。

Lc5A3093　正常运行的变压器，每隔（C）年需大修一次。

（A）1～2；（B）3～4；（C）5～10；（D）11～12。

Lc5A3094　电压等级为 220kV 时，人身与带电体间的安全距离不应小于（D）m。

（A）1.0；（B）1.8；（C）2.5；（D）3。

Lc5A3095　如果触电者心跳停止而呼吸尚存，应立即对其施行（C）急救。

（A）仰卧压胸法；（B）仰卧压背法；（C）胸外心脏按压法；（D）口对口呼吸法。

Lc5A3096　线路停电作业时，应在断路器和隔离开关操作手柄上悬挂（C）的标志牌。

（A）在此工作；（B）止步高压危险；（C）禁止合闸线路有人工作；（D）运行中。

Lc5A4097　当需要打开封盖对 GIS 检修时，环境湿度应不大于（D）。

（A）65%；（B）70%；（C）75%；（D）80%。

Lc5A4098　电气工作人员在 10kV 配电装置附近工作时，其正常活动范围与带电设备的最小安全距离是（B）。

（A）0.2m；（B）0.35m；（C）0.4m；（D）0.5m。

Lc5A5099　电流通过人体最危险的途径是（B）。

（A）左手到右手；（B）左手到脚；（C）右手到脚；（D）左脚到右脚。

Lc4A2100　工件锉削后，可用（C）法检查其平面度。

（A）尺寸；（B）观察；（C）透光；（D）对照。

Lc4A3101　耦合电容器是用于（A）。

（A）高频通道；（B）均压；（C）提高功率因数；（D）补偿无功功率。

Lc4A3102　当物体受平衡力作用时，它处于静止状态或做（C）。

（A）变速直线运动；（B）变速曲线运动；（C）匀速直线运动；（D）匀速曲线运动。

Lc4A4103　阻波器的作用是阻止（B）电流流过。

（A）工频；（B）高频；（C）雷电；（D）故障。

Lc4A5104　A 级绝缘材料的最高工作温度为（B）。

（A）90℃；（B）105℃；（C）120℃；（D）130℃。

Lc4A5105　任何施工人员，发现他人违章作业时，应该（B）。

（A）报告违章人员的主管领导予以制止；（B）当即予以制止；（C）报告专职安全人员予以制止；（D）报告公安机关予以制止。

Lc3A2106　用扳手拧紧螺母时，如果以同样大小的力作用在扳手上，则力矩螺母中心远时比近时（C）。

（A）费力；（B）相等；（C）省力；（D）不省力。

Lc3A2107　电气设备外壳接地属于（C）。

（A）工作接地；（B）防雷接地；（C）保护接地；（D）大接地。

Lc3A3108　线路的过电流保护是保护（C）的。

（A）开关；（B）变流器；（C）线路；（D）母线。

Lc3A4109　发生（D）故障时，零序电流过滤器和零序电压互感器有零序电流输出。

（A）三相断线；（B）三相短路；（C）三相短路并接地；（D）单相接地。

Lc3A4110　大气过电压是由于（D）引起的。

（A）刮风；（B）下雨；（C）浓雾；（D）雷电。

Lc3A5111　线路过电流保护整定的启动电流是（C）。

（A）该线路的负荷电流；（B）最大负荷电流；（C）大于允许的过负荷电流；（D）该线路的电流。

Lc2A2112　电力网发生三相对称短路时，短路电流中包含有（C）分量。

（A）直流；（B）零序；（C）正序；（D）负序。

Lc2A2113　电力系统发生短路时，电网总阻抗会（A）。

（A）减小；（B）增大；（C）不变；（D）忽大忽小。

Lc2A2114　变电站接地网的接地电阻大小与（C）无关。

（A）土壤电阻率；（B）接地网面积；（C）站内设备数量；（D）接地体尺寸。

Lc2A2115　物体放置的位置、方式不同，而它的重心在物体内的位置是（A）。

（A）不变的；（B）不固定的；（C）随机而变；（D）按一定规律变化的。

Lc2A3116　电力系统安装电力电容器的主要目的是（A）

（A）提高功率因数；（B）提高系统稳定性；（C）增加变

压器容量；（D）减少负荷对无功功率的需求。

Lc2A3117 **《电力安全生产工作条例》规定，为提高安全生产水平必须实现（B）现代化、安全器具现代化和安全管理现代化。**

（A）技术；（B）装备；（C）设施；（D）防护。

Lc2A3118 **通过变压器的（D）数据可求得变压器的阻抗电压。**

（A）空载试验；（B）电压比试验；（C）耐压试验；（D）短路试验。

Lc2A3119 **有一电压互感器一次额定电压为5000V，二次额定电压为200V，用它测量电压时，二次电压表读数为75V，所测电压为（C）V。**

（A）15 000；（B）25 000；（C）1875；（D）20 000。

Lc2A3120 **导线通过交流电时，导线之间及导线对地之间产生交变电场，因而有（C）。**

(A) 电抗；（B）感抗；（C）容抗；（D）阻抗。

Lc2A3121 **根据控制地点不同，控制回路可分为远方控制和（C）两种。**

（A）分段控制；（B）电动控制；（C）就地控制；（D）手动控制。

Lc2A4122 **若电气设备的绝缘等级是B级，那么它的极限工作温度是（D）℃。**

（A）100；（B）110；（C）120；（D）130。

Lc2A4123 **强油导向冷却的变压器，油泵出来的油流是进入（C）中进行冷却的。**

（A）油箱；（B）铁芯；（C）线圈；（D）油枕。

Lc2A4124 **在拖拉长物时，应顺长度方向拖拉，绑扎点应在重心的（A）。**

（A）前端；（B）后端；（C）重心点；（D）中端。

Lc2A4125 **钢和黄铜板材攻丝直径为12mm孔时，应选择（B）钻头。**

（A）10.0mm；（B）10.2mm；（C）10.5mm；（D）10.9mm。

Lc2A5126 **大型220kV变电站互感器进行拆装解体作业前必须考虑变电站的（D）保护。**

（A）高频；（B）阻抗；（C）过流；（D）母差。

Lc2A5127 **电力系统的稳定性是指（C）。**

（A）系统无故障时间的长短；（B）两电网并列运行的能力；（C）系统抗干扰的能力；（D）系统中电气设备的利用率。

Lc2A5128 **变压器发生内部故障时的非电量主保护是（A）。**

（A）瓦斯；（B）差动；（C）过流；（D）速断。

Lc2A5129 **凡是被定为一、二类设备的电气设备，均称为（C）。**

（A）良好设备；（B）优良设备；（C）完好设备；（D）全铭牌设备。

Lc2A5130 **作业指导书应包括现场检修工作全部结束后**

（C）的内容和要求。

（A）交通安全；（B）后勤保障；（C）填写检修记录，办理工作票终结手续；（D）下次检修时间。

Lc1A4131　在检修真空开关时测量导电回路电阻，一般要求测量值不大于出厂值的（B）倍。

（A）1.1；（B）1.2；（C）1.25；（D）1.3。

Lc1A5132　电力变压器一、二次绕组对应电压之间的相位关系称为（A）。

（A）联结组别；（B）短路电压；（C）空载电流；（D）短路电流。

Lc1A5133　断路器的跳合闸位置监视灯串联一个电阻的目的是（C）。

（A）限制通过跳合闸线圈的电流；（B）补偿灯泡的额定电压；（C）防止因灯座短路造成断路器误跳闸；（D）为延长灯泡寿命。

Lc1A5134　变压器在额定电压下二次侧开路时，其铁芯中消耗的功率称为（A）。

（A）铁损；（B）铜损；（C）无功损耗；（D）线损。

Lc1A5135　变压器的压力式温度计，所指示的温度是（A）。

（A）上层油温；（B）铁芯温度；（C）绕组温度；（D）外壳温度。

Lc1A5136　被定为完好设备的设备数量与参加评定设备的设备数量之比称为（D）。

（A）设备的良好率；（B）设备的及格率；（C）设备的评比率；（D）设备的完好率。

Jd5A1137　进行锉削加工时，锉刀齿纹粗细的选择取决定于（C）。

（A）加工工件的形状；（B）加工面的尺寸；（C）工件材料和性质；（D）锉刀本身材料。

Jd5A1138　拆除起重脚手架的顺序是（A）。

（A）先拆上层的脚手架；（B）先拆大横杆；（C）先拆里层的架子；（D）随意。

Jd5A1139　在特别潮湿、导电良好的地面上或金属容器内工作时，行灯电压不得超过（A）V。

（A）12；（B）24；（C）36；（D）6。

Jd5A2140　垂直吊起一轻而细长的物件应打（A）。

（A）倒背扣；（B）活扣；（C）背扣；（D）直扣。

Jd5A2141　撬棍是在起重作业中经常使用的工具之一，在进行操作时，重力臂（C）力臂。

（A）大于；（B）等于；（C）小于；（D）略大。

Jd5A2142　利用滚动法搬运设备时，对放置滚杠的数量有一定要求，如滚杠较少，则所需要的牵引力（A）。

（A）增加；（B）减小；（C）不变；（D）略小。

Jd5A3143　使用高压冲洗机时，工作压力不许（B）高压泵的允许压力，喷枪严禁对准人，冲洗机的金属外壳必须接地。

（A）等于；（B）超过；（C）低于；（D）长期超过。

Jd5A3144　绝缘电阻表正常测量时的摇速为（A）r/min。

（A）120；（B）90；（C）200；（D）10。

Jd5A3145　锉削时，两手加在锉刀上的压力应（A）。

（A）保证锉刀平稳，不上下摆动；（B）左手压力小于右手压力，并随着锉刀的推进左手压力由小变大；（C）左、右手压力相等，并在锉刀推进时，使锉刀上下稍微摆动；（D）随意。

Jd5A3146　油浸式互感器应直立运输，倾斜角不宜超过（A）。

（A）15°；（B）20°；（C）25°；（D）30°。

Jd5A3147　运输大型变压器用的滚杠一般直径在（A）mm以上。

（A）100；（B）80；（C）60；（D）50。

Jd5A4148　起重机滚筒突缘高度应比最外层绳索表面高出该绳索的一个直径，吊钩放在最低位置时，滚筒上至少应有（C）圈绳索。

（A）1；（B）2～3；（C）5；（D）4。

Jd5A4149　使用两根绳索起吊一个重物，当绳索与吊钩垂线夹角为（A）时，绳索受力为所吊重物的质量。

（A）0°；（B）30°；（C）45°；（D）60°。

Jd5A5150　起重钢丝绳用插接法连接时，插接长度应为直径的15～22倍，但一般最少不得少于（A）mm。

（A）500；（B）400；（C）300；（D）100。

Jd5A5151　起重钢丝绳用卡子连接时，根据钢丝绳直径不

同，使用不同数量的卡子，但最少不得少于（C）个。

（A）5；（B）4；（C）3；（D）2。

Jd5A5152 有一零件需要进行锉削加工，其加工余量为0.3mm，要求尺寸精度为0.15mm，应选择（B）锉刀进行加工。

（A）粗；（B）中粗；（C）细；（D）双细。

Jd5A5153 锯割中，由于锯割材料的不同，用的锯条也不同，现在要锯割铝、紫铜材料，应选用（A）。

（A）粗锯条；（B）中粗锯条；（C）细锯条；（D）任意锯条。

Jd4A2154 单脚规是（B）工具。

（A）与圆规一样，用来加工零件与画圆；（B）找圆柱零件圆心；（C）测量管材内径；（D）测量管材外径。

Jd4A2155 在水平面或侧面进行錾切、剔工件毛刺或用短而小的錾子进行錾切时，握錾的方法采用（B）法。

（A）正握；（B）反握；（C）立握；（D）正反握。

Jd4A2156 液压千斤顶活塞行程一般是（B）mm。

（A）150；（B）200；（C）250；（D）100。

Jd4A2157 钢丝绳插套时，破头长度为45～48倍的钢丝绳直径，绳套长度为13～24倍的钢丝绳直径，插接长度为（C）倍的钢丝绳直径。

（A）25；（B）26；（C）20～24；（D）15～20。

Jd4A2158 用两根以上的钢丝绳起吊重物，当钢丝绳的夹角增大时，则钢丝绳上所受负荷（A）。

（A）增大；（B）减小；（C）不变；（D）突然变小。

Jd4A3159　汽油喷灯和煤油喷灯的燃料（B）使用。

（A）可以替换；（B）不可以替换；（C）一样；（D）交替。

Jd4A3160　使用万用表时应注意（C）转换开关，弄错时易烧坏表计。

（A）功能；（B）量程；（C）功能及量程；（D）位置。

Jd4A3161　用绝缘电阻表测量吸收比是测量（A）时绝缘电阻之比，当温度在10～30℃时吸收比为1.3～2.0时合格。

（A）15s和60s；（B）15s和45s；（C）20s和70s；（D）20s和60s。

Jd4A3162　变压器安装时，运输用的定位钉应该（C）。

（A）加强绝缘；（B）原位置不动；（C）拆除或反装；（D）不考虑。

Jd4A3163　麻绳与滑轮配合使用时，滑轮的最小直径≥（A）倍麻绳直径。

（A）7；（B）5；（C）3；（D）4。

Jd4A3164　在检修工作中，用链条葫芦起重时，如发现打滑现象则（B）。

（A）使用时需注意安全；（B）需修好后再用；（C）严禁使用；（D）不考虑。

Jd4A3165　吊钩在使用时，一定要严格按规定使用，在使用中（B）。

（A）只能按规定负荷的70%使用；（B）不能超负荷使用；

（C）只能超过规定负荷的 10%；（D）可以短时按规定负荷的 1.5 倍使用。

Jd4A4166 起重钢丝绳的安全系数为（**B**）。

（A）4.5；（B）5～6；（C）8～10；（D）17。

Jd4A4167 起重钢丝绳虽无断丝，但每根钢丝磨损或腐蚀超过其直径的（**B**）时即应报废，不允许再作为降负荷使用。

（A）50%；（B）40%；（C）30%；（D）20%。

Jd4A4168 夹持已加工完的工件表面时，为了避免将表面夹坏，应在虎钳口上衬以（**A**）。

（A）木板；（B）铜钳口；（C）棉布或棉丝；（D）胶皮垫。

Jd4A5169 吊装作业中，利用导向滑轮起吊，导向滑轮两端绳索夹角有 4 种情况，只有夹角为（**A**）时绳子受力最小。

（A）120°；（B）90°；（C）60°；（D）0°。

Jd4A5170 绞磨在工作中，跑绳绕在磨芯的圈数越（**A**），则拉紧尾绳的人越省力。

（A）多；（B）少；（C）紧；（D）松。

Jd4A5171 用卷扬机牵引设备起吊重物时，当跑绳在卷筒中间时，跑绳与卷筒的位置一般应（**C**）。

（A）偏一小角度；（B）偏角小于 15°；（C）垂直；（D）任意角度。

Jd4A5172 卷扬机所需的功率大致是与荷重与（**B**）的乘积成正比。

（A）效果；（B）速度；（C）功率因数；（D）角度。

Jd3A2173 **选用锯条锯齿的粗细，可按切割材料的（A）程度来选用。**

（A）厚度，软、硬；（B）软、硬；（C）厚度；（D）厚度、软。

Jd3A3174 **麻绳用于一般起重作业，其安全系数为5，用于吊人绳索，其安全系数为（A）。**

（A）14；（B）10；（C）8；（D）7。

Jd3A3175 **钢丝绳用于以机器为动力的起重设备时，其安全系数应取（C）。**

（A）2；（B）2.5～4；（C）5～6；（D）10。

Jd3A3176 **钢丝绳用于绑扎起重物的绑扎绳时，安全系数应取（C）。**

（A）5～6；（B）8；（C）10；（D）4～6。

Jd3A3177 **氧化锌避雷器一般情况下（B）安装**

（A）水平；（B）垂直；（C）倾斜45°；（D）倾斜60°。

Jd2A3178 **需要进行刮削加工的工件，所留的刮削余量一般在（A）之间。**

（A）0.05～0.4mm；（B）0.1～0.5mm；（C）1～5mm；（D）0.5～1mm。

Jd2A3179 **进行錾削加工，当錾削快到工件尽头时，必须（B）錾去余下的部分。对青铜和铸铁等脆性材料更应如此，否则尽头处就会崩裂。**

（A）坚持；（B）调头；（C）平放；（D）立放。

Jd2A3180 利用卷扬机拖拉变压器时，钢丝绳转弯的内侧是个（A），工作人员一定要注意停留位置。

（A）危险区；（B）安全区；（C）不危险也不安全；（D）可以停留注意区。

Jd2A3181 直流双臂电桥经检验后的使用标识有合格、停用、降级、报废等，直流双臂电桥检验周期应（B）一次。

（A）每半年；（B）每年；（C）每2年；（D）每3年。

Jd2A4182 根据制作弹簧的材料类型，一般将弹簧分为（C）三类。

（A）压缩弹簧，拉伸弹簧，蝶形弹簧；（B）扭力弹簧，压缩弹簧，拉伸弹簧；（C）螺旋弹簧，圈弹簧，片弹簧；（D）扭力弹簧，压缩弹簧，螺旋弹簧。

Jd2A4183 停电操作时，在断路器断开后应先拉（B）隔离开关，是为了在发生错误操作时缩小停电范围。

（A）母线侧；（B）线路侧；（C）旁路；（D）主变压器侧。

Jd2A4184 在送电操作时，应先合（A）隔离开关。

（A）母线侧；（B）线路侧；（C）旁路；（D）主变压器侧。

Je5A1185 照明灯具的螺口灯头接电时，（A）。

（A）相线应接在中心触点端上；（B）零线应接在中心触点端上；（C）可任意接；（D）相线、零线都接在螺纹端上。

Je5A1186 接地体圆钢与扁钢连接时，其焊接长度为圆钢直径的（C）倍。

（A）5；（B）3；（C）6；（D）8。

Je5A1187 在向电动机轴承加润滑脂时，润滑脂应填满其内部空隙的（**B**）。

（A）1/2；（B）2/3；（C）全部；（D）2/5。

Je5A1188 接地体的连接应采用搭接焊，其扁钢的搭接长度应为（**A**）。

（A）扁钢宽度的 2 倍并三面焊接；（B）扁钢宽度的 3 倍；（C）扁钢宽度的 2.5 倍；（D）扁钢宽度的 1 倍。

Je5A1189 对于密封圈等橡胶制品可用（**C**）清洗。

（A）汽油；（B）水；（C）酒精；（D）清洗剂。

Je5A1190 母线接触面应紧密，用 **0.05mm×10mm** 的塞尺检查，母线宽度在 **63mm** 及以上者不得塞入（**A**）**mm**。

（A）6；（B）5；（C）4；（D）3。

Je5A2191 断路器液压机构应使用（**A**）。

（A）10 号航空油；（B）15 号航空油；（C）30 号航空油；（D）12 号航空油。

Je5A2192 **25** 号变压器油中的 **25** 号表示（**B**）。

（A）变压器油的闪点是 25℃；（B）油的凝固点是−25℃；（C）变压器油的耐压是 25kV；（D）变压器油的比重是 25。

Je5A2193 下列因素中（**A**）对变压器油的绝缘强度影响最大。

（A）水分；（B）温度；（C）杂质；（D）比重。

Je5A2194 变压器常用的冷却介质是变压器油和（**D**）。

（A）水；（B）氮气；（C）SF_6；（D）空气。

Je5A2195 电流互感器一次绕组绝缘电阻低于前次测量值的（**C**）及以下，或 tanδ大于规定值时应干燥处理。

（A）80%；（B）60%；（C）70%；（D）50%。

Je5A2196 固定硬母线金具的上压板是铝合金铸成的，如有损坏或遗失可用（**D**）代替。

（A）铁板；（B）铸铁；（C）铁合金；（D）铝板。

Je5A2197 电力变压器的隔膜式储油柜上的呼吸器的下部油碗中（**A**）。

（A）放油；（B）不放油；（C）放不放油都可以；（D）无油可放。

Je5A3198 **SN10—10** 型断路器新装好静触头，检查静触点闭合直径小于（**B**）时应处理。

（A）18.4mm；（B）18.5～20mm；（C）20.1mm；（D）20.2～20.3mm。

Je5A3199 **SN10—10** 型断路器导电杆行程可用增减（**A**）来调整。

（A）限位器垫片；（B）绝缘垫片；（C）绝缘拉杆；（D）缓冲胶垫。

Je5A3200 **SN10—10** 型断路器大修后，用 **2500V** 绝缘电阻表测量绝缘拉杆绝缘电阻值，其值大于（**A**）**MΩ**为合格。

（A）300；（B）500；（C）700；（D）1000。

Je5A3201 **SN10—10Ⅱ**型断路器导电行程为（**C**）**mm**。

（A）145^{+4}_{-3}；（B）157^{+4}_{-3}；（C）155^{+4}_{-3}；（D）66^{+4}_{-3}。

Je5A3202　SN10—10 型断路器动触头的铜乌合金部分烧蚀深度大于（C）mm 时，应更换；导电接触面烧蚀深度大于 0.5mm 时应更换。

（A）1；（B）1.5；（C）2；（D）0.5。

Je5A3203　测量 1kV 及以上电力电缆的绝缘电阻时应使用（C）。

（A）500V 绝缘电阻表；（B）100V 绝缘电阻表；（C）2500V 绝缘电阻表；（D）1000V 绝缘电阻表。

Je5A3204　户外配电装置 35kV 以上软导线采用（C）。

（A）多股铜绞线；（B）多股铝绞线；（C）钢芯铝绞线；（D）钢芯多股绞线。

Je5A3205　真空断路器的灭弧介质是（C）。

（A）油；（B）SF_6；（C）真空；（D）空气。

Je5A3206　SN10—10 型断路器静触头导电接触面应光滑平整，烧伤面积达（A）且深度大于 1mm 时应更换。

（A）30%；（B）20%；（C）25%；（D）40%。

Je5A3207　硬母线搭接面加工应平整无氧化膜，加工后的截面减小，铜母线应不超过原截面的 3%，铝母线应不超过原截面的（C）。

（A）3%；（B）4%；（C）5%；（D）6%。

Je5A3208　并联电容器设备当（C）时应更换处理。

（A）积灰比较大；（B）熔丝熔断电容器内无击穿；（C）电容器变形膨胀渗漏；（D）电容器端子接线不良。

Je5A3209　并联电容器熔管内熔丝熔断后，应（B）后继续运行。

（A）更换熔丝；（B）重点检查试验该只电容器；（C）进行整组试验；（D）核对电容量。

Je5A3210　运行中的电流互感器过热，排除过负荷或二次开路原因，还有的可能原因是（A）

（A）内外接头松动；（B）接地端接地不可靠；（C）运行电压不稳；（D）涡流引起。

Je5A3211　电流互感器正常工作时二次侧回路可以（B）。

（A）开路；（B）短路；（C）装熔断器；（D）接无穷大电阻。

Je5A3212　测量一次回路直流电阻显著增大时应（C）。

（A）注意观察；（B）继续运行；（C）检查处理；（D）不考虑。

Je5A3213　10kV 断路器存在严重缺陷，影响断路器继续安全运行时应进行（C）。

（A）继续运行；（B）加强监视；（C）临时性检修；（D）不考虑。

Je5A4214　断路器接地金属壳上应装有（B）并且具有良好导电性能的直径不小于 12mm 的接地螺钉。

（A）生锈；（B）防锈；（C）无锈；（D）粗糙。

Je5A4215　当发现变压器本体油的酸价（B）时，应及时更换净油器中的吸附剂。

（A）下降；（B）上升；（C）不变；（D）不清楚。

Je4A2216　SF_6断路器的灭弧及绝缘介质是（D）。

（A）绝缘油；（B）真空；（C）空气；（D）SF_6。

Je4A2217　隔离开关因没有专门的（B）装置，故不能用来接通负荷电流和切断短路电流。

（A）快速机构；（B）灭弧；（C）封闭；（D）绝缘。

Je4A2218　操动机构动作电压在大于额定操作电压（C）时，操动机构应可靠分闸。

（A）55%；（B）75%；（C）65%；（D）30%。

Je4A2219　GW5 型隔离开关，当操作机构带动一个绝缘子柱转动（C）时，经过齿轮转动，另一个绝缘子沿相反方向转动。

（A）45°；（B）60°；（C）90°；（D）180°。

Je4A3220　35kV 室内、10kV 及以下室内外母线和多元件绝缘子，进行绝缘电阻测试时，其每个元件不低于 1000MΩ，若低于（C）MΩ时必须更换。

（A）250；（B）400；（C）300；（D）500。

Je4A3221　操作断路器时，控制母线电压的变动范围不允许超过其额定电压的 5%，独立主合闸母线电压应保持额定电压的（A）。

（A）105%～110%；（B）110%以上；（C）100%；（D）120%以内。

Je4A3222　电路中只有一台电动机运行时，熔体额定电流不小于（C）倍电机额定电流。

（A）1.4；（B）2.7；（C）1.5～2.5；（D）3。

Je4A3223 熔断器熔体应具有（**D**）。

（A）熔点低，导电性能不良；（B）导电性能好，熔点高；（C）易氧化，熔点低；（D）熔点低，导电性能好，不易氧化。

Je4A3224 绝缘材料的机械强度，一般随温度和湿度升高而（**C**）。

（A）升高；（B）不变；（C）下降；（D）影响不大。

Je4A3225 断路器与水平传动拉杆连接时，轴销应（**C**）。

（A）垂直插入；（B）任意插入；（C）水平插入；（D）45°插入。

Je4A3226 断路器连接瓷套法兰时，所用的橡皮密封垫的压缩量不宜超过其原厚度的（**B**）。

（A）1/5；（B）1/3；（C）1/2；（D）1/4。

Je4A3227 变压器净油器中硅胶重量是变压器油质量的（**A**）。

（A）1%；（B）0.5%；（C）10%；（D）5%。

Je4A3228 当 SF_6 气瓶压力降至（**A**）**MPa** 时，应停止充气，因剩余气体含水量和杂质可能较高。

（A）0.1；（B）0.2；（C）0.5；（D）1.0。

Je4A3229 多台电动机在起动时应（**A**）。

（A）按容量从大到小逐台起动；（B）任意逐台起动；（C）按容量从小到大逐台起动；（D）按位置顺序起动。

Je4A3230 操动机构合闸操作的操作电压范围在额定操作电压（**C**）时，操动机构应可靠合闸。

（A）65%；（B）80%；（C）85%～110%；（D）30%。

Je4A3231　SF_6断路器年漏气量测量应（B）。

（A）≤1.1%；（B）≤1%；（C）≤1.5%；（D）≤2%。

Je4A3232　有一台三相电动机绕组连成星形，接在线电压为380V的电源上，当一相熔丝熔断时，其三相绕组的中性点对地电压为（A）V。

（A）110；（B）220；（C）190；（D）0。

Je4A4233　互感器加装膨胀器应选择（B）的天气进行。

（A）多云，湿度75%；（B）晴天，湿度60%；（C）阴天，湿度70%；（D）雨天。

Je2A4234　限流电抗器的实测电抗与其保证值的偏差不得超过（A）。

（A）±5%；（B）±10%；（C）±15%；（D）±17%。

Je4A4235　GW6型隔离开关，合闸终了位置动触头上端偏斜不得大于（A）mm。

（A）±50；（B）±70；（C）±60；（D）±100。

Je4A4236　SW2—110油断路器工作缸行程为（B）mm。

（A）134±1；（B）132±1；（C）136±1；（D）135±1。

Je3A4237　变压器大修后，在10～30℃范围内，绕组绝缘电阻吸收比不得低于（A）。

（A）1.3；（B）1.0；（C）0.9；（D）1.0～1.2。

Je2A4238　测量10kV以上变压器绕组绝缘电阻，采用

（A）V 绝缘电阻表。

（A）2500 及以上；（B）500；（C）1000；（D）1500。

Je4A4239 母线的伸缩节，不得有裂纹、折皱和断股现象，其组装后的总截面应不小于母线截面的（**B**）倍。

（A）1；（B）1.2；（C）1.5；（D）2。

Je4A4240 电缆线路相当于一个电容器，停电后的线路上还存在有剩余电荷，对地仍有（**A**），因此必须经过充分放电后，才可以用手接触。

（A）电位差；（B）等电位；（C）很小电位；（D）电流。

Je4A4241 在油断路器中，灭弧的最基本原理是利用电弧在绝缘油中燃烧，使油分解为高压力的气体，吹动电弧，使电弧被（**C**）冷却最后熄灭。

（A）变粗；（B）变细；（C）拉长；（D）变短。

Je4A4242 电磁式操作机构，主合闸熔断器的熔丝规格应为合闸线圈额定电流值的（**A**）倍。

（A）1/3～1/4；（B）1/2；（C）1/5；（D）1.5。

Je4A5243 矩形母线宜减少直角弯曲，弯曲处不得有裂纹及显著的折皱，当 **125mm×10mm** 及其以下铝母线弯曲成平弯时，最小允许弯曲半径 ***R*** 为（**B**）倍的母线厚度。

（A）1.5；（B）2.5；（C）2.0；（D）3。

Je4A5244 **125mm×10mm** 及其以下矩形铝母线焊成立弯时，最小允许弯曲半径 ***R*** 为（**B**）倍的母线宽度。

（A）1.5；（B）2；（C）2.5；（D）3。

Je3A1245 **SF_6**设备补充新气体，钢瓶内的含水量应不大于（**C**）。

（A）100μL/L；（B）150μL/L；（C）68μL/L；（D）250μL/L。

Je3A2246 **GW7—220**型隔离开关触指发生严重烧伤，如烧伤、磨损深度大于（**B**）**mm**时，应更换。

（A）1；（B）0.5；（C）2；（D）0.3。

Je3A3247 硬母线引下线制作时一般采用（**A**）作样板。

（A）8 号镀锌铁丝；（B）10 号镀锌铁丝，（C）铝线；（D）铜线。

Je3A3248 **GW7** 型隔离开关主刀合闸后，动触头与静触头之间间隙为（**B**）**mm**，动触头中心与静触头中心高度误差小于**2mm**。

（A）20～30；（B）30～50；（C）55；（D）50～60。

Je3A3249 变压器吊芯大修，器身暴露在空气中的时间从器身开始与空气接触时算起（注油时间不包括在内），当空气相对湿度大于**65%**小于**75%**时，允许暴露（**C**）**h**。

（A）16；（B）20；（C）12；（D）15。

Je3A3250 工频耐压试验能考核变压器（**D**）缺陷。

（A）绕组匝间绝缘损伤；（B）外绕组相间绝缘距离过小；（C）高压绕组与高压分接引线之间绝缘薄弱；（D）高压绕组与低压绕组引线之间的绝缘薄弱。

Je3A3251 断路器与操动机构基础的中心距离及高度误差不应大于（**C**）**mm**。

（A）20；（B）25；（C）10；（D）15。

Je3A3252 消弧线圈交接试验，测量其绕组连同套管的直流电阻的实测值与出厂值比较，其变化应不大于（**B**）。

（A）1%；（B）2%；（C）0.5%；（D）70%。

Je3A3253 并联电容器的电容值在（**B**），测得电容值不超过出厂实测值的±**10%**时，则此电容值在合格范围内。

(A) 交接时；（B）交接预试时；（C）预试时；（D）小修及临时检修时。

Je3A3254 变压器、互感器器身在蒸汽烘房中进行真空干燥处理时，最高温度控制点是（**B**）。

（A）130℃±5℃；（B）105℃±5℃；（C）95℃±5℃；（D）65℃±1℃。

Je3A3255 绞线截面 **35～50mm²**，绑线直径 **2.3mm**，中间绑长 **50mm**，则接头长度为（**A**）**mm**。

（A）350；（B）300；（C）250；（D）400。

Je3A3256 钢芯铝绞线，断一股钢芯，或铝线部分损坏面积超过铝线导电部分面积的（**C**）时，必须重接。

（A）30%；（B）40%；（C）25%；（D）10%。

Je3A3257 在中性点直接接地系统中，发生单相接地故障时，非故障相对地电压（**A**）。

（A）不会升高；（B）升高不明显；（C）升高 1.73 倍；（D）降低。

Je3A4258 装有气体继电器的油浸式变压器，联管朝向储油柜方向应有（**C**）的升高坡度。

（A）1%；（B）2%；（C）1%～1.5%；（D）2.5%。

Je3A4259 变压器经真空注油后，其补油应（**B**）。

（A）从变压器下部阀门注入；（B）经储油柜注入；（C）通过真空滤油机从变压器下部注入；（D）随时注入。

Je3A5260 独立避雷针一般与被保护物间的空气距离不小于**5m**，避雷针接地装置与接地网间的地中距离不小于（**B**）**m**。

（A）5；（B）3；（C）4；（D）6。

Je3A5261 在非高电阻率地区**220kV**变电站中，独立避雷针的接地电阻不宜超过（**C**）**Ω**。

（A）0.5；（B）4.0；（C）10；（D）20。

Je3A5262 断路器的同期不合格，非全相分、合闸操作可能使中性点不接地的变压器中性点上产生（**A**）。

（A）过电压；（B）电流；（C）电压降低；（D）零电位。

Je3A5263 变压器接线组别为**Y，y0**时，其中性线电流不得超过低压绕组额定电流的（**B**）。

（A）15%；（B）25%；（C）35%；（D）20%。

Je3A5264 **GW6—220**隔离开关在合闸位置与操作绝缘子上部相连的轴的拐臂应越过死点（**C**）**mm**。

（A）3±1；（B）5±1；（C）4±1；（D）6±1。

Je2A2265 现场中常用（**D**）试验项目来判断设备的绝缘情况。

（A）绝缘电阻；（B）泄漏电流；（C）交流耐压、局部放电；（D）绝缘电阻、泄漏电流、交流耐压、局部放电。

Je2A2266 按设计要求变电站软母线的允许弛度误差为

（B）。

（A）+6；（B）+5%～-2.5%；（C）±5%；（D）±2%。

Je2A3267　SW6—220 型断路器动触头超行程为（B）mm 时，一般情况可借助于改变导电杆拧入接头的深度来调整。

（A）70±5；（B）60±5；（C）90±5；（D）85±5。

Je2A3268　进行断路器继电保护的传动试验时，同一设备的其他检修人员（B）。

（A）可以继续工作；（B）全部撤离；（C）在工作负责人监护下继续工作；（D）可以从事操动机构的检修工作。

Je2A3269　GW6—220G 型隔离开关合闸不同期（B）mm。

（A）20；（B）30；（C）25；（D）35。

Je2A3270　检修施工需进行电缆沟洞扒开的工作，当天不能完工的，收工时电缆沟洞（A）。

（A）要临时封堵；（B）不需封堵；（C）做好标志；（D）防止雨水进入。

Je2A3271　电动操动机构一般用于（C）及以上电压等级的隔离开关。

（A）10kV；（B）35kV；（C）110kV；（D）220kV。

Je2A3272　严格控制互感器的真空干燥处理，器身干燥处理三要素是指（A）。

（A）真空度、温度、时间；（B）湿度、压力、温度；（C）绝缘、介质、温度；（D）真空度、压力、时间。

Je2A3273　SF_6 互感器进行交接试验时，其内部气体微水

含量应不大于（A）μL。

（A）250；（B）300；（C）150；（D）68。

Je2A3274　SW6—220 型断路器在合闸位置时，松紧弹簧尾部调节螺帽使合闸保持弹簧的有效长度为（**B**）**mm**。

（A）400±5；（B）455±5；（C）480±5；（D）440±5。

Je2A4275　MR 型有载分接开关定期检查时，应尽量缩短切换开关部件暴露在空气中的时间，最长不应超过（**B**）**h**。

（A）12；（B）10；（C）18；（D）15。

Je2A4276　有载分接开关弧触头，当所有触头中有一只达到触头最小直径时应更换（**A**）。

（A）所有弧触头；（B）烧蚀量最大的弧触头；（C）该相所有弧触头；（D）所有烧蚀的弧触头。

Je2A4277　断路器液压机构管路组装连接卡套应能顺利进入管座，管头不应顶住管座，底部应有（**A**）**mm** 的间隙。

（A）1～2；（B）3；（C）4；（D）4～5。

Je2A4278　高压断路器安装前应做下列准备工作（**D**）。

（A）技术准备、施工机具；（B）测试仪器和安装材料；（C）人员组织和现场布置；（D）技术准备、安装材料、施工机具、测试仪器、人员组织与现场布置及开关检查等。

Je2A4279　硬母线同时有平弯及麻花弯时，应先扭麻花弯后平弯，麻花弯的扭转全长不应小于母线宽度的（**A**）倍。

（A）2.5；（B）2；（C）3；（D）4。

Je2A4280　检验变压器线圈绝缘老化程度时，用手按不裂、不脱落，色泽较暗，绝缘合格，此绝缘是（**B**）绝缘。

（A）一级；（B）二级；（C）三级；（D）四级。

Je2A4281 **SF_6 断路器及 GIS 组合电器绝缘下降的主要原因是由于（B）的影响。**

（A）SF_6 气体杂质；（B）SF_6 中水分；（C）SF_6 比重；（D）SF_6 设备绝缘件。

Je2A4282 **计算真空断路器的合闸速度，检修现场一般（A）。**

（A）取动触头运动的平均速度；（B）和油断路器计算方法一样；（C）不需要测量；（D）用时间代替。

Je2A4283 **ZN28—10 型真空断路器应定期检查触头烧损深度，方法是：检查真空断路器导杆伸出导向板长度变化状况，如变化量超过（B），则应更换新的灭弧室。**

（A）2mm；（B）3mm；（C）4mm；（D）5mm。

Je2A5284 **变压器在充氮运输或保管时，必须有压力监视装置，压力可保持不小于（D）MPa。**

（A）0.1；（B）0.2～0.3；（C）0.04；（D）0.01～0.03。

Je2A5285 **SF_6 断路器更换吸附剂时必须在（B）之前很短时间内进行。**

（A）吸附剂密封包装打开；（B）抽真空；（C）抽真空之后；（D）打开开断单元检查触头。

Je2A5286 **影响变压器吸收比的因素有（B）。**

（A）铁芯、插板质量；（B）真空干燥程度、零部件清洁程度和器身在空气中暴露时间；（C）线圈导线的材质；（D）变压器油的标号。

Je2A5287　真空断路器出线侧安装避雷器的作用是（C）。

（A）防止电弧重燃；（B）有利于熄灭电弧；（C）限制操作过电压；（D）防雷。

Je2A5288　CD10—Ⅱ型电磁操动机构的合闸铁芯顶杆过短，可能会导致开关（B）。

（A）跳跃；（B）拒合；（C）拒分；（D）合闸时间过长。

Je2A5289　ZN12—10型真空断路器的B相开距小于标准2mm，应调整（C）。

（A）调整垂直拉杆长度，改变拐臂角度；（B）分闸限位垫片；（C）B相水平拉杆长度；（D）灭弧室位置。

Je2A5290　用绝缘电阻表测量10kV三芯高压电缆绝缘，应（A）。

（A）将非被测相短路，与金属外皮一同接地逐相测量；（B）非被测短路并相悬空；（C）三相短路加压测试；（D）一相加压，一相悬空，一相接地。

Je1A2291　对用于10kV设备上对地绝缘的35kV绝缘子进行交流耐压试验时，应按照（A）的额定电压标准施加试验电压。

（A）10kV设备；（B）35kV设备；（C）10kV设备或35kV设备；（D）高于10kV，低于35kV设备。

Je1A5292　断路器在新装和大修后必须测量（D），并符合有关技术要求。

（A）绝缘电阻；（B）工频耐压；（C）同期；（D）机械

特性。

Je1A5293 根据 **DL/T 755—2001**《电力系统安全稳定导则》及有关规定要求，断路器合一分时间的设计取值应不大于（**C**）**ms**，推荐不大于 **50ms**。

（A）80；（B）70；（C）60；（D）50。

Jf5A2294 设备上短路接地线应使用软裸铜线，其截面积应符合短路电流要求，但不得小于（**C**）$\mathbf{mm^2}$。

（A）15；（B）20；（C）25；（D）30。

Jf5A2295 在（**B**）级及以上的大风、暴雨及大雾等恶劣天气，应停止露天高空作业。

（A）5；（B）6；（C）7；（D）4。

Jf5A2296 （**C**）工作人员擅自移动或拆除遮栏、标示牌。

（A）不准；（B）禁止；（C）严禁；（D）杜绝。

Jf5A4297 遇有电气设备着火时，应立即（**A**）进行救火。

（A）将有关设备电源切断；（B）用干式灭火器灭火；（C）联系调度停电；（D）用 1211 型灭火器灭火。

Jf4A2298 凡在离地面（**B**）**m** 及以上的地点进行的工作，都应视为高空作业。

（A）3；（B）2；（C）2.5；（D）1.5。

Jf4A4299 对 $\mathbf{SF_6}$ 断路器、组合电器进行充气时，其容器及管道必须干燥，工作人员必须（**C**）。

（A）戴手套和口罩；（B）戴手套；（C）戴防毒面具和手套；（D）什么都不用。

Jf4A4300　电气设备电压等级在（B）以上者为高压电气设备。

（A）380V；（B）1000V及；（C）10kV；（D）1000V。

Jf3A1301　在配制氢氧化钾或氢氧化钠电解液时，为了避免溶液溅到身上，烧伤皮肤或损坏衣服，应备有（B）。

（A）5%苏打水；（B）3%硼酸水溶液供洗涤之用；（C）自来水；（D）碱水。

Jf3A2302　一台 SF_6 断路器需解体大修时，回收完 SF_6 气体后应（B）。

（A）可进行分解工作；（B）用高纯度 N_2 气体冲洗内部两遍并抽真空后方可分解；（C）抽真空后分解；（D）用 N_2 气体冲洗不抽真空。

Jf3A3303　10kV 室外配电装置的最小相间安全距离为（B）mm。

（A）125；（B）200；（C）400；（D）300。

Jf3A3304　在焊接、切割地点周围（A）m 的范围内，应清除易燃、易爆物品，无法清除时，必须采取可靠的隔离或防护措施。

（A）5；（B）7；（C）10；（D）4。

Jf3A3305　取出 SF_6 断路器、组合电器中的吸附剂时，工作人员必须戴（B）、护目镜及防毒面具等个人防护用品。

（A）绝缘手套；（B）橡胶手套；（C）帆布手套；（D）线手套。

Jf3A5306　由于被保护设备上感受到的雷电入侵电压要

比母线避雷器的残压高，因此要校检避雷器至主变压器等设备的（**B**）距离是否符合规程要求。

（A）几何平均；（B）最大电气；（C）直线；（D）算术平均距离。

Jf2A2307 **气动机构全部空气管道系统应以额定气压进行漏气量的检查，在24h内压降不得超过（A）。**

（A）10%；（B）15%；（C）5%；（D）20%。

Jf2A2308 **SF_6断路器经过解体大修后，原来的气体（C）。**

（A）可继续使用；（B）净化处理后可继续使用；（C）毒性试验合格，并进行净化处理后可继续使用；（D）毒性试验合格的可继续使用。

Jf2A2309 **处理企业伤亡事故要按照（A）原则。**

（A）四不放过；（B）三不放过；（C）五不放过；（D）具体情况具体对待。

Jf2A2310 **生产区域失火，直接经济损失超过1万元，应定为（A）。**

（A）事故；（B）障碍；（C）未遂；（D）异常。

Jf2A5311 **SF_6断路器现场解体大修时，规定空气的相对湿度应不大于（C）。**

（A）90%；（B）85%；（C）80%；（D）60%。

Jf1A4312 **断路器应垂直安装并固定牢靠，底座或支架与基础间的垫片不宜超过3片，其总厚度不应大于（B）mm，各片间应焊接牢固。**

（A）15；（B）10；（C）5；（D）20。

4.1.2 判断题

判断下列描述是否正确，正确的在括号内打“√”，错误的在括号内打“×”。

La5B1001 电荷之间存在着作用力，同性相互排斥，异性相互吸引。（√）

La5B2002 金属导体电阻的大小与加在其两端的电压有关。（×）

La5B2003 系统电压 220V 是指三相四线制接线中相线对地电压。（√）

La5B2004 电流在单位时间内所做的功称为电功率。（√）

La5B2005 串联回路中，各个电阻两端的电压与其阻值成正比。（√）

La5B3006 电压表应并联接入线路中。（√）

La5B3007 电流表应串联接入线路中。（√）

La5B3008 两根同型号的电缆，其中较长者电阻较大。（√）

La5B5009 在交流电路中，把热效应与之相等的直流电的值称为交流电的有效值。（√）

La5B5010 当线圈加以直流电时，其感抗为零，线圈相当于“短路”。（√）

La5B3011 所谓正弦量的三要素即为最大值、平均值和有效值。（×）

La5B2012 电压也称电位差，电压的方向是由低电位指向高电位。（×）

La5B2013 电动势与电压的方向是相同的。（×）

Lb5B2014 设备的额定电压是指正常工作电压。（√）

La5B2015 在一电阻电路中，如果电压不变，当电阻增加时，电流也就增加。（×）

La5B2016 GIS 组合电器内元件有：全三相共体式，不完全三相共体式和全分箱式结构。（√）

La4B1017 三相电源中，任意两根相线间的电压为线电压。（√）

La4B2018 两只电容器的电容不等，而它们两端的电压一样，则电容大的电容器带的电荷量多，电容小的电容器带的电荷量少。（√）

La4B2019 全电路欧姆定律是用来说明在一个闭合电路中，电流与电源的电动势成正比，与电路中电源的内阻和外阻之和成反比。（√）

La4B2020 在交流电路中，阻抗包含电阻“*R*”和电抗“*X*”两部分，其中电抗“*X*”在数值上等于感抗与容抗的差值。（√）

La4B2021 在直流电源中，把电流输出的一端称为电源的正极。（√）

La4B3022 两交流电之间的相位差说明了两交流电在时间上超前或滞后的关系。（√）

La4B3023 在电容器的两端加上直流电时，阻抗为无限大，相当于“开路”。（√）

La4B3024 功率因数在数值上是有功功率和无功功率之比。（×）

La4B3025 机械制图尺寸标注的基本要求是完整、正确、清晰、合理。（√）

La4B3026 左手定则也称电动机定则，是用来确定载流导体在磁场中的受力方向的。（√）

La3B4027 交流电流通过电感线圈时，线圈中会产生感应电动势来阻止电流的变化，因而有一种阻止交流电流流过的作用，我们把它称为电感。（√）

La3B4028 基尔霍夫电压定律指出：在直流回路中，沿任一回路方向绕行一周，各电源电动势的代数和等于各电阻电压降的代数和。（√）

La3B4029 绝缘体不导电是因为绝缘体中几乎没有电子。（√）

La3B3030 当线圈的电感值一定时，所加电压的频率越高，感抗越大。（√）

La3B2031 大小和方向均随时间周期性变化的电压或电流，叫正弦交流电。（×）

La3B1032 公式 $R=U/I$ 说明电阻的大小与电压成正比。（×）

La3B2033 在电路中，任意两点间电位差的大小与参考点的选择无关。（√）

La3B2034 在直流回路中串入一个电感线圈，回路中的灯就会变暗。（×）

La3B2035 节点定律也叫基尔霍夫第一定律。（√）

La3B2036 有功功率和无功功率之和称为视在功率。（×）

La3B2037 交流电路的电压最大值和电流最大值的乘积为视在功率。（×）

La3B2038 右手定则也称为发电机定则，是用来确定在磁场中运动的导体产生感应电动势方向的。（√）

La2B2039 感应电流的磁场总是与原来的磁场方向相反。（√）

La2B2040 甲、乙两电炉额定电压都是 220V，甲的功率是 1000W，乙的功率是 2000W，则乙炉的电阻较大。（×）

La2B3041 电场中某点电场强度的方向就是正电荷在该点所受的电场力的方向。（√）

La2B3042 绘制图样时所采用的比例为图样中机件要素的线性尺寸与实际机件相应要素的线性尺寸之比。（√）

La2B4043 基尔霍夫电流定律指出：对于电路中任一节点，流入该节点的电流之和必等于流出该节点的电流之和。（√）

La2B4044 感应电动势的大小与穿过线圈的磁通量的多少成正比。（×）

La2B3045 电源电动势的实际方向是由低电位指向高电位。（√）

La2B3046 电容器具有隔断直流电、导通交流电的性能。（√）

La2B3047 线圈中只要有电流流过就会产生自感电动势。（×）

La1B3048 两根平行载流导体，在通过方向相同的电流时，两导体将呈现排斥现象。（×）

La1B2049 在机械零件制造过程中，只保证图纸上标注的尺寸，不标注的不保证。（√）

La1B4050 把电容器串联起来，电路两端的电压等于各电容器两端的电压之和。（√）

La1B4051 自感电动势的方向始终与线圈中电流的方向相同。（×）

La1B5052 当导线的截面积愈大、频率愈高时，集肤效应和邻近效应愈明显。（√）

La1B5053 在交流线路内，由于存在着集肤效应和邻近效应的影响，交流电阻值要比直流电阻值大。（√）

Lb5B1054 电气设备的金属外壳接地是工作接地。（×）

Lb5B3055 硬母线施工过程中，铜、铝母线搭接时必须涂凡士林油。（×）

Lb5B3056 使用绝缘电阻表测量时，手摇发电机的转速要求为 20r/min。（×）

Lb5B4057 功率因数过低，电源设备的容量就不能充分利用。（√）

Lb5B2058 铝母线接触面可以使用砂纸（布）加工平整。（√）

Lb4B2059 交联聚乙烯高压电缆具有：高电气性能、输电容量大、重量轻、可高落差敷设、耐化学侵蚀性能好的优点。（√）

Lb4B2060 液压机构中的预充压力决定了机构的实际工作能力。（√）

Lb4B2061 视在功率是指电路中电压与电流的乘积，它既不是有功功率也不是无功功率。（√）

Lb4B2062 通过电阻上的电流增大到原来的 2 倍时，它所消耗的功率也增大 2 倍。（×）

Lb4B3063 金属氧化物避雷器具有保护特性优良，通流容量大，使用寿命长，可靠性高，结构简单的优点。（√）

Lb4B4064 磁吹式避雷器是利用磁场对电弧的电动力使电弧运动，来提高间隙的灭弧能力。（√）

Lb4B4065 接地装置对地电压与通过接地体流入地中的电流的比值称为接地电阻。（√）

Lb4B4066 一般室内矩形硬母线采用水平安装，是因其动稳定性比竖装的好。（√）

Lb4B4067 配电盘上交流电压表指示的是有效值，直流电压表指示的是平均值。（√）

Lb4B4068 电流互感器在运行时不能短路，电压互感器在运行时不能开路。（×）

Lb4B4069 当电容器的电容值一定时，加在电容器两端的电压频率越大，容抗越小。（√）

Lb4B4070 联结组别是表示变压器一、二次绕组的连接方式及线电压之间的相位差，以时钟表示。（√）

Lb4B5071 在同一供电线路中，不允许一部分电气设备采用保护接地，另一部分电气设备采用保护接零的方法。（√）

Lb4B5072 为了限制电力系统的高次谐波对电力电容器的影响，常在电力电容器前串联一定比例的电抗器。（√）

Lb4B4073 组装 GIS 设备时，环境条件必须满足不产生灰尘或金属粉尘。（√）

Lb4B3074 当新装电容器在投入运行前试验时，三相电容之间的差值应不超过一相总电容的 4%。（×）

Lb4B3075 真空的击穿电压比变压器油、10^5Pa 的空气或 10^5Pa 的 SF_6 气体的击穿电压都高。（√）

Lb4B2076 SF_6 气体具有优良的灭弧性能和导电性能。（×）

Lb4B5077 用合闸把手将断路器合在合闸位置，用手拖动 CD10 型操作机构的跳闸顶杆，若能跳闸，则说明自由脱扣没有问题。（√）

Lb4B4078 接触器是用来实现低压电路的接通和断开的，并能迅速切除短路电流。（×）

Lb4B4079 串级式电压互感器与电容式电压互感器的电气原理是一样的，都是把高电压转换为低电压。（×）

Lb4B4080 铜母线接头表面搪锡是为了防止铜在高温下迅速氧化或电化腐蚀以及避免接触电阻的增加。（√）

Lb4B4081 空气断路器是以压缩空气作为灭弧、绝缘和传动介质的断路器。（√）

Lb3B4082 三相五柱式电压互感器有两个二次绕组，一个接成星形，另一个接成开口三角形。（√）

Lb3B5083 非自动跟踪补偿的消弧线圈对系统电容电流的补偿，通常预调为欠补偿。（×）

Lb2B5084 SF_6 断路器灭弧原理上可分为自能式和外能式两类，现使用多以自能式为主。（√）

Lb2B5085 为吸收系统电容功率、限制电压升高，对超高压长距离输电线路和 10kV 电缆系统等处，则采用并联电抗器。（√）

Lb2B2086 SF_6 断路器和组合电器里的 SF_6 气体中的水分将对设备起腐蚀和破坏的作用。（√）

Lb2B5087 互感器的测量误差分为两种，一种是固定误差，另一种是角误差。（×）

Lb2B3088 SF_6 气体断路器的 SF_6 气体在常压下绝缘强度比空气大 3 倍。（×）

Lb2B3089 SF_6气体是无色无毒的，在电弧作用下能迅速分解，对电弧起到快速冷却作用。（√）

Lb2B3090 为了防止断路器电磁机构合、分操作时发生卡阻或铁芯生锈，应在检修维护时，在铁芯上涂上润滑油。（×）

Lb2B3091 金属氧化物避雷器的最大允许持续运行电压约为其额定电压的80%。（√）

Lb2B5092 阀型避雷器的灭弧是利用非线性电阻（阀片）限制工频续流来协助间隙达到熄弧的目的。（√）

Lb2B4093 在380/220V中性点接地系统中，电气设备均采用接地保护。（√）

Lb2B4094 SF_6气体的缺点是它的电气性能受水分影响特别大。（√）

Lb2B4095 自动空气开关的瞬时脱扣器在线路上是过载保护。（√）

Lb2B4096 GIS组合电器是由断路器、隔离开关、电流互感器、电压互感器、避雷器和套管等组成的新型电气设备。（√）

Lb2B5097 消弧线圈的作用主要是补偿系统电容电流，使接地点电流数值较小，防止弧光短路，保证安全供电。（√）

Lb2B5098 GIS组合电器内元件分为不同气室，是因为内元件气压不同，元件之间不互相影响和缩小检修范围而设计。（√）

Lb2B5099 绝缘材料在电场作用下，尚未发生绝缘结构的击穿时，其表面或与电极接触的空气中发生的放电现象，称为绝缘闪络。（√）

Lb1B5100 互感器的相角误差是二次电量（电压或电流）的相量翻转180°后，与一次电量（电压或电流）的相量之间的夹角。（√）

Lb1B5101 固态绝缘体内的少数自由电子或离子在电场作用下运动，逐渐形成大量有规律的电子流或离子流，这种现象称为电击穿。（√）

Lc5B1102 磁力线是闭合的曲线。(√)

Lc5B1103 静电或雷电能引起火灾。(√)

Lc5B1104 在天气较冷时，使用大锤操作，可以戴手套。(×)

Lc5B2105 在380V设备上工作，即使是隔离开关已拉开，也必须用验电器或绝缘杆进行充分验电。(√)

Lc5B2106 力是物体间的相互作用，力的大小、方向和力臂称为力的三要素。(×)

Lc5B2107 电气设备的瓷质部分可以视为不带电的部分。(×)

Lc4B3108 刚体是指在任何情况下都不发生变形的物体。(√)

Lc4B3109 能量既不能产生也不能消失，只能转换。(√)

Lc4B3110 尺寸偏差是指实际尺寸与相应的基本尺寸之差。(√)

Lc4B3111 单相照明电路中，每一个回路负载电流一般不应超过15A。(√)

Lc4B4112 一双绕组变压器工作时，电压较高的绕组通过的电流较小，而电压较低的绕组通过的电流较大。(√)

Lc4B4113 变压器分接开关上标有Ⅰ、Ⅱ、Ⅲ三个标志，变压器现运行位置为Ⅱ，低压侧电压偏高时，应将分接开关由Ⅱ调到Ⅲ。(×)

Lc4B2114 呼吸器油盅里装油是为了防止空气直接进入设备内部。(√)

Lc4B2115 橡胶、棉纱、纸、麻、蚕丝、石油等都属于有机绝缘材料。(√)

Lc4B2116 用板牙套丝时，为了套出完好的螺纹，圆杆的直径应比螺纹的直径稍大一些。(√)

Lc4B2117 通常所说的负载大小是指负载电流的大小。(√)

Lc4B2118 电气设备安装好后，如有厂家的出厂合格证明，即可投入正式运行。(×)

Lc4B3119 接地装置的接地电阻值越小越好。(√)

Lc3B3120 用两根钢丝绳吊重物时，钢丝绳之间的夹角不得大于100°。(×)

Lc3B3121 电源电压波动范围在不超过±20%的情况下，电动机可长期运行。(×)

Lc3B3122 材料抵抗外力破坏作用的最大能力称为强度极限。(√)

Lc3B3123 蓄电池的电解液是导体。(√)

Lc3B4124 动滑轮的作用是使牵引或提升工作省力。(√)

Lc3B4125 三视图的投影规律是：主、俯视图长对正（等长），主侧（左）视图高平齐（等高），俯侧（左）视图宽相等（等宽）。(√)

Lc3B4126 电气设备保护接地的作用主要是保护设备的安全。(×)

Lc3B4127 作用于一物体上的两个力大小相等方向相反，但不在同一直线上，这样的一对力称为“力偶”。(√)

Lc2B4128 单位长度电力电缆的电容量与相同截面的架空线相比，电缆的电容大。(√)

Lc2B4129 用隔离开关可以拉合无故障的电压互感器或避雷器。(√)

Lc2B3130 断路器调试中，只要求行程达到要求，超行程可以不考虑。(×)

Lc2B3131 正常情况下，将电气设备不带电的金属外壳或构架与大地相接，称为保护接地。(√)

Lc2B3132 有几个力，如果它们产生的效果跟原来的一个力的效果相同，这几个力就称为原来那个力的分力。(√)

Lc2B4133 采用自动重合闸有利于电力系统的动态稳定。(√)

Lc2B5134 变电所装设了并联电容器后，上一级线路输送的无功功率将减少。（√）

Lc2B2135 直流电动机启动时的电流等于其额定电流。（×）

Lc2B2136 钢丝绳直径磨损不超过30%，允许根据磨损程度降低拉力继续使用，超过20%的则应报废。（×）

Lc2B3137 交流电路用的电流表所指示的是交流电的平均值。（×）

Lc2B3138 电力系统对继电保护的基本要求是：快速性、灵活性、可靠性和选择性。（√）

Lc2B3139 当物体受同一平面内互不平行的三个力作用而保持平衡时，此三个力的作用线必汇交于一点。（√）

Lc2B4140 在断路器控制回路中，红灯监视跳闸回路，绿灯监视合闸回路。（√）

Lc2B4141 电缆的绝缘电阻同其长度有关，宜用"绝缘电阻/单位长度"的模式记录。（√）

Lc2B4142 绝缘材料对电子的阻力很大，这种对电子的阻力称为绝缘材料的绝缘电阻。（√）

Lc2B4143 变压器一、二次电压之比等于一、二次绕组匝数之比。（√）

Lc1B4144 变压器在空载合闸时的励磁电流基本上是感性电流。（√）

Lc1B4145 电力网装了并联电容器，发电机就可以少发无功功率。（√）

Lc1B4146 变压器各绕组的电压比与各绕组的匝数比成正比。（×）

Lc1B4147 变压器短路电压的百分数值和短路阻抗的百分数值相等。（√）

Lc1B4148 当电网电压降低时，应增加系统中的无功出力；当系统频率降低时，应增加系统中的有功出力。（√）

Lc1B5149 电力网中性点经消弧线圈接地是用它来平衡接地故障电流中因线路对地电容产生的超前电流分量。(√)

Lc1B5150 小电流接地系统中的并联电容器可采用中性点不接地的星形接线。(√)

Lc1B5151 电压互感器二次回路导线(铜线)截面不小于 $2.5mm^2$,电流互感器二次回路导线(铜线)截面不小于 $4mm^2$。(√)

Lc1B5152 电源电压一定的同一负载,按星形连接与按三角形连接所获取的功率是一样的。(×)

Lc1B5153 电压互感器一次绕组和二次绕组都接成星形且中性点都接地时,二次绕组中性点接地称为工作接地。(×)

Lc1B5154 通过变压器的短路试验数据可求得变压器的阻抗电压百分数。(√)

Lc1B5155 零序电流只有在电力系统发生接地故障或非全相运行时才会出现。(√)

Lc1B5156 电力系统在很小的干扰下,能独立恢复到原状态的能力,称为静态稳定。(√)

Lc1B4157 装设电抗器的目的是限制短路电流,提高母线残余电压。(√)

Lc1B4158 绝缘工具上的泄漏电流,主要是指绝缘材料表面流过的电流。(√)

Lc1B4159 励磁涌流对变压器无危险,因为冲击电流存在的时间短。(√)

Jd5B1160 使用手锯切割材料时,对软材料和厚材料,应选择粗齿锯条;对硬材料和薄材料应选择细齿锯条。(√)

Jd5B1161 使用电动砂轮应等砂轮转速达到正常转速时,再进行磨削。(√)

Jd5B1162 在电动砂轮上进行磨削加工,应防止刀具或工件对砂轮发生强烈的撞击或施加过大的压力。(√)

Jd5B2163 在实际工作中,钳工攻螺纹的丝锥是受力偶作

用而实现的。（√）

Jd5B2164 电钻钻孔时，要戴工作帽、扎好工作服袖口，并戴手套。（×）

Jd5B2165 使用万用表，测量设备上的电阻阻值时，应先用交、直流电压挡判断确无电压后，方可进行测量。（√）

Jd5B2166 使用电工刀时，为避免伤人，刀口应向外，用完之后，应将刀身折入刀柄。（√）

Jd5B2167 用千斤顶顶升物体时，应随物体的上升而在物体的下面及时增垫保险枕木，以防止千斤顶倾斜或失灵而引起危险。（√）

Jd5B2168 在滚动牵引重物时，为防止滚杠压伤手，禁止用手去拿受压的滚杆。（√）

Jd5B3169 钳工常用的画线工具有划针、划规、角尺、直尺和样冲等。（√）

Jd5B3170 用样冲冲眼的方法是先将样冲外倾，使尖端对准线的正中，然后再将样冲直立冲眼。（√）

Jd5B3171 零件尺寸的上偏差可以为正值也可以为负值或零。（√）

Jd5B3172 锯割薄壁管材时，应边锯边向推锯的方向转过一定角度，沿管壁依次锯开，这样才不容易折断锯条。（√）

Jd5B3173 零件图是制造零件时所使用的图纸，是零件加工制造和检验的主要依据。（√）

Jd5B3174 钻孔时，如果切削速度太快，冷却润滑不充分，会造成钻头工作部分退火并加速磨损，甚至折断。（√）

Jd5B3175 钻孔时，如不及时排屑，将会造成钻头工作部分折断。（√）

Jd5B3176 使用绝缘电阻表测量绝缘电阻时，测量用的导线应使用绝缘导线，其端部应有绝缘套。（√）

Jd5B3177 在使用移动电动工具时，金属外壳必须接地。（√）

Jd5B3178 导线在切割前，要先用细铁丝在切口两边绑扎牢，以防切割后散股。（√）

Jd5B3179 起重用的钢丝绳在做静力试验时，其荷重应为工作荷重的1.5倍，试验周期为半年一次。（×）

Jd5B3180 在起重搬运中，定滑轮可以用来改变力的方向，也可用作转向滑轮或平衡滑轮，动滑轮可以省力。（√）

Jd5B4181 在使用滑轮组起吊重物时，绳索由定滑轮绕出比绳索由动滑轮绕出省力。（×）

Jd5B4182 直流电流表也可以测交流电流。（×）

Jd5B4183 绝缘电阻表使用前应将指针调到零位。（×）

Jd5B4184 用扳手松动或紧固螺母时，有时需在扳手后面加一套筒，这是利用增加力臂加大力矩的原理。（√）

Jd5B4185 两切削刃长度不相等、顶角不对称的钻头，钻出来的孔径将大于图纸规定的尺寸。（√）

Jd5B4186 使用绝缘电阻表时，应先将绝缘电阻表摇到正常转速，指针指无穷大，然后瞬间将两测量线对搭一下，指针指零，此表才可以用来测量绝缘电阻。（√）

Jd4B2187 对某些设备的吊装要求有较精确的位置，因此吊装时除使用绳索系结外，还常用手拉葫芦和滑车来调整设备的位置。（√）

Jd4B1188 使用千斤顶时，千斤顶的顶部与物体的接触处应垫木板，目的是避免顶坏物体和千斤顶。（×）

Jd4B3189 起重机严禁同时操作三个动作，在接近满负荷的情况下不得同时操作两个动作。（√）

Jd4B2190 使用钻床加工薄板材时应比加工厚板材时转速高。（×）

Jd4B2191 压力式滤油机是利用滤油纸的毛细管吸收和黏附油中的水分和杂质，从而使油得到干燥和净化。（√）

Jd4B2192 通常情况下锉削速度为每分钟 30～60 次。（√）

Jd4B2193 在薄板上钻孔时要采用大月牙形圆弧钻头。(√)

Jd4B4194 选择仪表量程的原则是：被测量值不低于仪表选用量程的2/3，而又不超过仪表的最大量程。(√)

Jd4B4195 测量直流电压和电流时要注意仪表极性，被测量回路的极性可以不考虑。(×)

Jd4B4196 齿轮用平键与轴连接，校核平键的强度时，只考虑剪切强度条件。(√)

Jd4B4197 常用的千斤顶升降高度一般为100～300mm，起重能力为5～500t。(√)

Jd4B4198 单元式无功补偿电容器的熔断器装置，安装时必须保证正确的角度和紧度，且户内、户外可以通用。(×)

Jd4B4199 断路器的液压操动机构液压管路检修前，必须先对液压回路释压至零压力，才可开始其他作业。(√)

Jd4B4200 开关柜带电消缺维护时，如果机械五防装置影响工作，可以临时采取办法解决其闭锁。(×)

Jd3B4201 用起重设备吊装部件时，吊车本体接地必须良好，吊杆与带电部分必须保持足够的安全距离。(√)

Jd3B4202 设备线夹采用电动液压压接时，导线插入深度要足够，且要正确选用模具；液压到位时要稍作停顿才停机。(√)

Jd2B3203 画线盘是由底座、立柱、划针和夹紧螺母等组成的。划针的直端用来画线，弯头是找正工件用的。(√)

Jd2B3204 进行刮削加工时，显示剂可以涂在工件上，也可以涂在标准件上。一般粗刮时，红丹粉涂在标准件表面，细刮和精刮时将红丹粉涂在工件上。(×)

Jd2B5205 选择起重工具时，考虑起吊牵引过程中，遇有忽然起动或停止时，均可能使起重索具所承受的静负荷增大，所以选择起重索具时，均将所受静作用力乘以一个系数，这个系数为静荷系数。(×)

Je5B2206 变压器强油风冷装置冷却器的控制把手有工作、备用、辅助和停止四种运行状态。（√）

Je5B2207 大型电力变压器的油箱是吊芯式的。（×）

Je5B2208 对 GIS 成套设备气室内壁清洗应采用无水乙醇。（√）

Je5B2209 着色标志为不接地中性线为紫色，接地中性线为紫色带黑色条纹。（√）

Je5B2210 直流装置中的正极为褐色，负极为蓝色。（√）

Je5B2211 交流装置中 A 相黄色，B 相绿色，C 相为红色。（√）

Je5B2212 绝缘油除用于绝缘外，对变压器还有冷却作用，对断路器兼有熄弧作用。（√）

Je5B2213 硬母线不论铜线还是铝线，一般都涂有相序漆，涂漆后的母线辐射散热能力增加，母线温度下降。（√）

Je5B2214 软母线的悬挂与连接用的线夹主要有五种：悬垂线夹、T 形线夹、耐张线夹、并沟线夹和设备线夹。（√）

Je5B3215 一般交流接触器和直流接触器在使用条件上基本一样。（×）

Je5B3216 额定电压为 1kV 以上的电气设备在各种情况下，均采用保护接地；1kV 以下的设备，中性点直接接地时，应采用保护接零，中性点不接地时，采用保护接地。（√）

Je5B3217 380/220V 中性点接地系统中，电气设备均采用接零保护。（√）

Je5B2218 铜和铝搭接时，在干燥的室内铜导体应搪锡，在室外或特殊潮湿的室内应使用铜铝过渡片。（√）

Je5B3219 互感器二次侧必须有一端接地，此为保护接地。（√）

Je5B3220 在维修并联电容器时，只要断开电容器的断路器及两侧隔离开关，不考虑其他因素就可检修。（×）

Je5B4221 瓷质绝缘子外表涂一层硬质釉起防潮作用，从

而提高绝缘子的绝缘性能和防潮性能。（√）

Je5B4222 断路器的跳闸、合闸操作电源有直流和交流两种。（√）

Je5B5223 电动机铭牌标明：星形/三角形接线，380/220V。如果将此电动机绕组接为三角形，用于 380V 电源上，电动机可正常运行。（×）

Je5B2224 GW4—110 隔离开关分合闸是触头臂和触指臂分别旋转 90° 完成分合闸操作的。（√）

Je5B2225 GW4—110 隔离开关合闸时触头臂和触指臂不成直线和接触深度不合格，都会造成触头过热。（√）

Je4B2226 SW6 系列断路器支柱中的变压器油只起绝缘散热作用而无其他作用。（×）

Je4B2227 SW6 系列断路器的传动系统由水平拉杆、传动拉杆、提升杆和中间传动机构组成。（√）

Je4B2228 铜与铝硬母线接头在室外可以直接连接。（×）

Je4B2229 软母线 T 形压接管内壁，可不用钢丝刷将氧化膜除掉就可压接。（×）

Je4B2230 设备线夹压接前应测量压接管管孔的深度，并在导线上划印，保证导线插入长度与压接管深度一致。（√）

Je4B4231 在不影响设备正常运行的条件下，对设备状态连续或定时自动地进行监测，称为在线监测。（√）

Je4B3232 暂不使用的电流互感器的二次线圈应断路后接地。（×）

Je4B3233 并接在电路中的熔断器，可以防止过载电流和短路电流的危害。（×）

Je4B3234 运行中的电压互感器，二次侧不能短路，否则会烧毁绕组，二次回路应有一点接地。（√）

Je4B3235 少油断路器绝缘提升杆拧进拐臂叉头内的尺寸不应大于 30mm。（×）

Je4B3236 变压器套管法兰螺丝紧固时，不需要沿圆周均

匀紧固。（×）

Je4B3237 SN10 型断路器的拐臂与转轴是用圆锥形销钉连接固定的，钻销钉孔时要把拐臂套在转轴上配钻。（√）

Je4B3238 SF_6气体湿度是SF_6设备的主要测试项目。（√）

Je4B3239 高压少油断路器在调试时，应调整缓冲器、合闸限位装置、行程和转角。（√）

Je4B3240 立放水平排列的矩形母线，优点是散热条件好，缺点是当母线短路时产生很大电动力，其抗弯能力差。（√）

Je4B3241 为了防止雷电反击事故，除独立设置的避雷针外，应将变电站内全部室内外的接地装置连成一个整体，做成环状接地网，不出现开口，使接地装置充分发挥作用。（√）

Je4B3242 断路器操动机构的储压器是液压机构的能源，属于充气活塞式结构。（√）

Je4B3243 SF_6 气体的缺点是电气性能受电场均匀程度及水分、杂质影响特别大。（√）

Je4B3244 检修断路器的停电操作，可以不取下断路器的主合闸熔断管和控制熔断管。（×）

Je4B3245 跌落式熔断器可拉、合 35kV 容量为 3150kVA 及以下和 10kV 容量为 630kVA 以下的单台空载变压器。（√）

Je4B3246 测量 1kV 及以上电力电缆的绝缘电阻应选用 2500V 绝缘电阻表。（√）

Je4B3247 软母线与电气设备端子连接时，不应使电气设备的端子受到超过允许的外加机械应力。（√）

Je4B3248 母线的相序排列一般规定为：上下布置的母线应该由下向上，水平布置的母线应由外向里。（×）

Je4B4249 在电气设备绝缘子上喷涂 RTV 防污涂料，能有效地防止污闪事故的发生。（√）

Je4B4250 二次回路的任务是反映一次系统的工作状态，控制和调整二次设备，并在一次系统发生事故时，使事故部分退出工作。（√）

Je4B4251 电气设备的保护接地，主要是保护设备的安全。（×）

Je4B4252 断路器的触头组装不良会引起运动速度失常和损坏部件，对接触电阻无影响。（×）

Je4B4253 硬母线开始弯曲处距母线连接位置应不小于30mm。（√）

Je4B4254 油断路器灭弧室的绝缘筒和绝缘垫圈的组装方向，应使其侧面的孔洞或槽口与油箱上的溢油孔或隔离弧片上的吹弧口对应。（×）

Je4B4255 少油断路器的行程变大或变小，则超行程也随之增大或减小。（×）

Je4B4256 铜母线接头表面搪锡是为了防止铜在高温下迅速氧化和电化腐蚀，以及避免接触电阻增加。（√）

Je4B5257 单相变压器连接成三相变压器组时，其接线组应取决于一、二次侧绕组的绕向和首尾的标记。（√）

Je4B5258 采用超声波探伤是发现隔离开关支柱绝缘子裂纹的一种有效手段。（√）

Je4B5259 用红外设备检查电力设备过热，是一种科学有效的手段，能准确发现外部电接触过热缺陷，但不能发现设备内部过热缺陷。（×）

Je4B3260 立放垂直排列的矩形母线，短路时动稳定好，散热好，缺点是增加空间高度。（√）

Je4B3261 母线用的金属元件要求尺寸符合标准，不能有伤痕、砂眼和裂纹等缺陷。（√）

Je4B3262 母线工作电流大于1.5kA时，每相交流母线的固定金具或支持金具不应形成闭合磁路，按规定应采用非磁性固定金属。（√）

Je4B3263 断路器导电杆的铜钨合金触头烧伤面积达1/3以上，静触头接触面有1/2以上烧损或烧伤深度达2mm时，应更换。（√）

Je4B3264 断路器的控制回路主要由三部分组成：控制开关、操动机构、控制电缆。（√）

Je3B3265 电容型变压器套管在安装前必须做两项实验：$\tan\delta$及电容量的测量。（×）

Je3B3266 SW6 系列断路器一个 Y 形装置有 2 个断口，为了使各个断口在分、合闸时承受接近均等的电压，一般用电容均压。（√）

Je3B2267 电抗器支持绝缘子的接地线不应成为闭合环路。（√）

Je3B3268 母线常见故障有：接头接触不良，母线对地绝缘电阻降低和大的故障电流通过时母线会弯曲折断或烧伤等。（√）

Je3B3269 液压机构的检修必须掌握住清洁、密封两个关键性的要求。（√）

Je3B3270 反映变压器故障的保护一般有过电流、差动、瓦斯和中性点零序保护。（√）

Je3B3271 断路器液压机构中的氮气是起传递能量作用的。（×）

Je3B3272 液压油在断路器中是起储能作用的。（×）

Je3B3273 对 SF_6 断路器补气，可用 SF_6 气瓶及管道对断路器直接补入气体。（×）

Je3B3274 变压器吊芯检查时，测量湿度的目的是为了控制芯部暴露在空气中的时间及判断能否进行吊芯检查。（√）

Je3B3275 组装 GIS 设备时，只要天气晴朗，可以不考虑湿度情况。（×）

Je3B3276 变压器、互感器绝缘受潮会使直流电阻下降，总损耗明显增加。（×）

Je3B4277 运行变压器轻瓦斯保护动作，收集到黄色不易燃的气体，可判断此变压器有木质故障。（√）

Je3B4278 断路器的触头材料对灭弧没有影响，触头应采

用熔点高、导热能力一般和热容量大的金属材料。(×)

Je3B4279 SF_6 气体钢瓶在库中存放时间超过半年以上者，使用前既不用抽查，也不用化验。(×)

Je3B4280 只重视断路器的灭弧及绝缘等电气性能是不够的，在运行中断路器的机械性能也很重要。(√)

Je3B5281 低温对断路器的操动机构有一定影响，会使断路器的机械特性发生变化，还会使瓷套和金属法兰的粘接部分产生应力。(√)

Je2B4282 CD5 型电磁操作机构由两个相同线圈组成，当线圈串联时适用于 220V 电压，线圈并联时适用于 110V 电压。(√)

Je2B4283 真空断路器用于一般线路时，对其分、合闸弹跳要求可以不必太严格，略有超标也可运行。(×)

Je2B4284 真空断路器的真空灭弧室断口耐压不满足要求时必须更换真空灭弧室。(√)

Je2B5285 选择母线截面的原则是按工作电流的大小选择，机械强度应满足短路时电动力及热稳定的要求，同时还应考虑运行中的电晕。(√)

Je2B5286 GIS 成套设备气室在真空状态下时可以对内置式穿芯 TA 进行二次绕组的绝缘电阻测试。(×)

Je2B5287 在使用互感器时应注意二次回路的完整性，极性及接地可以不必考虑。(×)

Je2B5288 发现断路器液压机构压力异常时，不允许随意充放氮气，必须判断准确后方可处理。(√)

Je2B4289 变电检修工应自行掌握的电气测试有绝缘电阻、接触电阻、直流电阻的测试和动作特性的试验。(√)

Je2B4290 常见的 SW6—110/220 型断路器，把三角箱处的 A 点数值调大，断路器的行程将减少。(√)

Je2B4291 液压机构电磁铁对动作时间的影响因素有电磁铁的安匝数、工作气隙、固定气隙和动铁芯的灵活性。(√)

Je2B3292 电容型变压器套管在安装前必须做两项实验：$\tan\delta$及电容量的测量。（×）

Je2B4293 高压少油断路器需调试的共同内容有：缓冲器的调整，合闸限位装置的调整，行程和转角的调整。（√）

Je2B4294 GIS 组合电器大修后，SF_6 气体湿度标准：带灭弧室气室≤150μL/L，不带灭弧室气室≤250μL/L。（√）

Je2B4295 运行后的 SF_6 断路器，灭弧室内的吸附剂不可进行烘燥处理，不得随便乱放和任意处理。（√）

Je1B5296 SF_6 断路器中水分是采用百分比率来计量的，用单位μL/L 表示。（×）

Je1B5297 低温对 SF_6 断路器尤为不利，当温度低于某一使用压力下的临界温度，SF_6 气体将液化，从而对绝缘和灭弧能力及开断额定电流无影响。（×）

Je1B5298 SF_6 断路器及 SF_6 全封闭组合电器年泄漏量小于标准的 3%即为合格。（×）

Je1B5299 在保持温度不变情况下，线圈的绝缘电阻下降后再回升，60kV 及以上变压器持续 12h 保持稳定无凝结水产生，即认为干燥完毕。（√）

Je1B5300 运行中的 SF_6 气体应做的试验项目有八项：湿度、密度、毒性、酸度、四氟化碳、空气、可水解氟化物、矿物油等。（√）

Je1B5301 管形母线宜采用氩弧焊接，焊接时对口应平直，其弯折偏移不应大于 1/500，中心线偏移不得大于 0.5mm。（√）

Je1B5302 断路器合分闸速度的测量，应在额定操作电压下进行，测量时应取产品技术条件所规定的区段的平均速度、最大速度及刚分、刚合速度。（√）

Jf5B2303 地面上绝缘油着火应用干砂灭火。（√）

Jf5B2304 测量二次回路的绝缘电阻时，被测系统内的其他工作可不暂停。（×）

Jf5B3305 SF_6 断路器是利用 SF_6 作为绝缘和灭弧介质的高压断路器。（√）

Jf4B3306 充氮运输的变压器，将氮气排尽后，才能进入检查以防窒息。（√）

Jf4B3307 干粉灭火器综合了四氯化碳、二氧化碳和泡沫灭火器的长处，适用于扑救电气火灾，灭火速度快。（√）

Jf4B4308 碱性焊条在焊接过程中，会产生 HF 气体，它危害焊工的健康，需要加强焊接场所的通风。（√）

Jf4B4309 遇有电气设备着火时，应立即将有关设备的电源切断，然后进行救火，应使用 1211 灭火器灭火。（√）

Jf3B3310 未经检验的 SF_6 新气气瓶和已检验合格的气体气瓶应分别存放，不得混淆。（√）

Jf3B2311 严禁在工具房、休息室、宿舍等房屋内存放易燃、易爆物品，烘燥间或烘箱的使用及管理应有专人负责。（√）

Jf3B5312 阀型避雷器安装地点出现对地电压大于其最大允许电压时，避雷器会爆炸，在中性点不接地系统中最大允许电压取 1.1 倍线电压，中性点接地系统取 0.8 倍线电压。（√）

Jf2B4313 500kV 变压器、电抗器真空注油后必须进行热油循环，循环时间不得少于 48h。（√）

Jf1B4314 可控硅整流电路，是把交流电变为大小可调的直流电，因此输出电压随控制角 α 的增大而减小。（√）

Jf1B4315 注入蓄电池的电解液，其温度不宜高于 30℃，充电过程中液温不宜高于 45℃。（√）

4.1.3 简答题

La5C1001 什么是电路？电路有哪些部分组成？

答：电路就是电流流过的路径。它由电源、开关、连接导线和负载等组成。

La5C3002 什么叫电阻温度系数？导体电阻与温度有什么关系？

答：当温度每升高 1℃时，导体电阻的增加值与原来电阻的比值，叫做电阻温度系数，它的单位是1/℃，其计算公式为

$$a=\frac{R_1-R_2}{R_1(t_2-t_1)}$$

式中 R_1——温度为 t_1 时的电阻值，Ω；

R_2——温度为 t_2 时的电阻值，Ω。

La5C5003 什么是集肤效应？有何应用？

答：当交变电流通过导体时，电流将集中在导体表面流通，这种现象称为集肤效应。为了有效地利用导体材料和使之散热，大电流母线常做成槽形或菱形；另外，在高压输配电线路中，利用钢芯绞线代替铝绞线，这样既节省了铝导体，又增加了导线的机械强度。

Lb5C1004 高压断路器的主要作用是什么？

答：其主要作用为：

（1）能切断或闭合高压线路的空载电流。

（2）能切断与闭合高压线路的负荷电流。

（3）能切断与闭合高压线路的故障电流。

（4）与继电保护配合，可快速切除故障，保证系统安全运行。

Lb5C2005　说明 GW4—110DW/1250 设备型号的含义。

答：G—隔离开关；W—户外式；4—设计序号；110—额定电压为 110kV；D—带接地开关；W—防污型；1250—额定电流为 1250A。

Lb5C2006　说明 LCWB6—110 设备型号的含义。

答：L—电流互感器；C—瓷绝缘；W—户外型；B—有保护级；6—第 6 次系列统一设计；110—额定电压为 110kV。

Lb5C3007　说明 BAM $11/\sqrt{3}$—334—1W 设备型号的含义。

答：B—并联电容器；A—液体介质为基甲苯；M—固体介质为聚丙烯膜；$11/\sqrt{3}$—额定电压为 $11/\sqrt{3}$kV；334—额定容量为 334kvar；1—相数为 1 相；W—户外式。

Lb5C3008　少油断路器灭弧室的作用是什么？灭弧方式有几种？

答：灭弧室的作用是熄灭电弧。灭弧方式有纵吹、横吹及纵横吹。

Lb5C4009　隔离开关的电动操动机构由哪些部分组成？

答：由电动机、减速机构、操作回路、传动连杆、轴承拐臂和辅助触点等组成。

Lb5C5010　说出 CD10 型合闸电磁铁的检修步骤。

答：检修步骤如下：

（1）拧下固定螺杆，取下电磁铁。

（2）检查、清扫铁芯、顶杆、铜套，修整变形。

（3）组装电磁铁。

Lb5C5011　三相交流电与单相交流电相比有何优点？

答：优点有以下 3 点：

（1）制造三相发电机、变压器都较制造单相发电机和变压器省材料，而且构造简单、性能优良。

（2）同样材料制造的三相电机，其容量比单相电机大 50%。

（3）输送同样的电能，三相输电线同单相输电线相比，可节省有色金属 25%，且电能损耗较单相输电时少。

Lb4C2012　充 SF_6 新气，气瓶应怎样放置最好，为什么？气瓶压力降至 1 个表压时，充气能否继续进行，为什么？

答：充气时，气瓶应斜放，最好端口低于尾部，这样可减少瓶中水分进入设备。瓶中压力降至 1 个表压时，应即停止不要再充，因为剩气中水分及杂质较多。

Lb4C3013　SW6—110 型断路器中，压油活塞的作用是什么？

答：压油活塞的作用包括以下 4 个方面：

（1）有利于开断小电流。

（2）有利于提高重合闸时的灭弧能力。

（3）在开断容性电流时无重燃现象。

（4）可促进油的更新循环，对静触头有保护作用。

Lb4C3014　SN10—10 型少油断路器的大修周期是多少？大修项目有哪些？

答：大修周期为正常运行的断路器每 3～4 年应进行一次大修，新安装的投入运行一年后应大修一次。大修项目有断路器单极分解检修、框架的检修、传动连杆的检修、操作机构的分解检修及调整与试验。

Lb4C4015　电气设备中常用的绝缘油有哪些特点？

答：（1）绝缘油具有较空气大得多的绝缘强度。

（2）绝缘油还有良好的冷却特性。

（3）绝缘油是良好的灭弧介质。

（4）绝缘油对绝缘材料起保养、防腐作用。

Lb4C5016　有载调压操动机构必须具备哪些基本功能？

答：（1）能有 1→*n* 和 *n*→1 的往复操作功能。

（2）有终点限位功能。

（3）有一次调整一个挡位功能。

（4）有手动和电动两种操作功能。

（5）有位置信号指示功能。

Lb4C5017　少油断路器油位太高或太低有什么害处？

答：（1）油位太高将使故障分闸时灭弧室内的气体压力增大，造成大量喷油或爆炸。

（2）油位过低，使故障分闸时灭弧室内的气体压力降低，难以灭弧，也会引起爆炸。

Lb4C5018　对操动机构的自由脱扣功能有何技术要求？

答：要求是：当断路器在合闸过程中，机构又接到分闸命令时，不管合闸过程是否终了，应立即分闸，保证及时切断故障。

Lb3C2019　二次回路有什么作用？

答：（1）二次回路的作用是通过对一次设备的监察测量来反映一次回路的工作状态，并对一次设备进行控制、测量、保护和信号传输。

（2）当一次回路发生故障时，继电保护装置能有选择性地将故障设备迅速从电网中切除并发出信号，保证一次设备安全、可靠、经济、合理地运行。

Lb3C3020　对操动机构的合闸功能有何技术要求？

答：（1）满足所配断路器刚合速度要求。

（2）必须足以克服短路反力，有足够的合闸功率。

Lb3C2021　断路器在大修时为什么要测量速度？

答：原因有以下4个方面：

（1）速度是保证断路器正常工作和系统安全运行的主要参数。

（2）速度过慢，会加长灭弧时间，切除故障时易导致加重设备损坏和影响电力系统稳定。

（3）速度过慢，易造成越级跳闸，扩大停电范围。

（4）速度过慢，易烧坏触头，增高内压，引起爆炸。

Lb3C3022　为什么要对变压器油进行色谱分析？

答：气相色谱分析是一种物理分离分析法。对变压器油的分析就是从运行的变压器或其他充油设备中取出油样，用脱气装置脱出溶于油中的气体，由气相色谱仪分析从油中脱出气体的组成成分和含量，借此判断变压器内部有无故障及故障性质。

Lb3C4023　液压机构的主要优缺点及适用场合是什么？

答：优点是：

（1）不需要直流电源。

（2）暂时失电时，仍然能操作几次。

（3）功率大，动作快。

（4）冲击小，操作平稳。

缺点是：

（1）结构复杂，加工精度要求高。

（2）维护工作量大。适用于110kV以上断路器，它是超高压断路器和SF_6断路器采用的主要机构。

Lb2C2024　CD10 型合闸电磁铁检修质量要求有哪些？

答：（1）缓冲橡胶垫弹性应良好。

（2）合闸电磁铁空程 5～10mm。

（3）手动合闸顶杆过冲间隙为 1～1.5mm。

Lb2C2025　哪些是气体绝缘材料？

答：气体绝缘材料是指空气、氮气、SF_6 等气体。

Lb2C2026　对操动机构的分闸功能有何技术要求？

答：应满足断路器分闸速度要求，不仅能电动分闸，而且能手动分闸，并应尽可能省力。

Lb2C3027　对电气触头有何要求？

答：（1）结构可靠。

（2）有良好的导电性能和接触性能，即触头必须有低的电阻值。

（3）通过规定的电流时，表面不过热。

（4）能可靠地开断规定容量的电流及有足够的抗熔焊和抗电弧烧伤性能。

（5）通过短路电流时，具有足够的动态稳定性的热稳定性。

Lb2C4028　对操动机构的保持合闸功能有何技术要求？

答：合闸功能消失后，触头能可靠地保持在合闸位置，任何短路电动力及振动等均不致引起触头分离。

Lb2C4029　油断路器大修后，需要做哪些试验？

答：（1）绝缘电阻。

（2）介质损失角。

（3）泄漏电流。

（4）交流耐压。

（5）接触电阻。

（6）均压电容值及介质。

（7）油耐压试验及分析。

Lb1C5030 测量 SF_6 气体微水，在哪些情况下不宜进行？

答：（1）不宜在充气后立即进行，应经 24h 后进行。

（2）不宜在温度低的情况下进行。

（3）不宜在雨天或雨后进行。

（4）不宜在早晨化露前进行。

Lb1C5031 对操动机构的防跳跃功能有何技术要求？

答：对防跳跃装置的功能要求是当断路器在合闸过程中，如遇故障，即能自行分闸，即使合闸命令未解除，断路器也不能再度合闸，以避免无谓地多次分、合故障电流。

Lb1C5032 简述真空断路器的灭弧原理。

答：在真空中由于气体分子的平均自由行程很大，气体不容易产生游离，真空的绝缘强度比大气的绝缘强度要高得多，当开关分闸时，触头间产生电弧、触头表面在高温下挥发出金属蒸气，由于触头设计为特殊形状，在电流通过时产生一磁场，电弧在此磁场力的作用下，沿触头表面切线方向快速运动在金属圆筒（即屏蔽罩）上凝结了部分金属蒸气，电弧在自然过零进就熄灭了，触头间的介质强度又迅速恢复起来。

Lc5C2033 常用的量具分几类？

答：常用的量具按类型及构造可分为：简单量具（钢板尺、卷尺和卡钳）、游标读数量具（如游标卡尺）、螺旋读数量具（如千分尺）、块规、指示式量具（如千分表）、角度量具（如万能角度尺和正弦尺）、塞尺、样板等。

Lc5C2034　绝缘油在无载调压变压器和少油断路器中各有哪些作用?

答：在变压器中有绝缘和冷却的作用。在少油断路器中起灭弧、绝缘的作用。

Lc5C2035　为了使螺母拧得紧些，常在扳手上套一段钢管使手柄接长一些，这是什么原理?

答：螺母转动效果取决于力矩的大小（力矩=力×力臂），即不仅与力的大小有关，而且还与力作用到螺母上的垂直距离—力臂有关，所以在扳手上套一段钢管就加长了力臂，使力矩增大，从而将螺母拧得更紧。

Lc5C3036　常用的螺纹有哪几种?

答：常用的螺纹有普通螺纹、管螺纹、梯形螺纹、方牙螺纹、锯齿型螺纹、圆形螺纹、英制螺纹。

Lc5C3037　搬运设备时，撬起（下落）设备时，有哪些步骤?

答：(1) 将设备一端撬起，垫上枕木，另一端同样做。

(2) 重复进行操作，逐渐把设备或构件垫高。

(3) 若一次垫不进一枕木，可先垫一小方子，再垫进枕木。

(4) 要将设备或构件从枕木上落下，用类似方法，按与上述相反的步骤操作进行即可。

Lc5C4038　设备的接触电阻过大时有什么危害?

答：(1) 使设备的接触点发热。

(2) 时间过长缩短设备的使用寿命。

(3) 严重时可引起火灾，造成经济损失。

Lc5C3039　常用的减少接触电阻的方法有哪些?

答：(1) 磨光接触面，扩大接触面。

(2) 加大接触部分压力，保证可靠接触。

(3) 采用铜、铝过渡线夹。

Lc5C3040 电气作业人员应具备哪些基本条件？

答：(1) 经医师鉴定无妨碍工作的病症（体格检查每两年至少一次）。

(2) 具备必要的电气知识和业务技能，且按工作性质、熟悉《电业安全工作规程》的相关部分，并经考试合格。

(3) 具备必要的安全生产知识，学会紧急救护法，特别要学会触电急救。

Lc5C5041 固体绝缘材料有何作用？常用的有几种？

答：固体绝缘材料一般在电气设备中起隔离、支撑等作用。常用的有绝缘漆和胶、塑料类、复合材料、天然纤维和纺织品、浸渍织物、云母、陶瓷等。

Lc4C3042 用刮削加工有什么好处？

答：(1) 改善配合表面的精度与粗糙度。

(2) 配合精度得到提高。

(3) 表面粗糙度可以达到7～9。

Lc4C3043 简述耦合电容器的作用。

答：在高压输电线路上输送工频电能的同时，也传输载波通信、继电保护及遥控遥测等高频信号，为了防止工频高电压对设备和人身的危害，在输电线路和载波设备之间接入耦合电容器。

Lc4C5044 何谓绝缘材料的6℃规则？

答：绝缘材料使用的温度超过极限温度时，绝缘材料会迅速劣化，使用寿命会大大缩短。如A级绝缘材料极限工作温度为105℃，当超过极限工作温度6℃时，其寿命会缩短一半左右，这就是6℃热劣化规则。

Lc4C5045　潮湿对绝缘材料有何影响？

答：绝缘材料有一定的吸潮性，由于潮气中含有大量的水分，绝缘材料吸潮后将使绝缘性能大大恶化。这是由于水的相对介电常数很大，致使绝缘材料的介电常数、导电损耗和介质性能角的tanδ增大，导致强度降低，有关性能遭到破坏。因此对每一种绝缘材料必须规定其严格的含水量。

Lc3C2046　怎样才能将检修设备停电？

答：（1）检修设备停电，必须把各方面的电源完全断开。

（2）禁止在只经开关断开电源的设备上工作。

（3）必须拉开隔离开关，使各方向至少有一个明显的断开点。

（4）与停电设备有关的变压器和电压互感器必须从高、低压两侧断开，防止向停电检修设备反送电。

Lc3C3047　检修后的设备符合哪些条件，才可以评价为“优”？

答：（1）检修后消除所有的缺陷，提高了质量及设备的效率，质量标准符合要求的上限。

（2）检修工作进度快，安全性好，无返工，节省工时和材料。

（3）原始记录正确、齐全、准确。

（4）经过了严格的分段验收，并有详细的记录和总结。

Lc3C3048　瓦斯保护是怎样对变压器起保护作用的？

答：（1）变压器内部发生故障时，电弧热量使绝缘油体积膨胀，并大量气化。

（2）大量油、气流冲向油枕。

（3）流动的油流和气流使气体继电器动作，跳开断路器，实现对变压器的保护。

Lc3C4049　对绝缘材料的电气性能有哪些要求？

答：（1）要有耐受高电压的能力。

(2)在最大工作电压的持续作用下和过电压的短时作用下，能保持应有的绝缘水平。

Lc3C5050　真空滤油机是怎样起到滤油作用的？

答：（1）通过滤油纸滤除固体杂质。

（2）通过雾化和抽真空除去水分和气体。

（3）通过对油加热，促进水分蒸发和气体析出。

Lc3C5051　预防断路器载流部分过温的反事故措施有哪些？

答：（1）在交接和预防性试验中，应严格按照有关标准和测量方法检查接触电阻；

（2）定期用红外线测温设备检查开关设备的接头部、隔离开关的导电部分（重点部位：触头、出线座等），特别是在重负荷或高温期间，加强对运行设备温升的监视，发现问题应及时采取措施；

（3）定期检查开关设备的铜铝过渡接头。

Lc2C4052　设备完好率和一级设备占有率如何计算？

答：设置完好率=［(一级设备数+二级设备数)/设备总数］×100%

一级设备占有率=(一级设备数/设备总数)×100%

Lc2C5053　影响介质绝缘程度的因素有哪些？

答：（1）电压作用。

（2）水分作用。

（3）温度作用。

（4）机械力作用。

（5）化学作用。

（6）大自然作用。

Lc2C5054　什么叫中性点位移？

答：三相电路中，在电源电压对称的情况下，如果三相负载对称，根据基尔霍夫定律，不管有无中线，中性点电压都等于零；若三相负载不对称，没有中线或中线阻抗较大，则负载中性点就会出现电压，即电源中性点和负载中性点间电压不再为零，我们把这种现象称为中性点位移。

Lc2C5055　说明密度继电器的结构及工作原理。

答：密度继电器是 SF_6 断路器通用件之一，它通过 C 型自动充气接头与气隔上的 D 型接头连接，储气杯的内腔与气室连通，波纹管内充有规定压力的 SF_6 气体作为比较基准，波纹管的伸缩能触动微动开关。

当断路器气室内气压升高时，波纹管外围气压也随之升高，波纹管微缩，微动开关 PS 触点闭合，发出过压警报信号。当气室内气压下降时，波纹管伸长，微动开关 PA 触点闭合，发出低压警报信号，此时应及时补气。如果压力继续降低，影响断路器的开断性能，则微动开关 PV 触点闭合，闭锁断路器分、合闸控制回路。

Lc1C5056　断路器安装调试结束后，应提交整理哪些资料？各包括哪些内容？

答：应提交厂家及施工资料。厂家资料有说明书、合格证、厂家图纸、出厂试验报告。施工资料有施工记录、安装报告、试验报告、竣工图纸。

Jd5C1057　变电检修常用哪些工器具？

答：（1）常用电工工具（钢丝钳、螺丝刀、电工刀、活动扳手、尖嘴钳）。

（2）公用工具（套扳手、管子钳、平口钳、电钻、电烙铁、砂轮、钳工工具和起重工具）。

（3）常用量具（钢板尺、水平尺、千分尺、游标卡尺）。

（4）仪表（万用表、绝缘电阻表、电桥）。

（5）变电设备检修专用工具。

Jd5C1058　滑车在什么情况下不准使用？

答：使用的滑车或滑车组，必须经常详细检查，下列情况下不准使用：

（1）滑车边缘磨损过多。

（2）有裂纹。

（3）滑车轴弯等有缺陷。

Jd5C1059　使用手锤和大锤应做哪些检查？操作时应注意哪些？

答：应做的检查如下：

（1）大锤和手锤的锤头必须完整，其表面必须光滑微凸，不得有歪斜、缺口、凹入及裂纹等情况。

（2）锤把上不可有油污。

注意事项：

（1）操作时不准戴手套或用单手抡大锤。

（2）周围不准有人靠近。

Jd5C2060　设备运输中常用哪几种方法进行装卸车？

答：设备运输中，常用的装卸方法有机械装卸、扒杆装卸、专用工具装卸、滑滚装卸。

Jd5C2061　简述切削液的种类及作用。

答：切削液分水溶液、乳化液和油液三种。切削液主要作用有冷却、润滑、洗涤和排屑、防锈。

Jd5C2062　在手锯上安装锯条时应注意哪些？为什么？

答：（1）必须使锯齿朝向前推的方向，否则不能进行正常锯割。

（2）锯条的松紧要适当，锯条太松锯割时易扭曲而折断；太紧则锯条承受拉力太大，失去应有的弹性，也容易折断。

（3）锯条装好后检查其是否歪斜、扭曲，如有歪斜、扭曲应加以校正。

Jd5C2063　砂轮在使用时应遵守哪些规定？

答：（1）禁止使用没有防护罩的砂轮。

（2）使用砂轮研磨时，应戴防护眼镜或使用防护玻璃。

（3）用砂轮研磨时应使火星向下。

（4）不准用砂轮的侧面研磨。

Jd5C3064　钻孔时有哪些原因会导致钻头折断？

答：（1）钻头太钝。

（2）转速低而压力大。

（3）切屑堵住钻头。

（4）工件快钻通时进刀量过大。

（5）工件松动及有缺陷等原因，都可能导致钻头折断。

Jd5C3065　钢锯条折断的原因有哪些？

答：（1）锯条装得太紧或太松。

（2）锯割过程中强行找正。

（3）压力太大，速度太快。

（4）新换锯条在旧锯缝中被卡住。

（5）工件快锯断时，掌握不好速度，压力没有减小。

Jd5C3066　为什么锯管子和薄材料时，锯条易断齿？怎样防止？

答：因一般锯条的锯齿较粗，适宜锯较大的断面，锯管子和薄材料时，锯齿很容易被勾住，以致崩断。锯管子时应逐渐变换方向，每个方向只锯到管子的内壁，应使已锯的部分转向锯条推进的方向，锯断为止；锯薄材料应从宽面上锯下，使其形成较大的断面。

Jd5C3067　攻丝时使用丝锥怎样用力？

答：（1）攻丝时，先插入头锥使丝锥中心线与钻孔中心线一致。

（2）两手均匀地旋转并略加压力使丝锥进刀，进刀后不必再加压力。

（3）每转动丝锥一次反转约 45° 以割断切屑，以免阻塞。

（4）如果丝锥旋转困难时不可增加旋转力，否则丝锥会折断。

Jd5C3068　人力搬运肩抬重物时应注意什么？

答：（1）抬杠人之间的身高相差不应太多。

（2）抬杠时，重物离地面高度要小。

（3）应使用合格的麻绳或白棕绳，绳结要牢靠。

（4）抬杠要长，行走时人和重物的最小距离应大于 350mm。

（5）行走时要由一人喊号进行，步调一致，跨步要小。

（6）抬运细长物件时，抬结点应系在重物长的 1/4～1/5 处。

Jd5C3069　钢丝绳及麻绳的保管存放有什么要求？

答：（1）钢丝绳或麻绳均需在通风良好、不潮湿的室内保管，要放置在架上或悬挂好。

（2）钢丝绳应定期上油，麻绳受潮后必须加以干燥，在使用中应避免碰到酸碱液或热体。

Jd5C3070　选用临时地锚时应注意什么？

答：（1）要知道所需用地锚的实际拉力的大小。

（2）了解所选用的被当作地锚的物体本身的稳定性及所允许承受的水平或垂直拉力。

（3）如必须用拉力较大的地锚，使用前要征得现场设计代表的许可或根据其本身结构所能承受的拉力进行验算，确无问题后方能使用。

（4）活动的设备严禁选作地锚。

（5）选用建筑物作地锚时，施工中要有防护措施，严禁损坏。

Jd5C3071　怎样正确使用万用表？

答：（1）使用时应放平，指针指零位，如指针没有指零，需调零。

（2）根据测量对象将转换开关转到所需挡位上。

（3）选择合适的测量范围。

（4）测量直流电压时，一定分清正负极。

（5）当转换开关在电流挡位时，绝对不能将两个测棒直接跨接在电源上。

（6）每挡测完后，应将转换开关转到测量高电压位置上。

（7）不得受震动、受热、受潮等。

Jd5C3072　使用电钻或冲击钻时应注意哪些事项？

答：（1）外壳要接地，防止触电。

（2）经常检查橡皮软线绝缘是否良好。

（3）装拆钻头要用钻锭，不能用其他工具敲打。

（4）清除油污，检查弹簧压力，更换已磨损的电刷，当发生较大火花时要及时修理。

（5）定期更换轴承润滑油。

（6）不能戴手套使用电钻或冲击钻。

Jd5C4073　使用干燥箱时有哪些注意事项？

答：（1）检查干燥箱内部接线绝缘是否良好，电阻丝有无接地现象。

（2）干燥箱本体要接地。

（3）使用干燥箱之前要有防火措施。

（4）干燥油质物品时，要将油滴尽后再进行干燥。

（5）干燥过程中要有专人看管。

（6）干燥箱使用过程中，要有温度计对其进行监视，其最高温度不得超过95℃。

Jd5C4074　使用千斤顶应注意哪些事项？

答：（1）不要超负荷使用。顶升高度不要超过套筒或活塞上的标志线。

（2）千斤顶的基础必须稳定可靠，在松软地面上应铺设垫板以扩大承压面积，顶部和物体的接触处应垫木板，以避免物体损坏及防滑。

（3）操作时应先将物体稍微顶起，然后检查千斤顶底部的垫板是否平整，千斤顶是否垂直。顶升时应随物体的上升在物件的下面垫保险枕木。油压千斤顶放低时，只需微开回油门，使其缓慢下放，不能突然下降，以免损坏内部密封。

（4）如有几台千斤顶同时顶升一个物件时，要统一指挥，注意同时升降，速度要基本相同，以免造成事故。

Jd5C4075　捆绑操作的要点是什么？

答：主要有以下几点：

（1）捆绑物件或设备前，应根据物体或设备的形状及其重心的位置确定适当的绑扎点。一般情况下，构件或设备都设有专供起吊的吊环。未开箱的货件常标明吊点位置，搬运时，应该利用吊环和按照指定吊点起吊。起吊竖直线细长的物件时，应在重心两侧的对称位置捆绑牢固，起吊前应先试吊，如发现倾斜，应立即将物件落下，重新捆绑后再起吊。

（2）捆绑整物还必须考虑起吊时吊索与水平面要有一定的角度，一般以 60° 为宜。角度过小，吊索所受的力过大；角度过大，则需很长的吊索，使用也不方便；同时，还要考虑吊索拆除是否方便，重物就位后，会不会把吊索压住或压坏。

（3）捆绑有棱角的物体时，应垫木板、旧轮胎、麻袋等物，以免使物体棱角和钢丝绳受到损伤。

Jd5C4076　简述套丝步骤。

答：（1）将套丝坯杆端部倒成 30° 角，以使板牙找正。

（2）将坯杆夹在虎钳中间，工件不要露出，以免变形。

（3）攻丝时两手顺时针方向放置板牙架，用力要均匀，使板牙架保持水平。每旋转 1/2～1 周时应倒转 1/4 周，以便切断铁屑。攻丝过程中要加注冷却润滑液。

（4）套 12mm 以上螺丝时，应用可调式板牙，并分 2～3 次套。

Jd5C4077　使用钻床时应注意哪些事项？

答：（1）把钻眼的工件安设牢固后才能开始工作。

（2）清除钻孔内金属碎屑时，必须先停止钻头的转动，不准用手直接清除铁屑。

（3）使用钻床时不准戴手套。

Jd5C4078　使用绞磨应注意什么？

答：（1）应将绞磨安放在较平整并且推杆能回转的地方，

固定绞磨前面的第一个转向滑车时，滑车应与绞磨鼓轮中心基本在一个水平线上。

（2）钢丝绳绕在鼓轮上的圈数一般为4～6圈，工作时将后部钢丝绳用人拉紧，边牵引边收绳，防止钢丝绳在鼓轮上互相滑移。

（3）绞磨用牢固的地锚拉住，不能让绞磨支架产生倾斜或悬空现象，停机时固定住绳头。

Jd4C3079　如何检查锉削平面的平直度？

答：（1）用直尺作透光检查。将直尺搁在平面上，如没有透光的空隙，说明表面平正；如有均匀的空隙，说明表面锉得较平，较粗糙；如露出不均匀的透光空隙，说明表面锉削高低不平。

（2）用涂色法检查。将与工件平面配合的零件表面（或标准平面）涂一层很薄的涂料，然后将它们互相摩擦，工件上留下颜色的地方就是要锉去的地方，如颜色呈点状均匀分布，说明锉削很平。

Jd4C3080　固定连接钢丝绳端部有什么要求？

答：固定钢丝绳端部应注意以下几点：

（1）选用夹头时，应使U形环内侧净距比钢丝绳直径小1～3mm，若太大了卡不紧，易发生事故。

（2）上夹头时，一定要将螺栓拧紧，直到绳被压扁1/4～1/3直径时为止；在绳受力后再紧一次螺栓。

（3）U形部分与绳头接触，夹头要一顺排列。如U形部分与主绳接触，则主绳被压扁受力后容易产生断丝。

（4）在最后一个受力卡子后面大约500mm处，再安装一个卡头，并将绳头放出一个安全弯，这样当受力的卡头滑动时，安全弯首先被拉直，可立即采取措施处理。

Jd4C3081　简述用绝缘电阻表测量绝缘电阻的具体步骤。

答：（1）将被测设备脱离电源，并进行放电，再把设备清扫干净（双回线，双母线，当一路带电时，不得测量另一路的绝缘电阻）。

（2）测量前应先对绝缘电阻表做一次开路试验（测量线开路，摇动手柄，指针应指“∞”）和一次短路试验（测量线直接短接一下，摇动手柄，指针应指“0”），两测量线不准相互缠交。

（3）在测量时，绝缘电阻表必须放平。以120r/min的恒定速度转动手柄，使表指针逐渐上升，直到出现稳定值后，再读取绝缘电阻值（严禁在有人工作的设备上进行测量）。

（4）对于电容量大的设备，在测量完毕后，必须将被测设备进行对地放电（绝缘电阻表没停止转动时及放电设备切勿用手触及）。

（5）记录被测设备的温度和当时的天气情况。

Jd4C4082　使用滑车时应注意哪些事项？

答：（1）严格遵守滑车出厂安全起重量的要求，其轮直径的大小、轮槽的宽窄应与配合使用的钢丝绳的直径大小相配合。

（2）检查各部分是否良好，如有缺陷不能使用。

（3）在受力方向变化较大的地方和高空作业中，不宜使用吊钩式滑车，应选用吊环式滑车以防脱钩。

（4）使用期间，滑车的轮和轴要定期加油润滑，减少摩擦和防止生锈。

（5）使用中还应注意绳子的牵引力方向和导向轮的位置是否正确，防止绳子脱槽卡死而发生事故。

Jd4C5083　简述圆锥销的装配工艺。

答：（1）圆锥销装配时，两连接销孔座一起钻铰。

（2）钻孔时按小直径的圆锥销选用钻头。

（3）铰孔时用试装法控制孔径，以圆锥自由地插入全长的80%～85%为宜。然后用锤轻轻击入孔中。

（4）销子的大端略突出零件外表面，突出值约为倒棱值。

（5）为了保证圆锥销接触精度，圆锥表面与销孔接触面用涂色法进行检查，应大于70%。

Jd4C5084　对重大物件的起重、搬运有什么要求？

答：一切重大物件的起重、托运工作，需由有经验的专人负责进行，参加工作人员应熟悉起重搬运方案和安全措施，起重搬运时，只能由一人指挥。钢丝绳夹角一般不得超过90°。

Jd4C5085　用管子滚动搬运时应遵守哪些规定？

答：（1）应有专人负责指挥。

（2）所使用的管子能承受重压，直径相同。

（3）承受重物后，两端各露出约30cm，以便调解转变。

（4）滚动搬运中，放置管子应在重物移动的方向前，并有一定的距离。禁止用手去拿受压的管子，以防压伤手指。

（5）上坡时应用木楔垫牢管子，以防管子滚下；下坡时，必须用绳子拉住重物的重心，防止下滑过快。

Jd3C4086　在工地上怎样二次搬运无包装的套管或绝缘子？

答：（1）利用车轮放倒运输时，应在车上用橡皮或软物垫稳，并与车轮相对捆绑牢固、垫好以减少震动，以免自相碰撞或与车轮摩擦造成损坏。

（2）利用车轮竖立运输时，应把绝缘子上、中、下与车轮的四角用绳索捆牢，并注意避开运输线路中所有的空中障碍物，以免造成倾斜和撞坏。

（3）利用滚动法竖立搬运时，应将瓷件与拖板之间牢固连接，并在瓷件顶端用木棒撑在拖板上，用麻绳将木棒和绝缘子绑紧，在拖板下的滚杠应比一般托运多而密，防止前后摇晃而发生倾倒。

Jd2C4087　变压器、大件电气设备运输应注意哪些事项？

答：（1）了解两地的装卸条件，并制订措施。

（2）对道路进行调查，特别对桥梁等进行验算，制订加固措施。

（3）应有防止变压器倾斜翻倒的措施。

（4）道路的坡度应小于15°。

（5）与运输道路上的电线应有可靠的安全距离。

（6）选用合适的运输方案，并遵守有关规定。

（7）停运时应采取措施，防止前后滚动，并设专人看护。

Jd1C3088　220kV 以上变压器在吊罩前应准备好哪些主要设备和工器具？

答：主要有：

（1）30T 及以上的吊车一台及合适的吊具、绳索。

（2）滤油机、真空泵、烤箱和一般手用工具。

（3）拆大盖螺丝用的扳手及临时固定胶垫用的夹子。

（4）足量合格的变压器油。

（5）温度计、湿度计、测量直流电阻及铁芯绝缘用的仪器、仪表。

（6）消防器材、白布、酒精、绝缘布带、绝缘漆等消耗材料。

Jd1C3089　变压器吊芯起吊过程中应注意哪些事项？

答：（1）吊芯前应检查起重设备，保证其安全可靠。

（2）使用的钢丝绳经过计算应符合要求。

（3）钢丝绳起吊夹角应在30°左右，最大不超过60°。

（4）起吊时器身上升应平稳、正直，并有专人监护。

（5）吊起 100mm 左右后，检查各受力部分是否牢固，刹车是否灵活可靠，然后方可继续起吊。

Jd1C3090　麻绳子或棉纱绳在不同状态下的允许荷重是怎么规定的？

答：（1）麻绳子（棕绳）或棉纱绳，用做一般的允许荷重的吊重绳时，应按 $1kg/mm^2$ 计算。

（2）用作捆绑绳时，应按其断面积 $0.5kg/mm^2$ 计算。

（3）麻绳、棕绳或棉纱绳在潮湿状态下，允许荷重应减少一半。

（4）涂沥青纤维绳在潮湿状态，应降低 20%的荷重使用。

Je5C1091　隔离开关检修周期是什么？

答：检修周期为大修一般 4～5 年一次，根据运行和缺陷情况大修间隔时间可适当缩短或延长；小修每年安排一次，污秽严重地区可增加次数。经完善化以后的隔离开关大修周期为 8 年一次。

Je5C1092　混凝土的养护有哪些要求？

答：（1）浇制好的混凝土要进行养护，防止其因干燥而龟裂，养护必须在浇后 12h 内开始，炎热或有风天气 3h 后就开始。

（2）养护日期一般为 7～14 天，在特别炎热干燥地区，还应加长浇水养护日期。

（3）养护方法可直接浇水或在混凝土基础上覆盖草袋稻草等，然后再浇水。

Je5C1093　电容器的搬运和保存应注意什么？

答：（1）搬运电容器时应直立放置，严禁搬拿套管。

（2）保存电容器应在防雨仓库内，周围温度应在–40～+50℃

范围内，相对湿度不应大于95%。

（3）户内式电容器必须保存于户内。

（4）在仓库中存放电容器应直立放置，套管向上，禁止将电容器相互支撑。

Je5C2094　电缆敷设后进行接地网作业时应注意什么？

答：（1）挖沟时不能伤及电缆。

（2）电焊时地线与相线要放到最近处，以免烧伤电缆。

Je5C2095　高压断路器检修可分为哪几种类型？

答：大修（也称恢复性检修）、小修（也称定期维修）、临时性检修（也称事故检修）。

Je5C2096　在电容器组上或进入其围栏内工作时应遵守什么规定？

答：在电容器组上或进入其围栏内工作时，应将电容器逐个多次放电并接地后，方可进行。

Je5C2097　硬母线哪些地方不准涂漆？

答：母线的下列各处不准涂漆：

（1）母线各部连接处及距离连接处10cm以内的地方。

（2）间隔内硬母线要留50～70mm用于停电挂接临时地线用。

（3）涂有温度漆（测量母线发热程度）的地方。

Je5C2098　避雷器在安装前应检查哪些项目？

答：（1）设备型号要与设计相符。

（2）瓷件或复合绝缘子应无裂纹、破损，瓷套或复合绝缘子与法兰间的结合应良好。

（3）向不同方向轻摇动，内部应无松动响声。

（4）组合元件经试验合格，底座和拉紧绝缘子的绝缘应良好。

Je5C2099 电压互感器在一次接线时应注意什么？

答：（1）要求接线正确，连接可靠。

（2）电气距离符合要求。

（3）装好后的母线，不应使互感器的接线端承受机械力。

Je5C2100 取变压器及注油设备的油样时应注意什么？

答：（1）取油样应在空气干燥的晴天进行。

（2）装油样的容器，应刷洗干净，并经干燥处理后方可使用。

（3）油样应从注油设备底部的放油阀来取，擦净油阀，放掉污油，待油干净后取油样，取完油样后尽快将容器封好，严禁杂物混入容器。

（4）取完油样后，应将油阀关好以防漏油。

Je5C2101 绝缘油净化处理有哪几种方法？

答：主要有：

（1）沉淀法。

（2）压力过滤法。

（3）热油过滤与真空过滤法。

Je5C2102 起动电动机时应注意什么？

答：（1）起动前检查电动机附近是否有人或其他物体，以免造成人身及设备事故。

（2）电动机接通电源后，如果有电动机不能起动或起动很慢、声音不正常、传动机械不正常等现象，应立即切断电源检查原因。

（3）起动多台电动机时，一般应从大到小有秩序地一台台起动，不能同时起动。

（4）电动机应避免频繁起动，尽量减少起动次数。

Je5C2103　在检查耐张线夹时，需检查哪些内容？

答：应检查线夹上的：

（1）V形螺丝和船型压板；

（2）销钉和开口销；

（3）垫圈和弹簧垫及螺帽等；

（4）零件是否齐全，规格是否统一。

Je5C2104　电力电容器在安装前应检查哪些项目？

答：（1）套管芯棒应无弯曲和滑扣现象。

（2）引出线端连接用的螺母垫圈应齐全。

（3）外壳应无凹凸缺陷，所有接缝不应有裂纹或渗油现象。

Je5C2105　高压断路器装油量过多或过少对断路器有什么影响？

答：（1）油断路器在断开或合闸时产生电弧，在电弧高温作用下，周围的油被迅速分解气化，产生很高的压力，如油量过多而电弧尚未切断，气体继续产生，可能发生严重喷油或油箱因受高压力而爆炸。

（2）如油量不足，在灭弧时，灭弧时间加长甚至难以熄弧，含有大量氢气、甲烷、乙炔和油蒸汽的混合气体泄入油面上空并与该空间的空气混合，比例达到一定数值时也能引起断路器爆炸。

Je5C3106　运输卧放的细长套管，在安装时应注意什么？

答：（1）在竖立安装前必须将套管在空中翻身。

（2）在翻竖过程中套管的任何一点都不能着地。

（3）应采用较柔软的绳索，起吊、落钩速度应尽量缓慢。

（4）套管吊环在下部吊装时，必须用麻绳将吊绳和绝缘子上部捆牢，防止倾倒。

Je5C3107　在转轴上装配 D 型及 V 型密封圈时应注意哪些事项？

答：（1）在组装时，不仅要注意按顺序依次装入各密封部件，而且要注意密封件的清洁和安装方向。

（2）为减小各摩擦表面上产生的摩擦力，组装时可在胶圈内外圆周上、转轴、转轴孔上薄薄涂抹一层中性凡士林。

Je5C3108　变压器套管在安装前应检查哪些项目？

答：（1）瓷套表面有无裂纹伤痕。

（2）套管法兰颈部及均压球内壁是否清洁干净。

（3）套管经试验是否合格。

（4）充油套管的油位指示是否正常，有无渗油现象。

Je5C3109　导线接头的接触电阻有何要求？

答：（1）硬母线应使用塞尺检查其接头紧密程度，如有怀疑时应做温升试验或使用直流电源检查接点的电阻或接点的电压降。

（2）对于软母线仅测接点的电压降，接点的电阻值不应大于相同长度母线电阻值的 1.2 倍。

Je5C3110　对二次回路电缆的截面有何要求？

答：为确保继电保护装置能够准确动作，对二次回路电缆截面根据规程要求，铜芯电缆不得小于 1.5mm^2；铝芯电缆不小于 2.5mm^2；电压回路带有阻抗保护的采用 4mm^2 以上铜芯电缆；电流回路一般要求 2.5mm^2 以上的铜芯电缆，在条件允许的情况下，尽量使用铜芯电缆。

Je5C3111　断路器的触头组装不良有什么危害？

答：会引起接触电阻增大，运动速度失常，甚至损伤部件。

Je5C3112　并联电容器定期维修时，应注意哪些事项？

答：（1）维修或处理电容器故障时，应断开电容器的断路器，拉开断路器两侧的隔离开关，并对并联电容器组完全放电且接地后，才允许进行工作。

（2）检修人员戴绝缘手套，用短接线对电容器两极进行短路后，才可接触设备。

（3）对于额定电压低于电网电压、装在对地绝缘构架上的电容器组停用维修时，其绝缘构架也应接地。

Je5C3113　硬母线引下线的尺寸有哪两种确定方法？

答：（1）用吊中线，量尺寸，弹实样的方法。

（2）制作样板的施工方法。

Je5C3114　硬母线怎样进行调直？

答：具体方法如下：（1）放在平台上调直，平台可用槽钢，钢轨等平整材料制成。

（2）应将母线的平面和侧面都校直，可用木槌敲击调直。

（3）不得使用铁锤等硬度大于铝带的工具。

Je5C3115　绝缘子串、导线及避雷线上各种金具的螺栓的穿入方向有什么规定？

答：（1）垂直方向者一律由上向下穿。

（2）水平方向者顺线路的受电侧穿；横线路的两边线由线路外侧向内穿，中相线由左向右穿（面向受电侧），对于分裂导线，一律由线束外侧向线束内侧穿。

（3）开口销，闭口销，垂直方向者向下穿。

Je5C3116　气体继电器如何安装？

答：（1）检验气体继电器是否合格。

（2）应水平安装，顶盖上标示的箭头指向储油柜。

（3）允许继电器的管路轴线往储油柜方向的一端稍高，但与水平面倾斜不应超过 4%。

（4）各法兰的密封垫需安装妥当。

（5）不得遮挡油管路通径。

Je5C3117　对室内电容器的安装有哪些要求？

答：室内电容器的安装时要求：

（1）应安装在通风良好，无腐蚀性气体以及没有剧烈振动，冲击，易燃，易爆物品的室内。

（2）安装电容器根据容量的大小合理布置，并应考虑安全巡视通道。

（3）电容器室应为耐火材料的建筑，门向外开，要有消防措施。

Je5C3118　电缆护层的作用是什么？

答：内衬层起铠装衬垫和金属护套的作用；铠装层主要起抗压或抗张的机械保护作用；外被层主要对铠装起防蚀保护作用。

Je5C3119　高压电力电容器上装设串联电抗器的作用？

答：主要作用是抑制高次谐波，限制合闸涌流和短路电流，保护电容器正常运行。

Je5C3120　互感器安装时应检查哪些内容？

答：主要有以下内容：

（1）安装前检查基础、几何尺寸是否符合设计要求，有无变动，误差是否在允许范围内。

（2）同一种类型同一电压等级的互感器在并列安装时要在同一平面上。

（3）中心线和极性方向也应一致。

（4）二次接线端及油位指示器的位置应位于便于检查的一侧。

Je5C3121　室外隔离开关水平拉杆怎样配制？

答：具体方法如下：

（1）根据相间距离，锯切两根瓦斯管，其长度为隔离开关相间距离减去连接螺丝及连接板的长度，并使配好的拉杆有伸长或缩短的调整余度。

（2）分别将连接螺丝插入瓦斯管两端，用电焊焊牢，再装上锁紧螺母及连板，焊接时不要使连接头偏斜。

（3）将栏杆两头与拐臂上的销钉固定起来。

Je5C3122　GW5—110 型隔离开关三相接触同期误差大时应如何调整？

答：（1）改变相间连杆的长度。

（2）利用底座上球面调整环节，松紧其周围的 4 个调节螺钉，同时观察底座内伞齿轮的啮合情况，卡劲时可移动伞齿轮位置，调整时不要使绝缘子柱向两侧倾倒。

Je5C3123　为什么要对隔离开关接触面进行检修，如何检修？

答：隔离开关的接触面在电流和电弧的热作用下，会产生氧化铜膜和烧伤痕迹。在检修时对非镀银触指用锉刀及砂布进行清除和加工，对镀银触指用 25.28%氨水浸泡后用尼龙刷子刷去硫化银层或用清水洗，使接触面平整并具有金属光泽，然后涂上中性凡士林油。

Je5C3124　少油断路器的灭弧室应如何进行清洗和检查？

答：（1）将取出的部件放入清洁的变压器油中清洗，并用干燥的白布擦净。

（2）检查其有无缺陷。

（3）注意检查动、静触头及灭弧装置是否完好。

（4）检查密封油毡垫等有无损坏及变形。

Je5C3125　少油断路器导电杆行程第1次测量时应注意什么？

答：测量前要进行慢合操作，观察有无卡涩现象，防止在快速合闸时因超行程过大而顶坏其他零件。

Je5C3126　断路器的油缓冲器在检修和安装时有哪些要求？

答：有以下要求：

（1）清洁。

（2）牢固可靠。

（3）动作灵活。

（4）无卡阻、回跳现象。

（5）注入的油要合格且油位符合要求。

Je5C3127　互感器哪些部位应妥善接地？

答：（1）互感器外壳。

（2）分级绝缘的电压互感器的一次绕组的接地引出端子。

（3）电容型绝缘的电流互感器的一次绕组包绕的末屏引出端子及铁芯引出接地端子。

（4）暂不使用的二次绕组。

Je5C4128　影响断路器触头接触电阻的因素有哪些？

答：主要有：

（1）触头表面加工状况。

（2）触头表面氧化程度。

（3）触头间的压力。

（4）触头间的接触面积。

（5）触头的材质。

Je5C4129　隔离开关可能出现哪些故障？

答：主要有：

（1）触头过热。

（2）绝缘子表面闪络和松动。

（3）隔离开关拉不开或合不上。

（4）触指自动断开。

（5）触指弯曲。

（6）机械闭锁卡死，不能操作。

（7）不能电动操作。

Je5C4130　隔离开关的小修项目有哪些要求？

答：检修前应先了解该设备运行中的缺陷，然后主要进行下列检查：

（1）清扫检查瓷质部分及绝缘子浇接口处有无缺陷。

（2）试验各转动部位有无卡涩，并注润滑油。

（3）清洗动、静触头，检查其接触情况，触指弹簧片应不失效。

（4）检查各相引线卡子及导电回路连接点。

（5）检查三相接触深度和同期情况。

（6）检查电气或机械闭锁情况，对于电动机构或液压机构，应转动检查各部分附件装置。

最后填好检修记录。

Je5C5131　隔离开关的大修项目主要有哪些？

答：大修项目中包括全部小修项目，主要有：

（1）列为大修的隔离开关应解体清扫检查。

（2）对各导电回路的连接点均应检修，必要时应做接触电阻测试，对轴承及转动的轴销应解体清洗处理，然后加润滑油。

（3）对电动机构各传动零部件、电气回路、辅助设备检查调试。

（4）液压机构要解体清洗、换油、试漏。按该型号隔离开关的技术要求进行全面调整试验，金属支架及易锈的金属部件要去锈、刷漆，适当部分刷相位标志。

（5）最后填写大修记录。

Je4C2132　软母线施工中如何配备设备线夹？

答：具体方法如下：

（1）首先了解各种设备的接线端子的大小、材质、形状和角度。

（2）根据断面图中各种设备的高度差，配合适当的设备线夹，要考虑美观。

Je4C2133　如何检修断路器的合闸接触器？

答：（1）拆下灭弧罩，用细锉将烧伤的触头锉平，用细砂布打光并用毛刷清扫各部件，有严重缺陷的应更换。

（2）根据要求调整触头开距和超行程。

（3）装上灭弧罩后检查动作情况，动作应灵活无卡涩现象。

（4）做低电压启动及返回试验，测量直流电阻值。

（5）检查动、静触头开距，接触后有2～3mm的压缩量，弹簧有适当压力。

Je4C2134　怎样进行SW6型断路器的铝帽盖试漏？如有渗油如何处理？

答：可将外面油漆除掉涂上白粉后，内侧浇入煤油，放2h后，观察其是否有渗漏油现象，若有则说明有砂眼。有备件可更换，无备件时可在内部表面涂一层环氧树脂胶。

Je4C2135　液压机构的储压筒储存能量的方式有哪几种？

答：主要有下列两种：

（1）利用氮气来储存能量，即在储压筒活塞的上部充入规定预充压力的氮气。氮气受压缩时就储存能量。这是目前普遍采用的一种方式。

（2）弹簧储能方式，即结构上使储压筒活塞与专用蝶形弹簧相连。油泵打压时，被压的液压油推动储压筒活塞压缩蝶形弹簧储能。这种结构可避免氮气腔的漏氮问题，提高了可靠性。例如，ABB公司的ELP SP型SF_6断路器是采用这种结构的液压机构。

Je4C2136　简述高压断路器检修前的准备工作。

答：（1）根据运行、试验发现的缺陷及上次检修后的情况，确定重点检修项目，编制检修计划。

（2）讨论检修项目、进度、需消除缺陷的内容以及有关安全注意事项。

（3）制订技术措施，准备有关检修资料及记录表格和检修报告等。

（4）准备检修时必需的工具、材料、测试仪器和备品备件及施工电源。

（5）按部颁《电业安全工作规程》规定，办理工作票许可手续，做好现场检修安全措施，完成检修开工手续。

Je4C2137　SW4—110型少油断路器解体大修后，调试前的准备工作有哪些？

答：将断路器按要求全部装复后，用合格变压器油清洗断路器内部，并向三角腔内注油，油位要超过缓冲器高度。慢分、慢合一下，检查断路器有无卡涩现象，最后接上断路器操作电源。

Je4C3138　安装变压器套管前应做哪些准备工作？

答：（1）提前竖立存放并进行外观检查，确认套管完整、无渗漏油现象。

（2）对纯瓷套管做耐压及绝缘电阻试验，对充油套管要另外做绝缘油的性能试验。

Je4C3139　SW2—220 型断路器在调整完、注油前应进行的试验项目有哪些？

答：（1）操作线圈的直流电阻、绝缘电阻及交流耐压试验。

（2）开关最低动作电压及线圈返回电压试验。

（3）分、合闸时间，同期和速度测量。

Je4C3140　引起隔离开关触指发生弯曲的原因是什么？

答：引起隔离开关触指发生弯曲的原因是由于触指间的电动力方向交替变化或调整部位发生松动，触指偏离原来位置而强行合闸使触指变形。处理时，检查接触面中心线应在同一直线上，调整刀片或瓷柱位置，并紧固松动的部件。

Je4C3141　测二次回路的绝缘应使用多大的绝缘电阻表？其绝缘电阻的标准是多少？

答：测二次回路的绝缘电阻应使用 1kV 绝缘电阻表，如果没有 1kV 的也可以用 500V 绝缘电阻表。绝缘电阻的标准是：运行中的绝缘电阻不应低于 1MΩ，新投入的室内绝缘电阻不低于 20MΩ，室外绝缘电阻不低于 10MΩ。

Je4C3142　变电站接地网的维护测量有哪些要求？

答：根据不同作用的接地网，其维护测量的要求也不同，具体内容如下：

（1）有效接地系统电力设备接地电阻，一般不大于 0.5Ω。

（2）非有效接地系统电力设备接地电阻，一般不大于 10Ω。

（3）1kV 以下电力设备的接地电阻，一般不大于 4Ω。

（4）独立避雷针接地网接地，一般不大于 10Ω。

Je4C3143　测量电容器时应注意哪些事项？

答：（1）用万用表测量时，应根据电容器的额定电压选择挡位。例如，电子设备中常用的电容器电压较低，只有几伏到十几伏，若用万用表 R×10k 挡测量，由于表内电池电压为 12～22.5V，很可能使电容器击穿，故应选用 R×1k 挡测量。

（2）对于刚从线路中拆下来的电容器，一定要在测量前对电容器进行放电，以防电容器中的残存电荷向仪表放电，使仪表损坏。

（3）对于工作电压较高，容量较大的电容器，应对电容器进行足够的放电，放电时操作人员应有防护措施以防发生触电事故。

Je4C3144　试述 110kV 串级式电压互感器支架更换工艺。

答：（1）将电压互感内变压器油放净，拆掉瓷套，将合格支架用干净的绸布擦净。拆下 1 根旧的，再换上 1 根合格的，并紧固，依次操作换完 4 根支架后，铁芯绕组仍保持原状。

（2）支架更换完毕，用干净绸布将互感器内各部分擦净，吊装瓷套，组装密封，再将电压互感器抽真空，残压不大于 665Pa，维持 48h，然后再边抽真空边注油。注油管口径不得大于 3mm，分 3 次注油，每次间隔 4h，注满油再抽真空 8h 即可。

Je4C3145　清洗检查液压机构油泵系统有哪些内容？

答：（1）检查铜滤网是否洁净。

（2）检查逆止阀处的密封圈有无受损。

（3）检查吸油阀阀片密封状况是否良好，并注意阀片不要装反。

Je4C3146　说明真空注油的步骤。

答：当容器真空度达到规定值时，即可在不解除真空的情况下，由油箱下部油门缓慢注入绝缘油，油的温度应高于器身温度。220kV 及以上电压等级者注油时间不宜少于 6h，110kV 不宜少于 4h。注油后继续保持真空 4h，待彻底排出箱内空气，方可解除真空。

Je4C3147　安装手车式高压断路器柜时应注意哪些问题？

答：（1）地面高低合适，便于手车顺利地由地面过渡到柜体。

（2）每个手车的动触头应调整一致，动静触头应在同一中心线上，触头插入后接触紧密，插入深度符合要求。

（3）二次线连接正确可靠，接触良好。

（4）电气或机械闭锁装置应调整到正确可靠。

（5）门上的继电器应有防振圈。

（6）柜内的控制电缆应固定牢固，并不妨碍手车的进出。

（7）手车接地触头应接触良好，电压互感器、手车底部接地点必须接地可靠。

Je4C3148　硬母线常见故障有哪些？

答：（1）接头因接触不良，电阻增大，造成发热严重使接头烧红。

（2）支持绝缘子绝缘不良，使母线对地的绝缘电阻降低。

（3）当大的故障电流通过母线时，在电动力和弧光作用下，使母线发生弯曲、折断或烧伤。

Je4C3149　绝缘子发生闪络放电现象的原因是什么？如何处理？

答：原因是：

（1）绝缘子表面和瓷裙内落有污秽，受潮以后耐压强度降低，绝缘子表面形成放电回路，使泄漏电流增大，当达到一定值时，造成表面击穿放电。

（2）绝缘子表面落有污秽虽然很小，但由于电力系统中发生某种过电压，在过电压的作用下使绝缘子表面闪络放电。

处理方法是：绝缘子发生闪络放电后，绝缘子表面绝缘性能下降很大，应立即更换，并对未闪络放电绝缘子进行防污处理。

Je4C3150　引起隔离开关触头发热的原因是什么？

答：（1）隔离开关过载或者接触面不严密使电流通路的截面减小，接触电阻增加。

（2）运行中接触面产生氧化，使接触电阻增加。因此，当电流通过时触头温度就会超过允许值，甚至有烧红熔化以至熔接的可能。在正常情况下触头的最高允许温度为75℃，因此应调整接触电阻使其值不大于规定值。

Je4C4151　ZN28 真空断路器检修时如何更换真空灭弧室？

答：具体更换步骤如下：

先拧开上出线座螺钉，卸下上出线座。然后卸下轴销，拧松导电夹螺栓，并拧下下出线座上的螺钉。最后双手握住灭弧室向上提起，即可卸下灭弧室。

复装时，先将灭弧室导电杆用刷子刷出金属光泽，进行清洗处理，并涂上中性凡士林。然后双手握住灭弧室往下装入固定板大孔中，并将导电杆插入导向套中。最后按拆卸相反次序依次固定各部螺栓。注意三相上出线座的垂直位置和水平位置相差不应超过1mm，特别应注意紧固好导电夹的螺钉。

Je4C4152　SN10—10Ⅱ型断路器导电回路包括哪些元件？大修后回路电阻应为多少？若不合格应处理哪些部位？

答：导电回路包括从下接线座、导电条、导电杆、滚动触头、动触头、静触指、静触座、静触头架到上接线座。下接线座与导电条用螺栓固定在平面接触，滚动触头在压缩弹簧作用下与导电条及导电杆接触，触指在弹簧片作用下与导电杆的动触头及静触座接触，静触座与触头架用螺栓固定接触，上接线座与触头架平面接触。大修后，回路电阻应小于 60μΩ。不合格应查找以上部位烧伤程度是否符合要求，接触是否良好，尤其是上接线座与触头架接触是否紧密，静触座装配弹簧片有无变形和损坏，滚动触头弹簧特性是否符合要求等。

Je4C4153　给运行中的变压器补充油时应注意什么？

答：（1）注入的油应是合格油，防止混油。

（2）补充油之前把重瓦斯保护改至信号位置，防止误动跳闸。

（3）补充油之后检查气体继电器，并及时放气，然后恢复。

Je3C4154　变电检修工应自行掌握的电气测试项目有哪些？

答：（1）绝缘电阻的测试。

（2）接触电阻的测试。

（3）直流电阻的测试。

（4）动作特性试验。

Je4C4155　影响载流体接头接触电阻的主要因素是什么？

答：影响接触电阻的主要因素有以下几个方面：

（1）施工时接头的结构是否合理。

（2）使用材料的导电性能是否良好；接触性能是否良好（严格按工艺制作）。

（3）所用材料与接触压力是否合适，接触面的氧化程度如何等，都是影响接触电阻的因素。为防止接头发热，在设计和施工中应尽量减少以上几方面的影响。

Je4C4156 调整隔离开关的主要标准是什么？

答：调整隔离开关的主要标准如下：

（1）三相不同期差（即三极连动的隔离开关中，闸刀与静触头之间的最大距离）。不同期差值越小越好，在开、合小电流时有利于灭弧及减少机械损伤。差值较大时，可通过调整拉杆绝缘子上螺杆、拧入闸刀上螺母的深浅来解决（若安装时隔离开关已调整合格，只需松紧螺杆 1～2 扣即可），调整时需反复、仔细进行。

（2）合闸后剩余间隙（指合闸后，闸刀底面与静触头底部的最小距离），应保持适当的剩余间隙。

（3）机械闭锁间隙应调整至 3～8mm。

（4）分合闸止钉间隙调整至 1～3mm。

Je4C4157 在绝缘子上固定矩形母线有哪些要求？

答：绝缘子上固定母线的夹板，通常都用钢材料制成，不应使其形成闭合磁路。若形成闭合磁路，在夹板和螺栓形成的环路中将产生很大的感应环流，使母线过热，在工作电流较大的母线上，这种情况更严重。

为避免形成闭合磁路，两块夹板均为铁质的时，两个紧固螺栓应一个用铁质的，另一个用铜质的。另外还可以采用开口卡板固定母线，也可以两块夹板一块为铁质，一块为铝质，两个紧固螺栓均为铁质。

Je4C4158 断路器的辅助接点有哪些用途？

答：断路器靠本身所带常开、常闭接点的变换开合位置，来接通断路器机构合、跳闸控制回路和音响信号回路，达到断路器断开或闭合电路的目的，并能正确发出音响信号，启动自动装置和保护闭锁回路等。当断路器的辅助接点用在合、跳闸回路时，均应带延时。

Je4C4159　如何调整SW6—220型断路器的合闸保持弹簧？

答：断路器在合闸位置时，合闸保持弹簧的有效长度为（455±5）mm，松紧弹簧尾部的调节螺帽即可调整弹簧长度。

Je4C5160　弹簧操作机构在调整时应遵守哪四项规定？

答：（1）严禁将机构“空合闸”。

（2）合闸弹簧储能时，牵引杆的位置不得超过死点。

（3）棘轮转动时不得提起或放下撑牙，以防止引起电动机轴和手柄弯曲。

（4）当手动慢合闸时，需要用螺钉将撑牙支起，在结束后应将此螺钉拆除，防止在快速动作时损坏机构零件。

Je4C5161　变压器、电抗器、互感器，干燥过程中有哪些安全注意事项？

答：（1）绝缘油的温度控制要严格，温度过高油会老化。

（2）特别注意各部分温度的控制，不能超过规定的温度，以防发生绝缘损坏和火灾。

（3）按防火要求配备消防用具，制定安全防火措施。

Je4C5162　长期运行的隔离开关，其常见的缺陷有哪些？

答：（1）触头弹簧的压力降低，触头的接触面氧化或积存油泥而导致触头发热。

（2）传动及操作部分的润滑油干涸，油泥过多，轴销生锈，个别部件生锈以及产生机械变形等，以上情况存在时，可导致隔离开关的操作费力或不能动作，距离减小以致合不到位和同期性差等缺陷。

（3）绝缘子断头、绝缘子折伤和表面脏污等。

Je3C2163　ZN28—10系列真空断路器在哪些情况下应更

换真空灭弧室？

答：（1）断路器动作达 10 000 次。

（2）满容量开断短路电流 30 次。

（3）触头电磨损达 3mm 及以上。

（4）真空灭弧室内颜色异常或耐压不合格，证明灭弧室真空度下降。

Je3C3164　SF_6 气体绝缘组合电器（GIS）的小修项目有哪些？

答：GIS 小修项目有：

（1）密度计、压力表的校验；

（2）SF_6 气体的补气、干燥、过滤，由 SF_6 气体处理车进行。

（3）导电回路接触电阻的测量。

（4）吸附剂的更换。

（5）液压油的补充更换。

（6）不良紧固件或部分密封环的更换。

Je3C3165　如何对 110kV 及以上油断路器进行验收？

答：（1）审核断路器的调试记录。

（2）检查断路器的外观，包括油位及密封情况，瓷质部分、接地应完好，各部分无渗漏油等。

（3）机构的二次线接头应紧固，接线正确，绝缘良好；接触器无卡涩，接触良好；辅助断路器打开距离合适，动作接触无问题。

（4）液压机构应无渗油现象，各管路接头均紧固，各微动断路器动作正确无问题，预充压力符合标准。

（5）手动合闸不卡劲、抗劲，电动分合动作正确，保护信号灯指示正确。

（6）记录验收中发现的问题及缺陷，上报有关部门。

Je3C3166　如何检修液压机构（CY3 型）的分闸阀？

答：（1）将分闸阀解体后，检查球阀与阀口的密封情况，钢球应无伤痕、锈蚀，阀座密封面宽度不应超过 0.5mm，更换密封圈。将球阀堵在阀口上，用口抽气，如能将钢球抽住，则合格；抽不住时，可用金刚砂研磨或者将球阀放在阀口上用铜棒顶住垫打。

（2）检查复位弹簧，是否有变形，弹力是否正常，发现弹力下降的可更换。

（3）检查都无问题后，用液压油将阀体、阀座和各零件冲洗干净，最后按与拆卸相反的顺序装好。

Je3C3167　CY4 型机构的储压器分解后，应检查哪些方面？

答：（1）检查缸体内壁和活塞表面有无划伤、变形和锈蚀现象。轻微划伤、锈蚀，可用 800 号水砂纸打光，严重变形、划伤和锈蚀的应更换。

（2）检查活塞杆是否弯曲，表面是否光洁，有无磨损和锈蚀现象。

（3）检查连接板有无变形。

Je3C3168　一般影响断路器（电磁机构）分闸时间的因素有哪些？

答：（1）分闸铁芯的行程；

（2）分闸机构的各部分连板情况；

（3）分闸锁扣扣入的深度；

（4）分闸弹簧的情况；

（5）传动机构、主轴、中间静触头机构等处情况。

Je3C3169　SW6—110 型断路器的灭弧片受潮后如何处理？

答：（1）可进行干燥，干燥前应清洗干净。

（2）干燥的温度为80～90℃。

（3）升温时间不小于12h。

（4）干燥时间为48h。

（5）取出后立即放入合格的绝缘油中，以防再次受潮。

（6）还需进行耐压试验，合格后方可使用。

Je3C4170　SN10型断路器的分、合闸速度不符合要求时应如何处理？

答：（1）若分闸速度合格，且在下限，合闸速度不合格，应检查合闸线圈的端子电压及断路器的机构有无卡劲，线圈直流电阻是否合格等，针对问题及时处理。

（2）若分闸速度合格，且在上限，合闸速度不合格时，可调整分闸弹簧的预拉伸长度使其合格。

（3）若分闸速度不合格，可调整分闸弹簧长度使其合格。

Je3C4171　试述SW2—220Ⅰ、Ⅱ型断路器大修后应对哪些项目进行必要的调整和测量？

答：（1）动触头总行程的调整和测量；

（2）动触头超行程的调整和测量；

（3）分、合闸速度的调整和测量；

（4）动作时间的测量和调整；

（5）导电回路接触电阻的测量；

（6）闭锁弹簧的调整；

（7）低电压动作试验及调整。

Je2C4172　矩形母线平弯、立弯、扭弯各90°时，弯转部分长度有何规定？

答：（1）母线平弯90°时：母线规格在50mm×5mm以下者，弯曲半径R不得小于2.5h（h为母线厚度）；母线规格在60mm×5mm以上者，弯曲半径不得小于1.5h。

（2）母线立弯 90°时：母线在 50mm×5mm 以下者，弯曲半径 R 不得小于 $1.5b$（b 为母线宽度）；母线在 60mm×5mm 以上者，弯曲半径 R 不得小于 $2b$。

（3）母线扭转（扭腰）90°时：扭转部分长度应大于母线宽度（b）的 2.5 倍。

Je2C4173　ZN28—10 型断路器运行维护中有哪些注意事项？

答：（1）正常运行的断路器应定期维护，并清扫绝缘件表面灰尘，给摩擦转动部位加润滑油。

（2）定期或在累计操作 2000 次以上时，检查各部位螺钉有无松动，必要时应进行处理。

（3）定期检查合闸接触器和辅助开关触头，若烧损严重应及时修理或更换。

（4）更换灭弧室时，灭弧室在紧固件紧固后不应受弯矩，也不应受到明显的拉应力和横间应力，且灭弧室的弯曲变形不得大于 0.5mm。上支架安装好后，上支架不可压住灭弧室导向套，其间要留有 0.5～1.5mm 的间隙。

Je2C5174　如何吊装 LW6—220 型断路器支柱？

答：应按下列步骤及要求吊装：

（1）用吊具将支柱装配吊起，使之处在水平位置，并将两条支腿装在支柱的下基座上。

（2）将支柱落下，让被装上的两条腿落地，用专用木垫块支撑在两节瓷套之间的法兰处，再用吊车吊起第三条支腿，并将其装在支柱下基座上。

（3）安装支腿之间的三块连板时，应将小的一块装在密度继电器的一边，螺钉暂时不要拧紧。

（4）用吊车将支柱由卧状缓慢地吊至直立状态（利用支柱上部法兰上的吊环）。

（5）将支柱安装在基础上，并依次紧固所有螺钉。

（6）支柱吊装后，其垂直应良好。

Je2C5175　简述 CY—Ⅱ型液压机构充氮气的方法。

答：（1）将充气装置中的充气阀拧入，使气阀座端部封死连通器装置。

（2）开启氮气瓶，将氮气瓶中的氮气充入油筒和气筒中，待内外压力平衡后，关闭氮气瓶。

（3）起动油泵打压，将油筒中的氮气打入气瓶中。

（4）打开高压放油阀排掉高压油。

（5）再次起动氮气瓶，向油筒中充气，重复步骤（3），待压力表指示值足够时，即完成充气。

（6）充完气以后将充气阀拧出 3 圈，使油筒和气筒的气体互相连通。

（7）检查充气阀各密封处，无漏气后即可接入使用。

Je2C5176　更换事故电流互感器时应考虑哪些？

答：在更换运行中的电流互感器一组中损坏的一个时，应选择与原来的变比相同，极性相同，使用电压等级相符；伏安特性相近，经试验合格的来更换，更换时应停电进行，还应注意保护的定值，仪表的倍率是否合适。

Je2C5177　高压断路器常见故障有哪些（按发生频率排列大致顺序）？

答：（1）密封件失效故障。

（2）动作失灵故障。

（3）绝缘损坏或不良。

（4）灭弧件触头的故障。

Je2C5178　CY4 机构油泵打不上压的原因有哪些？

答：（1）油泵内各阀体高压密封圈损坏或逆止阀口密封不严，有脏物，此时用手摸油泵，可能发热。

（2）过滤网有脏物，以致油路堵塞。

（3）油泵低压侧有空气存在。

（4）高压放油阀不严。

（5）油泵柱塞间隙配合过大。

（6）一、二级阀口密封不严。

（7）油泵柱塞组装时，没有注入适量的液压油或柱塞及柱塞座没有擦干净，影响油泵出力甚至造成油泵打压件磨损。

Je2C5179　变压器 MR 有载分接开关定期检查的内容有哪些？

答：（1）拆卸及重新安装切换开关（即吊出及重新装入）。

（2）清洗切换开关油箱及部件。

（3）检查切换开关油箱及部件。

（4）测量触头磨损程度。

（5）测量过度电阻。

（6）清洗切换开关小油枕。

（7）更换切换开关油。

（8）检查保护继电器、驱动轴、电机传动机构，如有安装油滤清器及电压调节器也必须进行检查。

Je2C5180　怎样使 SF_6 电器中的气体含水量达到要求？

答：要根据水分来源采取以下措施：

（1）确保电器的所有密封部位都具有良好的密封性能，以减小外界水蒸气向电器内部侵入的速率。

（2）充入合格的 SF_6 气体。充气时要保持气路系统具有良好的气密性及正确的操作方法。

（3）往电器内部充入 SF_6 气体以前，必须对电器内部的水分进行处理。

Je1C4181 SW7型断路器的总行程如何测量和调整？

答：测量总行程时，应拆掉压油活塞尾部的螺丝，然后把测量杆拧到动触头端部螺孔内，再慢合、慢分到终了位置，分别测量超出铝帽以上的测量杆的长度，两者之差即为总行程。总行程由工作缸的行程和拐臂的起始位置来确定，可改变水平拉杆的长度来达到调整总行程的目的。

Je1C4182 SF_6气体中吸附剂应如何进行再生处理？灭弧室中吸附剂如何处理？

答：断路器使用的吸附剂为4A型分子筛，具有较强的吸附性能。再生处理时，应将吸附剂置于真空干燥炉内，并在200～300℃条件下干燥12h以上；干燥后，应趁热用棉手套将吸附剂装进断路器内，使其与空气接触的时间不超过15min；装入前要记录吸附剂重量，并在下次检修时再称一次，如超过原来值的25%，说明吸附气体水分较多，应认真分析处理。

灭弧室中吸附剂不可以再生。

Je1C4183 哪些原因可引起电磁操动机构拒分和拒合？

答：可能原因如下：

（1）分闸回路、合闸回路不通。

（2）分、合闸线圈断线或匝间短路。

（3）转换开关没有切换或接触不良。

（4）机构转换节点太快。

（5）机构机械部分故障。如合闸铁芯行程和冲程不当，合闸铁芯卡涩，卡板未复归或扣入深度过小等，调节止钉松动、变位等。

Je1C4184 SW6型断路器分闸失灵应如何查找原因？

答：（1）检查分闸线圈是否断线或匝间短路，线圈接头接触是否良好。

（2）检查分闸铁芯顶杆、分闸阀阀杆是否弯曲变形。

（3）检查分闸阀钢球打开距离是否合适。

（4）检查分闸回路、辅助断路器的触点是否接触良好。

（5）检查分闸阀两管接头是否装反等。

Je1C4185　SW7—110 型断路器的速度不合格应怎样调整？

答：可改变高压油管中节流片孔径的大小来实现（孔径变大，速度提高；孔径变小，速度降低）。若采取上面方法后，速度仍偏低，则可能是传动系统中有卡滞或机构油压低，应检查下列原因：

（1）本体传动部分是否灵活。

（2）机构油管路是否通畅，若供油少，则可能是油管变形、接头堵塞或六通内孔径小等。

（3）操作回路油压是否降低过大。

查找出原因后，做相应处理。

Je1C5186　液压机构压力异常增高的原因有哪些？有哪些处理措施？

答：压力异常增高的原因及处理措施有：

（1）储压器的活塞密封圈磨损，致使液压油流入氮气侧。应将氮气和油放掉更换密封圈。

（2）起动或停止电机的微动开关失灵。可将微动开关修复。

（3）压力表失灵（无指示）。应更换压力表。

（4）机构箱内的温度异常高。应将加热回路处理好。

Je1C5187　液压机构压力异常降低的原因有哪些？有哪些处理措施？

答：压力异常降低的原因及处理措施有：

（1）储压器行程杆不下降而压力降低。漏氮处理：更换漏气处密封圈，重新补充氮气。

（2）起动电机的微动开关失灵。

（3）压力表失灵。可更换压力表。

（4）储压器行程杆下降而引起的压力降低，原因是高压油回路，有渗漏现象。

应找出漏油环节，予以排除。

Jf5C1188　运用中的电气设备包括哪些设备？

答：（1）全部带有电压的电气设备。

（2）一部分带有电压的电气设备。

（3）一经操作即带有电压的电气设备。

Jf5C1189　在潮湿地方进行电焊工作时有什么要求？

答：在潮湿地方进行电焊工作，焊工必须站在干燥的木板上或穿橡胶绝缘鞋。

Jf5C1190　在屋外变电站和高压室内搬动梯子等长物时应注意什么？

答：（1）两人应把梯子等长物放倒搬运。

（2）与带电部分保持足够的安全距离。

Jf5C2191　安全带和脚扣的试验周期和检查周期各是多长？

答：安全带的试验周期是 12 个月；检查周期是 1 个月。脚扣的试验周期是 12 个月；检查周期是 1 个月。

Jf5C2192　在什么情况下对触电伤员用心肺复苏法救治，其三项基本措施是什么？

答：触电伤员呼吸和心跳均停止时，应立即用心肺复苏法维持其生命，正确进行就地抢救。心肺复苏法的三项基本措施是：通畅气道、口对口（鼻）人工呼吸、胸外按压（人工循环）。

Jf5C3193　避雷器的作用是什么？

答： 避雷器是来限制过电压的一种主要保护电器，通常连接于导线与地之间，与被保护设备并联。

Jf5C3194　在带电设备附近用绝缘电阻表测量绝缘时应注意什么？

答：（1）测量人员和兆欧表安放位置必须选择适当，保持安全距离，以免绝缘电阻表引线或支持物触碰带电部分。

（2）移动引线时，必须注意监护，防止工作人员触电。

Jf5C4195　梯子的制作和在梯子上工作有什么要求？

答：（1）梯子的支柱需能承受工作人员携带工具攀登时的总质量。

（2）梯子的横木必须嵌在支柱上，不准使用钉子钉的梯子。

（3）梯阶的距离不应大于40cm。

（4）在梯子上工作时，梯与地面的斜度在60°左右。

（5）工作人员必须登在距梯顶不少于1m的梯蹬上工作。

（6）在运行的变电站内工作必须使用绝缘梯。

Jf4C2196　触电伤员好转以后应如何处理？

答： 如触电伤员的心跳和呼吸经抢救后均已恢复，可暂停心肺复苏法操作。但心跳恢复的早期有可能再次骤停，应严密监护，不得麻痹，要随时准备再次抢救。初次恢复后，神志不清或精神恍惚、躁动者应设法使伤员安静。

Jf4C2197　液压机构检查时如发现球阀与阀座密封不良时，怎样处理？

答：（1）可用小锤轻击钢球，使阀口上压出一圈约0.1mm

宽的圆线，以使接触良好。

（2）二级阀活塞与阀座接触不良时，可用研磨膏研磨（或更换新钢球）。

Jf4C3198　对 ZN28—10 型高压真空断路器进行检测时，有哪些要求？

答：（1）检查真空灭弧室有无破裂、漏气。

（2）检查灭弧室内部零件有无氧化。

（3）完好无误后，再清理表面尘埃和污垢。

（4）用工频耐压检查灭弧室的真空度（断路器分闸位置，在断口加工频 42kV/min）。

Jf4C3199　简述对充氮密封的电流互感器进行氮压测量的方法。

答：充氮密封的电流互感器密封不良泄漏，内部容易受潮，所以应定期检查氮气压力。测量方法有两种：一种是直接法，另一种是间接法。推荐采用间接法测量氮气压力，在电流互感器底部放油阀上间接测量氮气压力，该压力值与电流互感器油压值（即油位高度与油密度之乘积）之差，为电流互感器所充氮气压力值，此压力值与氮压控制值进行比较判别合格于否。如环境温度为 0℃，110kV 内部压力控制值在 0.015～0.2MPa（环境温度每增加 10℃，压力增加 0.01MPa）所测压力低于标准时，补氮气。

Jf4C3200　液压机构储压器的预压力如何测量？

答：油压在零时起动油泵，压力表突然上升到 p1 值，停泵打开放油阀，当压力表降到 p2 值时突然下降到零，则 p1 和 p2 的平均值即为当时温度下的预压力。

Jf4C3201　低压回路停电的安全措施有哪些？

答：（1）将检修设备的各方面电源断开，并取下可熔保险器，在刀闸操作把手上挂“禁止合闸，有人工作”的标示牌。

（2）工作前必须验电。

（3）根据需要采取其他安全措施。

Jf4C3202　SW7—110 型断路器检修后怎样做防慢分试验？

答：（1）先起动油泵打压至额定值，操作合闸阀使断路器处在合闸位置。

（2）打开高压放油阀，将油压放至零后关闭放油阀。

（3）重新起动油泵打压，断路器应不发生慢分。

Jf4C4203　SW6 型断路器油泵起动频繁，应从哪几方面查找原因？

答：（1）各管路接头是否有渗油。

（2）一、二级阀钢球密封是否严密。

（3）油泵高压逆止阀密封情况是否严密。

（4）高压放油阀关闭是否严密。

（5）工作缸活塞密封圈是否损坏等。

（6）检查液压油是否清洁，有无杂质。

Jf4C4204　部分停电和不停电的工作指哪些？

答：部分停电的工作系指高压设备部分停电或室内虽全部停电，而通至邻接高压室的门并未全部闭锁；不停电工作系指工作本身不需要停电和没有偶然触及导电部分的危险者，许可在带电设备外壳上或导电部分上进行的工作。

Jf4C4205　在带电设备附近使用喷灯时应注意什么？

答：（1）使用喷灯时，火焰与带电部分的距离：① 电压在 10kV 及以下者不得小于 1.5m；② 电压在 10kV 以上者不得小于3m。

（2）不得在下列设备附近将喷灯点火：① 带电导线；② 带电设备；③ 变压器；④ 油断路器。

Jf4C4206　CY 型液压机构的油泵打压时间过长（超过3min）是什么原因？

答：（1）油泵的吸油阀不起作用或作用不大，排油阀密封不严。

（2）油泵的两柱塞其中一个被卡住。

（3）柱塞与柱座间隙太大。

（4）吸油阀和排油阀球装错。

（5）吸油阀座孔浅。

Jf4C4207　遇有电气设备着火时怎么办？

答：（1）应立即将有关设备电源切断，然后进行救火。

（2）对带电设备使用干式灭火器或二氧化碳灭火器等灭火，不得使用泡沫灭火器灭火。

（3）对注油的设备应使用泡沫灭火器或干沙等灭火。

（4）发电厂或变电所控制室内应备有防毒面具，防毒面具要按规定使用，并定期进行试验，使其经常处于良好状态。

Jf4C5208　CY 型液压机构合闸后不能保持合闸压力的原因是什么？

答：（1）二级阀活塞上腔自保持油路渗油；

（2）分闸阀下部节流孔堵死，自保持油路不通；

（3）分闸阀钢球未复位或阀口密封不良。

Jf3C3209　杆上或高处有人触电，应如何抢救？应注意什么？

答：（1）发现杆上或高处有人触电，应争取时间及早在杆上或高处开始进行抢救。

（2）救护人员登高时应随身携带必要绝缘工具及牢固的绳索等，并紧急呼救。

（3）救护人员应在确认触电者已与电源隔离，且救护人员本身所涉及环境在安全距离内，无危险电源时，方能接触伤员进行抢救。

（4）并应注意防止发生高空坠落。

Jf3C4210　母线及线路出口外侧作业怎样装设地线？

答：检修母线时，应根据线路的长短和有无感应电压等实际情况确定地线数量；检修 10m 及以下的母线，可以只装设一组接地线。

在门型架构的线路侧进行停电检修，如工作地点与所装接地线的距离小于 10m，工作地点虽在接地线外侧，也可不另装接地线。

Jf3C4211　如何调整液压机构分、合闸铁芯的动作电压？

答：（1）动作电压的调整借改变分、合闸电磁铁与动铁芯间隙的大小来实现。

（2）缩短间隙，动作电压升高，反之降低。但过分的加大间隙反而会使动作电压又升高，甚至不能分闸，调整动作电压会影响分合闸时间及相间同期，故应综合考虑。

Jf3C4212　新型互感器使用了哪些新材料？这类产品具有哪些优越性？

答：新型互感器使用采用环氧树脂、不饱和树脂绝缘和塑料外壳，还有的采用 SF_6 气体绝缘，代替老产品的瓷绝缘和油浸绝缘，铁芯采用优质硅钢片和新结构，使产品具有体积小、质量轻、精度高、损耗小、动热稳定倍数高等优越性，而且满足了防潮、防霉、防盐雾的三防要求。

Jf3C4213　什么原因造成液压机构合闸后又分闸？

答：可能原因如下：

（1）分闸阀杆卡滞，动作后不能复位。

（2）保持油路漏油，使保持压力建立不起来。

（3）合闸阀自保持孔被堵，同时合闸的逆止钢球复位不好。

Jf2C4214　油浸式互感器采用金属膨胀器有什么作用？

答：金属膨胀器的主体实际上是一个弹性元件，当互感器内变压器油的体积因温度变化而发生变化时，膨胀器主体容积发生相应的变化，起到体积补偿作用。保证互感器内油不与空气接触，没有空气间隙、密封好，减少变压器油老化。只要膨胀器选择得正确，在规定的量度变化范围内可以保持互感器内部压力基本不变，减少互感器事故的发生。

Jf2C5215　断路器跳跃时，对液压机构如何处理？

答：（1）检查分闸阀杆，如变形，应及时更换。

（2）检查管路连接、接头连接是否正确。

（3）检查保持阀进油孔是否堵塞，如堵塞及时清扫。

Jf2C5216　液压机构中的压力表指示什么压力？根据压力如何判断机构故障？

答：液压机构中的压力表指示液体的压力，液体压力与氮气压力不相等，差值为储压筒活塞与缸壁的摩擦力。压力若少量高于标准值，可能是预充压力较高或活塞摩擦力较大；压力不断升高或者明显高于标准值，是由于活塞密封不良，高压油进入气体所造成；若压力低于标准，是气体外漏造成的，可以用肥皂水试漏气来判定。

Jf2C5217　GIS 泄漏监测的方法有哪些？

答：（1）SF_6 泄漏报警仪。

（2）氧量仪报警。

（3）生物监测。

（4）密度继电器。

（5）压力表。

（6）年泄漏率法。

（7）独立气室压力检测法（确定微泄漏部位）。

（8）SF_6检漏仪。

（9）肥皂泡法。

Jf1C4218　GIS 维护检修的基本要点有哪些？

答：（1）对设备内部充气部分，平时仅需控制气体压力，详细检修每 12 年进行一次。

（2）一般检查每 3 年进行一次，主要是机械特性校核。

（3）诸如断路器的操作机构每 6 年应详细检修一次。

（4）当发现异常情况，或者达到了规定的操作次数时，应进行临时检修。

Jf1C5219　CY5 型液压操动机构拒分有哪些原因？

答：电气原因可能有分闸线圈烧坏或者引线断线，辅助开关的分闸触点接触不良，操作回路断线或者接线端子接触不良，分闸线圈端电压偏低等。

机械原因可能有分闸动铁芯或分闸一级阀杆被卡住，使一级阀口打不开，分闸动铁芯顶杆调整太短或分闸一级杆上的阀针偏短，顶不开分闸一级阀钢球。二级阀芯严重卡在合闸位置而不能向上运动。

Jf1C5220　SF_6断路器及 GIS 组合电器检修时应注意哪些事项？

答：（1）检修时首先回收 SF_6气体并抽真空，对断路器内部进行通风。

（2）工作人员应戴防毒面具和橡皮手套，将金属氟化物粉末集中起来，装入钢制容器，并深埋处理，以防金属氟化物与人体接触中毒。

（3）检修中严格注意断路器内部各带电导体表面不应有尖角毛刺，装配中力求电场均匀，符合厂家各项调整、装配尺寸的要求。

（4）检修时还应做好各部分的密封检查与处理，瓷套应做超声波探伤检查。

4.1.4 计算题

La5D1001 如图 D-1 所示，已知电阻 R_1=6Ω，R_2=4Ω，U=100V，求电阻 R_1、R_2 上的电压 U_1、U_2 各是多少？

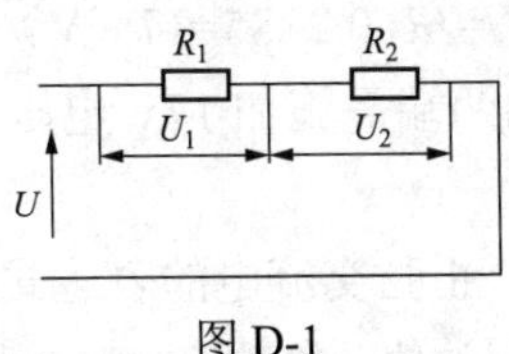

图 D-1

解： 总电阻 $R=R_1+R_2=4+6=10$（Ω）

总电流 $I=\dfrac{U}{R}=\dfrac{100}{10}=10$（A）

$U_1=IR_1=10\times6=60$（V）

$U_2=IR_2=10\times4=40$（V）

答： 电阻 R_1 和 R_2 上的电压分别为 60V 和 40V。

La5D3002 如图 D-2 所示，已知三相负载阻抗相同，且 PV2 表读数 U_2 为 380V，求 PV1 表的读数 U_1 是多少？

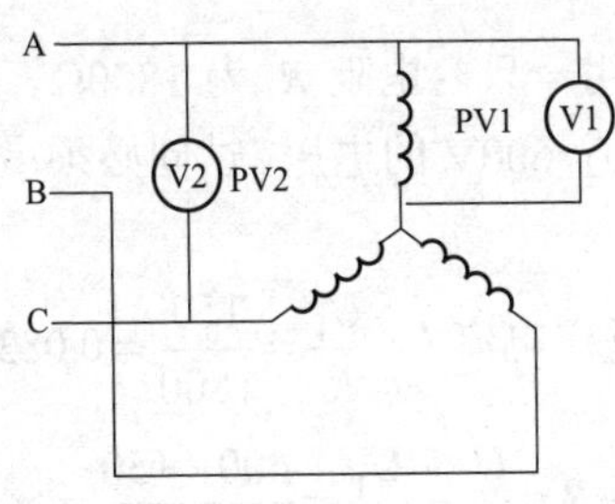

图 D-2

解： $U_1=\dfrac{U_2}{\sqrt{3}}=\dfrac{380}{\sqrt{3}}=220$（V）

答：电压表 PV1 的读数为 220V。

La5D3003 欲使 I=200mA 的电流流过一个 R=85Ω的电阻，问在该电阻的两端需要施加多大的电压 U？

解：
$$I=200\text{mA}=0.2\text{（A）}$$
$$U=IR=0.2\times85=17\text{（V）}$$

答：在该电阻的两端需施加 17V 电压。

La5D4004 某一正弦交流电的表达式 $i=\sin（1000t+30°）$A，试求其最大值、有效值、角频率、频率和初相角各是多少？

解：最大值 $i_m=1$（A）

有效值 $I=\dfrac{i_m}{\sqrt{2}}=\dfrac{1}{\sqrt{2}}=0.707$（A）

角频率 $\omega=1000$（rad/s）

频率 $f=\dfrac{\omega}{2\pi}=\dfrac{1000}{2\pi}=159$（Hz）

初相角 $\varphi=30°$

答：该交流电的最大值为 1A、有效值为 0.707A、角频率为 1000rad/s、频率为 159Hz、初相角为 30°。

La5D5005 用一只内电阻 R_1 为 1800Ω，量程 U_1 为 150V 的电压表来测量 U_2=600V 的电压，试问必须串接多少欧姆的电阻？

解：电压表额定电流 $I=\dfrac{U_1}{R_1}=\dfrac{150}{1800}=0.0833$（A）

需串接的电阻 $R=\dfrac{U_2-U_1}{I}=\dfrac{600-150}{0.0833}=5402$（Ω）

答：必须串接 5402Ω的电阻。

La4D2006 有一台直流发电机，在某一工作状态下测得该

机端电压 U=230V，内阻 R_0=0.2Ω，输出电流 I=5A，求发电机的电动势 E、负载电阻 R_f 和输出功率 P 各为多少？

解： $R_f=\dfrac{U}{I}=\dfrac{230}{5}=46$（Ω）

$E=I(R_f+R_0)=5\times(46+0.2)=231$（V）

$P=UI=230\times5=1150$（W）

答： 发电机的电动势为 231V，负载电阻为 46Ω，输出功率为 1150W。

La4D3007 有一纯电感线圈，若将它接在电压 U 为 220V，频率 f 为 50Hz 的交流电源上，测得通过线圈的电流 I 为 5A，求线圈的电感 L 是多少？

解： 感抗 $X_L=\dfrac{U}{I}=\dfrac{220}{5}=44$（Ω）

$$L=\frac{X_L}{2\pi f}=\frac{44}{2\times3.14\times50}=0.14\text{（H）}$$

答： 线圈的电感 L 为 0.14H。

La4D3008 如图 D-3 所示，已知三相负载的阻抗相同，PA1 表的读数 I_1 为 15A，求 PA2 表的读数 I_2 是多少？

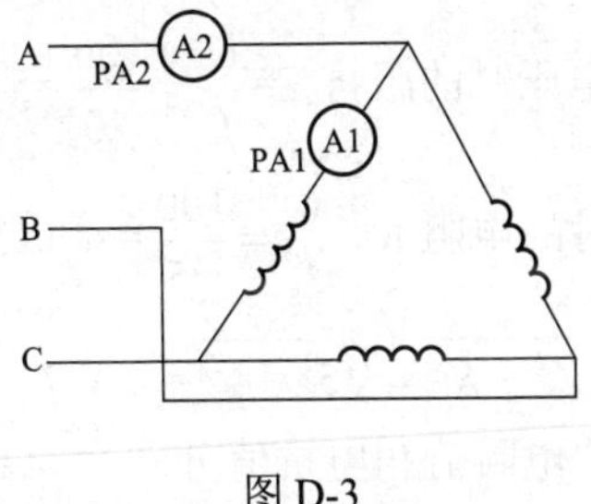

图 D-3

解： 因三相负载阻抗相同，所以 A 相电路中的电流为

$$I_2=\sqrt{3}I_1=\sqrt{3}\times 15=25.98\text{（A）}$$

答： PA2 表的读数是 25.98A。

La4D5009 如图 D-4 所示，已知电阻 R_1=2kΩ，R_2=3kΩ，B 点的电位 U_B 为 20V，C 点的电位 U_C 为−5V，试求电路中 A 点的电位 U_A 是多少？

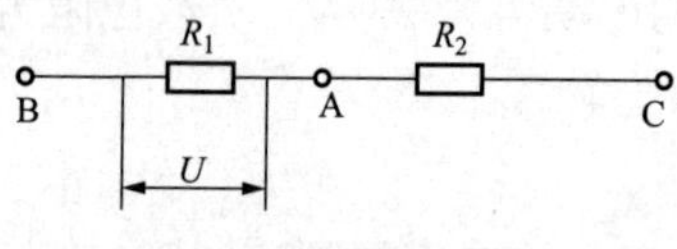

图 D-4

解： B、C 两点间电压 $U_{BC}=U_B-U_C=20-(-5)=25$（V）

电路中电流 $I=\dfrac{U_{BC}}{R_1+R_2}=\dfrac{25}{5\times 10^3}=5\times 10^{-3}$（A）

R_1 两端电压 $U=IR_1=5\times 10^{-3}\times 2\times 10^3=10$（V）

$U_A=U_B+U=20+10=30$（V）

答： A 点的电位是 30V。

La3D2010 有一线圈与一块交、直流两用电流表串联，在电路两端分别加 U=100V 的交、直流电压时，电流表指示分别为 I_1=20A 和 I_2=25A，求该线圈的电阻值和电抗值各是多少？

解： 加交流电压时的阻抗 $Z=\dfrac{U}{I_1}=\dfrac{100}{20}=5$（Ω）

加直流电压时的电阻 $R=\dfrac{U}{I_2}=\dfrac{100}{25}=4$（Ω）

则电抗 $X_L=\sqrt{Z^2-R^2}=\sqrt{5^2-4^2}=3$（Ω）

答： 该线圈的电阻值和电抗值分别为 4Ω和 3Ω。

La3D3011 有一线圈电感 L=6.3H，电阻 r=200Ω，外接电

源 U=200V 工频交流电，计算通过线圈的电流是多少？若接到 220V 直流电源上求电流是多少？

解：（1）线圈的电抗 $X_L=\omega L=2\pi fL=2\times3.14\times50\times6.3=1978.2$（Ω）

$$\text{阻抗 } Z=\sqrt{r^2+X_L^2}=\sqrt{200^2+1978.2^2}=1988.3\text{（Ω）}$$

$$\text{通过线圈的电流 } I=\frac{U}{Z}=\frac{220}{1988.3}=0.11\text{（A）}$$

（2）接到直流电源上 $X_L=2\pi fL=2\times3.14\times0\times6.3=0$（Ω）

$$I=U/r=220/200=1.1\text{（A）}$$

答：通过线圈的电流是 0.11A，接到直流电源上时通过线圈的电流是 1.1A。

La3D3012　在电容 C 为 50μF 的电容器上加电压 U 为 220V、频率 f 为 50Hz 的交流电，求无功功率 Q 为多少？

解：容抗 $X_C=\dfrac{1}{2\pi fC}=\dfrac{1}{2\times3.14\times50\times50\times10^{-6}}=63.69$（Ω）

$$Q=\frac{U^2}{X_C}=\frac{220^2}{63.69}=759.9\text{（var）}$$

答：无功功率为 759.9var。

La3D3013　如图 D-5 所示，已知 R_1=5Ω、R_2=10Ω、R_3=20Ω，求电路中 a、b 两端的等效电阻 R_{ab} 是多少？

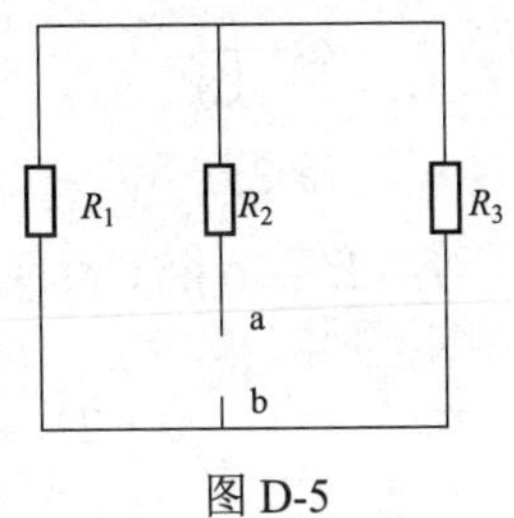

图 D-5

解：$$R_{13}=\frac{R_1R_3}{R_1+R_3}=\frac{5\times20}{5+20}=4\ (\Omega)$$

$$R_{ab}=R_2+R_{13}=10+4=14\ (\Omega)$$

答：a、b 两端的等效电阻 R_{ab} 为 14Ω。

La3D3014 有一电阻、电容、电感串联试验电路，当接于 f=50Hz 的交流电压上，如果电容 C=2μF，则发现电路中的电流最大，求当时的电感 L 是多少？

解：当电路电流最大时，电路中

$$X_L=X_C$$

$$2\pi fL=\frac{1}{2\pi fC}$$

$$L=\frac{1}{4\pi^2 f^2C}=\frac{1}{4\times3.14^2\times50^2\times2\times10^{-6}}=5.07\ (\mathrm{H})$$

答：电感 L 为 5.07H。

La3D4015 已知某一正弦交流电流，在 t=0.1s 时，其瞬时值为 2A，初相角为 60°，有效值 I 为 $\sqrt{2}$ A，求此电流的周期 T 和频率 f。

解：最大值 $I_m=\sqrt{2}I=\sqrt{2}\times\sqrt{2}=2$（A）

因为 $$2=2\sin(0.1\omega+60°)$$

所以 $$\sin(0.1\omega+60°)=1$$

$$\omega=\frac{\pi}{0.6}$$

而 $$\omega=2\pi f$$

所以 $$f=\frac{\omega}{2\pi}=0.833\ (\mathrm{Hz})$$

周期 $$T=\frac{1}{f}=\frac{1}{0.833}=1.2\ (\mathrm{s})$$

答：此电流的周期和频率分别为 1.2s 和 0.833Hz。

La3D4016 如图 D-6 所示，已知 E_1=4V，E_2=2V，R_1=R_2=10Ω，R_3=20Ω，计算电路中 I_1、I_2、I_3 各等于多少？

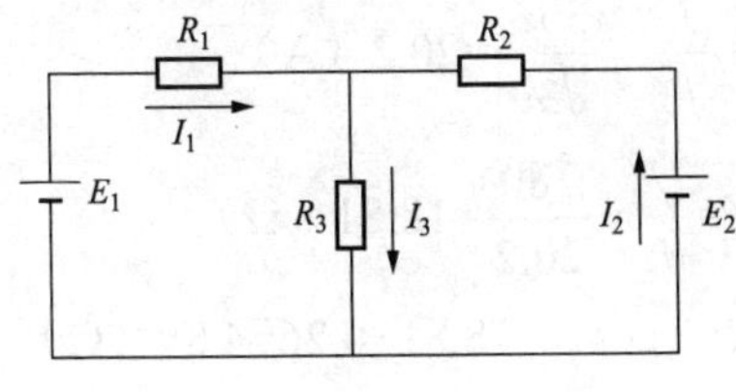

图 D-6

解：据回路电流节点电流法知，该电源的方向与图中方向一致，列方程

$$\begin{cases} I_1 + I_2 = I_3 \\ E_1 - I_1R_1 - I_3R_3 = 0 \\ E_2 - I_2R_2 - I_3R_3 = 0 \end{cases}$$

代入数值解方程得

$$\begin{cases} I_1 = 0.16\,(\text{A}) \\ I_2 = -0.04\,(\text{A}) \\ I_3 = 0.12\,(\text{A}) \end{cases}$$

答：电路中 I_1 为 0.16A，I_2 为–0.04A，I_3 为 0.12A。

La3D4017 已知一对称三相感性负载，接在线电压 U=380V 的电源上，接线如图 D-7 所示，送电后测得线电流 I=35A，三相负载功率 P 为 6kW，试求负载的电阻和电抗。

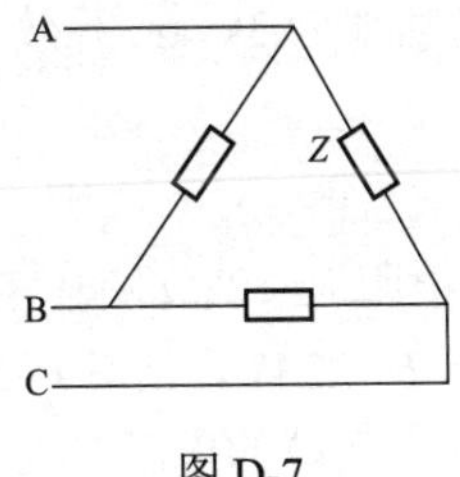

图 D-7

解： 负载功率因数 $\cos\varphi=\dfrac{P}{\sqrt{3}UI}=\dfrac{6000}{\sqrt{3}\times380\times35}=0.26$

相电流 $I_{\mathrm{p}}=\dfrac{I}{\sqrt{3}}=\dfrac{35}{\sqrt{3}}=20.2$（A）

负载阻抗 $Z=\dfrac{U}{I}=\dfrac{380}{20.2}=18.81$（Ω）

负载电阻 $R=Z\cos\varphi=18.81\times0.26=4.89$（Ω）

负载电抗 $X_{\mathrm{L}}=\sqrt{18.81^2-4.89^2}=18.2$（Ω）

答： 负载电阻和电抗分别为4.89Ω和18.2Ω。

La3D5018 有一电压U为200V的单相负载，其功率因数$\cos\varphi$为0.8，该负载消耗的有功功率P为4kW，求该负载的无功功率Q、等效电阻R和等效电抗X各是多少？

解： 因为 $\cos\varphi=\dfrac{P}{S}$

所以视在功率 $S=\dfrac{P}{\cos\varphi}=\dfrac{4}{0.8}=5$（kVA）

则 $Q=\sqrt{S^2-P^2}=\sqrt{5^2-4^2}=3$（kvar）

电流 $I=\dfrac{S}{U}=\dfrac{5000}{200}=25$（A）

所以 $R=\dfrac{P}{I^2}=\dfrac{4\times10^3}{25^2}=6.4$（Ω）

$$X=\frac{Q}{I^2}=\frac{3\times10^3}{25^2}=4.8\text{（Ω）}$$

答： 该负载的无功功率为3kvar，等效电阻和电抗各为6.4Ω和4.8Ω。

La4D5019 有一电阻R=10kΩ和电容C=0.637μF的电阻电容串联电路，接在电压U=224V，频率f=50Hz的电源上，试求该电路中的电流I及电容两端的电压U_{C}。

解：容抗 $X_C=\dfrac{1}{2\pi fC}=\dfrac{1}{2\times3.14\times50\times0.637\times10^{-6}}\approx5000(\Omega)$

$$I=\frac{U}{\sqrt{R^2+X_C^2}}=\frac{224}{\sqrt{10\,000^2+5000^2}}=0.02\text{（A）}$$

$$U_C=IX_C=0.02\times5000=100\text{（V）}$$

答：电路中的电流为0.02A，电容两端电压为100V。

Lb3D4020 某一变电所一照明电路中熔丝的熔断电流为3A，现将10盏额定电压 U_n 为220V，额定功率 P_n 为40W的电灯同时接入该电路中，问熔断器是否会熔断？如果是10盏额定功率 P'_n 为100W的电灯同时接入情况下又将会怎样？

解：接入10盏40W电灯时

电流 $I_1=\dfrac{P}{U_n}=\dfrac{40\times10}{220}=1.8\text{（A）}<3A$

接入10盏100W电灯时

$$I_2=\frac{P}{U_n}=\frac{100\times10}{220}=4.54\text{（A）}>3A$$

答：接10盏40W电灯时，熔断器不会熔断；接入10盏100W电灯时熔断器将熔断。

Lc4D3021 某一晶体管收音机，电源电压 U 为6V，开机后总电流 I 为60mA，试计算收音机的等效电阻和耗用功率。

解：收音机等效电阻 $R=\dfrac{U}{I}=\dfrac{6}{60\times10^{-3}}=100\text{（}\Omega\text{）}$

消耗的功率 $P=IU=6\times60\times10^{-3}=0.36\text{（W）}$

答：收音机的等效电阻为100Ω，耗用功率为0.36W。

Lc4D4022 有一个分压器，它的额定值为 R=100Ω、I=3A，现在要与一个负载电阻 R_f 并接，其电路如图D-8所示，已知分压器平分为四个相等部分，负载电阻 R_f=50Ω，电源电压 U=220V。求滑动触头在 2 号位置时负载电阻两端电压 U_f 和分压器通过的电流是否超过其额定值？

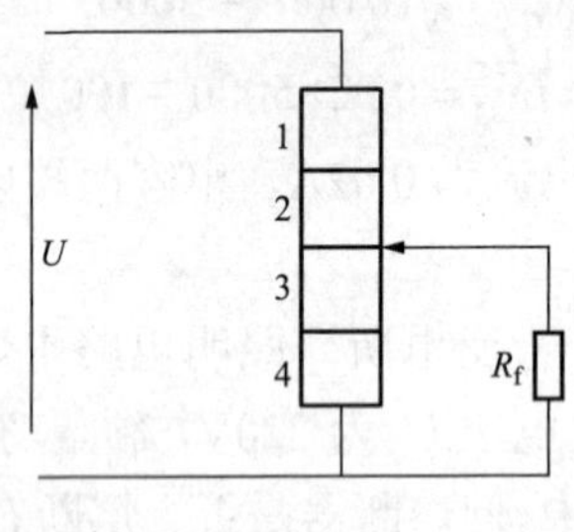

图 D-8

解： 电路总电阻 $R=\dfrac{R_f R_{34}}{R_f+R_{34}}+R_{12}=\dfrac{50\times50}{50+50}$+50=75（Ω）

分压器通过的电流 $I=\dfrac{U}{R}=\dfrac{220}{75}$=2.9（A）

负载电阻两端电压

$$U_f=I\frac{R_f R_{34}}{R_f+R_{34}}=2.9\times\frac{50\times50}{50+50}=72.5\text{（V）}$$

因为 I=2.9A＜3A，分压器通过的电流不超过额定值。

答： 滑动触头在 2 号位置时负载电阻两端电压为 72.5V，通过的电流未超过额定值。

Lc32D5023 有一台电动机功率 P 为 1.1kW，接在 U=220V 的工频电源上，工作电流 I 为 10A，试求电动机的功率因数 $\cos\varphi$ 是多少？若电动机两端并联上一只 C=79.5μF 的电容器，试求功率因数 $\cos\varphi_1$ 有多大？

解： $\cos\varphi=\dfrac{P}{S}=\dfrac{P}{UI}=\dfrac{1.1\times10^3}{220\times10}=0.5$

所以 φ=60°

根据公式 $C=\dfrac{P}{2\pi fU^2}(\tan\varphi-\tan\varphi_1)$

则 $\tan\varphi-\tan\varphi_1=\dfrac{2\pi fU^2C}{P}$

又 $\tan\varphi=\tan 60^\circ=1.732$

所以 $\tan\varphi_1=\tan\varphi-\dfrac{2\pi fU^2C}{P}=1.732-$

$$\frac{2\times50\times3.14\times220^2\times79.5\times10^{-6}}{11\times10^3}=0.634$$

φ_1=32.4°

cosφ_1=cos32.4°＝0.84

答：电动机的功率因数为 0.5，并入电容后为 0.84。

Lc3D5024 有一功率 P 为 400kW 的负载，功率因数 cosφ=0.8，试求该负载在 t=0.25h 内所消耗的电能 A、视在功率 S 和无功功率 Q 各为多少？

解： $A=Pt=400\times0.25=100$（kWh）

$$S=\frac{P}{\cos\varphi}=\frac{400}{0.8}=500\text{（kVA）}$$

$$Q=\sqrt{S^2-P^2}=\sqrt{500^2-400^2}=300\text{（kvar）}$$

答：所消耗的电能为 100kWh，视在功率为 500kVA，无功功率为 300kvar。

Lc2D1025 有一三相对称负载，每相的电阻 R=8Ω，感抗 X_L=6Ω，如果负载接成三角形，接到电源电压 U 为 380V 的三相电源上，求负载的相电流、线电流及有功功率。

解：负载阻抗 $Z=\sqrt{R^2+X_L^2}=\sqrt{8^2+6^2}=10$（Ω）

负载的相电流 $I_{ph}=\dfrac{U}{Z}=\dfrac{380}{10}=38$（A）

线电流　　$I_L=\sqrt{3}I_{ph}=\sqrt{3}\times38=65.82$（A）

有功功率　$P=3I_{ph}^2R=3\times38^2\times8=34.66$（kW）

答：负载的相电流为38A，线电流为65.82A，有功功率为34.66kW。

Lc1D5026　有一台额定容量S为100kVA，电压为3300/220V的单相变压器，高压绕组N_1为1000匝，求该变压器低压绕组的匝数N_2，一、二次侧的额定电流。若一次侧保持额定电压不变，二次侧达到额定电流，输出功率P为78kW，功率因数$\cos\varphi$为0.8时，求出这时的二次侧端电压U_2。

解：（1）高压侧电压U_1=3300V，低压侧电压U_2=220V

$$N_2=\frac{U_2}{U_1}N_1=\frac{220}{3300}\times1000=67\text{（匝）}$$

（2）一、二次侧额定电流I_1、I_2

$$I_1=\frac{S}{U_1}=\frac{100\times10^3}{3300}=30.3\text{（A）}$$

$$I_2=\frac{S}{U_2}=\frac{100\times10^3}{220}=454.5\text{（A）}$$

（3）视在功率 $S_2=\dfrac{P}{\cos\varphi}=\dfrac{78}{0.8}=97.5$（kVA）

$$U_2=\frac{S_2}{I_2}=\frac{97.5\times10^3}{454.5}=214.5\text{（V）}$$

答：该变压器低压绕组的匝数为67匝；一、二次侧的额定电流分别为30.3A和454.5A；当一次侧保持额定电压不变，二次侧达到额定电流，输出功率为78kW，功率因数为0.8时，二次侧端电压为214.5V。

Jd2D4027　一台220/38．5kV的单相变压器的变比k是多少？若此时电网电压仍维持220kV，而将高压侧分头调至

225.5kV，低压侧电压 U_2 应是多少？

解：$k=U_1/U_2=220/38.5=5.71$

调整高压侧分头后，变比为

$$k'=U_1'/U_2=225.5/38.5=5.84$$

$$U_2=U_1 k'=220/5.84=37.67\text{（kV）}$$

答：三相变压器的变比是 5.71，低压侧电压是 37.67kV。

Jd2D4028 长 200m 的照明线路，负荷电流为 4A，如果采用截面积为 10mm² 的铝线，试计算导线上的电压损失（$\rho=0.028\ 3\Omega\ \text{mm}^2/\text{m}$）。

解：铝导线的电阻为

$$R=\rho l/S=0.028\ 3\times(2\times200)/10=1.13\text{（}\Omega\text{）}$$

导线上的电压损失为

$$\Delta U=IR=4\times1.13=4.52\text{（V）}$$

答：导线上的电压损失为 4.52V。

Jd2D5029 试求型号为 NK-10-400-6 的电抗器的感抗 X_L。

解：因为 $X_L\%=X_L I_N/(U_N/\sqrt{3})\times100\%$

所以 $X_L=U_N\times X_L\%/(\sqrt{3}I_N\times100\%)$

$$=10\ 000\times6/(\sqrt{3}\times400\times100\%)=0.866\text{（}\Omega\text{）}$$

答：电抗器的感抗为 0.866Ω。

Je21D5030 一台铭牌为 10kV、80kvar 的电力电容器，当测量电容器的电容量时，200V 工频电压下电流为 180mA，求实测电容值。

解：根据铭牌计算其标准电容量为

$$C_N=Q/(U^2\omega)$$

$$=(80\times10^3)/[(10\ 000)^2\times100\pi]\times10^6$$

$$=2.54\text{（}\mu\text{F）}$$

根据测试结果，实测电容量为

$$C=I/(U\omega)$$
$$=180\times10^{3}/(200\times100\pi)\times10^{6}$$
$$=2.86\ (\mu F)$$

答：实测电容值为2.86μF。

Jd5D2031 有一根尼龙绳，其破坏拉力为14 700N，如安全系数取4，求许用拉力多少？

解：$许用拉力=\dfrac{破坏拉力}{安全系数}=\dfrac{14\ 700}{4}=3675\ (N)$

答：许用拉力3675N。

Jd5D3032 有一块钢板长 l 为3m，宽 b 为1.5m，厚 d 为40mm，求这块钢板的质量 m（钢的密度 ρ=7.85t/m^3）。

解：$m=V\rho=lbd\rho$

$=3\times1.5\times0.04\times7.85=1.413$（t）

答：此块钢板质量为1.413t。

Jd5D3033 攻一M12mm×1.5mm的螺纹（已知 K=1.1），求钻孔的钻头直径为多大？

解：已知 t=1.5mm，d=12mm，

钻头直径 $D=d-Kt$

$=12-1.1\times1.5=10.4$（mm）

答：钻头直径为10.4mm。

Jd5D3034 某仪器电源指示灯泡的电阻 R 为40Ω，加在灯丝上的电压 U 为18V，求流过该灯丝的电流。

解：根据欧姆定律 $I=U/R$

流过灯丝的电流 $I=18/40=0.45$（A）

答：流过灯丝的电流为0.45A。

Jd5D4035 一台 400kg 的变压器，要起吊 3m 高，用二三滑轮组进行人力起吊，试计算需用多大拉力？

解：二三滑轮组用五根绳承受重 G=4000N 的重物，一根绳承受重力=G/(2+3)=4000/5=800（N）

人的拉力=一根绳承受的重力=800（N）

答：人用 800N 的拉力才能起吊。

Jd4D2036 钢丝绳直径 d 为 39mm，用安全起重简易计算公式计算允许拉力为多少？

解：根据简易公式 $S=9\times d^2$

$=9\times 39^2=9\times 1521$

$=13\ 689$（kg）≈136 890（N）

式中 S——安全起吊质量，kg；

d——钢丝绳直径，mm。

答：此钢丝绳允许拉力 136 890N。

Jd4D3037 攻一 M12mm×1.5mm 不通孔螺纹，所需螺孔深度 H 为 15mm，求钻孔深度是多少？

解：已知 d=12mm

钻孔深度 $h=H+0.7d=15+8.4=23.4\approx 23.5$（mm）

答：钻孔深度为 23.5mm。

Jd4D3038 有一个外径为 40mm 的钢管，穿过一个边长为 40mm 的正方形孔洞，现要求钢管与正方形孔洞之间余留部分用铁板堵住，求最少需多大面积的铁板？

解：正方形孔洞面积 $S_1=40\times 40=1600$（mm^2）

钢管圆面积 $S_2=\pi r^2=3.14\times(40/2)^2=3.14\times 400=1256$（$mm^2$）

堵余孔用的铁板面积 $S=S_1-S_2=1600-1256=344$（mm^2）

答：最少要用面积为 344mm^2 铁板才能堵住。

Jd4D3039　在倾斜角 α=30° 的斜面上，放置一个质量 m 为100kg 的设备，在不计算摩擦力的情况下，斜面所承受的垂直压力 p 是多少？沿斜面下滑力 S 是多少？（g=10）

解： 物体受力情况如图 D-9 所示。

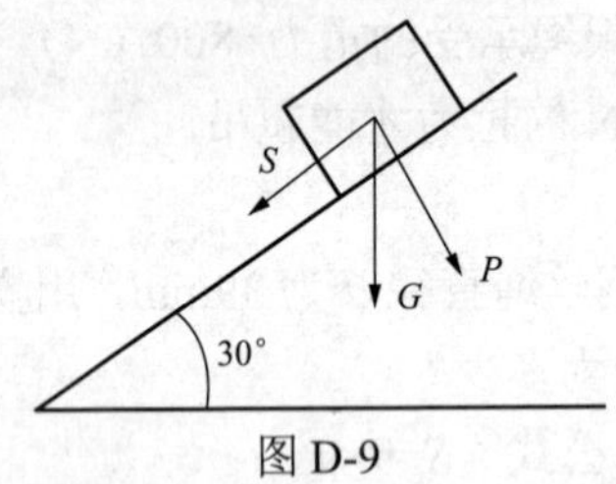

图 D-9

物体重力 $G = mg = 100\times10 = 1000$（N）

$$p = G\cos30° = 1000\times\frac{\sqrt{3}}{2} = 866\text{（N）}$$

$$S = G\sin30° = 1000\times\frac{1}{2} = 500\text{（N）}$$

答： 斜面所承受的垂直压力 866N，沿斜面下滑力为 500N。

Jd4D3040　火车油罐内盛有的变压器油的质量 m 为 54t，如果用额定流量 v 为 350L/min 的油泵，从火车上把油打入存油罐，计算最少需要多长时间（变压器油比重 ρ 为 0.9t/m³）？

解： 54t 变压器油的体积 $V=m/\rho=54/0.9=60$（m³）

油泵每小时流量的体积 $V_1=vt=350\times60=21\ 000$（L）$=21\text{m}^3$

需用时间 $t=V/V_1=60/21=2.86$（h）

答： 从火车上把油打入油罐只需要 2.86h，约 3h。

Jd4D3041　一个三轮滑轮的滑轮直径 D 为 150mm，试估算允许使用负荷为多少？

解： 由经验公式允许使用负荷

$$P = n\times\frac{D^2}{16} = 3\times\frac{150^2}{16} = 3\times\frac{22\ 500}{16} = 4218\text{（kg）}$$

$$4218 \times 10 = 42\ 180\text{（N）}$$

答：用此滑轮估算允许使用负荷为 42 180N。

Jd4D4042 如图 D-10 所示，有一重物重量 G 为 98 000N，用两根等长钢丝绳起吊，提升重物的绳子与垂直线间的夹角 α 为 30°，求每根绳上的拉力 S 多大？

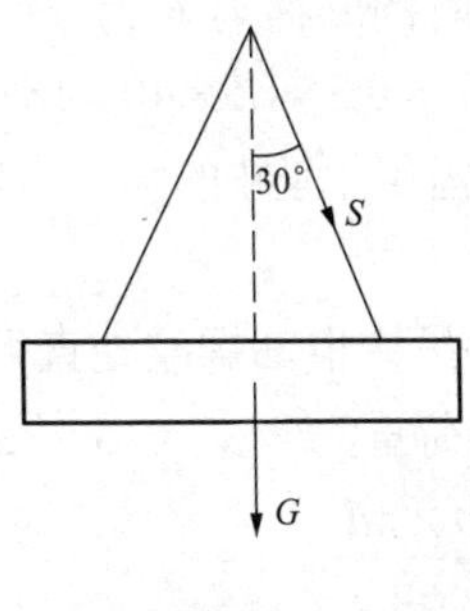

图 D-10

解：$S = \dfrac{G}{2} / \cos\alpha = \dfrac{98\ 000}{2} / \cos 30°$

$$= 49\ 000 / \frac{\sqrt{3}}{2} = 98\ 000/1.73 = 56\ 647\text{（N）}$$

答：每根绳拉力为 56 647N。

Jd2D5043 在设备的起吊中，常常利用滑轮来提升重物，现提升重物的质量 m =100kg，绳索材料的许用应力是［σ］= 9.8×10^6 Pa，求这根绳索的直径 d 应是多少？

解：绳索截面 $F \geqslant \dfrac{mg}{[\sigma]} = \dfrac{100 \times 9.8}{9.8 \times 10^6} = 1\text{（cm}^2\text{）}$

根据圆面积公式 $F = \dfrac{1}{4}\pi d^2$

$$d^2 = \frac{4 \times F}{\pi} = \frac{4 \times 1}{3.14} = 1.27$$

所以 $d=\sqrt{1.27}=1.13$（cm）

答：选用绳索直径应不小于 1.13cm。

Jd2D2044 有一台设备质量 G 为 40kN，采用钢拖板在水泥路面上滑移至厂房内安装，钢板与水泥地面的摩擦系数 f 为 0.3，路面不平的修正系数 K=1.5，问拖动该设备需要多大的力？

解：设备在拖运时的摩擦力 F 为

$$F=fKG=0.3\times1.5\times40=18\text{（kN）}$$

答：拖动该设备需用 18kN 的力。

Jd2D2045 如果吊钩根部螺纹处直径 d 为 35mm，材质为 15 号钢，求吊钩最大荷重为多少（15 号钢 σ=5500N/cm^2）？

解：公式 $Q=\dfrac{\sigma\times\pi d^2}{4}$

$$Q=\frac{5500\times3.14\times3.5^2}{4}=52\ 890\text{N}$$

答：吊钩最大允许荷重为 52 890N。

Jd2D3046 起吊一台变压器的大罩，其质量 Q 为 11t，钢丝绳扣与吊钩垂线成 30°，四点起吊，求钢丝绳受多大的力？

解：根据题意，钢绳受力为

$$S=\frac{Q}{4\cos\varphi}=\frac{11\times10^3\times9.8}{4\times\cos30^\circ}=\frac{11\,000\times9.8}{2\times\sqrt{3}}=31\ 119\text{（N）}=31\text{（kN）}$$

答：钢丝绳受 31kN 的力。

Jd2D4047 有一堆无缝钢管，它的外径 D 为 100mm，壁厚 δ 为 10mm，经逐根测量总长度 L 为 100m，求此堆钢管重 G 是多少（钢的密度 ρ 为 7.8t/m^3）？

解：钢管体积 $V=LS=L\pi\left\{(D/2)^2-[(D-2\delta)/2]^2\right\}$

$$=100\times3.14\{(0.1/2)^2-[(0.1-2\times0.01)/2]^2\}$$

$$=0.2826\ (\text{m}^3)$$

$$G=V\rho=0.2826\times7.8=2.2\ (\text{t})$$

答：此堆钢管重为2.2t。

Jd1D3048 有一台设备重 G 为389kN，需由厂房外滚运到厂房内安装，采用的滚杠为 108mm×12mm 的无缝钢管，直接在水泥路面上滚运，求需多大的牵引力（滚杠在水泥路面上摩擦系数 K_1 为0.08，与设备的摩擦系数 K_2 为0.05，起动附加系数 K 为2.5）？

解：已知 K=2.5，K_1=0.08，K_2=0.05，G=389kN，d=10.8m，拖运时的牵引力

$$p=K(K_1+K_2)G/d=2.5\times(0.08+0.05)\times389/10.8=11.7\ (\text{kN})$$

答：拖动时起动牵引力为11.7kN。

Jd1D4049 有一台绞磨在鼓轮上的钢丝绳牵引力 S_K=29 400N，已知鼓轮轴中心到推力作用点距离 L=200cm，鼓轮半径 r=10cm，求需要多大的推力 P（效率系数 n 为0.91）？

解：根据公式 $S_K r=PLn$

$$P=\frac{S_K r}{Ln}$$

$$P=\frac{29\,400\times10}{200\times0.91}=1615\ (\text{N})$$

答：需要1615N的推力。

Je5D1050 一台单相变压器，电压为35/10kV，低压绕组匝数 N_2 是126匝，计算高压绕组匝数 N_1。

解：已知 U_1=35kV，U_2=10kV，据公式 $\frac{U_1}{U_2}=\frac{N_1}{N_2}$

得
$$\frac{35}{10}=\frac{N_1}{126}$$

所以 $N_1=\frac{35\times126}{10}=441$（匝）

答：高压线圈匝数为 441 匝。

Je5D2051 有一只功率 P 为 500W 的电灯，接在电压 U 为 220V 交流电源上，求流过灯丝的电流 I 是多大？

解：电灯是纯电阻元件，根据纯电阻元件功率公式 $P=UI$，则

$$I=P/U=500/220=2.27\text{（A）}$$

答：流过灯丝的电流为 2.27A。

Je5D2052 一台 110kV 变压器的试验数据：高压绕组对低压绕组电阻 $R60=3000\text{M}\Omega$，对地电阻 $R15=1900\text{M}\Omega$，计算吸收比是多少？是否合格（根据规程规定，吸收比大于 1.5 即为合格）？

解：吸收比$=R60/R15=3000/1900=1.58>1.5$

答：吸收比为 1.58，因高于合格标准，此变压器为合格。

Je5D2053 一台变压器需要注入质量 m 为 25 000kg 变压器油，要求在时间 t=5h 内将油注完，油的流速 v 应为多少？

解：$v=\frac{m}{t}=\frac{25\,000}{5}=5000$（kg/h）

答：油的流速为 5000kg/h。

Je5D3054 在电压 U 为 220V 电源上并联两只灯泡，它们的功率分别是 P_1 为 100W 和 P_2 为 400W，求总电流 I 是多少？

解：据公式 $P=UI$，则流经第一只灯泡的电流 $I_1=P_2/U=100/220=0.45$（A）

流经第二只灯泡的电流 $I_2=P_2/U=400/220=1.82$（A）

$$I=I_1+I_2=0.45+1.82=2.27\text{（A）}$$

答：总电流是 2.27A。

Je5D3055 一台变压器需要注油量 m 为 50t，采用两真空净油机进行真空注油，注油速度 v 为 5.5m³/h，最快多长时间可以注满（油的比重 ρ 为 0.91t/m³）？

解：每小时注油的质量 $g=v\rho=5.5\times0.91=5.005$（t）

每小时注油速度 $v=g/t=5.005$（t/h）

所需时间 $t=m/v=50/5.005\approx10$（h）

答：最快 10h 可以注完。

Je5D3056 在中性点直接接地系统中，电器设备的相电压为 220V，中性点接地电阻为 0.5Ω，若人体电阻为 1000Ω，计算人体触电时有无生命危险。

解：根据欧姆定律：$I_r=\dfrac{U}{R_r+R_0}$

则流过人体的电流为：

$$I_r=\frac{220}{1000+0.5}=0.22\text{（A）}=220\text{（mA）}>50\text{mA}$$

答：人体触电时有生命危险。

Je54D5057 一台单相变压器，已知一次电压 U_1=220V，一次绕组匝数 N_1=500 匝，二次绕组匝数 N_2=475 匝，二次电流 I_2=71.8A，求二次电压 U_2 及满负荷时的输出功率 P_2。

解：根据公式
$$\frac{U_1}{U_2}=\frac{N_1}{N_2}$$

$$\frac{220}{U_2}=\frac{500}{475}$$

$$U_2=\frac{220\times475}{500}=209\text{（V）}$$

由
$$P=UI$$

$$P_2=209\times71.8=15\,006\text{（VA）}$$

答：二次电压为209V，满负荷时输出功率为15 006VA。

Je5D5058 一台电流互感器器身绝缘材料质量 m_1 为2000kg，若其平均含水量百分数为 5%，干燥处理过程共收集水质量 m_2 为 90kg，求其绝缘材料内仍可能含水量的百分数 h 是多少？

解：干燥后收集水占绝缘质量的百分比为

$$h=m_2/m_1\times100\%=90/2000\times100\%=4.5\%$$

干燥前含水量 5%，干燥后绝缘内部仍可能含水量为

$$5\%-4.5\%=0.5\%（近似）$$

答：干燥后绝缘材料含水量可能为0.5%。

Je4D2059 已知一个油桶的直径 D 为1.5m，高 h 为2m，该油桶已装体积 V_2 为 $1m^3$ 的油，求此油桶内还能装多少体积的油（保留小数点后两位）？

解：桶的体积 $V_1=\pi\left(\frac{D}{2}\right)^2h=3.14\times\left(\frac{1.5}{2}\right)^2\times2=3.53（m^3）$

还能装油的体积 $V=V_1-V_2=3.53-1=2.53（m^3）$

答：油桶还能装油 $2.53m^3$。

Je4D3060 变电所铝母线的截面尺寸 S 为 50mm×5mm，电阻率 ρ=2.95×10^{-8}Ωm，总长度 L 为 50m，计算铝母线电阻 R 是多少？

解：据公式

$$R=\frac{L}{S}\rho$$

则

$$R=\frac{50}{50\times5\times10^{-6}}\times2.95\times10^{-8}=0.005\ 9（\Omega）$$

答：铝母线电阻为0.005 9Ω。

Je4D3061 聚氯乙烯绝缘软铜线的规格为 n =7 股，每股线

径 D 为 1.7mm，长度 L 为 200m，求其电阻是多少（铜的电阻率 ρ=1.84×10^{-8}Ωm）？

解：铜线截面积

$$S = n\pi r^2 = 7\times3.14\times\left(\frac{1.7}{2}\right)^2$$

$$=15.88\ (\text{mm}^2)$$

$$R=\frac{L}{S}\rho=\frac{200}{15.88\times10^{-6}}\times1.84\times10^{-8}=0.23\ (\Omega)$$

答：软铜线电阻为 0.23 Ω。

Je4D3062 一额定电流 I_N 为 20A 的电炉箱接在电压 U 为 220V 的电源上，求此电炉的功率 P 是多少？若用 10h，电炉所消耗电能为多少？

解：$P=UI_N=220\times20=4400$（W）=4.4（kW）

使用 10h 时，电炉所消耗的电能 $A=Pt=4.4\times10=44$（kWh）

答：此电炉电功率为 4.4kW；用 10h 所消耗的电能为 44kWh。

Je43D3063 某电炉的电阻 R 为 220Ω，接在电压 U 为 220V 的电源上，求 1h 内电炉所放出的热量 Q 是多少千焦？

解：$I=\dfrac{U}{R}=\dfrac{220}{220}=1$（A）

$$Q=0.24\times I^2Rt=0.24\times1^2\times220\times3600$$

$$=190\,080(\text{cal})=190\,080\times4.18=794.53\ (\text{kJ})$$

答：此电炉在 1h 内放出 794.53kJ 的热量。

Je4D3064 单支避雷针高度 h 为 30m，距避雷针根部 20m 处有一个油箱高 h_x 为 15m，此油箱是否能被避雷针保护？

解：根据避雷针保护公式：

当 $h_x \geqslant h/2$ 时，保护范围半径 $r_x=h-h_x=30-15=15$（m）

<20m。

答： 避雷针在被保护物高度 15m 处只能保护半径 15m 之内物体，油箱距离 20m 处大于保护半径，所以不能保护。

Je4D4065 CJ–75 型交流接触器线圈，在 20℃时，直流电阻值 R_1 为 105Ω，通电后温度升高，此时测量线圈的直流电阻 R_2 为 113.3Ω，若 20℃时，线圈的电阻温度系数 α 为 0.003 95，求线圈的温升 Δt 是多少？

解： 因为 $R_2 = R_1(1+\alpha\Delta t) = R_1 + R_1\alpha\Delta t$

所以 $\Delta t = \dfrac{R_2 - R_1}{R_1\alpha} = \dfrac{113.3-105}{105\times 0.003\,95} = \dfrac{8.3}{0.414\,75} = 20$（℃）

答： 线圈的温升为 20℃。

Je4D4066 已知一台 35/0.4kV 三相变压器，其容量 S 为 50kVA，求变压器的一、二次额定电流。

解： 已知 U_1=35kV，U_2=0.4kV，根据公式 $S=\sqrt{3}UI$

一次电流 $I_{1N} = \dfrac{S}{\sqrt{3}\times U_1} = \dfrac{50}{1.73\times 35} = 0.83$（A）

二次电流 $I_{2N} = \dfrac{S}{\sqrt{3}\times U_2} = \dfrac{50}{1.73\times 0.4} = 72$（A）

答： 此变压器一次电流为 0.85A，二次电流为 72A。

Je4D4067 一条电压 U 为 220V 纯并联电路，共有额定功率 P_1 为 40W 的灯泡 20 盏，额定功率 P_2 为 60W 的灯泡 15 盏，此线路的熔断器容量应选多大的？

解： $I_1 = P_1/U = 40/220 = 0.18$（A）

$I_2 = P_2/U = 60/220 = 0.27$（A）

总电流 $I=20I_1+15I_2=20\times 0.18+15\times 0.27=3.6+4.05=7.65$（A）

根据线路熔断器容量选择原则略大于工作电流之和，所以选 10A 熔断器。

答：此线路熔断器应选 10A。

Je4D4068 变压器油箱内有质量 m 为 126t 的变压器油（盛满油），需充氮运输，如果每瓶高纯氮气的体积 V_1 是 $0.13m^3$，表压力 p_1 为 $1500N/cm^2$，油箱内充氮压力 p_2 保证在 $2N/cm^2$（表压），把油放净最少需要几瓶氮气（变压器油密度 ρ 为 $0.9g/cm^3$）？

解：变压器容积 $V = m/\rho = 126/0.9 = 140$（$m^3$）

根据经验公式，每瓶氮气压力降为 $2N/cm^2$ 时体积

$$V_2 = \frac{p_1+1}{p_2+1}V_1 = \frac{150+1}{0.2+1}\times 0.13 = 16.36（m^3）$$

最少需要的氮气瓶数为 $V/V_2 = 140 \div 16.36 = 8.6$（瓶）≈9（瓶）

答：把油放净最少需用 9 瓶氮气进行充氮。

Je4D5069 在电磁机构控制的合闸回路中，除合闸接触器线圈电阻外，合闸回路总电阻上取得电源电压 U 的 60%，计算合闸接触器线圈端电压百分数是多少？此开关能否合闸？

解：因为合闸回路总电阻与合闸接触器线圈电阻串联在回路中，总电源电压是各电阻上电压之和，所以合闸接触器上端电压百分数$=U\times(1-60\%)=40\%U$。

根据规程规定，合闸接触器动作电压在电源电压的 30%～65%之间，所以此开关能合闸。

答：合闸接触器端电压为电源电压的 40%，此开关能合闸。

Je4D5070 如图 D-11 所示的电磁机构控制回路，灯电阻、附加电阻、防跳电流线圈电阻、电缆二次线圈电阻总和即为总电阻 R_Σ。该总电阻上分配到的电源电压 U_1 为 187V，电源电压 U_Σ 为 220V，计算跳闸线圈电阻图 D-11 上的电压 U_2 为多少？

该开关能否跳闸？

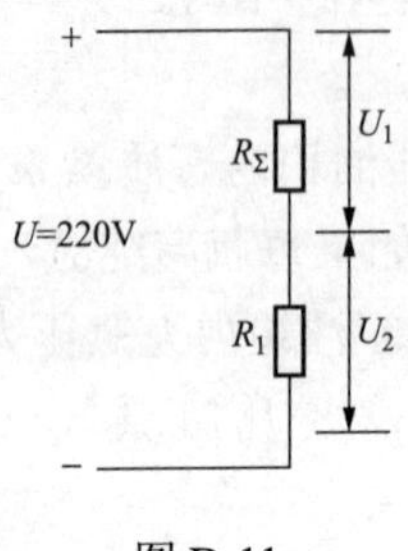

图 D-11

解：因为在串联电路中，$U_\Sigma = U_1 + U_2$

所以 $U_2 = U_\Sigma - U_1 = 220-187=33$（V）

根据规程规定，跳闸线圈最高不动作电压 U_1 为电源电压 U 的 30%，

则 $U' = 220\times30\% = 66$（V）

而 $U_2 = 33\text{V} < U'$

故该开关不能跳闸。

答：跳闸线圈电阻上电压为 33V，该开关不能跳闸。

Je3D1071 一个圆油罐，其直径 d 为 4m，高 h 为 6m，最多能储存多少变压器油（变压器油密度 ρ 为 0.9t/m^3）？

解：油罐的容积 $V=\pi r^2 h = \pi\left(\frac{d}{2}\right)^2 h = 3.14\times(4/2)^2\times6 = 75.36$（m^3）

所能储存的油重 $G=\rho V = 75.36\times0.9=67.8$（t）

答：此油罐能存 67.8t 变压器油。

Je4D2072 真空注油处理过程中，注入真空罐内的变压器油体积 V 为 120m^3，如果用额定流速 v 为 400L/min 的油泵将油打回，最少需要多长时间把油打完？

解：油泵每小时流量 $Q=vt=400\times60=24\,000$（L/h）=24（m^3/h）

最少需要时间 $t'=V/Q=120/24=5$（h）

答：最少需要时间5h把油打完。

Je3D2073 一台变压器的油箱长 l 为1.5m，高 h 为1.5m，宽 b 为0.8m，油箱内已放置体积 V_2 为1m^3的实体变压器器身，求油箱内最多能注多少变压器油（变压器油的比重 γ 为0.9t/m^3）？

解：变压器容积 $V_1=lbh=1.5\times0.8\times1.5=1.8$（$m^3$）

注油容积 $V=V_1-V_2=1.8-1=0.8$（m^3）

注油量 $G=V\gamma=0.8\times0.9=0.72$（t）

答：此变压器最多能注0.72t变压器油。

Je2D3074 某施工场地设有一台容量 S 为320kVA的三相变压器，该地原有负载功率 P 为210kW，平均功率因数 $\cos\varphi$ 为0.69（感性），试问此变压器能否满足要求？负载功率增加到255kW时，问此变压器容量能否满足要求？

解：根据公式 $P=\sqrt{3}UI\cos\varphi=S\cos\varphi$

负载功率为210kW时所需变压器容量

$S_1=P/\cos\varphi=210/0.69=304$（kVA）＜320kVA

负载功率为255kW时所需变压器容量 $S_2=255/0.69=370$（kVA）＞320kVA

答：当负载功率为210kW时，此台变压器容量满足要求，当负载功率为255kW时，此台变压器容量不够，应增容。

Je2D3075 断路器铭牌上表示的额定电压 U 为110kV，断流容量 S 为3500MVA，若使用在电压 U_1=60kV的系统上，断流容量为多少？

解：因为断流容量 $S=\sqrt{3}UI$

$I = S/(\sqrt{3}U) = 3\ 500\ 000/(\sqrt{3}\times 110) = 18\ 370$（A）

使用在 60kV 系统上时 $S' = \sqrt{3}U_1 I = \sqrt{3}\times 60\times 18\ 370 = 1909$（MVA）

答：使用在 60kV 系统上的遮断容量为 1909MVA。

Je2D4076 二次回路电缆全长 L 为 200m，电阻系数 ρ 为 $1.75\times 10^{-8}\ \Omega\cdot m$，母线电压 U 为 220V，电缆允许压降为 5%，合闸电流 I 为 100A，求合闸电缆的截面积 S 为多少？

解：因为电缆允许压降 $\Delta U = 220\times 5/100 = 11$（V）

电缆电阻 $R = \rho L/S$

$$\Delta U = IR = I\rho L/S$$

所以 $S = IL\rho/\Delta U = 100\times 200\times 1.75\times 10^{-8}\times 10^{6}/11 \approx 32$（$mm^2$）

答：合闸电缆截面积为 $32mm^2$。

Je2D4077 有一台三相电阻炉，其每相电阻 R=8.68 Ω，电源线电压 U_L 为 380V，如要取得最大消耗总功率，采用哪种接线法最好（通过计算说明）？

解：（1）三相电阻采用Y形线时：

线电流 $I_L = I_{ph} = \dfrac{U_{ph}}{R} = \dfrac{U_L}{\sqrt{3}R} = \dfrac{380}{\sqrt{3}\times 8.68} = 25.3$（A）

单相功率 $P_{ph} = I_{ph}^2 R = 25.3^2\times 8.68 \approx 5556$（W）

三相功率 $P = 3\times 5556 = 16\ 668$（W）

（2）采用△形接线时：

相电压 $U_{ph} = U_L = 380$（V）

相电流 $I_{ph} = U_{ph}/R = 380/8.68 = 43.8$（A）

$$P_{ph} = I^2 R = 43.8^2\times 8.68 \approx 16\ 652\text{（W）}$$

三相功率 $P = 3\times 16\ 652 = 49\ 956$（W）

（1）与（2）的计算结果相比较，可知采用三角形接法时有最大消耗功率。

答：采用三角形接法会获得最大消耗功率。

Je2D5078 已知直流母线电压 U 为 220V，跳闸线圈的电阻 R_1 为 88Ω，红灯额定功率 P_N 为 8W，额定电压 U_N 为 110V，串联电阻 R_2 为 2.5kΩ，当红灯短路时，跳闸线圈上的压降值占额定电压的百分数是多少？判断其能否跳闸。

解：红灯短路时，红灯电阻 $R_3=0$，根据公式 $I=U/R_\Sigma$

此串联电路电流 $I=U/(R_1+R_2)$ = 220/(88+2500) = 0.085（A）

跳闸线圈上的压降 $U_1=IR_1=0.085\times88=7.48$（V）

跳闸线圈端电压 U_1 占额定电压的百分数为 7.48/220×100%= 3.4%＜30%

答：当红灯短路时，跳闸线圈端电压百分数为 3.4%，因小于 30%，所以不能跳闸。

Je2D5079 一台单相交流接触器接在某交流电路中，电压 U 为 220V，电流 I 为 5A，功率 P 为 940W，求：（1）电路功率因数 $\cos\varphi$ 是多少？（2）电路中无功功率 Q 为多少？（3）该电路的电阻 R 和电感 L 分别是多少？

解：（1）因为视在功率 $S=UI=220\times5=1100$（VA）

所以 $\cos\varphi=P/S=940/1100=0.85$

（2）$Q=\sqrt{S^2-P^2}=\sqrt{1100^2-940^2}=571$（var）

（3）因为 $P=I^2R$

所以 $R=P/I^2=940/5^2=37.6$（Ω）

又 $Q=I^2X_L$

所以感抗 $X_L=Q/I^2=571/5^2=22.84$（Ω）

而 $X_L=2\pi fL$

所以 $L=X_L/2\pi f=22.84/(2\times3.14\times5)=22.84/314=0.073$（H）

答：功率因数为 0.85；无功功率为 571var；电阻为 37.6 Ω，

电感为 0.073H。

Je2D5080 某电阻、电容元件串联电路，经测量功率 P 为 325W，电压 U 为 220V，电流 I 为 4.2A，求电阻 R、电容 C 各是多少？

解：因为 $P = I^2R$

所以 $R = P/I^2 = 325/4.2^2 = 18.42$（Ω）

又因为 $Q = \sqrt{S^2 - P^2}$

所以 $Q = \sqrt{924^2 - 325^2} = 865$（var）

根据 $Q = I^2 X_C$

$X_C = Q/I^2 = 865/4.2^2 = 49$（Ω）

根据 $X_C = 1/2\pi fC$

所以 $C = 1/(2\pi fX_C) = 1/(2\times3.14\times49) = 1/15\,386 = 6.5\times10^{-5}$（F）

$= 65$（μF）

答：电阻为 18.42Ω，电容为 65μF。

Je1D4081 某断路器跳闸线圈烧坏，应重绕线圈，已知线圈内径 d_1 为 27mm，外径 d_2 为 61mm，裸线线径 d 为 0.57mm，原线圈电阻 R 为 25Ω，铜电阻率 ρ 为 1.75×10^{-8} Ωm，计算该线圈的匝数 N 是多少？

解：线圈的平均直径 $D_{av} = \dfrac{d_1 + d_2}{2} = (61+27)/2 = 44$（mm）

漆包线的截面积 $S = \pi(d/2)^2 = 3.14\times(0.57/2)^2 = 0.255$（mm²）$= 2.55\times10^{-7}$（m²）

绕线的总长度 $L = \pi DN$，铜线的电阻 $R = \rho L/S$

则 $L = \pi DN = RS/\rho$

所以 $N = (RS/\rho)/(\pi D) = RS/(\pi D\rho)$

$= 25\times2.55\times10^{-7}/(1.75\times10^{-8}\times3.14\times44\times10^{-3}) = 2585$（匝）

答：该线圈匝数为 2585 匝。

Je1D5082 已知三盏灯的电阻 R_A=22Ω，R_B=11Ω，R_C=5.5Ω，三盏灯负荷按三相四线制接线，接在线电压 U_L 为 380V 的对称电源上，求三盏灯的电流 I_A、I_B、I_C 各是多少？

解： $U_{ph} = \frac{U}{\sqrt{3}} = \frac{380}{1.7} = 220$（V）

根据公式　$I_{ph} = U_{ph} / R$

$$I_A = U_{ph} / R_A = 220/22 = 10\text{（A）}$$

$$I_B = U_{ph} / R_B = 220/11 = 20\text{（A）}$$

$$I_C = U_{ph} / R_C = 220/5.5 = 40\text{（A）}$$

答： I_A、I_B、I_C 的值分别为 10A、20A 和 40A。

Je1D5083 CY3—Ⅱ型机构在 T_1 为 20℃时，额定压力 p_{1N} 为（22±5）MPa，如果环境温度在 T_2 为 37℃和 T_3 为 7℃时，额定压力值 p_{2N}、p_{3N} 分别是多少？

解： 公式　$\frac{p_1}{T_1} = \frac{p_N}{T_N}$，$p_N = (p_1 / T_1)T_N = (T_N / T_1)p_1$

p_{1N}=22MPa，$T_1 = 273+20 = 293$（K）

T_2=273+37＝310（K）

T_3=273+7＝280（K）

则温度为 37℃时的额定压力值

$$p_{2N} = (T_2 / T_1)\, p_{1N} = (310×293)×22 = 23.3\text{（MPa）}$$

温度为 7℃时的额定压力值

$$p_{3N} = (T_3 / T_1)\, p_{1N} = (280×293)×22 = 21\text{（MPa）}$$

答： 当温度为 37℃时，额定压力为 23.3MPa，当温度为 7℃时，额定压力为 21MPa。

Je1D5084 交流接触器线圈接在直流电源上，得到线圈直流电阻 R 为 1.75Ω，然后接在工频交流电源上，测得 U=120V，P=70W，I=2A，若不计漏磁，求铁芯损耗 P 和线圈的功率因数各是多少？

解：总损耗 $P = P_{Fe} + P_{Cu} = P_{Fe} + I^2R$

铁损 $P_{Fe} = P - I^2R = 70-2^2×1.75=63$（W）

根据 $P = UI\cos\varphi$

∴功率因数 $\cos\varphi = P/(UI) = 70/(120×2)=0.29$

答：铁芯损耗为63W，功率因数为0.29。

Jf3D3085 蓄电池组的电源电压 E 为 6V，将 $R_1 = 2.9\Omega$ 电阻接在它两端，测出电流 I 为2A，求它的内阻 R_i 为多大？

解：根据全电路欧姆定律 $E = I(R_1 + R_i) = IR_1 + IR_i$

∴ $R_i = (E - IR_1)/I = (6 - 2×2.9)/2 = 0.1$（Ω）

答：蓄电池内阻为0.1 Ω。

Jf2D3086 一个电容器的电容 C 为100μF，在接在频率为50Hz、电压为220V的交流电源上，求电路中的电流。

解：电路的容抗为：

$$X_C = \frac{1}{2\pi fC} = \frac{10^{-6}}{2×3.14×50×100} \approx 31.8 \text{（Ω）}$$

电路中的电流为：

$$I = \frac{U}{X_C} = \frac{220}{31.8} \approx 6.92 \text{（A）}$$

答：电路中的电流为6.92A。

Jf1D3087 一台三相变压器，型号为SL—750/10，Y，yn连接，额定电压为10/0.4kV，室温20℃时做短路试验：在高压侧加电压 U_K 为 440V，测得电流 I_K 为 43.3A，功率 P_K 为10 900W，求该变压器的短路参数 r_k、x_k。

解：高压侧的相电压 $U_{Kph}=\frac{440}{\sqrt{3}}=254$（V）

高压侧的相电流　$I_{ph}=I_K=43.3A$

一相短路功率为　$P_K/3=10\ 900/3=3633.3$（W）

则
$$z_k=\frac{U_{Kph}}{I_{ph}}=\frac{254}{43.3}=5.866\text{（Ω）}$$

$$r_k=\frac{P_K/3}{I_{ph}^2}=\frac{3633.3}{43.3^2}=1.94\text{（Ω）}$$

$$x_k=\sqrt{z_k^2-r_k^2}=\sqrt{5.866^2-1.94^2}=5.54\text{（Ω）}$$

将 r_k 换算到 75℃：

铝线
$$r_{k75℃}=r_k\frac{228+75}{228+\theta}$$

$$=1.94\times\frac{228+75}{228+20}=2.37\text{（Ω）}$$

答：变压器的短路参数 r_k 为 2.37Ω、x_k 为 5.54Ω。

4.1.5 绘图题

La5E2001 要测量一导体的电阻值，请画出用电压表和电流表测量的接线图，并写出计算公式。

答：接线图如图 E-1 所示。计算公式为 $R=U/I$。

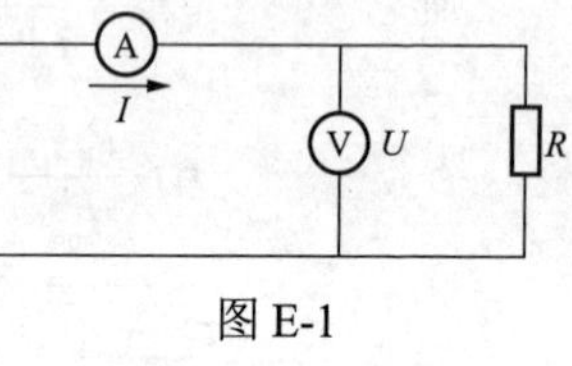

图 E-1

La5E1002 在图 E-2 中 *M* 平面上画出磁场的方向。

答：如图 E-3 所示。

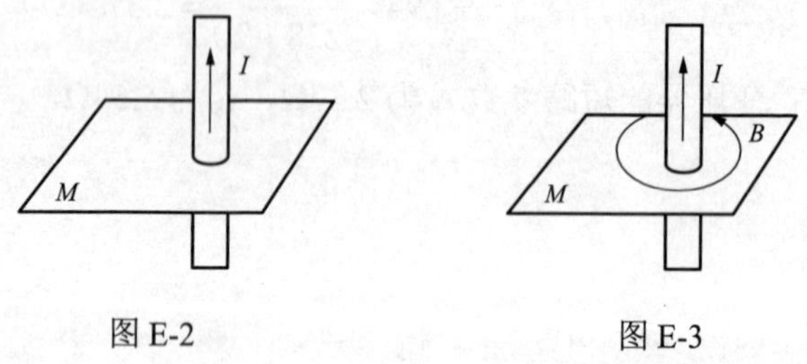

图 E-2　　图 E-3

La4E1003 根据图 E-4 中所示电流方向及导线在电场中受力方向标出 N、S 极。

答：如图 E-5 所示。

图 E-4　　图 E-5

La4E3004 画出测试断路器合闸动作的最低动作电压的接线图。

答：如图 E-6 所示。

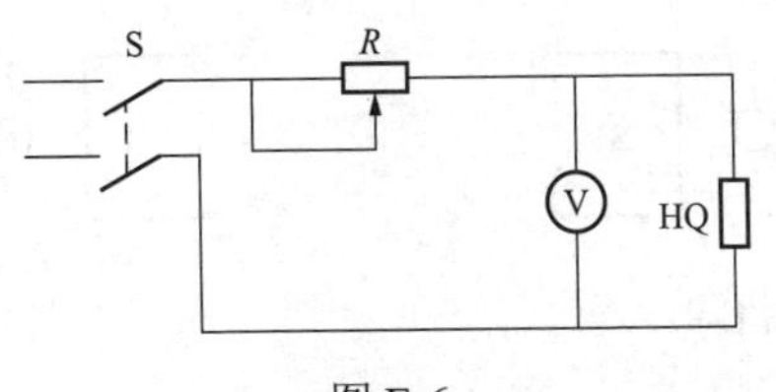

图 E-6

S—开关；R—可调电阻；HQ—合闸线圈

La4E5005 绘出单臂电桥原理图，并写出平衡公式。

答：如图 E-7 所示。电桥平衡时 $R_x=(R \cdot R_2)/R_1$。

La4E5006 如图 E-8 所示电路，$u(t)$为交流电源，当电源频率增加时，3 个灯亮度如何变化?

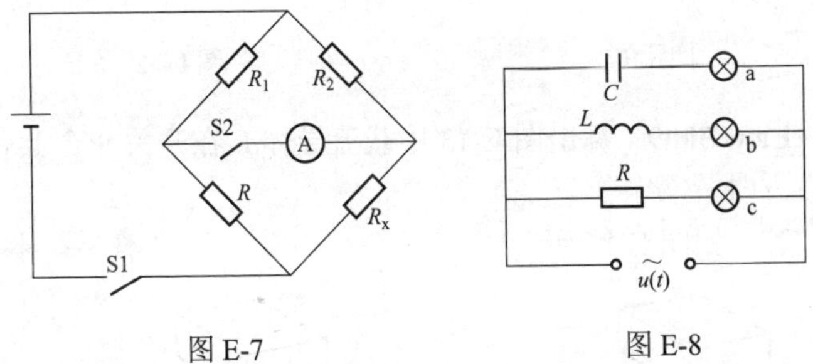

图 E-7

S1、S2—开关；R、R_1、R_2、R_x—电阻

图 E-8

答：a 支路电容压降减小，a 灯压降增加，变亮。

b 支路线圈压降增加，b 灯压降降低，变暗。

c 支路与原来一样，c 灯亮度不变。

La4E5007 如图 E-9 所示，载流导体在磁场中向上运动，画出导线内电流方向。

答：如图 E-10 所示。

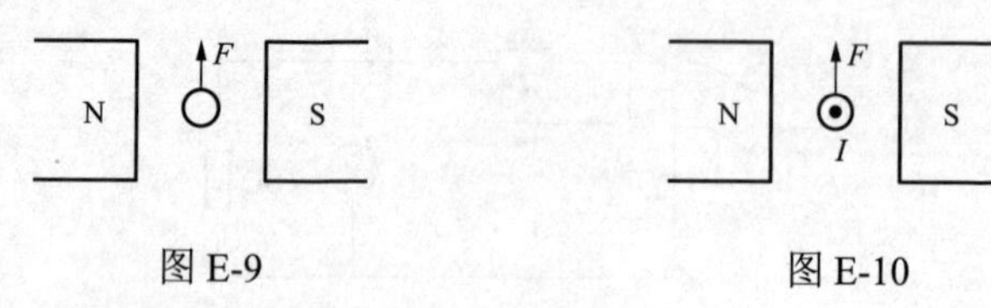

图 E-9　　图 E-10

La3E2008　如图 E-11 所示，通电导体在磁场中向下运动，标出电源的正、负极和磁铁的 N、S 极。

答：如图 E-12 所示。

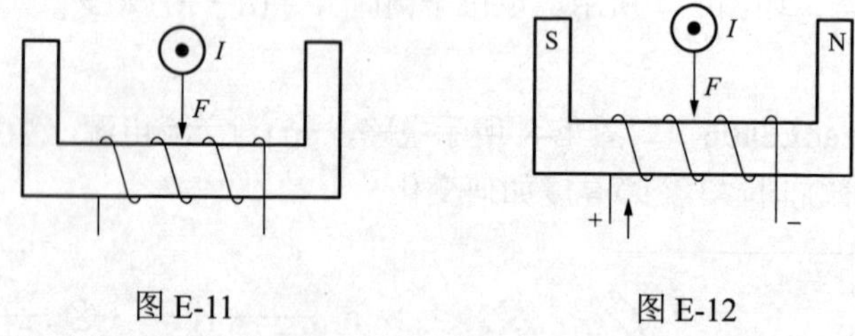

图 E-11　　图 E-12

La3E3009　标出图 E-13 中载流导体 L 在开关 S 合上后的受力方向。

答：如图 E-14 所示。

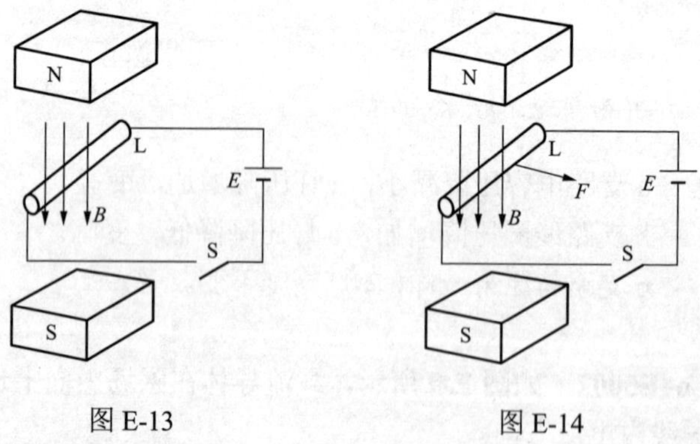

图 E-13　　图 E-14

La3E4010　画出图 E-15 的线圈通过电流时的磁力线分布图，并画出方向和线圈两端的 N、S 极。

答： 如图 E-16 所示。

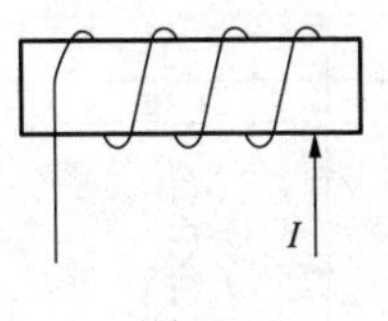

图 E-15

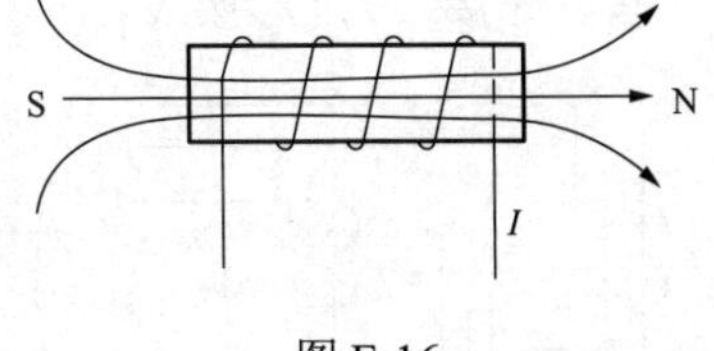

图 E-16

La3E4011 把图 E-17 电压源接线图转换为电流源接线图，并标出电流 I、电导 G 的表达式。

答： 如图 E-18 所示。

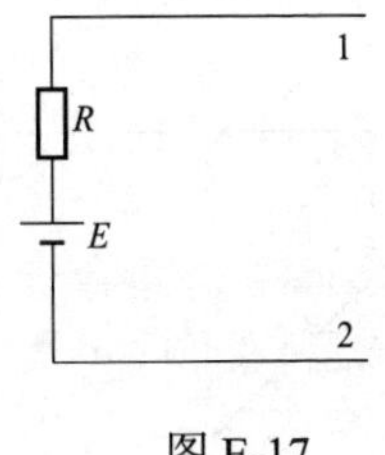

图 E-17

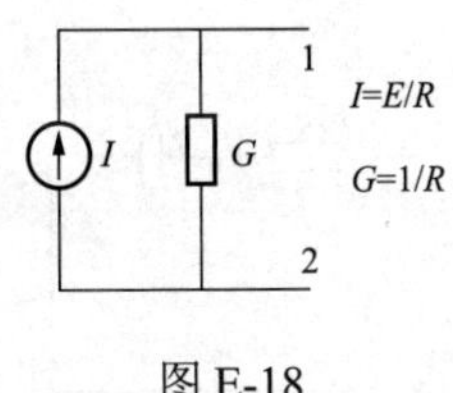

图 E-18

La2E1012 图 E-19 所示波形为正弦交流电压，请写出其表达式。

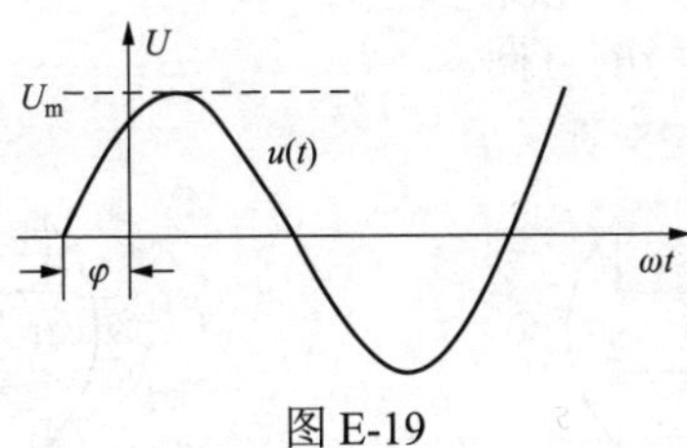

图 E-19

答： $u(t)=U_m\sin(\omega t+\varphi)$。

Lc4E3013 说明图 E-20 中电流互感器的接线方式。

答： 此接线方式为三角形接线。

Lc4E3014　说明图 E-21 中电流互感器的接线方式。

答： 此接线为Y形接线。

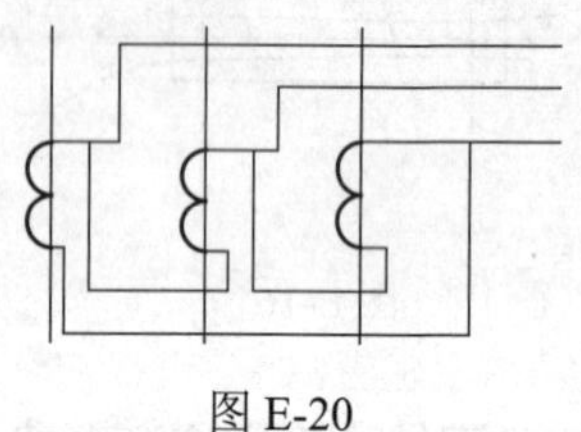

图 E-20

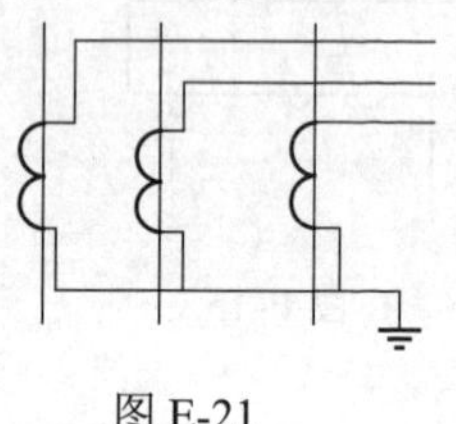

图 E-21

Lc4E4015　根据图 E-22 所示电路，画出电压 $\dot{U}_R$、$\dot{U}_C$、$\dot{U}$ 和电流 $\dot{I}$ 的相量图。

答： 如图 E-23 所示。

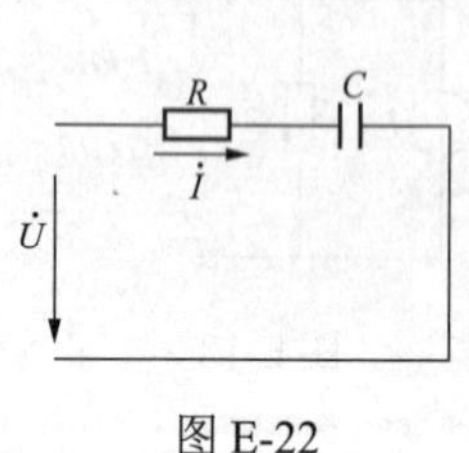

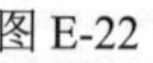

图 E-22

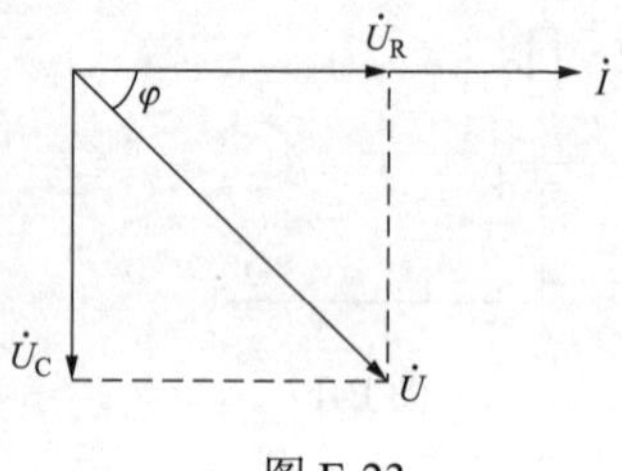

图 E-23

Lc4E5016　如图 E-24 所示，当磁铁顺时针转动时，画出导体中感应电动势的方向。

答： 如图 E-25 所示。

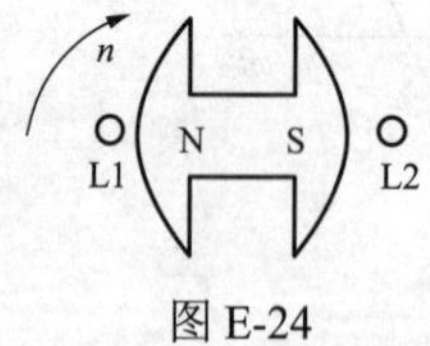

图 E-24

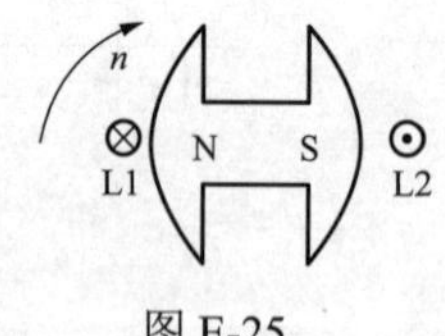

图 E-25

Lc3E2017　如图 E-26 所示电路，画出电压 $\dot{U}_R$、$\dot{U}_L$、$\dot{U}$ 和电流 $\dot{I}$ 的相量图。

答： 如图 E-27 所示。

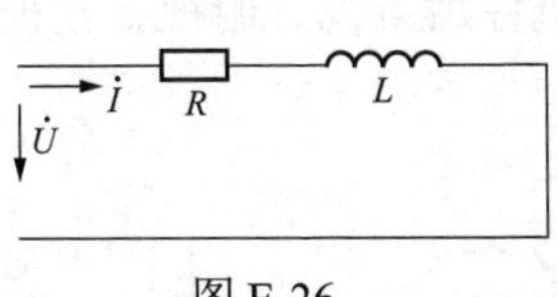

图 E-26

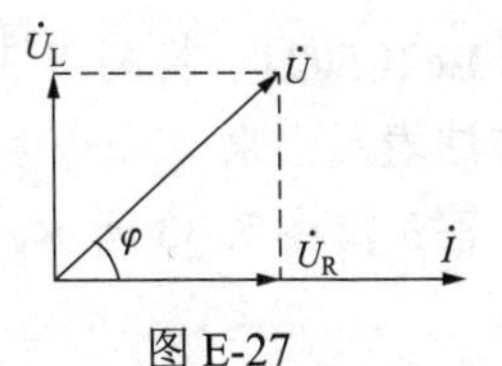

图 E-27

Lc3E3018 图 E-28 为机件的主视图和俯视图，请补画左视图。

答： 如图 E-29 所示。

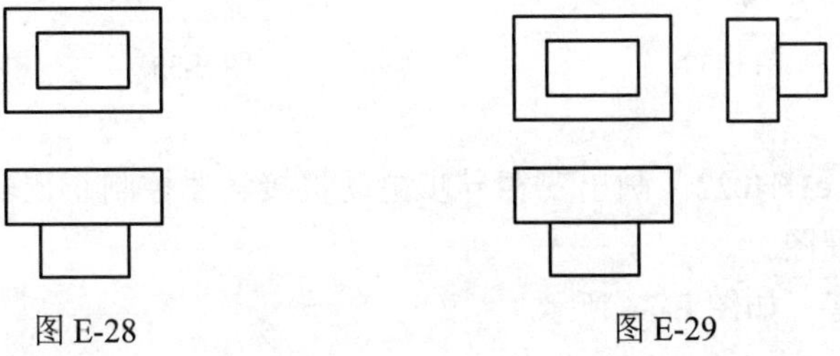
图 E-28　　图 E-29

Lc2E3019 说明图 E-30 中电流互感器的接线方式。

答： 此图为零序接线。

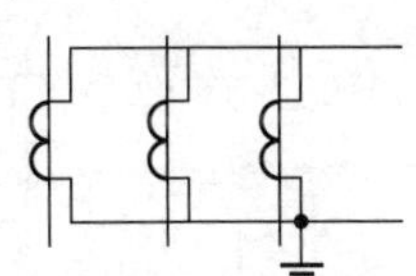
图 E-30

Lc2E5020 画出三相变压器 Yy0 接线组的相量图和接线图。

答： 如图 E-31 所示。

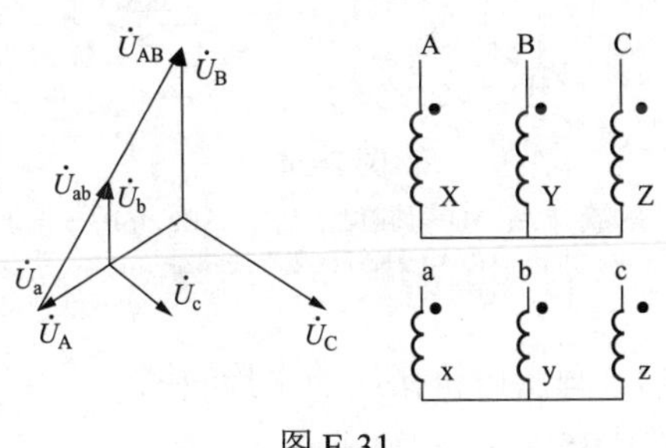

图 E-31

Lc2E5021 将图 E-32 所示机件用主视、俯视、左视的投影方法表示出来。

答：如图 E-33 所示。

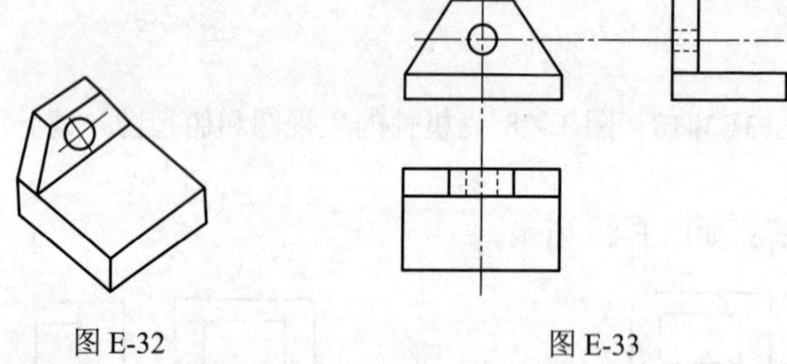

图 E-32　　　　图 E-33

Lc1E4022 画出三相异步电动机接触器控制正反转的线路原理图。

答：如图 E-34 所示。

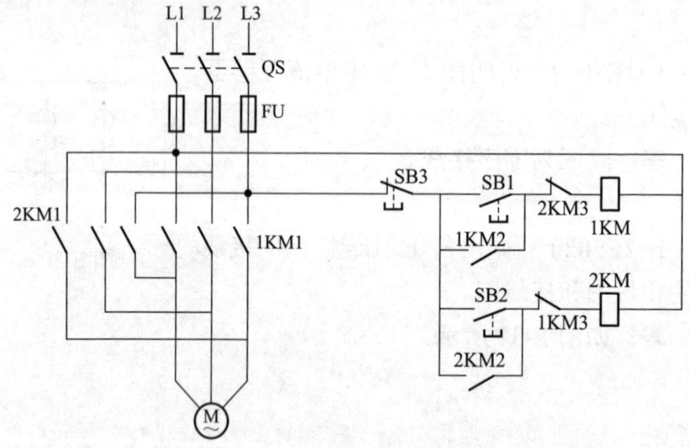

图 E-34

QS—隔离开关；FU—熔断器；SB1、SB2、SB3—按钮；
1KM、2KM—交流接触器

Lc1E5023 画出内桥接线的主接线图。

答：如图 E-35 所示。

Lc1E5024 画出变压器 Yd11 联结组的相量图和接线图。

答：如图 E-36 所示。

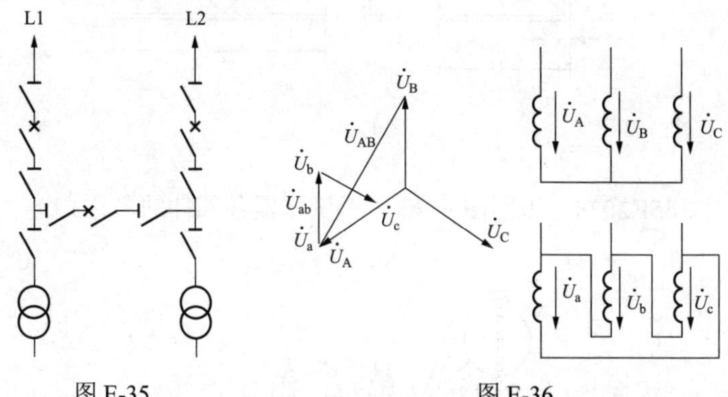

图 E-35　　　　图 E-36

Lc1E1025 说明图 E-37 中电流互感器的接线方式。

答：此为不完全星形接线方式。

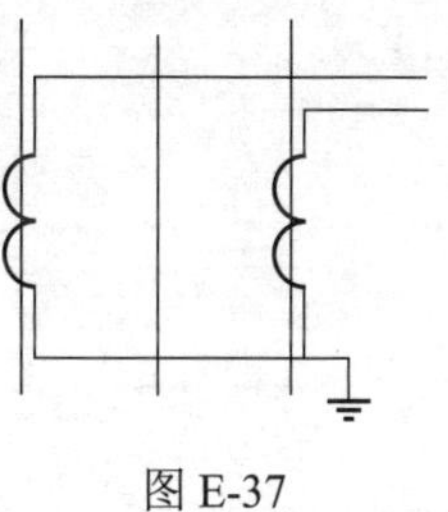

图 E-37

Jd5E2026 画出双母线出线线路一次接线图。

答：如图 E-38 所示。

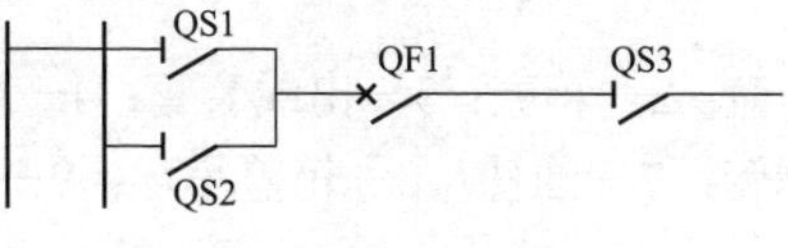

QS1 QF1 QS3 QS2

图 E-38

QS1～QS3—隔离开关；QF1—断路器

Jd5E2027 试画图表示角钢焊成 90°角的加工图。

答：如图 E-39 所示。

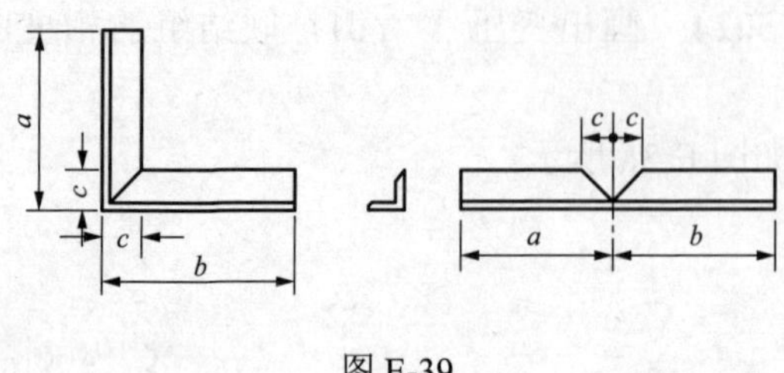

图 E-39

Jd5E2028 识别图 E-40 所示变压器各部件的名称。

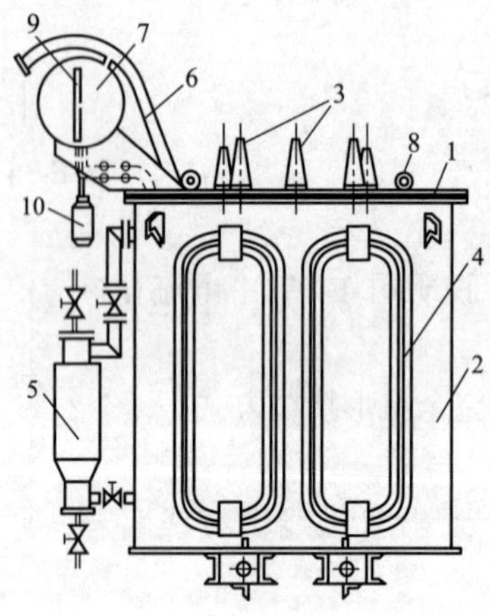

图 E-40

答： 1—箱盖；2—箱壳；3—出线套管；4—散热器；5—净油器；6—防爆管；7—油枕；8—箱盖吊环；9—油位计；10—呼吸器。

Jd5E3029 试绘制断路器电磁线圈的起动性能试验接线图，并标明每一个元件名称。

答： 如图 E-41 所示。

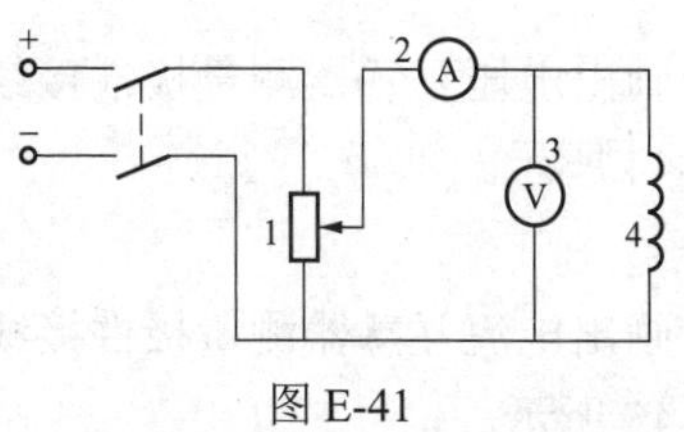

图 E-41

1—可变电阻；2—电流表；3—电压表；4—分闸（或合闸）电磁线圈。

Jd5E3030 识别图 E-42 所示压力式滤油机的工作系统图中的各部件名称。

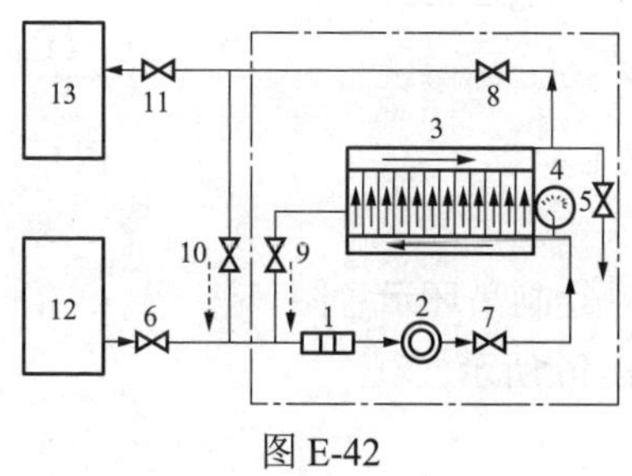

图 E-42

答：1—滤网；2—电动油泵；3—滤过器；4—压力表；5—取油样阀门；6～11—控制阀门；12—污油罐；13—净油罐。

Jd5E4031 画出以两个吊点起吊匀质杆件时，两个吊点的位置图。

答：如图 E-43 所示，两个吊点 A、B 分别距杆件端部 0.2×*l*（*l* 为杆长）。

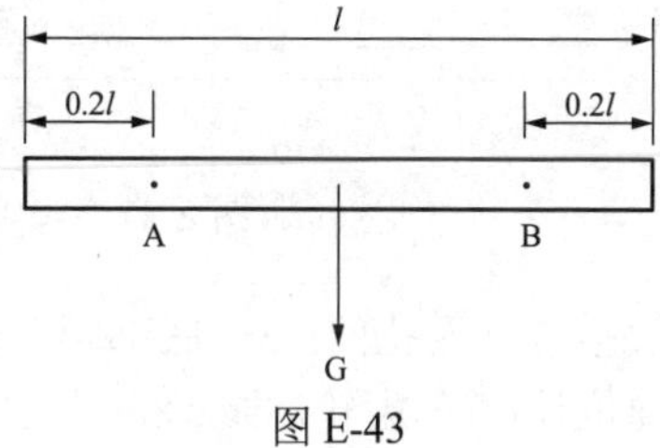

图 E-43

Jd4E3032 画出电压互感器测量极性接线图。

答：如图 E-44 所示。

Jd4E3033 画出电流互感器测量极性接线图。

答：如图 E-45 所示。

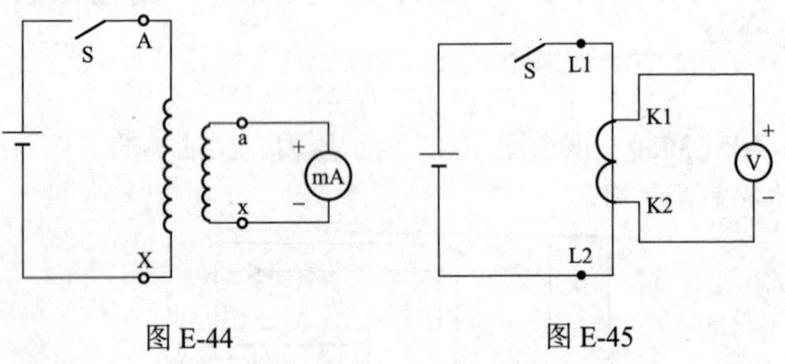

图 E-44　　图 E-45

Jd4E4034 绘制吊环示意图。

答：如图 E-46 所示。

Jd4E4035 图 E-47 为变压器一个储油罐滤油循环系统图，标出每一个单元名称。

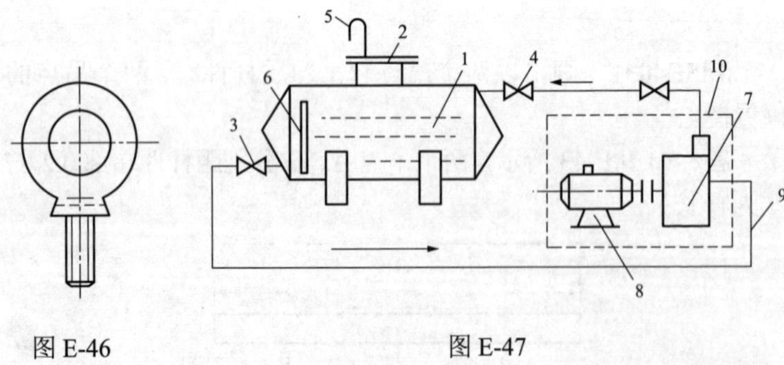

图 E-46　　图 E-47

答：1—储油罐；2—人孔门；3—底部阀门；4—上部阀门；5—呼吸孔；6—油位计；7—齿轮油泵；8—电动机；9—输油管；

10—压力式滤油机。

Jd4E1036 绘制一个 M20mm 的螺母加工图。

答：如图 E-48 所示。

Jd3E1037 画出 0° 铜铝过渡设备线夹剖视图。

答：如图 E-49 所示。

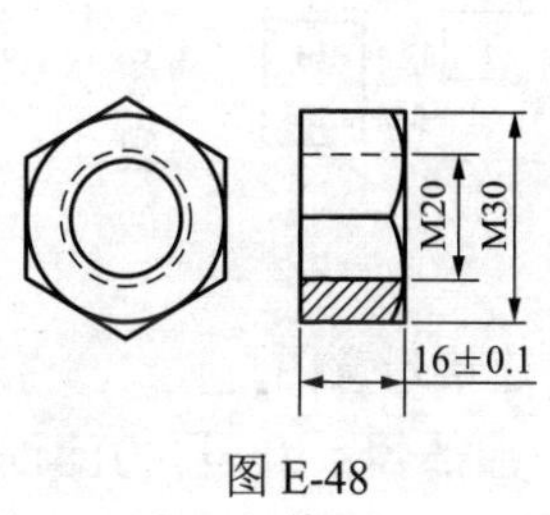

图 E-48

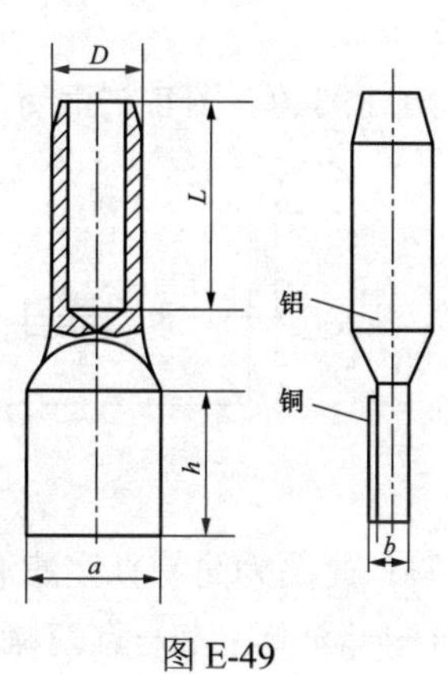

图 E-49

Jd2E2038 图 E-50 为 SF_6 断路器中的 SF_6 充气装置示意图，请标出图中各元件的名称。

答：1—带有接触头的气瓶；2—带阀门的分配器；3—SF_6 减压阀；4—带有关断阀的高精度真空压力表；5—高压软管；6—真空泵接头。

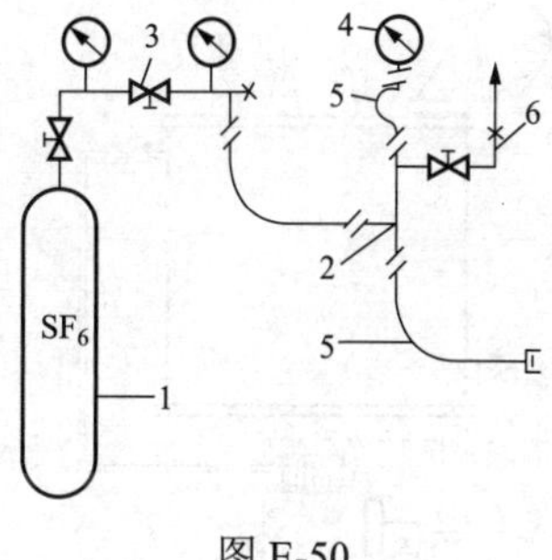

图 E-50

Jd2E2039 绘制变压器的真空注油示意图，并标出各元件的名称。

答：如图 E-51 所示。

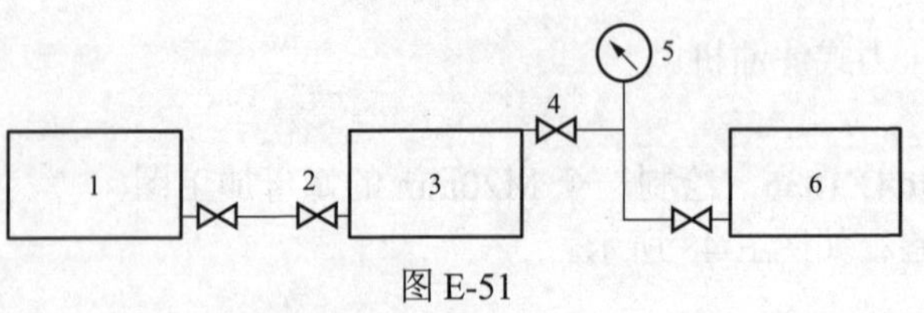

图 E-51

1—储油罐；2—进油阀；3—变压器；4—截止阀；5—真空度指示表；6—真空泵。

Jd2E3040 图 E-52 所示是什么图？并标出各元件的名称。

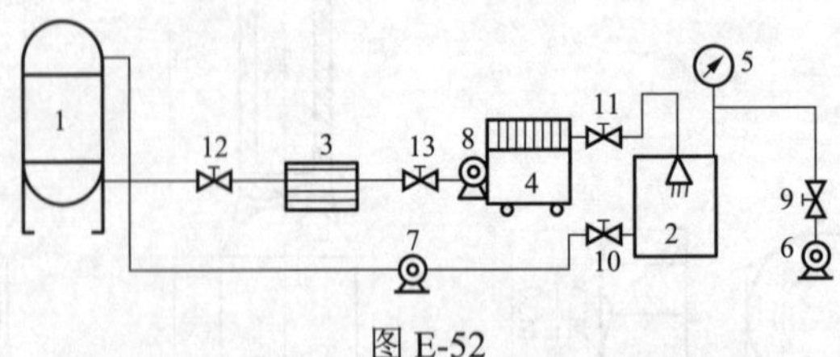

图 E-52

答： 此图为简易真空滤油管路连接示意图。

1—储油罐；2—真空罐；3—加热器；4—压力滤油器；5—真空计；6—真空泵；7、8—油泵；9～13—阀门。

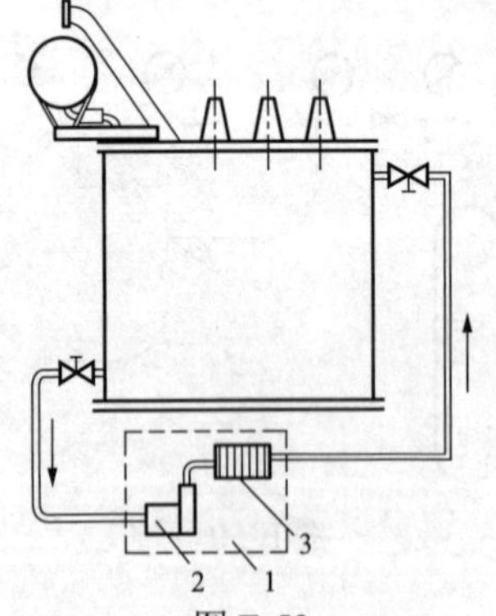

图 E-53

Jd2E3041 试画出变压器带电滤油示意图，并标出各元件的名称。

答： 如图 E-53 所示。

1—压力滤油机；2—油泵；3—过滤器。

Jd2E3042 图 E-54 为变压器套管竖立起吊图，标出各元件的名称。

答： 1—套管；2—吊环；3—固定吊绳；4—绳扣；5—滑轮组；6—调节吊绳；7—起吊机械的吊钩。

Je5E3043 说明图 E-55 胶囊式储油柜的结构图中各元件的名称。

答：1—吸湿器；2—胶囊；3—放气塞；4—胶囊压板；5—安装手孔；6—储油柜本体；7—油标注油及呼吸孔；8—油标；9—油标胶囊；10—联管。

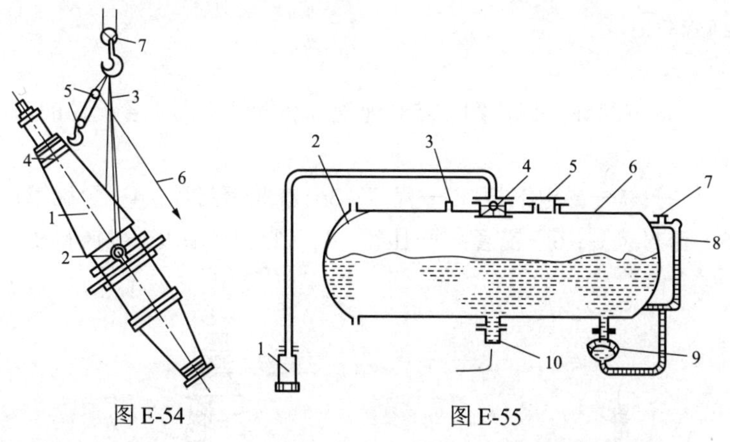

图 E-54　　图 E-55

Je4E4044 说明 SW3—110 型少油断路器结构图（图 E-56）中各元件名称。

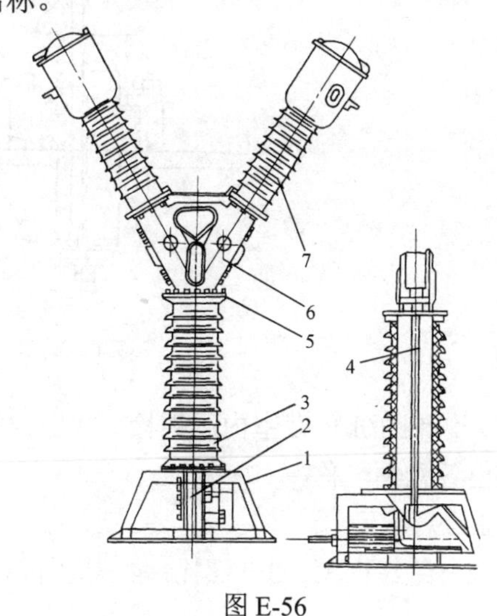

图 E-56

答：1—底座；2—拐臂箱；3—支持瓷套；4—传动杆；5—法兰；6—中间机构箱；7—断口。

Je4E3045 标注电容式套管图（图 E-57）中各元件的名称。

答：1—导电铜杆；2—瓷套；3—电容芯子；4—钢罩；5—绝缘胶。

Je4E3046 标注图 E-58 纯瓷式套管结构图中各元件的名称。

答：1—导电铜杆；2—瓷盖；3—橡胶密封环；4—金属罩；5—密封垫圈；6—瓷套；7—压钉；8—密封垫圈；9—金属衬垫。

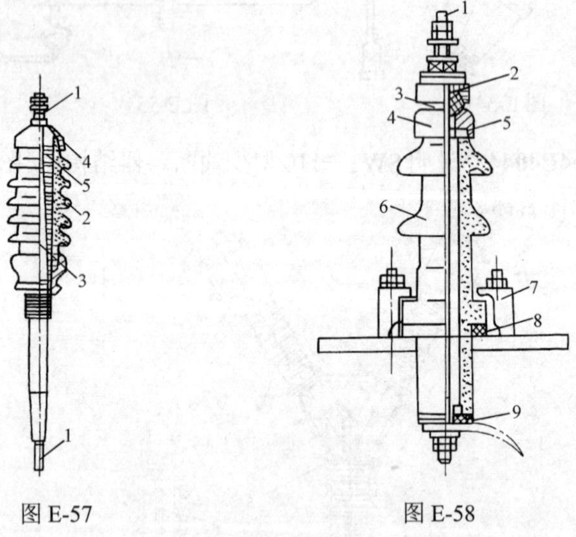

图 E-57 图 E-58

Je4E3047 绘制 10kV 在室内用螺栓直接固定铝排母线的安装图，并说出各元件名称。

答：如图 E-59 所示。

1—母线；2—绝缘立瓶；3—螺栓；4—垫圈。

Je4E4048 说出CS—14型手力操作机构图（图E-60）中各部件的名称。

答：1—辅助开关筒；2—基座；3—输出轴；4—锁板；5—手柄。

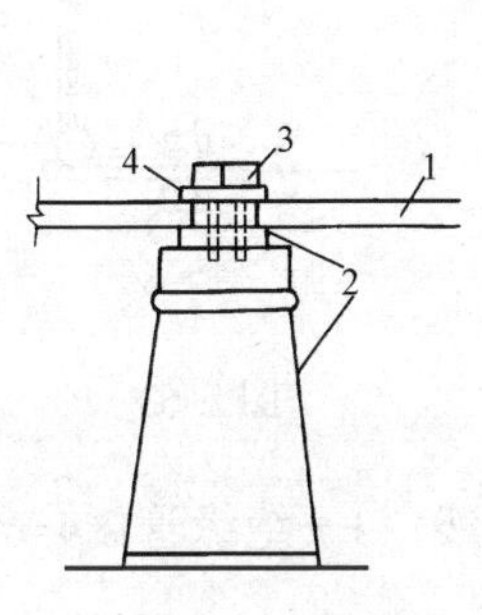

图E-59

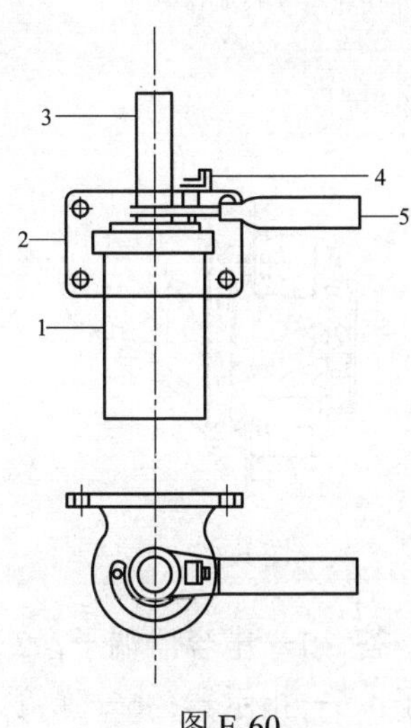

图E-60

Je4E4049 说出LCW—110型电流互感器结构剖面图（图E-61）中各部件的名称。

答：1—瓷套管；2—变压器油；3—瓷套管；4—扩张器；5—铁芯连二次绕组；6—一次绕组；7—一次绕组换接器；8—二次绕组引出端子。

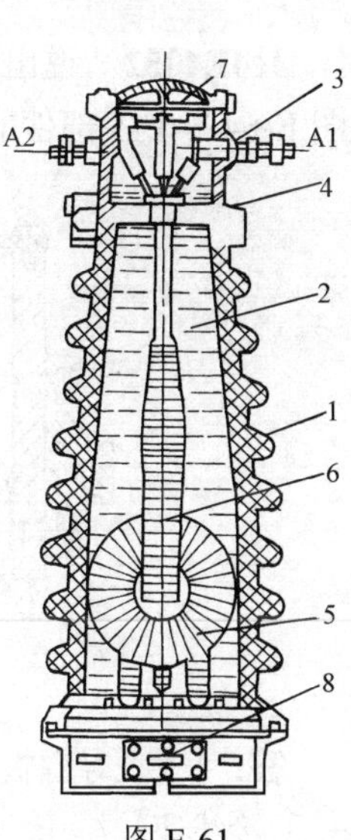

图E-61

Je4E4050 指出图E-62中所示隔离开关的类型，并标明各元件的名称。

答：此图为GN19—10型户内隔离开关侧面示意图。

1—静触头；2—动触头刀片；

3—操作绝缘子；4—支持绝缘子；5—支持架。

Je4E4051 说出 BRW（N）型电容器熔丝管图（图 E-63）中各部件的名称。

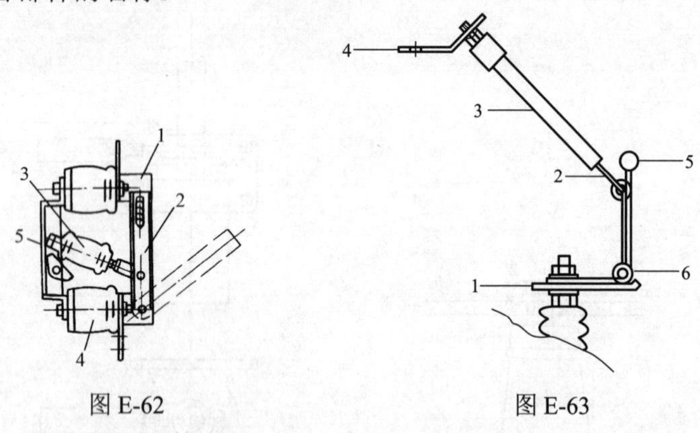

图 E-62　　　　图 E-63

答： 1—电容器端子；2—熔丝引线；3—绝缘管；4—母线端子；5—指示器；6—弹簧。

Je4E4052 说出 SN10—10Ⅱ型少油断路器下基座结构图（图 E-64）中各部件的名称。

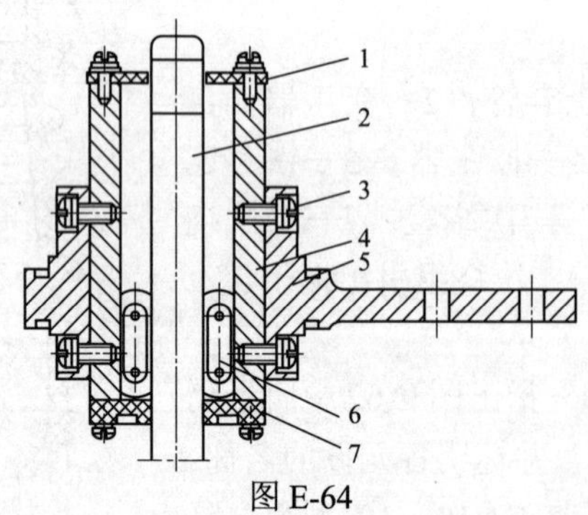

图 E-64

答： 1—上导向板；2—导电杆装配；3—螺栓；4—导电条；5—下接线座；6—滚动触头装配；7—下导向板。

Je4E4053 说出三种类型隔离开关触头、触指结构图（图E-65）中各部件的名称。

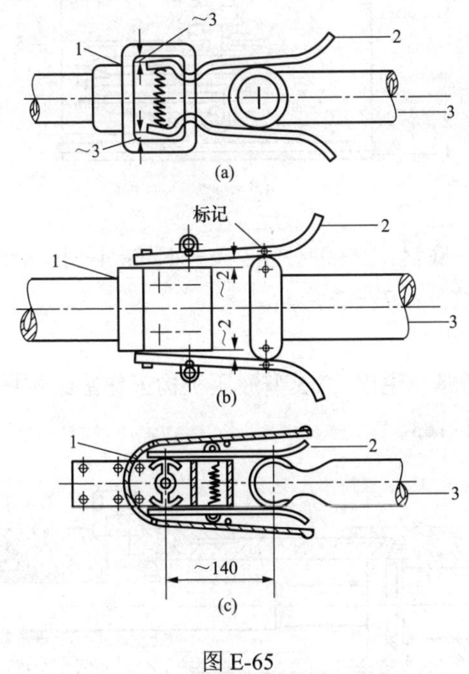

图 E-65

答：1—触指座；2—触指；3—触头。

Je4E4054 画出ZN28—12型真空断路器灭弧室结构图（图E-66），说出图中各部件的名称。

答：1—动触头；2—静触头；3—屏蔽罩；4—外壳；5—波纹管。

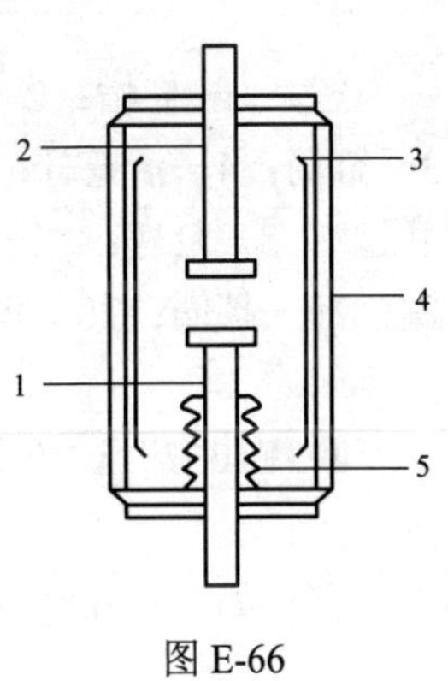

图 E-66

Je3E4055 说出电流互感器PB型金属膨胀器结构剖面图（图E-67）中各部件的名称。

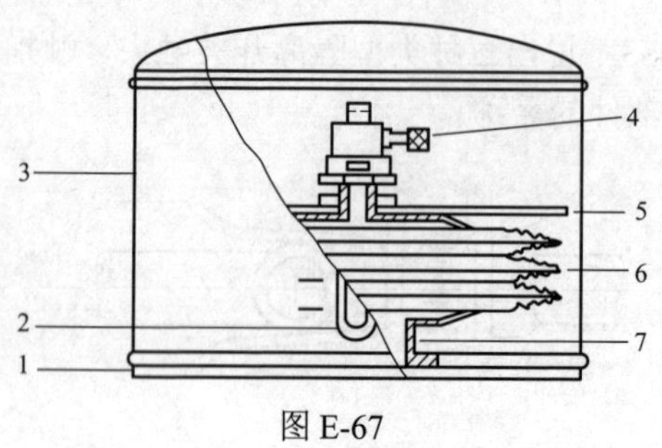

图 E-67

答：1—底盘；2—油位窗；3—外罩；4—排气嘴；5—指示盘；6—波纹片；7—法兰。

Je3E4056 说出 CY5 型液压机构工作缸结构图（图 E-68）中各元件的名称。

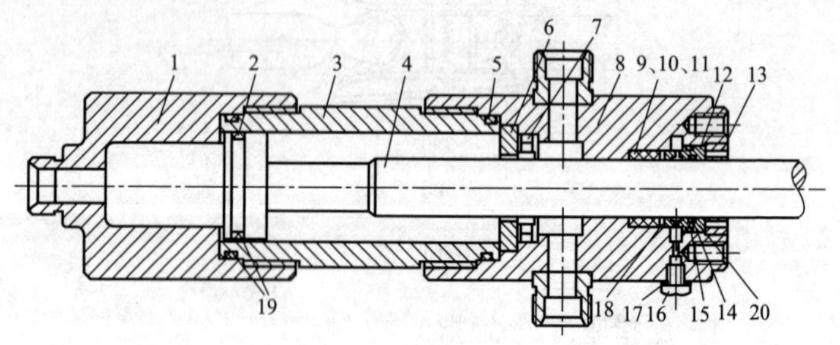

图 E-68

答：1—缸帽；2、5、9、10、11、14、15、17—密封圈；3—缸筒；4—活塞杆；6—垫（CY5—Ⅱ型）；7—阀片（CY5—Ⅱ型）；8—缸座；12—衬套；13—紧固套；16—螺塞；18—垫圈；19—挡圈；20—调节垫。

Je3E4057 试绘制低压三相异步电机点动正转控制原理图。

答：如图 E-69 所示。

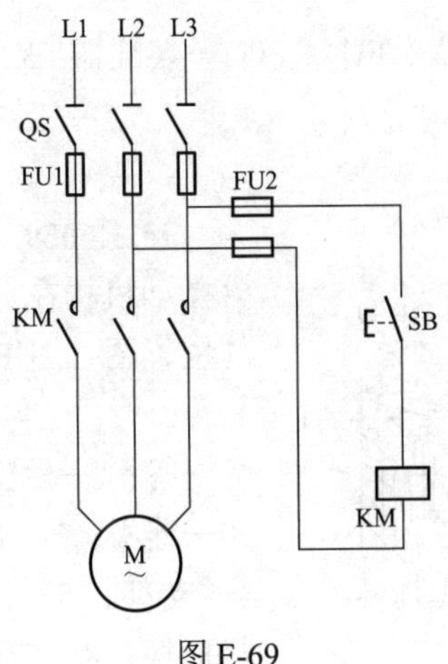

图 E-69

QS—隔离开关；FU1、FU2—熔断器；KM—接触器；M—电动机；SB—按钮开关。

Je2E3058 画出低压三相异步电机点动具有自锁的正转控制电路图（自保持）。

答：如图 E-70 所示。

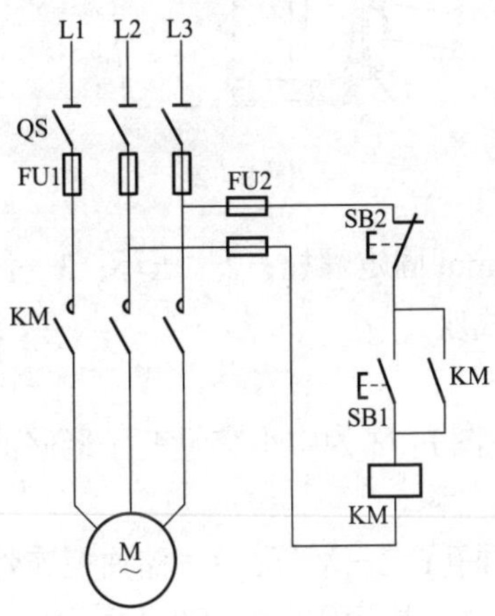

图 E-70

QS—隔离开关；FU1、FU2—熔断器；KM—接触器；SB1、SB2—按钮开关。

Je2E4059 说明CD10型电磁操动机构在分闸状态时各连板的位置图（图E-71）中各元件的名称。

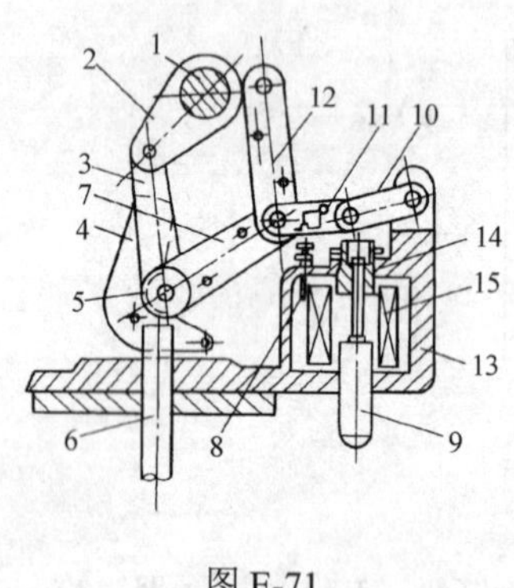

图E-71

答： 1—输出轴；2—拐臂；3、10—连板；7、11、12—双连板；4—支架；5—滚轮；6—合闸铁芯顶杆；8—定位止钉；9—分闸铁芯；13—轭铁；14—分闸静铁芯；15—分闸线圈。

Je4E4060 识别断路器油位指示器（图E-72）各元件的名称。

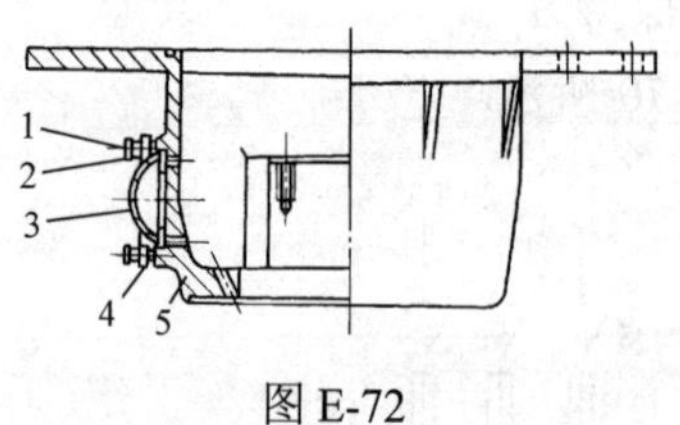

图E-72

答： 1—M6mm固定螺栓；2—压环；3—油位玻璃；4—密封垫；5—上出线座。

Je4E5061 图E-73为中小容量变压器储油柜结构示意图，说明各单元设备名称。

答： 1—注油孔；2—油标；3—储油柜连管；4—气体继电器；5—集污器；6—排污阀；7—吸湿器；8—油箱壁。

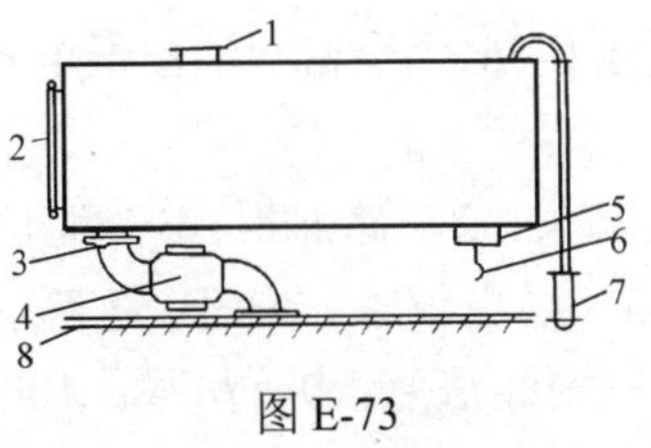

图 E-73

Je4E5062 说明灭弧室结构图（图 E-74）中各元件名称。

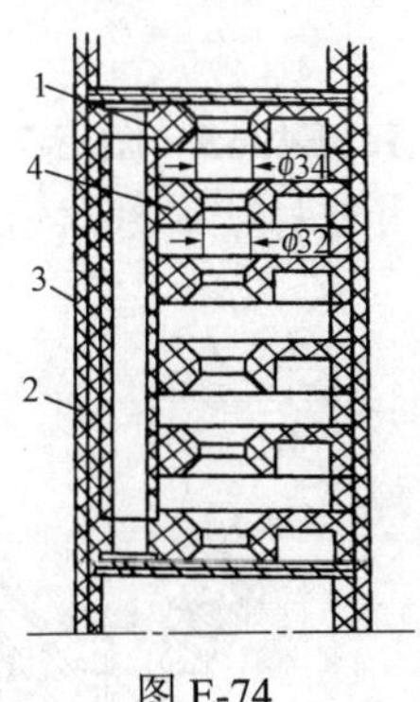

图 E-74

答：1、4—灭弧片；2—衬垫；3—绝缘管。

Je2E2063 画出具有 2 条电源线、4 条负荷线的双母线电气主接线图。

答：如图 E-75 所示。

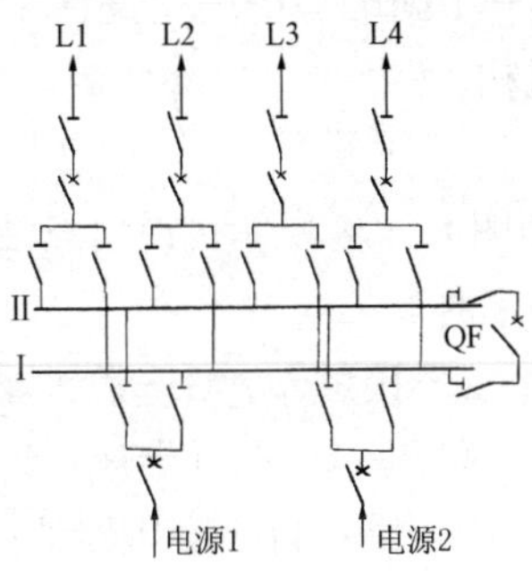

图 E-75

Je2E3064 图 E-76 为全密封油浸纸电容式套管，说出各元件名称。

答：1—接线端头；2—储油柜；3—油位计；4—注油塞；5—导电铜管；6—上瓷套；7—取油样塞；8—安装法兰；9—吊攀；10—连接套管；11—电容芯子；12—下瓷套；13—取油样管；14—均压球。

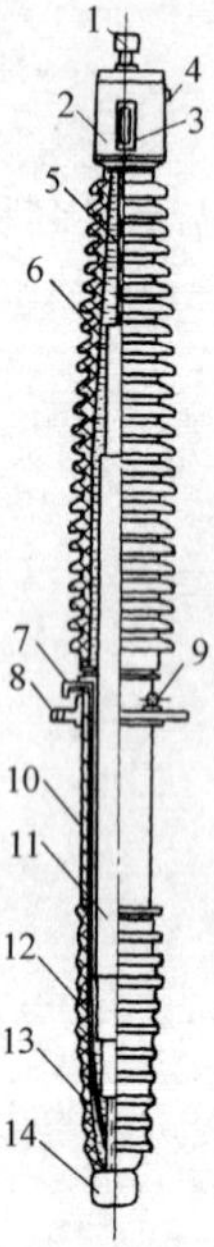

Je2E4065 图 E-77 为 SW7—220 型断路器单相支柱结构图（局部），说出各部件的名称。

图 E-76

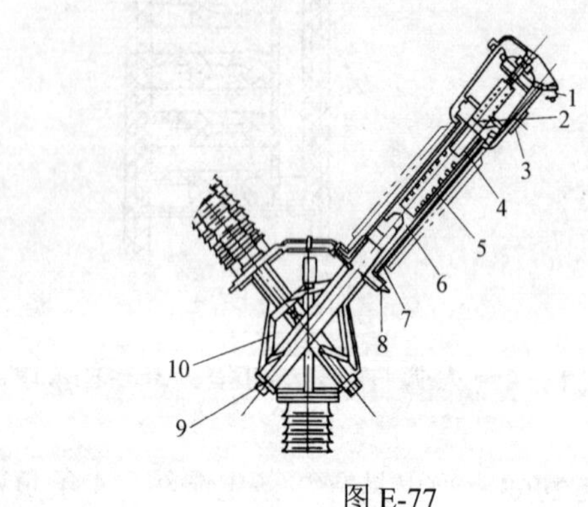

图 E-77

答：1—油气分离器；2—压油活塞；3—油位计；4—静触头；5—灭弧室；6—中间触头；7—动触头；8—放油塞；9—缓冲器；10—变直机构。

Je2E4066 如图 E—78 所示，说出充油式套管结构图（上半部）中的各元件名称。

答：1—接头；2—接触罩；3—贮油器盖；4—呼吸管；5—贮油器；6—连接螺杆；7—贮油器座；8—上节瓷套上法兰；9—水泥浇筑；10—固定圈；11—变压器油；12—上节瓷套。

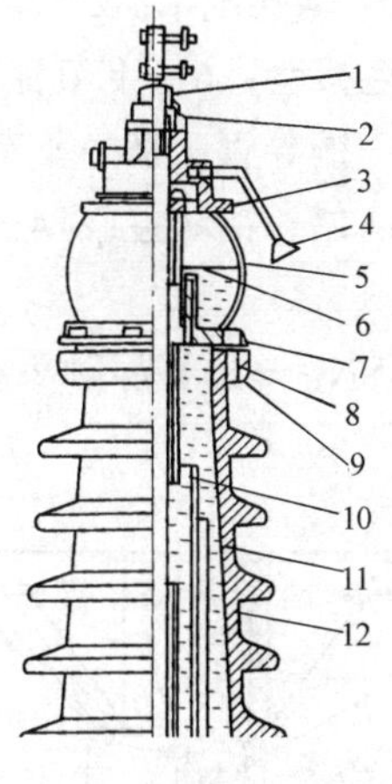

图 E-78

Je2E4067 如图 E-79 所示，说出充油式套管结构图（下半部）中的各元件名称。

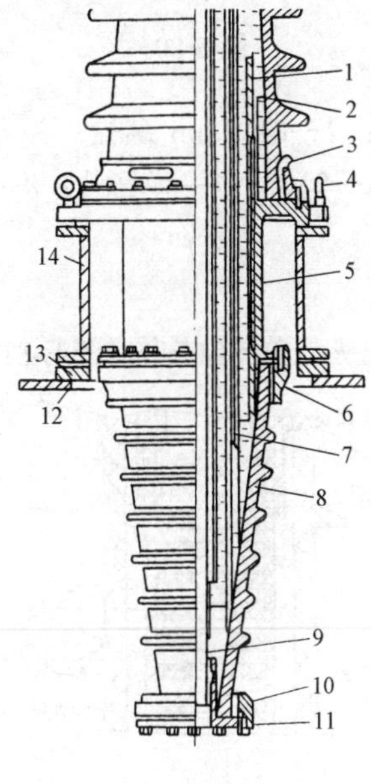

图 E-79

答：1—贴有接地锡箔的电木；2—均压圈；3—上节瓷套下法兰；4—吊环；5—连接套；6—下节瓷套上法兰；7—均压锡箔；8—下节瓷套；9—铜导管；10—下节瓷套下法兰；11—底座；12—变压器箱盖；13—钢法兰；14—中间法兰。

Je2E4068 说出 SN_{10}—10Ⅱ静触头座结构图（图 E-80）中各元件名称。

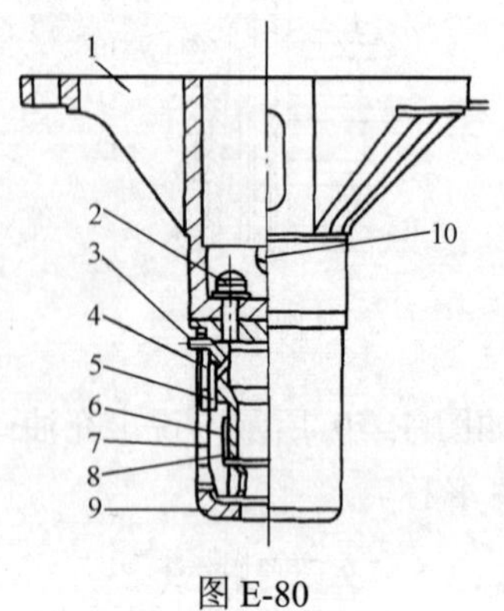

图 E-80

答：1—触头架；2—M10mm 螺栓；3—M4mm 止钉；4—钢套；5—铝栅架；6—触片；7—弹簧片；8—触片座；9—引弧环；10—逆止阀。

Je2E4069 说出灭弧单元结构图（图 E-81）中各元件的名称。

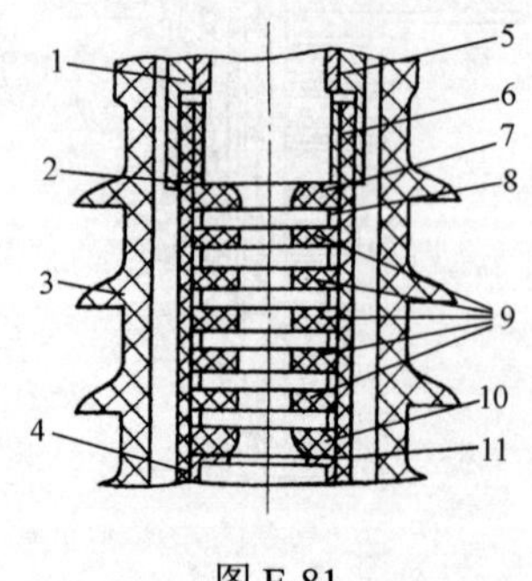

图 E-81

答：1—法兰盘；2—灭弧筒；3—上瓷套；4—支持绝缘筒；5—压圈；6—小绝缘筒；7—第1片灭弧片；8—绝缘衬环；9、10—灭弧片；11—垫片。

Je2E4070 说出油浸式电力变压器结构示意图（图E-82）中各元件的名称。

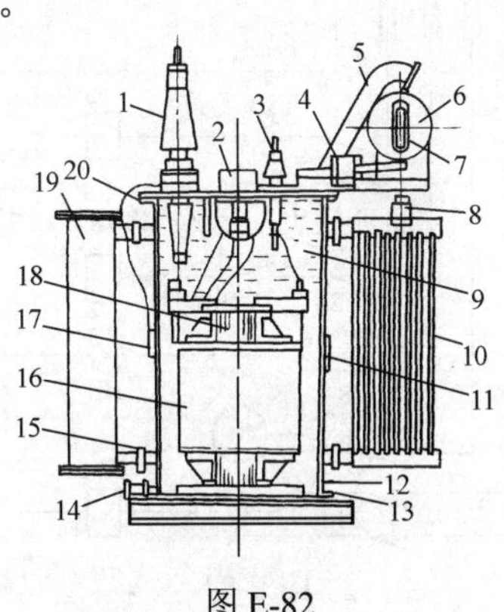

图 E-82

答：1—高压套管；2—分接开关；3—低压套筒；4—气体继电器；5—安全气道；6—储油柜；7—油位计；8—吸湿器；9—变压器油；10—散热器；11—铭牌；12—接地螺栓；13—油样阀门；14—放油阀门；15—碟阀；16—绕组；17—信号油温计；18—铁芯；19—净油器；20—油箱。

Je1E3071 画出具有过载保护的低压三相异步电动机正转控制接线图。

答：如图E-83所示。

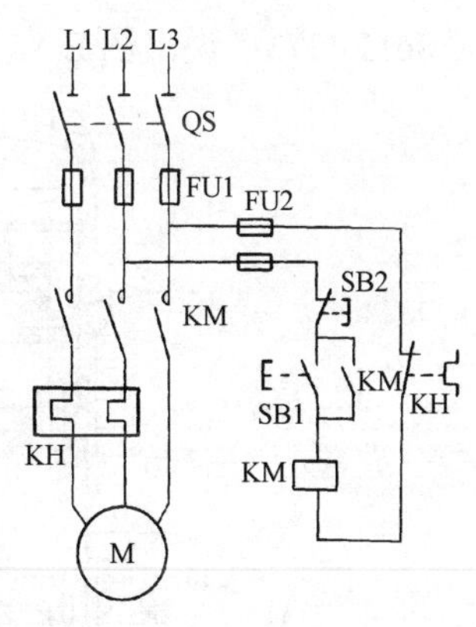

图 E-83

QS—隔离开关；FU1、FU2—熔断器；KM—中间接触器；SB1、SB2—按钮；KH—热继电器；M—电动机

Je1E3072 画出SYXZ型有载分接开关操作机构电气控制原理图。

答： 如图 E-84 所示。

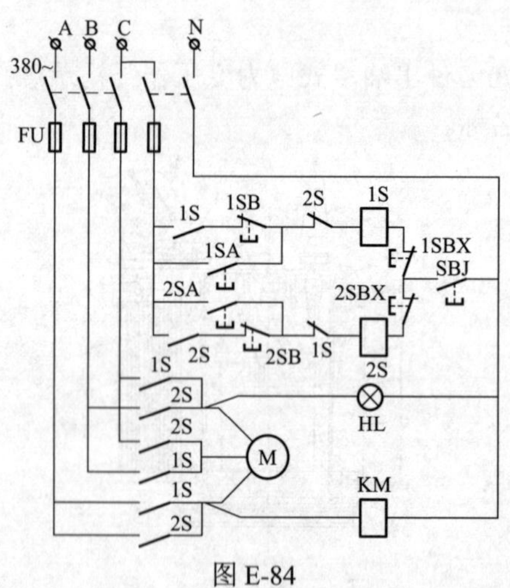

图 E-84

FU—熔断器；1S、2S—磁力开关；1SA、2SA—控制按钮；
1SBX、2SBX—终端限位开关；1SB、2SB—控制开关；
SBJ—紧急处理控制开关；HL—信号灯；KM—中间继电器

Je1E4073 说出图 E-85 中密度继电器各元件名称。

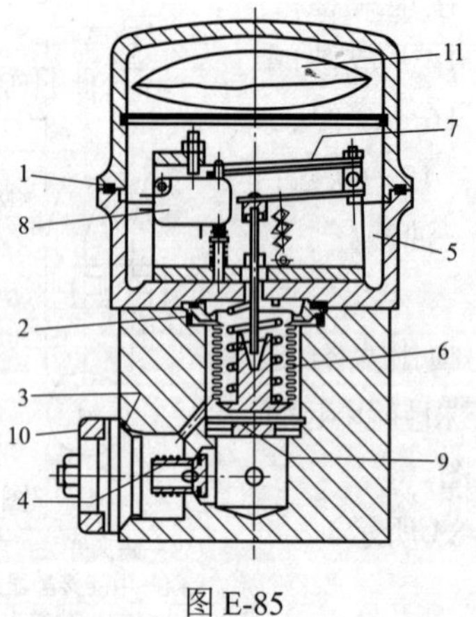

图 E-85

答：1、2、3—密封圈；4—逆止阀；5—密度计；6—金属波纹管；7—双金属片；8—微动开关；9—小孔眼；10—盖板；11—干燥剂。

Je1E4074 识别西门子 3AP1FG 型高压断路器极柱（图 E-86）各元件名称。

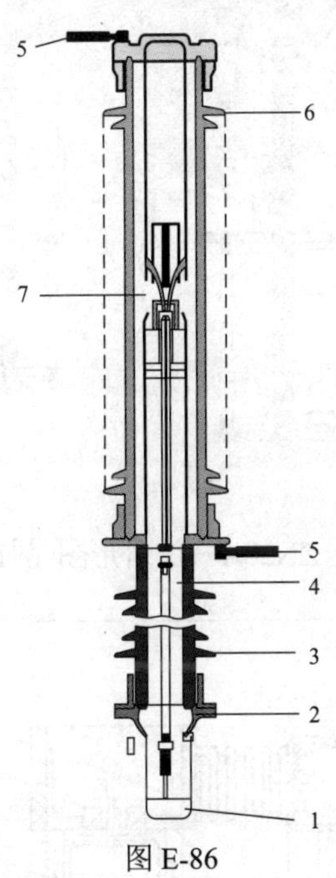

图 E-86

答：1—滤袋（吸附剂）；2—传动单元；3—绝缘子；4—操作杆；5—高压接线板；6—瓷套；7—灭弧单元。

Je1E4075 说出西门子 3AP1FG 型高压断路器弹簧机构（图 E-87）各元件名称。

答：1—分闸弹簧；2—分闸缓冲器；3—分闸连杆；4—操动杠杆；5—操动杆；6—灭弧单元；7—合闸脱扣器；8—合闸棘爪；9—凸轮；10—分闸棘爪；11—合闸缓冲器；12—合闸连杆；13—合闸弹簧。

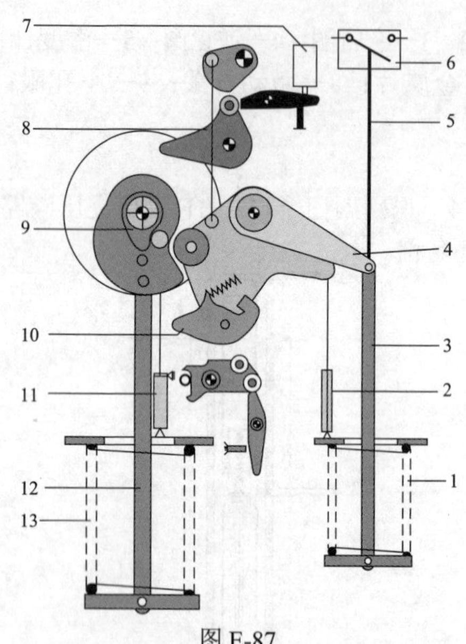

图 E-87

Je1E4076 根据 ZN28A—12 外形图(图 E-88)说出各元件名称。

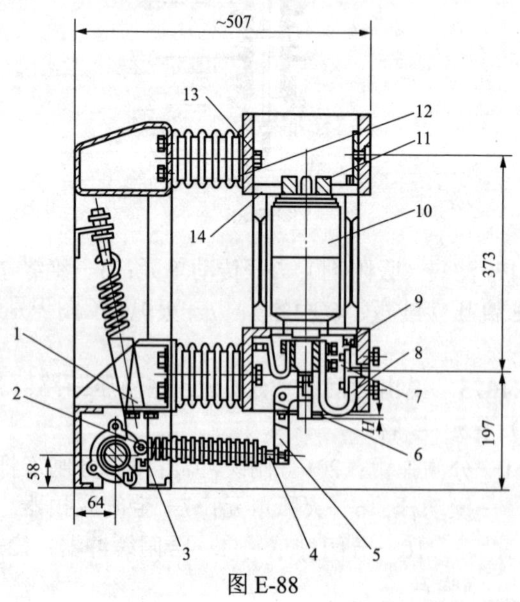

图 E-88

答：1—开距调整垫片；2—触头压力弹簧；3—弹簧座；4—超行程调整螺栓；5—拐臂；6—导向臂；7—导电夹紧固螺栓；8—动支架；9—螺栓；10—真空灭弧室；11—真空灭弧室固定螺栓；12—绝缘子；13—绝缘子固定螺栓；14—静支架。

Je1E3077 说出压缩机安装示意图中（图 E-89）各元件名称。

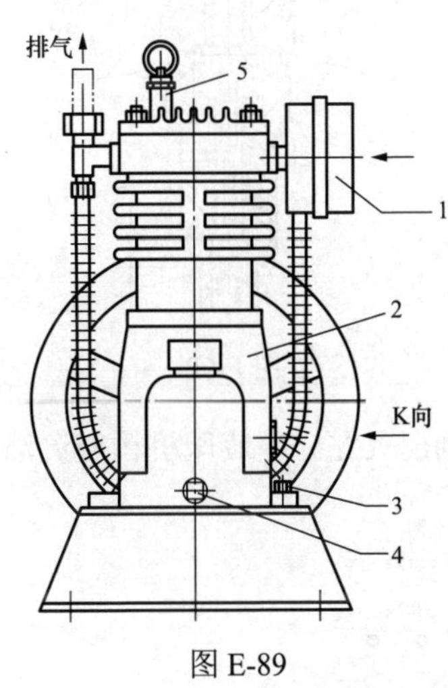

图 E-89

答：1—空气过滤器；2—主机；3—加油孔；4—放油孔；5—安全阀。

Je2E3078 根据分合闸阀（图 E-90）示意图识别各元件名称。

答：1—接头；2—一级阀；3—动铁芯；4—线圈；5—磁轭；6—静铁芯；7—弹簧；8—钢球；9—M6 弹簧垫；10—M4 圆头螺栓；11—M4 平垫；12—M4 弹簧垫；13—螺帽；14—磁轭；15—顶杆；16—平垫圈；17—阀座；18、19—加垫处。

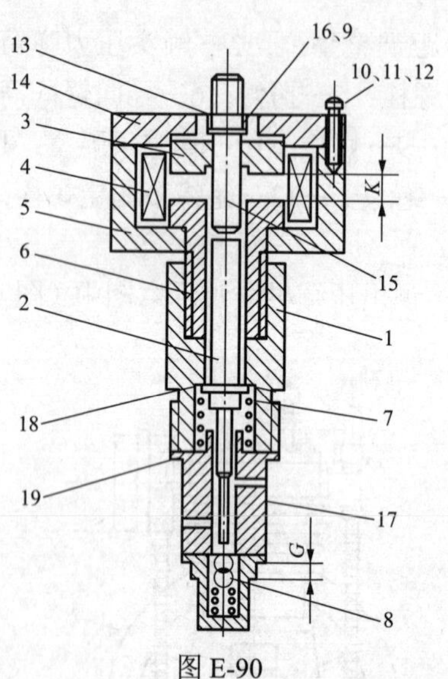

图 E-90

Jf2E4079 画出 CY5 型液压机构交流油泵电动机控制回路原理图。

答：如图 E-91 所示。

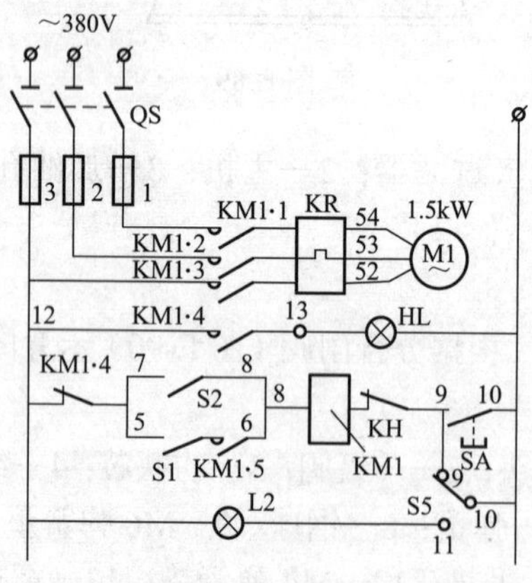

图 E-91

KM—交流接触器；M1—电动机；KR—热继电器；QS—隔离开关；
HL—信号灯；S1、S2—限位开关；KH—保护继电器；SA—起动按钮

Jf2E5080 说出 SF_6 断路器 GIS 组合电器单母线三相分相布置图（图 E-92）中各部件的名称。

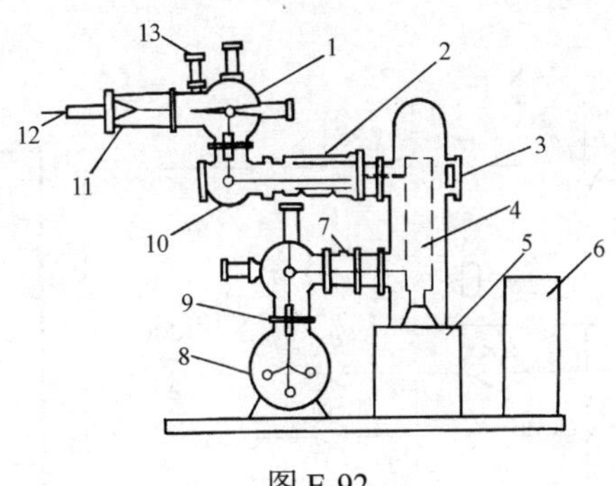

图 E-92

答：1—隔离开关；2—电流互感器；3—吸附剂；4—断路器灭弧室；5—操动机构；6—控制柜；7—伸缩节；8—三相母线筒；9—绝缘子；10—导电杆；11—电缆头；12—电缆；13—接地开关。

Jf1E4081 说出充 SF_6 气体系统图（图 E-93）中各元件的名称。

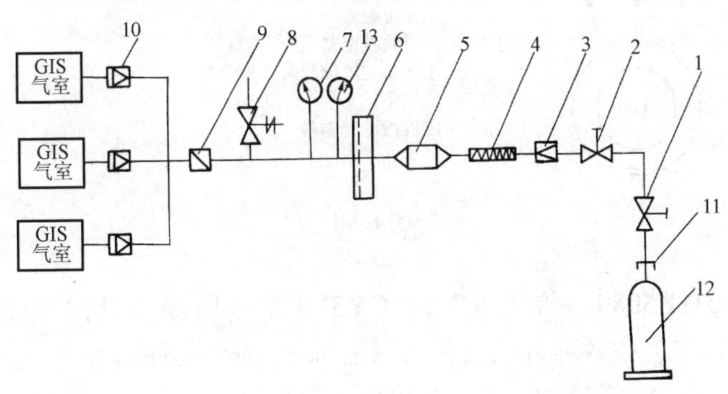

图 E-93

答：1—角阀；2—截止阀；3—减压阀；4—蒸汽器；5—干燥器；6—过滤器；7—压力表；8—安全阀；9—逆止阀；10—接头；11—接头；12—SF_6 气瓶；13—高真空计。

Jf1E4082 请绘出110kV变压器风冷电源回路控制原理图。

答： 如图E-94所示。

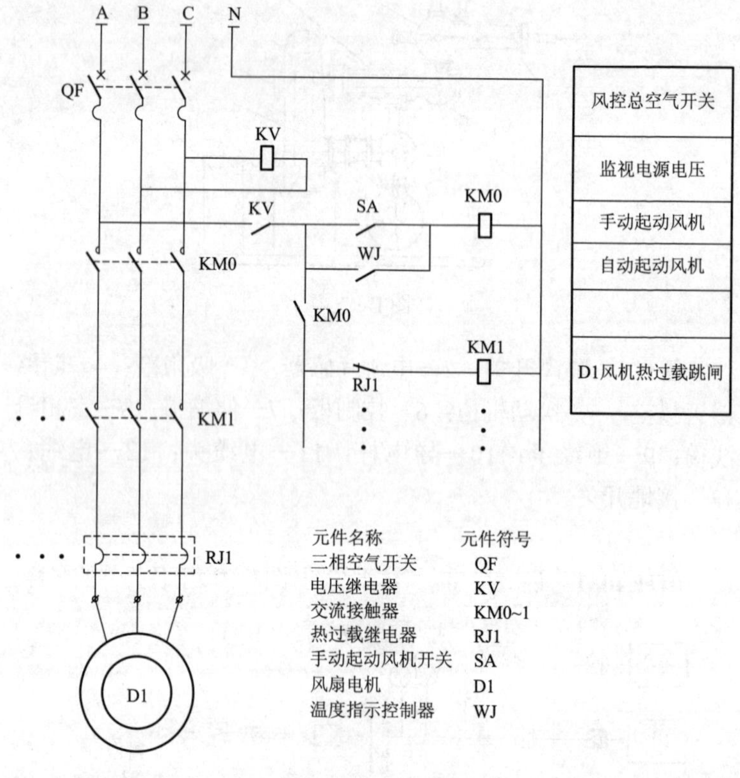

图E-94

Jf1E5083 说出 CY5、CY5-Ⅱ型液压操作机构原理图（图E-95）中各元件的名称（只需标出15个元件）。

答： 1—充气阀；2—手动分、合装置；3—储压筒；4—合闸一级阀；5—氮气；6—合闸一级阀钢球；7—活塞；8—压力表；9—慢合兼高压释放阀；10—限位开关；11—油泵；12—分、合闸电磁铁；13—分闸一级阀杆；14—分闸一级阀钢球；15—防慢分闭锁装置；16—二级阀杆；17—二级锥阀；18—油箱；

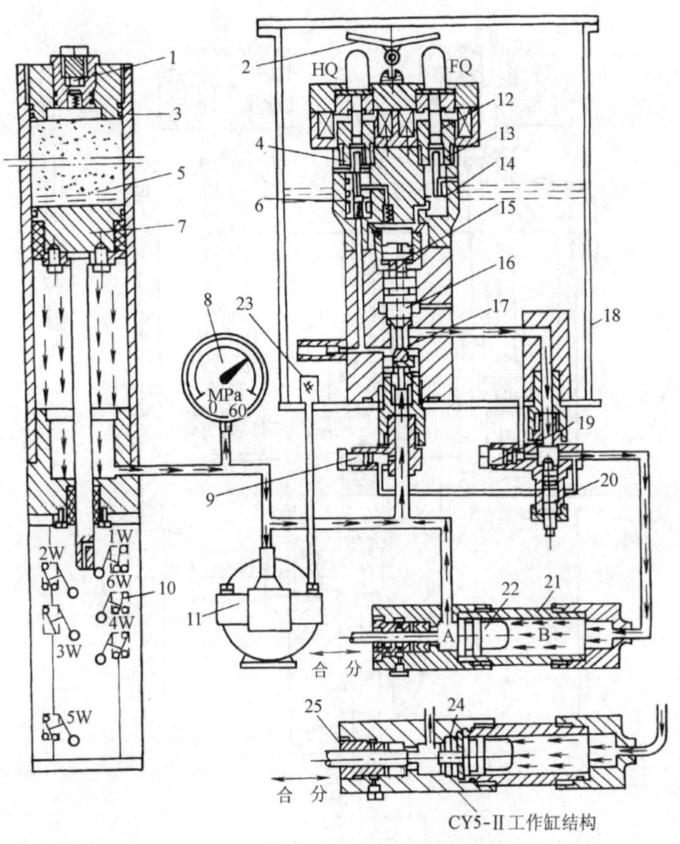

图 E-95

19—慢合兼高压释放阀；20—截流阀；21—工作缸；22—活塞；23—滤油器；24—阀片；25—固紧套。

Jf1E5084 说出 CY4 型液压操作机构阀系统装配图（图 E-96）中各元件的名称。

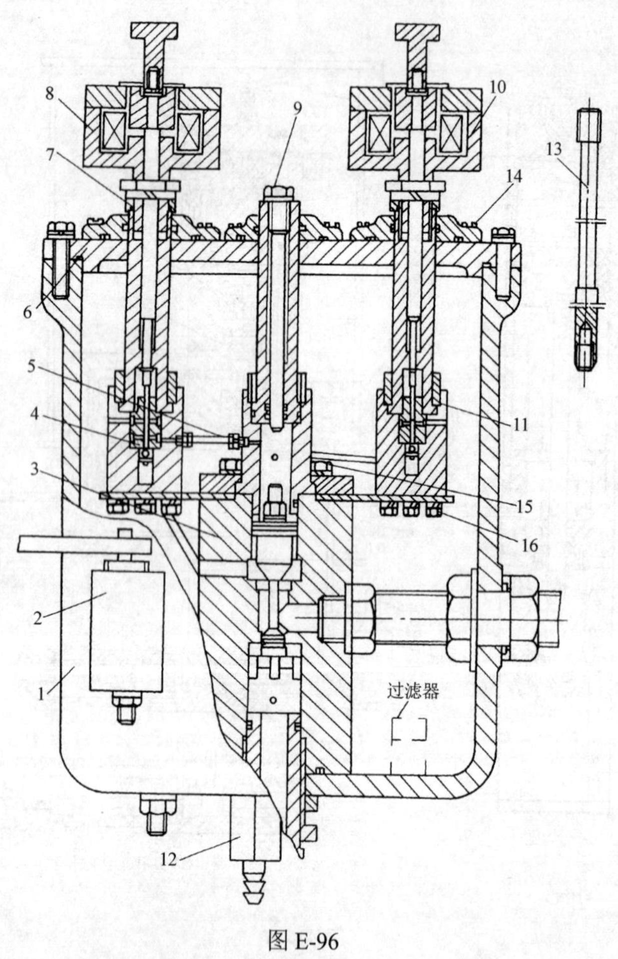

图 E-96

答：1—油箱；2—高压放油阀；3—二级阀；4—合闸阀；5—逆止阀；6—油箱盖；7—锁紧螺帽；8—合闸电磁铁；9—螺钉；10—分闸电磁铁；11—分闸阀；12—低压放油阀；13—调节杆；14、15、16—螺栓。

4.1.6 论述题

Lb5F1001 高压验电有什么要求？

答：高压验电的要求是：

（1）必须使用电压等级与之相同且合格的接触式验电器，在装设接地线或合接地开关处对各相分别验电。

（2）验电前，应先在有电设备上进行试验，保证验电器良好。

（3）高压验电时必须戴绝缘手套。

（4）对无法进行直接验电的设备，可以进行间接验电。

Lb5F2002 维修工作中常用来进行清擦和清洗的材料有哪些？规格有哪些？

答：常用的清擦材料及其规格如下：

（1）在检修作业中经常需要清擦一些金属件，常用来进行清洁擦拭的材料是棉丝头、布头和绸头等。

（2）常用来进行清洗零件的是煤油、汽油和酒精等。

（3）常用来进行打磨的材料是砂纸、砂布。砂布分为00、0、1、2等号，号越大的砂粒越大，越粗糙。砂纸有普通砂纸、金相砂纸，在打磨精细零件时，如嫌细度不够，可用金相砂纸进行打磨。

Lb5F4003 安装软母线两端的耐张线夹时有哪些基本要求？

答：（1）断开导线前，应将要断开的导线端头用绑线缠3～4圈扎紧，以防导线破股。

（2）导线挂点的位置要对准耐张线夹的大头销孔中心，缠绕包带时要记住这个位置，包带缠绕在导线上，两端长度应能使线夹两端露出50mm。包带缠绕方向应与导线外层股线的扭向一致。

（3）选用线夹要考虑包带厚度。线夹的船形压板应放平，U形螺栓紧固后，外露的螺扣应有3～5扣。

（4）母线较短时，两端线夹的悬挂孔在导线不受力时应在同一侧。

Lb5F5004　使用绝缘电阻表（摇表）测量绝缘电阻时，应注意哪些事项？

答：应注意事项有：

（1）测量设备的绝缘电阻时，必须切断设备电源，对具有电容性质的设备（如电缆）必须先进行放电。

（2）检查绝缘电阻表是否好用，绝缘电阻表放平时，指针应指在"∞"处，慢速转动绝缘电阻表，瞬时短接L、E接线柱，指针应指在"0"处。

（3）绝缘电阻表引线应用多股软线且绝缘良好。

（4）测绝缘时应保持转速为120r/min，以转动1min后读数为准。

（5）测量电容量大的设备，充电时间较长，结束时应先断开绝缘电阻表线，然后停止摇动。

（6）被测设备表面应清洁，以免漏电，影响准确度。

（7）绝缘电阻表引线与带电体间应注意安全距离，防止触电。

Lb4F5005　为什么要测量电器设备的绝缘电阻？测量结果与哪些因素有关？

答：测量绝缘电阻可以检查绝缘介质是否受潮或损坏，但对局部受潮或有裂缝不一定能发现（因电压太低），这是一种测量绝缘电阻较为简单的手段。

绝缘介质的绝缘电阻和温度有关，吸湿性大的物质受温度的影响就更大。一般绝缘电阻随温度上升而减小。由于温度对绝缘电阻影响很大，而且每次测量又难以在同一温度下进行。所以，为了能把测量结果进行比较，应将测量结果换算到同一温度下的数值。空气湿度对测量结果影响也很大，当空气相对湿度增大时，绝缘物由于毛细管作用，吸收较多的水分，致使电导率增加，绝缘电阻降低，尤其是对表面泄漏电流的影响更大，绝缘表面的脏污程度对测量结果也有一定影响。试验中可使用屏蔽方法以减少因脏污引起的误差。

Lb4F3006 真空断路器常见故障有哪些？如何处理？

答： 常见故障有如下几项：

（1）分闸不可靠。此时应调整扣板和半轴的扣接深度。

（2）无法合闸且出现跳跃。可能是支架存在卡滞现象或滚轮和支架之间的间隙不符合（2±0.5）mm 的要求；这时应卸下底座，取出铁芯，调整铁芯拉杆长度；另外，也可能是辅助开关动作时间调整不当，应调整辅助开关拉杆长度，使其在断路器动静触头闭合后再断开。

（3）真空灭弧室漏气。使用中应定期检查真空灭弧室的真空度。

Lb4F4007 叙述哪些工作需要填写第一种工作票？哪些需要填写第二种工作票？

答： 以下工作需要填写第一种工作票：

（1）高压设备上的工作需要全部停电或部分停电者。

（2）二次系统和照明等回路上的工作，需要将高压设备停电者或做安全措施者。

（3）高压电力电缆需停电的工作。

（4）其他工作需要将高压设备停电或做安全措施者。

以下工作需要填写第二种工作票：

（1）控制盘和低压配电盘、配电箱、电源干线上的工作。

（2）二次系统和照明等回路上的工作，无需将高压设备停电者或做安全措施者。

（3）转动中的发电机、同期调相机的励磁回路或高压电动机转子电阻回路上的工作。

（4）非运行人员用绝缘棒和电压互感器定相或用钳型电流表测量高压回路的电流。

（5）大于《国家电网公司电力安全工作规程（变电站和发电厂电气部分）》表 2-1 距离的相关场所和带电设备外壳上的工作以及无可能触及带电设备导电部分的工作。

（6）高压电力电缆不需停电的工作。

Lb4F4008　油断路器检修后应达到哪些工艺标准？

答：应达到以下的工艺标准：

（1）金属油箱没有渗漏油、变形，焊缝处无砂眼，油箱内壁无锈蚀，衬板及衬筒完整无受潮。

（2）油箱放油阀无漏油、渗油。

（3）非金属油箱，检查其铸口法兰不应有渗油，箱体完好无裂纹，无起层现象。

（4）油位计油位清晰、不渗油。

（5）油气分离器和防爆装置等部件性能完整。

Lb4F5009　引起隔离开关接触部分发热的原因有哪些？如何处理？

答：引起隔离开关接触部分发热的原因有：

（1）压紧弹簧或螺丝松劲。

（2）接触面氧化，使接触电阻增大。

（3）刀片与静触头接触面积太小，或过负荷运行。

（4）在拉合过程中，电弧烧伤触头或用力不当，使接触位置不正，引起压力降低。

处理方法有：

（1）检查、调整弹簧压力或更换弹簧。

（2）用 00 号砂纸清除触头表面氧化层，打磨接触面，增大接触面，并涂上中性凡士林。

（3）降负荷使用，或更换容量较大的隔离开关。

（4）操作时，用力适当，操作后应仔细检查触头接触情况。

Lc4F3010　检修工作结束以前，若需将设备试加工作电压，应按那些条件进行？

答：应按以下条件进行

（1）全体工作人员撤离工作地点。

（2）将该系统的所有工作票收回，撤除临时遮栏、接地线和标示牌恢复常设遮栏。

（3）应在工作负责人和运行人员进行全面检查无误后，由运行人员加压试验。

Lc3F1011　SW6–$\frac{110}{220}$ 型少油断路器大修要做的准备工作有哪些？

答：主要的准备工作有：

（1）查勘工作现场。

（2）编制标准化作业指导书（卡）。

（3）根据运行记录和经验，查找缺陷，确定检修内容和重点检修项目，编制技术措施。

（4）组织人力，安排进度，讨论落实任务。

（5）准备记录表格和检修报告等有关资料。

（6）准备检修工具、材料、仪表、备品配件和氧气瓶等，并运到现场。

（7）按安全工作规程要求，办理工作票和检修开工手续。

Lc2F5012　电气设备大修前一般有哪些准备工作？

答：一般的准备工作如下：

（1）编制大修项目表。

（2）查勘工作现场，编制标准化作业书（卡）。

（3）做好物质准备，包括材料、备品、配件、工具、起重设备、试验设备、安全用具及其布置等。

（4）准备好技术记录表格，确定应测绘和校验的备品配件图纸。

（5）组织班组讨论大修计划的项目、进度、措施及质量要求，做好劳动力安排，进行特种工艺培训，协调班组和工种间的配合工作，确定检修项目施工和验收负责人。

Lc2F5013　为什么油断路器触头要使用铜钨触头而不宜采用其他材料？

答：原因有以下 3 点：

（1）因为钨的气化温度为 5950℃比铜的 2868℃高得多，所以铜钨合金气化少，电弧根部直径小，电弧可被冷却，有利于灭弧。

（2）因铜钨触头的抗熔性强，触头不易被烧损，即抗弧能力高，提高断路器的遮断容量 20%左右。

（3）利用高熔点的钨和高导电性的金属银、铜组成的银铬、铜钨合金复合材料，导电性高，抗烧损性强，具有一定的机械强度和韧性。

Lc1F5014　工作负责人完成工作许可手续后应做哪些工作？

答：工作票许可手续完成后，工作负责人应向工作班成员交代工作内容、人员分工、带电部位和现场安全措施，进行危险点告知，并履行确认手续，工作班方可开始工作。工作负责人应始终在工作现场，对工作班人员的安全认真监护，及时纠正不安全的行为。

Lc1F5015　验收大修后的断路器，主要检查哪些方面？

答：具体内容包括：

（1）审查各项数据（包括检修和试验）与规程要求是否相符合。

（2）检查各部连接点是否紧固。

（3）检查外绝缘是否完好和清洁。

（4）检查油位或气压指示是否正常，箱体各部位有无渗漏油或气现象。

（5）断路器“分、合”指示机构以及信号灯指示是否表示得清楚、正确。

（6）缓冲器的作用是否有效。

（7）手动、电动分、合闸过程是否灵活，有无卡劲现象。

（8）所有二次线部分的排列和标志是否整齐，连接点是否紧固。

Lc1F5016　消弧线圈的作用是什么？为什么要经常切换分接头？

答：因为电力系统架空输电线路和电缆线路对地的电容较大，当发生单相接地时，流经接地点的容性电流 $I_C=\sqrt{3}\,U\omega_C$，电网越大 I_C 则越大。若在变压器中性点加一电感性的消弧线圈，使其形成的电感电流与电容电流相抵消，即所谓的电流补偿。为了得到适时合理补偿、电网在运行中随着线路增减的变化，而切换消弧线圈的分接头，以改变电感电流的大小、从而达到适时合理补偿的目的。

Jd5F3017　为什么攻丝前的底孔直径必须大于标准螺纹小径？

答：攻丝前的底孔直径必须大于标准螺纹小径，原因有以下两方面：

（1）因为攻丝时，丝锥不仅起切削作用，而且对材料产生挤压，因此螺纹顶端将会突出一部分，材料塑性越大，挤压突出越多。

（2）如果螺纹牙顶与丝锥齿根没有足够的空隙，就会使丝锥轧住。所以攻丝前的底孔直径应大于标准螺纹内径，这样，攻丝时螺孔内的金属变形就不会使丝锥轧住，而且可以获得完整的螺纹。

Jd5F3018　起重挂索的安全作业要领是什么？

答：安全作业的具体要领是：

（1）往吊钩上挂索时，吊索不得有扭花，不能相压，以防压住吊索绳扣，结头超过负载能力被拔出而造成事故。

（2）挂索时注意索头顺序，便于作业后摘索。

（3）吊索在吊伸的过程中，不得用手扶吊索，以免被拉紧的吊索伤手。

（4）挂索前应使起重机吊钩对准吊物中心位置，不得斜吊拖拉。

（5）起吊时，作业人员不能站在死角，尤其是在车内时，更要留有退让余地。

Jd5F3019　使用电动卷扬机应注意什么？

答：（1）电动卷扬机应安装在视野宽广，便于观察的地方，尽量利用附近建筑物或地锚使其固定，固定后卷扬机不应发生滑动或倾覆。

（2）卷扬机前面第一个转向轮中心线应与卷筒中心线垂直，并与卷筒相隔一定距离（应大于卷筒宽的20倍），才能保证钢丝绳绕到卷筒两侧时倾斜角不超过1°30′，这样钢丝绳在卷筒上才能按顺序排列，不致斜绕和互相错叠挤压。起吊重物时，卷扬机卷筒上钢丝绳余留不得少于3圈。

（3）操作前应检查减速箱的油量，检查滑动轴承是否已注黄油。

（4）开车前先空转一圈，检查各部分零件是否正常，制动装置是否安全可靠。

（5）卷扬机的电气控制器要紧靠操作人员，电气开关及转动部分必须有保护罩，钢丝绳应从卷筒下方卷入，卷扬机操作时周围严禁站人，严禁任何人跨越钢丝绳。

Jd4F3020　SF_6 断路器本体严重漏气处理前应做哪些工作？

答：具体工作如下：

（1）应立即断开该开关的操作电源，在手动操作把手上挂禁止操作的标示牌。

（2）汇报调度，根据命令，采取措施将故障开关隔离。

（3）在接近设备时要谨慎，尽量选择从“上风”接近设备，必要时要戴防毒面具、穿防护服。

（4）室内 SF_6 气体开关泄漏时，除应采取紧急措施处理，还应开启风机通风 15min 后方可进入室内。

Jd4F3021　怎样解起重绳索？

答：具体方法如下：

（1）吊钩放稳妥后再松钩、解索。

（2）若吊物下面有垫木或有可抽绳间隙时，可用人工抽索和解索。也可采用备用索具抽头绳的方法。

（3）一般来说，不允许用起吊钩的方法硬性拽拉绳索，这样很可能拉断绳索，乃至拖垮货物或损坏包装。也可能因绳索抽出时，绳索弹出造成机械或人身伤亡事故。

（4）若吊运钢材、原木、电杆等不怕挤伤的货物时，可以摘下两根索头后，用吊钩提升的方法直接从货件下抽出绳索，但不能斜拉旁拽。

Jd4F3022　油浸电容式套管在起吊、卧放和运输时要注意什么问题？

答：注意事项如下：

（1）起吊速度要缓慢，避免碰撞其他物体。

（2）直立起吊安装时，应使用法兰盘上的吊耳，并用麻绳子绑扎套管上部，以防倾倒。不能吊套管瓷裙，以防钢丝绳与瓷套相碰处损坏。

（3）竖起套管时，应避免任一部位着地。

（4）套管卧放及运输时，应放在专用的箱内。安装法兰处应有两个支撑点，上端无瓷裙部位设一支撑点，必要时尾部也要设支撑点，并用软物将支撑点垫好，套管在箱中应固定，以免运输中损伤。

Jd4F4023　使用滑轮组应注意哪些事项？

答：使用滑轮组时应注意：

（1）使用滑轮组应严格按照滑轮出厂允许使用负荷吊重，不得超载，如滑轮没有标注允许使用负荷时，可按公式进行估算，但此类估算只允许在一般吊装作业中使用。

（2）滑轮在使用前应检查各部件是否良好，如发现滑轮和吊钩有变形、裂痕和轴定位装置不完善等缺陷时，不得使用。

（3）选用滑轮时，滑轮直径大小、轮槽的宽窄应与配合使用的钢丝绳直径相适应。如滑轮直径过小，钢丝绳将会因弯曲半径过小而受损伤；如滑轮槽太窄钢丝绳过粗，将会使轮槽边缘受挤而损坏，钢丝绳也会受到损伤。

（4）在受力方向变化较大的作业和高空作业中，不宜使用吊钩式滑轮，应选用吊环式滑轮，以免脱钩。使用吊钩式滑轮，必须采用铁线封口。

（5）滑轮在使用过程中应定期润滑，减少轴承磨损和锈蚀。

Jd4F5024　采用滚杠搬运设备时应注意哪些事项，为什么？

答：采用滚杠搬运设备时应注意事项及原因有：

（1）滚杠下面最好铺设道木，以防设备压力过大，使滚杠陷入泥土中。

（2）当设备需要拐弯前进时，滚杠必须依拐弯方向放成扇形面。

（3）放置滚杠时必须将头放整齐，否则长短不一，使滚杠受力不均匀，容易发生事故。

（4）摆置或调整滚杠时，应将四个指头放在滚杠筒内，以避免压伤手。

（5）搬运过程中，发现滚杠不正时，只能用大锤锤打纠正。

（6）卷扬机司机和参加搬运全体人员注意力应高度集中，听从统一指挥。

Jd4F5025　简述起重机械使用的安全事项。

答：（1）参加起重的工作人员应熟悉各种类型的起重设备的性能。

（2）起重时必须统一指挥，信号清楚，正确及时，操作人员按信号进行工作，不论何人发紧急停车信号都应立即执行。

（3）除操作人员外，其他无关人员不得进入操作室，以免影响操作或误操作。

（4）吊装时无关人员不准停留，吊车下面禁止行人或工作，必须在下面进行的工作应采取可靠安全措施，将吊物垫平放稳后才能工作。

（5）起重机一般禁止进入带电区域，征得有关单位同意并办理好安全作业手续，在电气专业人员现场监护下，起重机最高点与带电部分保持足够的安全距离时，才能进行工作，不同电压等级有不同的距离要求（查表）。

（6）汽车起重机必须在水平位置上工作，允许倾斜度不得大于3°。

（7）各种运移式起重机必须查清工作范围、行走道路、地下设施和土质耐压情况，凡属于无加固保护的直埋电缆和管道，以及泥土松软地方，禁止起重机通过和进入工作，必要时应采取加固措施。

（8）悬臂式起重机工作时，伸臂与地夹角应在起重机的技术性能所规定的角度范围内进行工作，一般仰角不准超过75°。

（9）起重机在坑边工作时，应与坑沟保持必要的安全距离，一般为坑沟深度的1.1～1.2倍，以防塌方而造成起重机倾倒。

（10）各种起重机严禁斜吊，以防止钢丝绳卷出滑轮槽外而发生事故。

（11）在起吊物体上严禁载人上下，或让人站在吊物上做平衡重量。

（12）起重机起吊重物时，一定要进行试吊，试吊高度小于0.5m，试吊无危险时，方可进行起吊。

（13）荷重在满负荷时，应尽量避免离地太高，提升速度要均匀、平稳，以免重物在空中摇晃，发生危险，放下时速度不宜太快，防止到地碰坏。

（14）起吊重物不准长期停放在空中，如悬在空中，严禁驾驶人离开，而做其他工作。

（15）起重机在起吊大的或不规则构件时，应在构件上系以牢固的拉绳，使其不摇摆、不旋转。

Jd2F3026　吊装电气绝缘子时应注意哪些内容，为什么？

答：应注意内容及原因如下：

（1）未装箱的瓷套管和绝缘子在托运时，应在车辆上用橡皮或软物垫稳，并与车辆相对固定，以免碰撞或摩擦造成损坏；竖立托运时应把瓷管上中部与车辆四角绑稳。

（2）对于卧放运输的细长套管，在竖立安装前必须将套管在空中翻竖，在翻竖的过程中，套管的任何一点都不能着地。

（3）起吊用的绑扎绳子应采用较柔的麻绳，如所吊的绝缘子较重而必须用钢丝绳起吊时，绝缘子的绑扎处用软物包裹，防止损坏绝缘子。

（4）起吊升降速度应尽量缓慢、平稳，如果采用的吊装起重机的升降速度较快，可在起重机吊钩上系挂链条葫芦，借以减慢起吊速度，在安装就位过程中进行短距离的升降。

（5）对于细长管、套管、绝缘子（变压器套管，电压互感和避雷器等）的吊耳在下半部位置时，吊装时必须用麻绳子把套管和绝缘子上部捆牢，防止倾倒。

Jd2F3027　使用各式桅杆吊装时应考虑哪些内容？

答：（1）桅杆随着使用形式的不同受力情况也比较复杂，必须事先进行力的分析和计算。

（2）桅杆的高度要计算好，防止桅杆高度不够而使设备吊不到位，造成返工。

（3）桅杆柱脚与地面或支座应垫牢，如有缝隙需用木楔塞紧，使用木制人字桅杆时，在两面圆木叉接处应打入木楔。

（4）卷扬机至桅杆底座处导向滑轮的距离应大于桅杆高度，即使受吊装场地限制其距离也不能小于 8m，把钢丝绳跑绳，引入卷扬机绳筒时，应接近水平方向。

（5）使用桅杆前应进行安全检查，桅杆各部分构件和连接螺栓等均应符合标准，如有不妥应及时修理，否则不准使用。

（6）当起吊设备刚离开支撑面时，应仔细检查，确认各部件均良好时，才能继续起吊，地锚应有专人看守。

（7）装卸或起吊设备时，设备不得与桅杆碰撞，操作人员应听从统一指挥，集中精力谨慎操作。

（8）设备起吊后，不得悬空停留过久，如需停留时间很长，则要在设备下面搭设支架或枕木垛，将设备落在上面。

（9）使用回转桅杆时，其回转桅杆（副杆）放得越平，允许的吊重就越小，因此必须按使用要求进行工作。

Jd1F5028　选用气体作为绝缘和灭弧介质比选用液体有

哪些优点？

答：气体绝缘介质与液体和固体相比有比较明显的优越性。

（1）导电率极小，实际上没有介质消耗；

（2）在电弧和电晕作用下产生的污秽物很少，不会发生明显的残留变化，自恢复性能好。

在均匀或稍不均匀电场中，气体绝缘的电气强度随气体压力的升高而增加，故可根据需要选用合适的气体压力。

Je4F3029　为什么用螺栓连接平放母线时，螺栓由下向上穿？

答：连接平放母线时，螺栓由下向上穿，主要是为了便于检查。因为由下向上穿时，当母线和螺栓因膨胀系数不一样或短路时，在电动力的作用下，造成母线间有空气间隙等，使螺栓向下落或松动。检查时能及时发现，不至于扩大事故。同时，这种安装方法美观整齐。

Je5F3030　在绝缘子上安装矩形母线时，为什么母线的孔眼一般都钻成椭圆形？

答：因为负荷电流通过母线时，会使母线发热膨胀，当负荷电流变小时，母线又会变冷收缩，负荷电流是经常变动的，因而母线就会经常地伸缩。孔眼钻成椭圆形，就给母线留出伸缩余量，防止因母线伸缩而使母线及绝缘损坏。

Je5F4031　电压互感器二次短路有什么现象及危害？为什么？

答：电压互感器二次短路，会使二次绕组产生很大短路电流，烧损电压互感器绕组，以至会引起一、二次击穿，使有关保护误动作，仪表无指示。因为电压互感器本身阻抗很小，一次侧是恒压电源，如果二次短路后，在恒压电源作用下二次绕组中会产生很大短路电流，烧损互感器，使绝缘损害，一、二次击穿。失掉电压互感器会使有关距离保护和与电压有关的保护误动作，仪表无指示，影响系统安全，所以电压互感器二次不能短路。

Je5F4032 电流互感器二次开路后有什么现象及危害？为什么？

答：电流互感器二次开路后有两种现象：

（1）二次线圈产生很高的电动势，威胁人身设备安全。

（2）造成铁芯强烈过热，烧损电流互感器。

因为电流互感器二次回路闭合时，一次绕组磁势 I_1N_1 大部分被二次绕组磁势 I_2N_2 所补偿，故二次绕组电压很小。如果二次回路开路，$I_2=0$，则一次电流 I_1 全部用来励磁，使二次绕组产生数千伏电动势，会造成人身触电事故和仪表保护装置、电流互感器二次绕组的绝缘损坏。另外，一次绕组磁势使铁芯磁通密度增大，造成铁芯过热，最终烧坏互感器，所以不允许电流互感器二次开路。

Je3F4033 哪几种原因使低压电磁开关衔铁噪声大？

答：（1）开关的衔铁，是靠线圈通电后产生的吸力而动作，衔铁的噪声主要是衔铁接触不良而致。正常时，铁芯和衔铁接触十分严密，只有轻微的声音，当两接触面磨损严重或端面上有灰尘、油垢等时，都会使其接触不良，产生振动加大噪声。

（2）另外为了防止交流电过零值时，引起衔铁跳跃，常采用在衔铁或铁芯的端面上装设短路环，运行中，如果短路环损坏脱落，衔铁将产生强烈的跳动发出噪声。

（3）吸引线圈上所加的电压太低，电磁吸力远低于设计要求，衔铁就会发生振动力产生噪声。

Je4F4034 SN10—10 型断路器拆卸检修时，为何不可漏装逆止阀？

答：SN10—10 型断路器灭弧室的上端装有逆止阀，此阀很小但作用很大。当断路器开断时，动静触头一分离就会产生电弧，在高温作用下，油分解成气体，使灭弧室内压力增高。此时逆止阀内钢球迅速上升堵住其中心孔，让电弧继续在近似密封的空间里燃烧，使灭弧室内压力迅速提高，产生气吹而断流熄弧。

如果漏装逆止阀，则在断路器开断时，电弧产生的高压气流就会从灭弧室的上端装逆止阀的孔中间释放，不能形成高压气流，电弧就不能被熄灭，断路器则可能被烧毁。

Je3F5035　怎样判断断路器隔弧片的组合顺序和方向标记是否正确？

答：对于横向油吹式灭弧室，组合隔弧片以后各横吹口不能堵塞，以保持吹弧高压油气通过油气分离器的孔道畅通为合适。对于纵向油吹式灭弧室，隔弧片中心吹弧孔的直径依次变化，靠近定触头的隔弧片，有最大直径的中心吹弧孔，以下的隔弧片中心吹弧孔直径依次减小。

Je3F5036　220kV及以上大容量变压器都采用什么方法进行注油？为什么？

答：均采用抽真空的方法进行注油。因为大型变压器体积大，器身上附着的气泡多，不易排出，易使绝缘降低。抽真空可以将气体抽出来，同时也可抽出因注油时带进去的潮气，可防止变压器受潮，所以采用真空注油。

Je3F5037　SN10—10 型断路器配 CD10 型电磁操动机构合不上闸及合闸速度偏低的原因是什么？如何处理？

答：可能原因及处理方法有：

（1）电源压降太大，合闸线圈端电压达不到规定值，此时应检查调整蓄电池电压或加粗电源线。

（2）检查辅助开关在切换过程是否存在动静触头未接触就进行切换的现象，调整切换时间。

（3）合闸铁芯顶杆过短，则需重新调整，使过冲间隙为1.0～1.5mm。

（4）操动机构与断路器本身在合闸过程中有阻滞现象，则应采取慢合闸动作来查找出阻滞原因而加以处理。

（5）“死点”过小或定位螺栓未上紧，合闸时，由于机构振动，分闸铁芯跳起，撞击分闸连板中间轴，造成合闸不成功，应将过“死点”调整为1.0～1.5mm，并将定位螺栓上紧。

（6）分闸回路漏电，即在合闸过程中，分闸线圈有电流，使分闸铁芯动作，此时应按控制回路图检查接线寻找原因。

（7）机构支架变形或受阻滞或复位弹簧力不足，致使支架不能复位，造成合闸不成功，应根据具体情况加以修复。

（8）连续短时间内进行合闸操作，使合闸线圈过热，合闸力减小。

（9）断路器内部故障，如触指脱落，弧触指上铜钨合金块脱落，卡住导电杆无法向上运动，应对症处理。

Je2F5038　什么原因可能使电磁机构拒绝分闸？如何处理？

答：拒绝分闸原因很多，归纳一下有两原因：一是电气原因，另一是机械原因，具体有：

（1）掣子扣的过深，造成分闸铁芯空行程过小。

（2）线圈端电压太低，磁力小。

（3）固定磁轭的四螺丝未把紧，或铁芯磁轭板与机板架之间有异物垫起而产生间隙，使磁通减小，磁力变小。

对应处理方法为：

（1）可调节螺钉，增大分闸铁芯空行程。

（2）调节电源，改变电源线压降，使端电压满足规程要求。

（3）将机构架与磁轭板拆下处理好，将4个螺丝紧固好。

Jf4F5039　为什么要在电缆线路两端核对相位？

答：在电缆线路敷设完毕与电力系统接通之前，必须按照电力系统上的相位进行核相。若相位不符，会产生以下几种结果：

（1）电缆联络两个电源时，推上时会因相间短路立即跳闸，也即无法运行。

（2）由电缆线路送电至用户而相位有两相接错时，会使用户的电动机倒转。当三相全部接错后，虽不致使电动机倒转，但对有双路电源的用户则无法交并用双电源；对只有一个电源的用户，则当其申请备用电源后，会产生无法作备用的后果。

（3）由电缆线路送电到电网变压器时，会使低压电网无法环并列运行。

（4）双并或多并电缆线路中有一条接错相位时，如果在作直流耐压试验时不发现出来，则会产生因相间短路推不上开关的恶果。

Jf3F5040　为什么说液压机构保持清洁与密封是保证检修质量的关键？

答：因为液压机构是一种高液压的装置，如果清洁不够，即使是微小颗粒的杂质侵入到高压油中，也会引起机构中的孔径仅有 0.3mm 的阀体通道（管道）堵塞或卡涩，使液压装置不能正常工作。如果破坏密封或密封损伤造成泄漏，也会失掉压力而不能正常工作。综上所述，液压机构检修必须保证各部分密封性能可靠，液压油必须经常保持清洁，清洁、密封两项内容贯穿于检修的全过程。

Je4F4041　安装避雷器有哪些要求？

答：（1）首先固定避雷器底座，然后由下而上逐级安装避雷器各单元（节）。

（2）避雷器在出厂前已经过装配试验并合格，现场安装应严格按制造厂编号组装，不能互换，以免使特性改变。

（3）带串、并联电阻的阀式避雷器，安装时应进行选配，使同相组合单元间的非线性系数互相接近，其差值应不大于0.04。

（4）避雷器接触表面应擦拭干净，除去氧化膜及油漆，并涂一层电力复合脂。

（5）避雷器应垂直安装，垂度偏差不大于 2%，必要时可在法兰面间垫金属片予以校正。三相中心应在同一直线上，铭牌应位于易观察的同一侧，均压环应安装水平，最后用腻子将缝隙抹平并涂以油漆。

（6）拉紧绝缘子串，使之紧固，同相各串的拉力应均衡，以免避雷器受到额外的拉应力。

（7）放电计数器应密封良好，动作可靠，三相安装位置一致，便于观察。接地可靠，计数器指示恢复零位。

（8）氧化锌避雷器的排气通道应通畅，安装时应避免其排出气体，引起相间短路或对地闪络，并不得喷及其他设备。

Je4F4042　安装电容器主要有哪些要求？

答：安装电容器的要求：

（1）电容器分层安装时，一般不超过三层，层间不应加设隔板。电容器母线对上层架构的垂直距离不应小于 20cm，下层电容器的底部与地面距离应大于 30cm。

（2）电容器构架间的水平距离不应小于 0.5m。每台电容器之间的距离不应小于 50mm。电容器的铭牌应面向通道。

（3）要求接地的电容器，其外壳应与金属架构共同接地。

（4）电容器应在适当部位设置温度计或贴示温蜡片，以便监视运行温度。

（5）电容器组应装设相间及电容器内元件故障保护装置或熔断器，高压电容器组容量超过 600kW 及以上者，可装设差动保护或零序保护，也可分台装设专用熔断器保护。

（6）电容器应有合格的放电设备。

（7）户外安装的电容器应尽量安装在台架上，台架底部与地面距离不应小于 3m；采用户外落地式安装的电容器组，应安装在变、配电所围墙内的混凝土地面上，底部与地面距离不小于 0.4m。同时，电容器组应装置于高度不低于 1.7m 的固定围栏内，并有防止小动物进入的措施。

Je4F4043　说明分解检修 SW6 型断路器的工作缸的步骤。

答：（1）将工作缸与机构等连接用的螺丝拆掉，取下工作缸，并放在台钳上，钳口垫好保护垫后夹紧。

（2）用专用工具，拧下压盖螺套，使密封圈松弛。

（3）用大管钳，将缸帽拧下，抽出活塞，取出黄铜垫圈、密封胶圈。

（4）用液压油清洗缸体及各零件。

（5）检查缸体内壁、活塞杆的表面是否有卡伤、磨损痕迹，如有轻微的磨损，应用 800 号水磨砂纸处理。

（6）检查活塞缸和缸帽有无划损痕迹，如有应用油石或用 800 号水磨砂纸处理，并用油石将活塞缸两端尖角处理光滑。

（7）组装应在干净的室内进行，防止灰尘进入缸体。组装时，需更换全部封圈，碗形密封圈的槽口需朝向工作缸的里侧。

（8）各零件组装后，应用手拉动活塞杆，检查活塞是否有卡滞现象，并检查工作缸的行程。

Je4F3044　在低压电网中，为什么多采用四芯电缆？

答：低压电网中多采用四芯电缆原因如下：

（1）低压电网多采用三相四线制，四芯电缆的中性线除作为保护接地外，还可通过三相不平衡电流。

（2）在三相四线系统中，若采用三芯电缆则不允许另外加一根导线作为中心线的敷设方法，因为这样会使三芯电缆铠装发热，从而降低了电缆的载流能力，所以多采用四芯电缆。

Je4F3045　为什么母线的对接螺栓不能拧得过紧？

答：螺栓拧得过紧，则垫圈下母线部分被压缩，母线的截面减小，在运行中，母线通过电流而发热。由于铝和铜的膨胀系数比钢大，垫圈下母线被压缩，母线不能自由膨胀，此时如果母线电流减小，温度降低，因母线的收缩率比螺栓大，于是形成一个间隙。这样接触电阻加大，温度升高，接触面就易氧化而使接触电阻更大，最后使螺栓连接部分发生过热现象。一般情况下温度低螺栓应拧紧一点，温度高应拧松一点。所以母线的对接螺栓不能拧得过紧。

Je4F5046　SN10-10 型少油断路器主回路电阻偏大应如何处理？

答：导电回路接触面较多，有面接触、线接触和滚动接触等诸多因素使回路电阻偏大，针对不同原因做相应处理。具体方法如下：

（1）检查固定接触部分是否拧紧。

（2）检查固定接触连接的导电接触面是否清洗干净，可用电桥检测以寻找电阻特别大的接触面，并进行处理。

（3）检查触头间接触处的弹簧片是否变形、损坏或接触不良，更换弹力不足的弹簧片。

（4）检查导电杆与滚动触头的连接情况，检查接触表面是否发黑，如有可用 00 号砂布进行修复，并检查滚动触指的弹簧是否产生永久变形，造成压力不足，有问题的应修复或更换。

在处理回路电阻偏大的同时应注意断路器本体及油的清洁。

Je4F5047　怎样检修电磁操作机构（不包括电气回路）？

答：（1）检查托架顶面有无歪斜，托架与滚轮轴的接触面是否光滑。若硬度不够应做渗碳处理或更换。托架两侧的轴孔中心至顶面的距离应相等，托架的复位弹簧应不失效。

（2）检查滚轮有无开裂，两边不应起毛刺，应无变形及撞击的痕迹，滚轮轴不应变形或磨出沟槽，轮和轴套在一起应转动灵活。

（3）检查各连板是否变形、弯曲和开裂。变形可予以校正（但要查找变形原因），开裂的应视开裂程度，予以补焊。平行连板架应平行对称，轴孔中心应同心。铆接部位应无松动。弹簧应无失效。

（4）脱扣制动板不应弯曲变形，其复位弹簧片应无变形和裂纹，脱扣板与脱扣滚轮或卡板的接触不应有过大磨损。

Je3F5048　通过电流 1.5kA 以上的穿墙套管，当装于钢板上时，为什么要在钢板沿套管径向水平延长线上，切一条 3mm 左右横缝？

答：在钢板上穿套管的孔，如果不切开缝，由于交变电流通过套管而在钢板上形成交变闭合磁路，可产生涡流损耗，并使钢板发热。该损耗随电流的增加而急剧增加，而钢板过热易使套管绝缘介质老化而影响使用寿命。钢板切缝以后，钢板中的磁通不能形成闭合磁路，钢板中的磁通明显被减弱，使涡流损耗大大下降。为了保证钢板的支持强度，可将钢板上切开的缝隙用非导磁金属材料补焊切口，使钢板保持它的整体性，从而提高支撑套管的机械强度。

Je3F3049　断路器在没有开断故障电流的情况下，为什么要定期进行小修和大修？

答：断路器要定期进行小修和大修，因为存在以下情况：

（1）断路器在正常的运行中，存在着断路器机构轴销的磨损；

（2）润滑条件变坏；

（3）密封部位及承压部件的劣化；

（4）导电部件损耗；

（5）灭弧室的脏污；

（6）瓷绝缘的污秽等情况。

所以要进行定期检修，以保证断路器的主要电气性能及机械性能符合规定值的要求。

Je4F4050　为什么断路器的跳闸辅助接点（a）要先投入后切开？

答：串在跳闸回路中的开关接点 a 叫做跳闸辅助接点（a）。

先投入是指开关在合闸过程中，动触头与静触头未接近之前（20mm 位置），跳闸辅助接点就已经接近，做好跳闸的准备，一旦开关合入故障时即能迅速断开。

后切开是指开关在跳闸过程中，动触头离开静触头之后跳闸辅助接点再断开，以保证开关可靠的跳闸。

Je4F5051　GIS 组合电器检修类型及周期如何规定？

答：（1）GIS 组合电器设备的维护检修周期结合设备状况 1～2 年进行一次日常检查维护。

（2）GIS 组合电器设备的小修周期为 3～5 年，小修时不要随便解体设备。

（3）GIS 组合电器设备的临时性检修。SF_6 气室含水量超标时、断路器达到规定开断次数或累计其开断电流达到规定断值时以及 GIS 设备有异常情况时均需作临时性检修。

（4）GIS 组合电器设备部分（全部）解体大修周期为 15～20 年。

Je3F4052　电流、电压互感器二次回路中为什么必须有一点接地？

答：电流、电压互感器二次回路一点接地属于保护性接地，防止一、二次绝缘损坏、击穿，以致高电压窜到二次侧，造成人身触电及设备损坏。如果有二点接地会弄错极性、相位，造成电压互感器二次线圈短路而致烧损，影响保护仪表动作；对电流互感器会造成二次线圈多处短接，使二次电流不能通过保护仪表元件，造成保护拒动，仪表误指示，威胁电力系统安全供电。所以电流、电压互感器二次回路中只能有一点接地。

Je2F3053　室外电气设备中的铜铝接头，为什么不直接连接？

答：如把铜和铝用简单的机械方法连接在一起，特别是在潮湿并含盐分的环境中（空气中总含有一定水分和少量的可溶性无机盐类），铜、铝这对接头就相当于浸泡在电解液内的一对电极，便会形成电位差（相当于 1.68V 原电池）。在原电池作用下，铝会很快地丧失电子而被腐蚀掉，从而使电气接头慢慢松弛，造成接触电阻增大。当流过电流时，接头发热，温度升高还会引起铝本身的塑性变形，更使接头部分的接触电阻增大。如此恶性循环，直到接头烧毁为止。因此，电气设备的铜、铝接头应采用经闪光焊接在一起的“铜铝过渡接头”后再分别连接。

Je2F3054　断路器操动机构低电压分、合闸试验标准是怎样规定的？为什么要有此项规定？

答：标准规定：操动机构的合闸操作及脱扣操作的操作电压范围，即电压在 85%～110% U_n 范围内时，操动机构应可靠合闸；电压在大于 65% U_n 时，操动机构应可靠分闸，并当电压小于 30% U_n 时，操动机构应不得分闸。对操动机构分、合闸线圈的低电压规定是因这个线圈的动作电压不能过低，也不得过高。如果过低，在直流系统绝缘不良，两点高阻接地的情况下，在分闸线圈或接触器线圈两端可能引入一个数值不大的直流电压，当线圈动作电压过低时，会引起断路器误分闸和误合闸；如果过高，则会因系统故障时，直流母线电压降低而拒绝跳闸。

Je2F3055　低压开关灭弧罩受潮有何危害？为什么？

答：受潮会使低压开关绝缘性能降低，使触头严重烧损，损坏整个开关，以致报废不能使用。因为灭弧罩是用来熄灭电弧的重要部件，灭火罩一般用石棉水泥、耐弧塑料、陶土或玻璃丝布板等材料制成，这些材料制成的灭弧罩如果受潮严重，不但影响绝缘性能，而且使灭弧作用大大降低。在电弧的高温作用下，灭弧罩里的水分被汽化，造成灭弧罩上部的压力增大，电弧不容易进入灭弧罩，燃烧时间加长，使触头严重烧坏，以致整个开关报废不能再用。

Je2F4056　为什么断路器都要有缓冲装置？SN10—10 型断路器分闸时是如何缓冲的？

答：断路器分、合闸时，导电杆具有足够的分、合速度。但往往当导电杆运动到预定的分、合位置时，仍剩有很大的速度和动能，对机构及断路器有很大的冲击。故需要缓冲装置，以吸收运动系统的剩余动能，使运动系统平稳。SN10—10 型油断路器采用的是油缓冲器，断路器分、合闸时，因导电杆有一段是空心的，固定插入在底座上的一个螺杆中，孔比螺杆大，有小缝隙，利用空心杆内的油流过缝隙的阻力来起缓冲作用。

Je2F4057　为什么少油断路器要做泄漏试验，而不做介质损试验？

答：少油断路器的绝缘是由纯瓷套管、绝缘油和有机绝缘等单一材料构成，且其极间电容量不大（30～50pF），所以如在现场进行介质损试验，其电容值和杂质值受外界电场、周围物体和气候条件的影响较大而不稳定，给分析判断带来困难。而对套管的开裂、有机材料受潮等缺陷，则可通过泄漏试验，能灵敏、准确地反映出来。因此，少油断路器一般不做介质损试验而做泄漏试验。

Je2F5058 变配电设备防止污闪事故的措施有几种？为什么？

答：变配电设备污闪主要是发生在瓷绝缘物上，防止污闪事故发生的措施有下列几种：

（1）根治污染源。

（2）把电站的电力设备装设在户内。

（3）合理配置设备外绝缘。

（4）加强运行维护。

（5）采取其他专用技术措施，如在电瓷绝缘表面涂防污涂料等。

其原理如下：

（1）污闪事故的主要原因是绝缘表面遭受污染，除沿海空气中含盐和海雾外，主要的工业污染源都是人为的，要防治污染，首先要控制污染源，不让大气受到污染，变电所选址，应尽量避开明显的污染源。

（2）为防止大气污染，将变配电设备置于室内，可以大大减少污闪事故，但室内应配备除尘吸湿装置或者选用“全工况”型设备以防结露污闪。

（3）发生污闪又和瓷件的造型以及它的泄漏比距有关，防污型绝缘子一般泄漏距离大，应对照本地区污区分布图及运行经验选用相应爬电比距的电气设备。

（4）及时清扫电瓷外绝缘污垢，恢复其原有的绝缘水平，是防污闪的基本措施。

（5）有时不能适应当地的污秽环境则可采用更换绝缘子、增加绝缘叶片数、加装防污裙套、防污罩涂料（有机硅、硅油、硅脂、地蜡 RTV 等）及合成绝缘子，目的是增大绝缘爬距，减少污闪事故。以上方法各有优缺点，应做经济比较后选用。

Je2F5059 如何预防变压器铁芯多点接地和短路故障？

答：可采取的措施有：

（1）在吊芯检修时，应测试绝缘电阻，如有多点接地，应查清原因并消除。

（2）安装时，检查钟罩顶部与铁芯上夹件间的间隙，如有碰触及时消除。

（3）运输时，固定变压器铁芯的连接件，应在安装时将其脱开。

（4）穿芯螺栓绝缘应良好，检查铁芯穿心螺杆绝缘套外两端的金属座套，防止座套过长，触及铁芯造成短路。

（5）绕组压钉螺栓应紧固，防止螺帽和座套松动而掉下造成铁芯短路。铁芯及铁轭静电屏导线应紧固完好，防止出现悬浮放电。

（6）铁芯和夹件通过小套管引出接地的变压器，应将接地线引至适当位置，以便在运行中监视接地线中是否有环流。当有环流而又无法及时消除时，可采取临时措施，即在接地回路中串入电阻限流，电流一般控制在300mA以下。

Je2F5060　安装SF_6断路器有哪些技术要求？

答：安装SF_6断路器时有关技术要求如下：

（1）熟悉制造厂说明书和图纸等有关的技术资料，编制安装、调试方案，准备好检漏仪器和氮气等。

（2）本体安装时，各相之间的尺寸要与厂家的要求相符，特别是控制箱的位置。

（3）套管吊装时，套管四周必须包上保护物，以免损伤套管。接触面紧固以前必须经过彻底清洗，并在运输时将防潮干燥剂清除。

（4）SF_6管路安装之前，必须用干燥氮气彻底吹净管子，所有管道法兰处的密封应良好。

（5）空气管道安装前，必须用干燥空气彻底吹净管子，安装过程中，要严防灰尘和杂物掉入管内。

（6）充加SF_6气体时，应采取措施，防止SF_6气体受潮。

(7) 充完 SF_6 气体后，用检漏仪检查管接头和法兰处，不得有漏气现象。

(8) 压缩空气系统（氮气），应在规定压力下检查各接头和法兰，不准漏气。

Je2F5061　大修或新装的电压互感器投入运行时，为什么要按操作顺序进行？为什么要进行定相，怎样定相？

答：大修或新装的电压互感器投入运行前，应全面检查极性和接线是否正确，母线上装有两组互感器时，必须先并列一次，二次经定相检查没问题，才可以并列。因为如果一次不先并列，而二次先并列，由于一次电压不平衡将使二次环流较大，容易引起保险熔断，影响电压互感器正确工作，致使保护装置失去电源而误动作。所以必须按先一次、后二次的顺序操作。

电压互感器二次不经定相，二组互感器并列，会引起短路事故，烧损互感器，影响保护装置动作，所以二次必须定相。可用一块电压表比较两电压互感器的二次电压（A 运—A 新相，B 运—B 新相，C 运—C 新相），当电压表电压差值基本为 0 或接近 0 时，则证明两组电压互感器二次相位相符，可以并列。

Je2F5062　试述变压器的几种调压方法及其原理。

答：变压器调压方法有两种，一种是停电情况下，改变分接头进行调压，即无载调压；另一种是带负荷调整电压（改变分接头），即有载调压。

有载调压分接开关一般由选择开关和切换开关两部分组成，在改变分接头时，选择开关的触头是在没有电流通过情况下动作，而切换开关的触头是在通过电流的情况下动作，因此切换开关在切换过程中需要接过渡电阻以限制相邻两个分接头跨接时的循环电流，所以能带负荷调整电压。电能用户要求供给的电源电压在一定允许范围内变化，并且要求电压调整时不断开电源，有载调压装置能在不停电情况下进行调压，保证供电质量，故此方法是最好的方法。

Je2F5063　论述变压器铁芯为什么必须接地，且只允许一点接地？

答：变压器在运行或试验时，铁芯及零件等金属部件均处在强电场之中，由于静电感应作用在铁芯或其他金属结构上产生悬浮电位，造成对地放电而损坏零件，这是不允许的，除穿螺杆外，铁芯及其所有金属构件都必须可靠接地。

如果有两点或两点以上的接地，在接地点之间便形成了闭合回路，当变压器运行时，其主磁通穿过此闭合回路时，就会产生环流，将会造成铁芯的局部过热，烧损部件及绝缘，造成事故，所以只允许一点接地。

Je2F5064　试述避雷针设置原则。

答：（1）独立避雷针与被保护物之间应有不小于 5m 距离，以免雷击避雷针时出现反击。独立避雷针宜设独立的接地装置，与接地网间地中距离不小于 3m。

（2）35kV 及以下高压配电装置构架及房顶上不宜装设避雷针。装在构架上的避雷针应与接地网相连，并装设集中接地装置。

（3）变压器的门型构架上不应安装避雷针。

（4）避雷针及接地装置距道路及出口距离应大于 3m，否则应铺碎石或沥青面 5～8cm 厚，以保人身不受跨步电压危害。

（5）严禁将架空照明线、电话线、广播线、天线等装在避雷针或构架上。

（6）如在独立避雷针或构架上装设照明灯，其电源线必须使用铅皮电缆或穿入钢管，并直接埋入地中长度 10m 以上。

Je1F4065　更换合闸接触器线圈和跳闸线圈时，为什么要考虑保护和控制回路相配合的问题？

答：合闸接触器线圈电阻值，应与重合闸继电器电流线圈和重合闸信号继电器线圈的动作电流相配合。接入绿灯监视回路时，还应和绿灯及附加电阻相配合，使接触器线圈上的分压降小于 15%，保证可靠返回。

跳闸线圈动作电流应与保护出口信号继电器动作电流相配合，装有防跳跃闭锁继电器时，还应和该继电器电流线圈动作电流相配合。当跳闸线圈接入红灯监视回路时，其正常流过跳闸线圈的电流值，以及当红灯或其附加电阻或任一短路时的电流值均不应使跳闸线圈误动作造成事故。

Je1F4067　LW6—$\frac{220}{500}$型断路器对抽真空和充 SF_6 气体有何特殊要求？

答：由于 LW6—$\frac{220}{500}$型断路器结构上具有特殊性，抽真空和充 SF_6 气体时应注意下列事项：

（1）由于三联箱与支柱及断口的 SF_6 气体系统是经细管连通（俗称小连通）的，抽真空和充 SF_6 气体时，必须从五通接头上分别引出两根管子，一根接于三联箱上，另一根接于支柱下部密度继电器上。

（2）为防止自封接头不通，致使断口与支柱之间气路不通，抽真空时应进行检验，以保证回路畅通。充 SF_6 气体时，当压力充到规定值后，应静止一段时间，可通过观察压力变化或者采取称量所充入 SF_6 气体的质量来进行判断是否合格。

（3）该系列断路器由于采用双道密封圈，提供了挂瓶条件，因而可采用挂瓶检漏方法。

Je1F4068　安装 LW7—220 型断路器应注意哪些事项？

答：该型断路器是分解成机构箱、支持瓷套、绝缘拉杆和灭弧室单元等部件运输的，现场安装时要特别注意下列几道工序：

（1）机构箱安装在基础上，要注意尽量找好水平。

（2）所有密封面都要用干抹布和汽油擦洗干净，并涂以适量的7501密封脂。

（3）安装灭弧室前应检查预充氮压力。出厂时灭弧室充有0.05MPa的氮气，如氮气压力下降过多，应怀疑可能存在漏气，要及时处理。

（4）安装拐臂时要装上涂有7501硅脂的轴销并装上锁片，并与灭弧室拉杆连接好，安装时要启动油泵，推或拉二级阀杆，使断路器能缓慢合闸或分闸，以保证连杆和拐臂孔对正轴销，然后装上锁片。

Je1F4069 对SF_6断路器分解进行检修时，检修人员应采取哪些安全措施（防护）？

答：（1）解体检修时，检修工作人员应穿戴专用工作衣、帽、围巾。戴防毒面具或防尘口罩，使用薄乳胶手套或尼龙手套（不可用棉纱类）、风镜和专用工作鞋。

（2）进出SF_6检修室，应用风机或压缩空气对全身进行冲洗。

（3）工作间隙应勤洗手和人体外露部位，重视个人卫生。

（4）工作场所应保持干燥、清洁和通风良好。

（5）工作场所严格禁止吸烟和吃食品。

（6）断路器解体时，发现内部有白色粉末状的分解物，应使用真空吸尘器或用柔软卫生纸擦除，切不可用压缩空气或其他使之飞扬的方法清除。

（7）下列物品应作专门处理：真空吸尘器内的吸入物、防毒面具的过滤器、全部揩布及纸、断路器灭弧室内的吸附剂、气体回收装置过滤器内的吸附剂等。不可在现场加热或焚烧，可将上述物件装入钢制容器，集中处理。

（8）断路器灭弧室内的吸附剂，不可进行烘燥再生。

Je1F4070 GIS设备巡视检查的内容有哪些？

答：（1）检查设备外部状况。

1）指示器指示灯是否正常；

2）有无任何异常声音或气味发生；

3）端子上有无过热变色现象；

4）瓷套有无开裂破坏或污损情况；

5）接地线或支架是否有生锈或损伤情况。

（2）检查操作装置及控制盘。

从正面观察检查压力表指示。

（3）检查空气系统。

1）空气系统有无漏气声音；

2）空气罐和空气管道排水。

Je1F4071 为什么在断路器控制回路中加装防跳跃闭锁继电器？

答：在断路器合闸后，由于控制开关的把手未松开或接点卡住，使 kk⑤ ⑧ 或 ZJ 的接点仍处于接通状态，此时发生短路故障继电保护动作跳闸后，断路器将会再次重合。如果短路继续存在，保护又使断路器跳闸，那么就会出现断路器的反复跳、合闸的现象，此现象称为断路器跳跃。断路器多次跳跃，会使断路器损坏，甚至造成断路器爆炸的严重事故。为此，必须采取措施，防止跳跃发生，通常是在控制回路里加装防跳跃继电器，即防跳跃闭锁继电器。

Je1F4072 为什么断路器采用铜钨合金的触头能提高熄弧效果？

答：断路器采用铜钨触头，除能减轻触头的烧损外，更重要的是还能提高熄弧效果。因为铜钨合金触头是用高熔点的钨粉构成触头的骨架，铜粉充入其间。在电弧的高温作用下，因钨的汽化温度（5950℃）比铜的气化温度（2868℃）要高，且钨的蒸发量很小，故钨骨架的存在对铜蒸气的逸出起了一种“过滤”作用而使之减小，弧柱的电导因铜蒸汽、铜末的减少而变小，因此有利于熄弧。同时触头上弧根部分的直径随铜蒸发量的减小而变小，较小的弧根容易被冷却而熄弧，这样也就提高了熄弧效果。

Je1F4073　断路器为什么要进行三相同时接触差（同期）的确定？

答：原因如下：

（1）如果断路器三相分、合闸不同期，会引起系统异常运行。

（2）中性点接地的系统中，如断路器分、合闸不同期，会产生零序电流，可能使线路的零序保护误动作。

（3）不接地系统中，两相运行会产生负序电流，使三相电流不平衡，个别相的电流超过额定电流值时会引起电机设备的绕组发热。

（4）消弧线圈接地的系统中，断路器分、合闸不同期时所产生的零序电压、电流和负荷电压、电流会引起中性点位移，使各相对地电压不平衡，个别相对地电压很高，易产生绝缘击穿事故。同时零序电流在系统中产生电磁干扰，威胁通信和系统的安全，所以断路器必须进行三相同期测定。

Je1F5074　为什么要对断路器触头的运动速度进行测量？

答：原因如下：

（1）断路器分、合闸时，触头运动速度是断路器的重要特性参数，断路器分、合闸速度不足将会引起触头合闸震颤，预击穿时间过长。

（2）分闸时速度不足，将使电弧燃烧时间过长，致使断路器内存压力增大，轻者烧坏触头，使断路器不能继续工作，重者将会引起断路器爆炸。

（3）如果已知断路器合、分闸时间及触头的行程，就可以算出触头运动的平均速度，但这个速度有很大波动，因为影响断路器工作性能最重要的是刚分、刚合速度及最大速度。因此，必须对断路器触头运动速度进行实际测量。

Je1F5075　试述 SF_6 断路器内气体水分含量增大的原因，并说明严重超标的危害性。

答：SF_6 气体中含水量增大的可能原因：

（1）气体或再生气体本身含有水分。

（2）组装时进入水分。组装时由于环境、现场装配和维修检查的影响，高压电器内部的内壁附着水分。

（3）管道的材质自身含有水分，或管道连接部分存在渗漏现象，造成外来水分进入内部。

（4）密封件不严而渗入水分。

水分严重超标将危害绝缘，影响灭弧，并产生有毒物质，原因如下：

（1）含水量较高时，很容易在绝缘材料表面结露，造成绝缘下降，严重时发生闪络击穿。含水量较高的气体在电弧作用下被分解，SF_6 气体与水分产生多种水解反应，产生 WO_3、CuF_2、WOF_4 等粉末状绝缘物，其中 CuF_2 有强烈的吸湿性，附在绝缘表面，使沿面闪络电压下降，HF、H_2SO_3 等具有强腐蚀性，对固体有机材料和金属有腐蚀作用，缩短了设备寿命。

（2）含水量较高的气体，在电弧作用下产生很多化合物，影响 SF_6 气体的纯度，减少 SF_6 气体介质复原数量，还有一些物质阻碍分解物还原，灭弧能力将会受影响。

（3）含水量较高的气体在电弧作用下分解成化合物 WO_2、SOF_4、SO_2F_2、SOF_2、SO_2 等，这些化合物均为有毒有害物质，而 SOF_2、SO_2 的含量会随水分增加而增加，直接威胁人身健康，因此对 SF_6 气体的含水量必须严格监督和控制。

Jf2F4076　SF_6断路器及 GIS 为什么需要进行耐压试验？

答：因罐式 SF_6断路器及 GIS 组合电器的充气外壳是接地的金属壳体，内部导电体与壳体的间隙较小，一般运输到现场的组装充气，因内部有杂物或运输中内部零件移位，将改变电场分布。现场进行对地耐压试验和对断口间耐压试验能及时发现内部隐患和缺陷。

瓷柱式 SF_6断路器的外壳是瓷套，对地绝缘强度高，但断口间隙仅为 30mm 左右，如断口间有毛刺或杂质存在不易察觉，耐压试验能及时发现内部隐患缺陷。综上所述耐压试验非常必要而且必须做。

Jf2F4077　CY3 型液压操动机构解体大修后为何要进行空载调试？调试时应做哪些工作？

答：机构解体大修后，机构可不带断路器进行空载调试，一方面可发现和解决机构可能存在的绝大部分问题，保证负载调试能顺利进行；另一方面可以考核机构的性能，又减少断路器的分、合闸次数。

调试时应做如下工作：

（1）排气。因油泵储油腔内如果存有空气，会使油泵打油时间增加，甚至建立不起压力；液压系统内如存在气体会影响分、合闸速度与时间特性，使机构工作不稳定，所以需要排气。排气包括油泵排气和系统排气。

（2）检查氮气的预充压力。

（3）校验微动开关位置与压力值是否对应，储压器活塞杆的行程与参考压力相配合。

（4）测定油泵打压时间不超过 3min。

（5）校定压力表。

（6）进行慢分、慢合操作，慢分、慢合检查合格后，再用手动或电动进行快分、快合操作，检查阀系统的可靠性。

（7）二级阀活塞机构闭锁试验。

Jf2F4078　CY5 型操动机构在合闸位置时，哪些原因使油泵启动频繁？如何处理？

答：可能原因及处理方法如下：

（1）二级阀的上阀口关闭不严，油从阀体上排油孔流出，此时可解体研磨阀口。

（2）分、合闸一级阀口关闭不严，油从阀体上排油孔中流出，此时可对阀口进行修整。

（3）液压油不清洁，纤维杂质卡入阀口，需过滤液压油。

（4）安全阀关闭不严，且阀芯与阀体之间结合面处密封不良，应检修安全阀，消除缺陷。

（5）二级阀下阀体与油管结合面渗油，常见是接头螺帽松动或密封垫损坏，可拧紧螺帽并更换密封垫。

（6）外露管路接头处渗漏油（打开机构箱易发现），此时可逐项处理。

Jf3F4079　检修或施工前应做哪些管理准备工作？

答：应做工作有：

（1）成立检修或施工准备小组，并由专人负责。

（2）对工程进行全面调查研究。

（3）准备技术资料。

（4）进行施工检修组织设计，编制安全组织技术措施。

（5）准备临时建筑、水和电源。

（6）设备材料的运输准备。

（7）工器具的准备。

（8）组织施工与分工。

（9）编制施工预算。

（10）图纸审核，技术交底。

Jf2F4080　CY3 型液压操动机构与断路器配合后速度如何调整？

答：（1）调节速度是通过改变高压油路中节流垫孔径的大小来实现的。

（2）如果分、合闸速度都高，应在工作缸合闸侧的管接头处加装适当内径的节流垫。

（3）分闸速度正常，合闸速度偏高，则应在合闸二级阀下面高压管路中加装内径较小的节流片。

（4）合闸速度正常，分闸速度偏高，则应将合闸阀体侧面的两个ϕ10mm 螺孔中的一个（或两个）用 M10mm×10mm 螺栓堵死。

（5）由低速调到高速比较困难，可从不同方面进行检查调整。

（6）调整速度时必须注意：打开高压油管路前，要先把高压油放完，要兼顾速度与时间的关系，节流垫的厚度不大于1.5mm。

4.2 技能操作试题

4.2.1 单项操作

行业：电力工程　　　　工种：变电检修　　　　等级：初

编　　号	C05A001	行为领域	e	鉴定范围	1
考核时限	80min	题　　型	A	题　　分	100（20）
试题正文	设备构架、外壳及门型构架防腐处理				
需要说明的问题和要求	1. 此刷油漆防腐处理在部分构架上进行 2. 在鉴定场地进行防腐处理 3. 需要一名人员配合				
工具、材料、设备场地	布、钢丝刷、铁砂布 0～2 号、刷子 2 把、汽油、油漆、防锈漆（酚醛）、安全绳				
评分标准	序号	项目名称	质量要求	满分	得分或扣分
	1	防腐处理的准备	着装满足高空作业要求 材料、工具齐全 安全用具齐全合格 了解设备生锈程度 工作票安全措施正确 正确办理工作票、履行开工手续，复核安全措施	20	着装违反安全工作规程规定扣 5 分 材料、工具不齐全，未发现扣 2 分 不检查安全用具是否齐全，不合格扣 3 分 不了解构架生锈情况扣 2 分 不检查工作票安全措施扣 3 分 不办理工作票、履行开工手续扣该项全部分数 20 分 不了解工作票内容和现场安全措施扣 3 分
	2	登高架构	登高方法正确 登高速度符合要求 安全绳绑扎牢固可靠 遵守高空作业规定	30	登高方法不对扣 7 分 登高时间超过 30min 扣 7 分 安全绳绑扎不符合要求扣 6 分 不按高空作业规定进行高空作业扣 10 分

续表

	序号	项目名称	质量要求	满分	得分或扣分
评分标准	3	去锈处理	用钢丝刷将氧化层去掉，用铁砂布细加工去锈 去锈加工顺序是先里后外，先上后下，先重后轻 去锈应彻底	20	不会用钢丝刷和铁砂布去氧化层和锈扣5分 去锈加工顺序乱扣10分 去锈不彻底，有明显遗漏处扣5分
	4	刷油漆处理	传送油漆用传递绳并绑扎牢固 先刷一遍底漆，后刷防锈漆（酚醛），刷二遍 刷油漆按先里后外，先上后下，从远处到登高处顺序进行，每一遍刷油漆间隔时间以油干为准，每一遍刷油漆应均匀、不起泡、厚薄度一样，无遗漏处	20	传递油漆有坠落扣5分，伤人扣5～20分 底漆刷不均匀扣1分；防锈漆刷不均匀、遍数不够扣2分 刷油漆顺序乱扣1分；先刷防锈漆扣3分；有明显遗漏处扣3分；刷漆不均匀，漆膜厚度（一般为0.05～0.1mm）不够扣1分；有漆瘤、漆疤及流迹存在，不重新处理的扣1分；有明显起泡、厚薄不一扣3分
	5	工作结束办理工作终结手续	填写检修记录 清理现场环境 向运行人员交待 无人身伤害，无坠落物	10	检修记录填写不规范或不填写扣3分 不清理现场卫生扣4分 不向运行人员交待扣3分 注：有人身伤害取消考核

行业：电力工程　　　工种：变电检修　　　等级：初

编号	C05A002	行为领域	e	鉴定范围	2
考核时限	120min	题型	A	题分	100（20）
试题正文	隔离开关接地开关大修				
需要说明的问题和要求	1. 鉴定基地 GW5 系列隔离开关 2. 现场设备应有安全措施 3. 备有易损件及消耗性材料 4. 以 GW5—60 型隔离开关为例				
工具、材料、设备场地	1. GW5—60 型隔离开关一组 2. 检修用电工工具、组合套扳子 3. 量具（卷尺、塞尺）				
评分标准	序号	项目名称	质量要求	满分	得分或扣分
	1	大修前准备	工具、材料备齐 了解运行中存在的缺陷和检修项目 了解有关设备说明书及检修工艺规程，清楚工作票的安全措施；编制工序工艺标准卡并经审 正确办理工作票、履行开工手续，复核安全措施	9	工具材料不齐全影响检修扣2分 不了解运行中缺陷和检修项目各扣1分 不准备有关规程、资料扣1分；不了解现场及安全措施扣2分 未编制工序工艺标准卡并送审扣2分 不办理工作票、履行开工手续扣该项全部分数9分 不了解工作票内容和现场安全措施扣3分
	2	接地开关分解检修		39	
	2.1	接地开关拆卸	不损伤零件，断股烧损、折损不应大于10%		不会拆卸接地开关扣5分；断股、烧损严重不更换扣2分
	2.2	检查软铜导电带和导电接触面	导电接触面无氧化、无锈蚀和变形，触头无磨损、变形和烧损，接触面应良好可靠		不用00号砂布除去氧化层扣2分；不用钢丝刷除锈扣2分；变形应校正，不校正扣3分；清洗剂清洗接触面后，不涂中性凡士林扣2分
	2.3	检查接地开关、导电管	无变形，完好无损伤		不会检查转动轴销孔、转动轴有缺陷未发现各扣3分
	2.4	检查触头情况	触指有足够压力，各部件完好无锈蚀，金属部分有防腐处理，标志齐全正确		不检查静触头扣3分；触指压力不够扣4分
	2.5	检查转动轴销的轴孔及其转动轴情况			有锈蚀不处理扣2分
	2.6	接地静触头检查			不刷防锈漆扣4分
	2.7	刷防锈漆及标志			标志不齐全、不正确扣4分

续表

	序号	项目名称	质量要求	满分	得分或扣分
评分标准	3	接地开关组装及调整	组装正确，紧固轴销定位	38	
	3.1	导电管与转动轴连接			不会组装扣3分，不连接接地网扣2分
	3.2	在分闸位置时，手动操作合闸，检查接地开关动作情况	动作灵活，I型触头进入静触头内应抬高3mm，II型接地开关合闸后，触头插入静触头应合到底		不会调整静触头抬高和触头未合到底各扣4分；可调接地开关垂直传动杆两端接叉过深，不会调整扣3分
	3.3	在合闸位置时手力操动接地开关合闸，观察机械闭锁情况	机械闭锁可靠，接地开关不能合闸		能合闸不合，机械闭锁有问题扣3分；不会调整扣3分
	3.4	接地开关在合闸位置时，手力操作主刀闸合闸，观察机械闭锁情况	机械闭锁可靠，主刀闸不能合闸		主刀闸能合闸，但不合格扣3分；不会调整扣3分
	3.5	检查机械闭锁情况	无变形、无损坏		有变形、损坏而不更换扣3分
	3.6	调整好接地开关并紧固	紧固各连接螺栓		不会调整扣3分；调整后各连接螺栓不紧固扣4分
	4	安全文明工作		14	
	4.1	填写检修记录	填写检修记录正确齐全		不会填写检修记录扣2分
	4.2	清扫现场，向运行人员交待	遵守安全工作规程		不清理现场，不向运行人员交待各扣2分
	4.3	安全文明	严格执行安全工作规程、检修工艺规程，环境清洁，物品摆放有条有理，无野蛮作业		每违反安全工作规程一次扣1分；不按检修工艺规程进行检修扣3分；现场混乱扣2分
	4.4	工作结束办理工作终结手续	交回工作票，工作结束		交回工作票后又进行工作扣2分 注：野蛮作业出现较大人身或设备事故取消考核

行业：电力工程　　　　工种：变电检修　　　　等级：初

编　号	C05A003	行为领域	e	鉴定范围	3
考核时限	80min	题　型	A	题　分	100（20）
试题正文	电流互感器烧损处理				
需要说明的问题和要求	1. 鉴定场地高压开关柜（10kV） 2. 现场闲置间隔，做好安全措施 3. 配合一名工人 4. 以 10kV 电流互感器为例				
工具、材料、设备场地	10kV 高压开关柜和 10kV 备用电流互感器各一台、常用电工工具、常用量具、消耗性材料				
评分标准	序号	项目名称	质量要求	满分	得分或扣分
	1	检修前准备	着装合理，工具、材料、备品备件齐全合格	10	着装影响安全扣 2 分；缺少工具、材料、备件等，影响事故抢修扣 2 分
	1.1	着装、工具、材料、备品、备件			
	1.2	检修技术资料	缺陷记录、技术档案、主接线、设备规格、型号与保护仪表配合情况；编制工序工艺标准卡并经审		缺少技术资料，影响电流互感器更换扣 3 分；未编制工序工艺标准卡并送审扣 2 分
	1.3	办理开工手续	正确办理工作票、履行开工手续，复核安全措施		不办理工作票、履行开工手续扣该项全部分数 10 分 不了解工作票内容和现场安全措施扣 3 分
	2	电流互感器更换		76	
	2.1	更换前准备 检查烧损互感器情况 检查新的电流互感器 检查现场安全措施	型号、变比、极性、伏安特性 检查瓷质部分外观应清洁、完整无破损 产品技术文件应齐全、合格 规格型号如变比、极性、电压等级、伏安特性等相同一致 电流互感器无机械损伤，有本公司绝缘试验合格证明		不清楚损坏的电流互感器的型号、变比、极性、伏安特性、准确度等扣 1 分 不进行外观检查，有缺陷未发现扣 1 分 不检查技术文件和厂家合格证扣 1 分 不检查更换的电流互感器的规格型号，如变比、极性、准确度、电压、伏安特性等扣 1 分；不检查机械损伤扣 2 分；不检查有无本公司绝缘试验合格证扣 2 分

续表

	序号	项目名称	质量要求	满分	得分或扣分
评分标准	2.2	原电流互感器拆卸	必须停电，符合安全工作规程 不损坏周围设备，保护和仪表的二次接线标记齐全		不检查是否停电扣10分；不检查待更换互感器的开关两侧隔离开关是否已断开扣2分；两侧无地线扣2分；周围未设遮栏、标示牌等扣2分；不会拆卸烧损互感器扣1分；不先拆二次接线，不检查二次接线有无标记扣1分；拆卸一次接线（硬线）引流线时，损伤接触面扣1分
	2.3	新的电流互感器安装	无损伤，安装位置与原来一样，同一种类型、同一电压等级的，并列安装在同一表平面上，中心线和极性方向一致，二次接线正确		电流互感器固定不牢固，螺栓不紧扣2分；安装位置与原来不一样或倾斜扣1分；一次接线和设备线夹忘接扣10分；一次接线和设备线夹、硬母线引流线处不涂导电脂或氧化膜不处理扣2分；保护接线及仪表回路接反扣5分；少接一个回路扣5分；T开路扣10分
	2.4	电流互感器接地处理分	可靠接地，二次无开路，备用二次短路并接地		互感器外壳无接地线扣2分；暂不使用的二次绕组未短路接地扣10分；二次接线端子排处的接地不检查扣2分
	3	安全文明工作		14	
	3.1	填写检修记录	维修记录齐全、正确		填写不规范或有错误扣3分
	3.2	清理现场，向运行人员交待	执行安全工作规程		向运行人员交待不清、不清理现场扣3分
	3.3	安全文明	符合安装验收规范，环境清洁、无野蛮作业		违反安全工作规程一次扣2分；违反安装验收规范扣2分；环境脏、乱、差扣2分 不会办理工作结束扣2分
	3.4	工作结束办理工作终结手续	工作结束符合规程规定		注：出现人身及设备事故取消考核

行业：电力工程　　　　工种：变电检修　　　　等级：初/中

编　号	C54A004	行为领域	e	鉴定范围	2
考核时限	120min	题　型	A	题　分	100（20）
试题正文	断路器静触座装配检修				
需要说明的问题和要求	1. 鉴定基地 2. 现场闲置间隔，做好安全措施 3. 以SN10—10Ⅱ型断路器为例				
工具、材料、设备场地	SN10—10Ⅱ型断路器开关柜一台、检修专用工具、常用电工工具、公用工具、常用量具、备品、备件、消耗性材料				

评分标准	序号	项目名称	质量要求	满分	得分或扣分
	1	检修前准备		6	
	1.1	着装、工具、材料、备品、备件	工具、备品、备件合理、齐全、合格		着装不符合安全要求扣1分；每缺少一件工具、材料、备品、备件而影响检修扣1分
	1.2	检修技术资料	包括运行缺陷记录，检修大修报告，检修工艺，检修记录 编制工序工艺标准卡并经审		每缺少一件技术资料影响检修进程扣1分 未编制工序工艺标准卡并送审扣2分
	1.3	办理工作票开工手续	正确办理工作票、履行开工手续，复核安全措施		不办理工作票、履行开工手续扣该项全部分数6分 不了解工作票内容和现场安全措施扣2分
	2	断路器部分分解		15	
	2.1	拧下底部放油螺栓	油存放好		不会放油或油存放不好扣2分
	2.2	拆掉上、下接线端子引线	不损伤接触面		不会拆掉上、下接线端子引线扣2分；接触面无保护措施、有损伤
	2.3	拆卸上帽装配与上接线座间螺栓（SN10—10Ⅰ型断路器应拧下静触座装配固定螺栓）	不损伤零部件，拆下的零部件应放在清洁干燥场所，并按相顺序放置以防丢失，绝缘部件不得碰伤		不会用内六角扳子拧下上帽装配与上接线座间的四只内六角螺栓扣2分；不会取下上帽装配静触座装配扣2分；拆下的零部件存放不符合质量要求扣1分；零部件摆放位置顺序乱扣1分；绝缘部件有碰伤扣3分

续表

	序号	项目名称	质量要求	满分	得分或扣分
评分标准	3	静触座装配检修		71	
	3.1	分解 将触指及弧触指从触座上卸下，取出弹簧片，卸下逆上阀，拆卸触座与触头架（SN10—10Ⅰ无触头架）	无损伤		不会用专用工具将触指及弧触指从触座上卸下及取弹簧片扣2分；不会卸下逆止阀扣2分；不会拧下三只螺栓扣2分；不会分离触座与触头架扣1分
	3.2	清洗、检查 清洗各零件，检查触指及弧触指导电接触面	干洁，导电接触面应光滑、平整，烧伤面积达30%且深度大于1mm时应更换，铜钨合金部分烧伤深度大于2mm时应更换		不用合格绝缘油清洗扣2分；清洗不干净或少清洗一件扣1分；不检查触面质量情况或每少检查一个扣2分；轻微烧伤不用细锉及0号砂布修整扣2分；严重烧伤，超过质量标准要求不更换扣2分
		检查触头架与触座的接触面、触座与触指的接触面	触头架与触座间接触应紧密，触座与触指接触面不应有烧伤痕迹		不检查触头架与触座接触面扣2分；不检查触座与触指的接触面扣2分；轻微烧伤不用0号砂布打磨处理扣2分；触指腰部下面的修理量大于0.5mm扣2分；若严重烧伤不更换扣2分；接触面不紧密、不可靠扣2分
		检查触座的触指尾槽内部分	触座的隔栅应无裂纹、缺齿，固定隔栅的圆柱销无脱落及退出现象		不检查触指尾槽内积垢扣2分；不清除干净扣2分；不检查隔栅扣2分；有裂纹、缺齿不更换扣2分；固定隔栅的圆柱销脱落不可靠扣2
		检查弹簧片	弹簧片弯曲度不超过0.2mm，与触指触座及隔栅接触处不应有烧伤		不检查弹簧片弯曲度扣2分；变形严重（超过0.2mm）不更换扣2分；烧伤严重不更换扣2分
		检查逆止阀密封情况扣2分	逆止阀内不应有铜熔粒及杂质，钢球动作应灵活，档钢球圆柱销两端应铆好、修平，不得凸出		不会用嘴吹一下以检查密封扣2分；如密封不严，不会用小锤轻敲一下使其有可靠密封不检查逆上阀内有无杂质扣2分；圆柱销两端不符合质量要求或不检查扣2分
		检查绝缘套筒	内壁不应有严重炭化、烧伤及起层现象		不检查绝缘筒漆膜是否完整，有无脱落、起层、起整泡现象扣2分；内壁有严重炭化、烧伤不更换扣2分；轻微缺陷不处理扣2分

续表

	序号	项目名称	质量要求	满分	得分或扣分
	3.3	组装 按与分解相反的顺序装复 测量静触指闭合圆直径	弧触指必须装隔栅压 有特殊标志处，如隔栅上无特殊标志，则必须将弧触指装于对准横吹弧道的方向 静触指闭合圆直径为 18.5～20mm 本体加油		不会装扣 2 分；弧触指不按要求组装扣 2 分；弧触指不对准横吹弧道的方向或不清楚组装要求扣 2 分 不检查闭合圆直径扣 1 分；不清楚质量要求扣 2 分；不合乎要求而不处理扣 2 分 不检查油位扣 2 分
评分标准	4	安全文明工作		8	
	4.1	填写检修记录	记录齐全、正确		填写不规范或有错误扣 2 分
	4.2	清理现场，向运行人员交待	符合安全工作规程		不清理现场，向运行人员交待不清扣 2 分
	4.3	安全文明	执行安全工作规程、检修工艺，环境清洁，无野蛮作业		每违反安全工作规程一次扣 1 分；违反检修工艺扣 2 分；环境脏、乱、差扣 1 分
	4.4	工作结束办理工作终结手续	符合工作结束手续		办理工作票结束后又回现场工作扣 2 分 注：出现人身及设备事故取消考核

行业：电力工程　　　工种：变电检修　　　等级：初/中

编　号	C54A005	行为领域	e	鉴定范围	3
考核时限	80min	题　型	A	题　分	100（20）
试题正文	互感器、断路器设备线夹和引流线的检修				
需要说明的问题和要求	1. 鉴定基地 2. 现场闲置设备，做好安全措施 3. 以 63～220kV 互感器、断路器为例				
工具、材料、设备场地	铜铝过渡设备线夹、多股铝导线、钻床、常用电工工具、常用量具、公用工具、虎钳、锉刀、铁锯、消耗性材料				
评分标准	序号	项目名称	质量要求	满分	得分或扣分
	1	检修前准备		10	
	1.1	着装、器具、材料、备品、备件	着装合理，工具、材料、备品、备件齐全合格		着装影响安全检修扣 2 分；每缺少一件工具、材料、备品、备件而影响检修扣 2 分
	1.2	检修技术资料	运行中缺陷记录、变电所主接线、设备线夹规格、电气设备施工验收规范和安全工作规程；编制工序工艺标准卡并经审		每少一件缺陷处理技术资料而影响检修扣 2 分；未编制工序工艺标准卡并送审扣 2 分
	1.3	办理工作票开工手续	正确办理工作票、履行开工手续，复核安全措施		不办理工作票、履行开工手续扣该项全部分数 10 分 不了解工作票内容和现场安全措施扣 2 分
	2	设备线夹及引流线检修		78	
	2.1	分解，固定好引流线	无损伤		不用绳索固定连接导线而拧下设备线夹扣 2 分；绑扎绳使用不正确扣 2 分；不将引流线缓慢放下而碰撞设备扣 2 分；对导电接触面无防护措施扣 2 分
	2.2	检修，检查引流线	无烧伤、断股		对轻微损伤不会用钢丝刷或 00 号砂布处理扣 2 分；断股修理不当或损伤严重不更换扣 2 分；引流线长度过小，对设备有拉力不更换扣 2 分；引流线弛度过大、安全距离不够不更换扣 2 分；三相引流线不一致而不处理扣 2 分
		检查设备线夹螺栓	无锈蚀、无裂纹，齐全		检查螺栓生锈、裂纹情况扣 2 分；轻微锈蚀不会处理扣 2 分 严重锈蚀、裂纹不更换扣 2 分；螺栓不齐全，每缺一件扣 1 分；螺纹损坏不更换扣 2 分

续表

	序号	项目名称	质量要求	满分	得分或扣分
评分标准	2.3	组装 检查设备线夹	无氧化层、无裂纹、无烧伤或烧伤深度＜1mm		不会检查设备线夹接触面扣 2 分；接触面有熔化痕迹不用细锉或 00 号玻璃砂纸处理扣 2 分；烧伤深度＞1mm 不更换扣 2 分；接触面氧化层不用 00 号砂布处理扣 2 分；毛刺不用细锉处理扣 2 分；镀银层不用尼龙刷处理扣 3 分；室外设备不用铜铝过渡线夹扣 3 分；严重烧伤、裂纹、断裂不更换扣 3 分
		检查设备线夹与设备连接	正确、无松动，螺栓齐全，引流线对地安全距离合格		不检查压接夹与导线连接情况扣 2 分；不检查螺栓连接线夹与导线连接情况扣 2 分；螺栓有问题不处理扣 2 分；不检查设备线夹与设备连接情况扣 2 分；铜铝过渡线夹接反扣 4 分；接触面不涂中性凡士林或导电脂扣 3 分；接触面不严密，用 0.05mm×10mm 塞尺检查不合格（大于 5mm）扣 2 分；接触面歪斜，影响接触面美观扣 2 分
		检查螺栓	齐全、坚固		螺栓不紧，各螺栓配合压力不一样扣 2 分；缺少一个平垫、弹簧垫扣 2 分；有锈蚀、裂纹螺栓扣 2 分；螺栓穿入方向不对、不便检查扣 2 分；螺栓规格与孔不配套扣 2 分
		检查引流导线	无损伤，弛度合适，符合安全距离		不检查引流导线受力情况扣 2 分；不检查引流导线弛度对地安全距离扣 2 分；三相引流导线不一样扣 2 分
	3	安全文明工作		12	
	3.1	填写检修记录	记录齐全、正确		填写不规范或有错误扣 2 分
	3.2	清理现场，向运行人员交待	遵守安全工作规程		不清理现场，不会向运行人员交待扣 2 分
	3.3	安全文明	执行安全工作规程、检修工艺，环境清洁，无野蛮作业		每违反安全工作规程一次扣 2 分；违反检修工艺扣 2 分；环境脏、乱、差扣 2 分
	3.4	工作结束办理工作终结手续	符合工作结束手续		工作票办理结束后又回去工作扣 2 分 注：出现人身设备事故取消考核

行业：电力工程　　　工种：变电检修　　　等级：初/中

编　号	C54A006	行为领域	e	鉴定范围	3
考核时限	80min	题　型	A	题　分	100（20）
试题正文	隔离开关触头过热处理				
需要说明的问题和要求	1. 鉴定基地，GW5 系列隔离开关 2. 现场闲置设备，做好安全措施 3. 备有易损件及消耗性材料 4. 以 GW5—35/60/110II型为例				
工具、材料、设备场地	备有安装好的 GW5 系列隔离开关，其触头有严重缺陷 检修用的电工工具、组合套扳子、量具、塞尺、卷尺、备品、备件、细齿扁锉、00 号砂布、中性凡士林、导电质等				

评分标准	序号	项目名称	质量要求	满分	得分或扣分
	1	缺陷处理前准备		19	
	1.1	工具、材料、备品、备件	工具、材料齐全，备品、备件合格		每少一件工具、材料而影响缺陷处理扣 2 分；备品、备件数量不够，影响缺陷处理，每少一件扣 3 分
	1.2	缺陷处理，技术资料	包括缺陷记录、大修报告、产品说明书、检修工艺规程；编制工序工艺标准卡并经审		不清楚运行中触头过热情况扣 3 分；不检查上次大修报告扣 2 分；没有产品说明书和有关检修工艺规程扣 2 分；未编制工序工艺标准卡并送审扣 2 分
	1.3	办理开工手续	正确办理工作票、履行开工手续，复核安全措施		不办理工作票、履行开工手续扣该项全部分数 8 分 不了解工作票内容和现场安全措施扣 2 分
	2	缺陷处理		69	
	2.1	拆卸触指臂（右触头）	将导电管夹在虎钳上，按工艺规程分解各部件，夹力不宜过大，导电管应无夹伤		导电管无保护措施扣 2 分；不会分解部件扣 2 分；按工艺规定不会拆卸扣 5 分
	2.2	检修 检查触指罩	触指座完好无损伤，触指镀银面清洁光亮，无变形、烧伤现象		损坏不更换扣 2 分；触指内侧触指座导电接触处有严重烧损，修理不好而不更换扣 4 分 不知在含量为 25.28%的氨水中浸泡 15s，不会用尼龙刷子刷去硫化银层或用清水洗干后不涂中性凡士林油扣 4 分
		检查触指引弧角，触指与触指座无裂纹	锈蚀变形，弹簧匝间无间隙		圆柱销不用 00 号砂布除锈蚀扣 1 分；严重锈蚀不更换扣 1 分；不用钢丝刷清除弹簧锈蚀扣 1 分；不涂凡士林油扣 1 分；严重锈蚀变形不更换扣 4 分
		检查圆柱销及弹簧 检查固定触指座的定位孔导电管	无锈蚀、无损伤、无变形		有锈蚀不用 00 号砂布清除氧化层扣 1 分；导电管不用 00 号砂布清洁氧化层或严重损伤变形不更换扣 2 分

续表

	序号	项目名称	质量要求	满分	得分或扣分
评分标准	2.3	组装触指臂（右触头）	各零部件完好，螺栓经防锈处理，同侧触指安装在同一平面上，导电接触面无损伤。触指接触压力足够，各连接部位连接紧固		不会组装扣 3 分；不用清洗剂清洗各零件，导电接触面上不涂导电脂扣 3 分；不处理锈蚀的紧固件扣 2 分；同侧触指不安装在同一平面上扣 2 分；有损伤的导电接触面不处理或不更换各扣 2 分；触指接触压力不够扣 3 分；各连接部件不紧固扣 3 分
	2.4	触头臂（左触头）检修	导电接触面无烧损、过热或变形 触头触指导电接触面光滑，其烧伤深度不大于 1mm，各部件连接牢固		如有轻微烧损，对非镀银层接触面不会用钳工细齿扁锉修理或修理错误各扣 3 分；导电接触面有轻微烧伤，不会对镀银层导电接触面用 00 号砂布修整及烧伤处不会处理扣 3 分；如烧伤深度超过规定不更换扣 4 分；不检查各部件连接情况扣 1
	2.5	检查、调整触头触指接触	触头与触指接触深度合格，在刻度线上		不检查触头与触指接触深度，不会调整各深度扣 4 分
	3	安全文明检修，办理工作结束		12	
	3.1	填写检修记录	齐全、正确		填写不规范或不齐全各扣 2 分
	3.2	清理现场，向运行人员交待	执行安全工作规程		不清理现场，向运行人员交待不清各扣 2 分；违反安全工作规程每一次扣 1 分；违反检修工艺每一次扣 1 分；现场环境脏、乱、差扣 2 分
	3.3	安全文明检修	执行安全工作规程和检修工艺，环境清洁，物品摆放整齐、不乱 无野蛮作业		
	3.4	工作结束办理工作终结手续			办理结束后又去工作扣 2 分 注：野蛮作业，出现人身及设备事故取消考核

行业：电力工程　　　　工种：变电检修　　　　等级：初/中

编　　号	C54A007	行为领域	e	鉴定范围	1
考核时限	120min	题　　型	A	题　　分	100（20）
试题正文	室外互感器、断路器、隔离开关设备的清扫及检查				
需要说明的问题和要求	1. 需一名人员配合 2. 应有一个鉴定场地、设备 3. 现场闲置设备 4. 现场应设专人监护，安全措施可靠 5. 现场遇有事故，应停止考核并撤离现场 6. 以63（35）～110kV室外互感器、断路器、隔离开关为例				
工具、材料、设备场地	破布、酒精、水桶、硫酸钠、常用电工工具、安全绳子、腰带、梯子				

评分标准	序号	项目名称	质量要求	满分	得分或扣分
	1	设备清扫及检查前准备	着装符合要求，材料齐全，工具合理，检查安全用具齐全	25	着装不灵便，衣袖、裤脚扎不紧、不穿软底鞋扣3分；不检查清扫材料和工具扣3分；不检查安全绳、腰带、梯子是否合格、齐全扣7分
			查看运行资料，了解缺陷；编制工序工艺标准卡并经审		不看运行资料，不了解设备缺陷各扣2分；未编制工序工艺标准卡并送审扣2分
			正确办理工作票、履行开工手续，复核安全措施		不办理工作票、履行开工手续扣该项全部分数25分 不了解工作票内容和现场安全措施扣2分
	2	在设备及架构上（登高）作业	登高方法对	30	登高方法不正确扣5分
			按规定使用梯子		不按规定使用梯子扣7分
			遵守安全工作规程（热力和机械部分）有关高空作业规定		违反高空作业规定及安全工作规程有关规定每一处扣4分
			安全绳系挂在可靠处		安全绳系的地方不对，容易损害设备扣7分
			站立位置不损伤设备		人体站立位置不对，容易损伤设备扣7分

续表

	序号	项目名称	质量要求	满分	得分或扣分
评分标准	3	设备检查及清扫	设备线夹接触良好，无裂纹，注油设备无渗漏	35	不检查设备线夹，有缺陷未发现各扣 5 分；不检查注油设备是否有渗漏扣 5 分
			瓷套瓷质部分清洁、无破损、裂纹、放电痕迹		不清擦渗漏处脏污每一处扣 2 分
			按防污措施规定清扫设备，清扫顺序从上到下，从内到外，防止遗漏		不检查瓷质表面，清扫不彻底，每一处扣 4 分；清扫顺序不对扣 5 分；每遗漏一处扣 4 分
			设备上严格搭挂杂物		清扫用具遗放在设备上扣 5 分
	4	工作结束办理工作终结手续	填写检修记录	10	检修记录填写不规范扣 2 分
			清理现场、环境卫生及遗留物品		忘清扫环境卫生扣 2 分
			向运行人员交待，按结束规程规定办理工作票		不向运行人员交待扣 2 分；不办理工作票结束扣 4 分
			无人身伤害，破皮流血		注：有人身伤害取消考核

行业：电力工程　　　　工种：变电检修　　　　等级：初/中

编　　号	C54A008	行为领域	e	鉴定范围	2
考核时限	80min	题　　型	A	题　　分	100（20）
试题正文	隔离开关主刀闸系统的分解检修				
需要说明的问题和要求	1. 鉴定场地、GW7—220 型隔离开关 2. 现场闲置设备，应做好安全措施 3. 配合一名工人 4. 以 GW7—220 型为例				
工具、材料、设备场地	GW7—220 型隔离开关一组、高空作业车（台、架）、检修电工工具、备品、备件、消耗性材料、量具				

评分标准	序号	项目名称	质量要求	满分	得分或扣分
	1	检修前准备		8	
	1.1	工具、材料、着装、备品、备件	工具、材料齐全，着装合理		每缺少一件工具、材料、备品和备件影响检修扣 3 分；着装影响安全检修扣 1 分
	1.2	检修技术资料	包括运行中的缺陷记录、大修报告、安全技术措施和检修工艺等；编制工序工艺标准卡并经审		每缺少一件必备技术资料而影响检修扣 1 分；未编制工序工艺标准卡并送审扣 2 分
		办理工作票开工手续	正确办理工作票、履行开工手续，复核安全措施		不办理工作票、履行开工手续扣该项全部分数 8 分 不了解工作票内容和现场安全措施扣 2 分
		拆下动触头			不会拧下导电管两头动触头的固定螺栓或有损伤扣 3 分 不清楚各厂家导电杆动触头组合方式扣 2 分 不清楚各部分名称，每一处扣 1 分

续表

	序号	项目名称	质量要求	满分	得分或扣分
评分标准	2 2.1	主刀闸检修 分解		80	
		取下屏蔽罩	无损伤、完好		不会拧下屏蔽罩固定螺栓或有损伤各扣3分
		拆下U形夹板和导电管，铜铝过渡片	无损伤、完整（西安高压开关设备厂的导电管由两根组成，中间有导电连片相连）		不会拧U形夹板螺母，有损伤各扣3分
	2.2	检修			不会校正，损坏不更换扣2分
		检查均压环	无变形、损坏		
		检查动触头圆弧接触面，动触头与导电管的导电接触面情况	动触头及导电管无磨损，无烧损，导电接触面无氧化层		不清楚检查部位和内容扣3分；不检查动触头圆弧板触面有无磨损扣3分；不检查动触头与导电管导电接触面有无烧损、过热、氧化层扣3分；有轻微烧损不知用钳工细齿扁锉修理扣2分；严重损伤不更换扣3分
		检查U形夹板	无裂纹、无锈蚀		断裂不更换扣3分；锈蚀不处理扣2分；不检查此项扣2分
		检查导电管	导电管无过热、变形，其弯曲度不大于3‰，导电接触面无锈蚀		
		检查铜铝过渡片	过渡片无过热、无破损、无氧化		不检查此项扣3分；轻微变形不校正扣3分；严重变形不更换扣3分；两端导电接触面轻微锈蚀不用00号砂布清洗扣2分
		支板与螺栓固定处的焊缝及底板螺栓的检查除锈蚀各扣2分	支板无开裂、无脱焊、无锈蚀		不检查此项，有缺陷不会处理扣3分；氧化层不用00号砂布清除扣2分；破损或过热严重不更换扣3分
		检查软铜导电带的折损情况	导电接触面无氧化，软铜导电带折损面积不大于截面积的10%各连接、固定螺栓无锈蚀		不清楚检查内容扣2分；支板开裂严重，底板螺栓锈蚀严重不更换各扣2分；开裂处不补焊，不用钢丝刷
	3	安全文明工作		12	
	3.1	填写检修记录	齐全、正确		填写错误、不齐全扣2分
	3.2	清理现场，向运行人员交待	按安全工作规程办理		不清理现场，不会向运行人员交待或交待不清扣2分
	3.3	安全文明	严格执行安全工作规程、检修工艺规程，环境清洁，无野蛮作业		违反安全工作规程每一次扣2分；违反检修工艺规程作业扣2分；环境脏、乱、差扣2分
	3.4	办理工作票终止手续	按安全工作规程办理		不会办理工作票结束扣2分 注：出现人身及设备事故取消考核

行业：电力工程　　　工种：变电检修　　　等级：初/中

<table>
<tr><td colspan="2">编　　号</td><td>C54A009</td><td>行为领域</td><td>e</td><td>鉴定范围</td><td>鉴定范围 1</td></tr>
<tr><td colspan="2">考核时限</td><td>80min</td><td>题　　型</td><td>A</td><td>题　　分</td><td>100（20）</td></tr>
<tr><td colspan="2">试题正文</td><td colspan="5">电流互感器的小修</td></tr>
<tr><td colspan="2">需要说明的问题和要求</td><td colspan="5">1. 鉴定基地，220kV 电流互感器一台
2. 现场闲置设备，做好完全措施
3. 配合一名工人
4. 以 220kV 电流互感器为例</td></tr>
<tr><td colspan="2">工具、材料、设备场地</td><td colspan="5">220kV 电流互感器、人字梯、高空作业车或检修架、破布、酒精、常用电工工具、公用工具等</td></tr>
<tr><td rowspan="11">评分标准</td><td>序号</td><td>项目名称</td><td>质量要求</td><td>满分</td><td colspan="2">得分或扣分</td></tr>
<tr><td>1</td><td>检修前准备</td><td></td><td>8</td><td colspan="2"></td></tr>
<tr><td>1.1</td><td>着装、工具、材料、备品、备件</td><td>着装合理，工具、材料、备品、备件齐全、合格</td><td></td><td colspan="2">着装不合格影响安全检修扣 1 分；每缺少一件工具、材料、备品、备件影响小修各扣 1 分</td></tr>
<tr><td>1.2</td><td>检修技术资料</td><td>包括运行缺陷记录、检修工艺规程、大修报告；编制工序工艺标准卡并经审</td><td></td><td colspan="2">每少一件技术资料影响检修扣 2 分；未编制工序工艺标准卡并送审扣 2 分</td></tr>
<tr><td>1.3</td><td>办理工作票开工手续</td><td>正确办理工作票、履行开工手续，复核安全措施</td><td></td><td colspan="2">不办理工作票、履行开工手续扣该项全部分数 8 分
不了解工作票内容和现场安全措施扣 2 分</td></tr>
<tr><td>2</td><td>电流互感器小修</td><td></td><td>80</td><td colspan="2"></td></tr>
<tr><td>2.1</td><td>检查金属膨胀器</td><td></td><td></td><td colspan="2"></td></tr>
<tr><td></td><td>打开内油盒式及波纹式金属膨胀器的顶盖和外罩，检查整体密封情况</td><td>密封良好，无渗漏油现象</td><td></td><td colspan="2">不会打开顶盖外罩扣 2 分；不检查渗漏情况扣 2 分；轻微渗漏不处理扣 1 分</td></tr>
<tr><td></td><td>检查各个膨胀节及连管</td><td>无变形、损坏、开裂、磨损，保持良好的膨胀关系</td><td></td><td colspan="2">对需检查的内容不清楚扣 2 分；膨胀关系有问题不处理扣 1 分；严重变形、损坏不提出大修扣 2 分</td></tr>
<tr><td></td><td>检查金属膨胀器油位计</td><td>无气体存在</td><td></td><td colspan="2">不检查油位计有无气体扣 2 分；不打开放气塞放出气体扣 1 分</td></tr>
<tr><td></td><td>检查内油盒式金属膨胀器油位指针传动机构</td><td>灵活温度指示符合膨胀关系</td><td></td><td colspan="2">不检查温度指针传动机构灵活性扣 1 分；指示温度与膨胀关系不正确扣 2 分；查出原因不处理扣 2 分</td></tr>
<tr><td></td><td></td><td>检查顶盖及外罩紧固螺丝</td><td>齐全、安装牢固</td><td></td><td colspan="2">不齐全或不补齐扣 1 分</td></tr>
</table>

续表

	序号	项目名称	质量要求	满分	得分或扣分
评分标准	2.2	检查储油柜			不紧固牢靠扣1分
		打开隔膜式储油柜的顶盖，检查储油柜内的隔膜情况	隔膜完整无开裂、老化现象，无凝结水		不检查隔膜损坏老化情况扣1分；有结水不处理干净扣1分；老化、开裂不更换扣1分
		检查油标的密封情况	无渗漏		检查发现渗油，不对油标螺栓进行处理扣1分；胶垫老化不更换扣1分
		打开储油柜底部放水塞，检查有无积水	整体密封良好，无雨水浸入		打开放水塞有积水流出，不查明原因扣1分；密封不好又不处理扣1分
		检查L1、L2端子板与导线的接触情况	无过热及烧伤情况L1		L2端子板氧化膜不用00号砂布或细齿扁锉处理扣1分；烧深度>1mm或严重烧伤不更换扣1分；不会缓慢放引流线扣1分
		检查吸湿器的玻璃罩及吸附剂	玻璃罩无破碎，完好，吸附剂不变色		不检查吸湿器的玻璃罩及吸附剂情况扣1分；破裂不更换扣1分；吸附剂变色失效不更换扣1分
		检查吸湿器底部油盅	油盅绝缘油洁净充足		不检查油盅内绝缘油的清洁情况扣1分；无油或脏油不处理、不更换新油扣1分
		检查吸湿器呼吸管路情况	管路无锈蚀，畅通		不检查管路堵塞情况扣1分；堵塞不处理扣1分
	2.3	检查瓷箱、瓷套、瓷裙	完整无损伤，表面洁净无灰尘、油污		破损、裂纹不处理、不更换扣3分；不用清洗剂或酒精清洗瓷箱表面或不满足质量要求扣2分
	2.4	检查油箱底座			
		检查铭牌	符合设备实际的铭牌		无铭牌不补上或与实际不符各扣1分
		检查油箱及底座	无渗漏油		不检查渗漏油或有渗漏现象查不出原因各扣2分；轻微渗漏不处理扣2分；严重渗漏不提出大修扣2分
		打开二次接线盒盖板，检查二次套管及端子板	二次接线板及套管洁净无损坏接地牢固		不检查二次套管及端子板扣2分；损坏或不清洁又不处理扣2分；严重损坏、锈蚀不更换扣2分
		检查电容型电流互感器的电容末屏及电流互感器的N端接地情况	无放电烧伤情况		接地不牢固又不处理或烧伤不处理各扣2分
		检查表面油漆状况分；不刷防腐漆扣1分	良好，无锈蚀、无脱漆		不检查表面防锈油漆情况扣1分；有锈蚀不处理，有脱漆不处理扣1分

续表

	序号	项目名称	质量要求	满分	得分或扣分
评分标准	2.5	补油			
		经检查缺油，主绝缘未露出，此互感器是隔膜式及开启式互感器	补充的合格油与原来油标号相同，按电气设备交接试验标准测试合格		发现缺油不补油扣1分；补油方法不正确扣2分；220kV少于5kg时可不测介质损失角，但多于5kg时，不测介质损失角扣1分；补油大于12kg时，不采取真空注油扣2分，不测介质损失角扣1分
		检查密封处	无渗漏		发现不均匀渗漏，不会对称地紧固螺丝（每次旋转量为1/6～1/12转）扣1分；单独紧固一个螺丝扣1分
		补油前检查储油柜内情况	无剩余绝缘油及水分		不将剩余绝缘油及水分经放水塞放出扣1分
		检查注油情况	始终用合格油，油面正常，注油工具无水分、无杂物		注油时无防止水分、灰等杂物进入互感器的措施扣2分；不注入经试验合格的油扣1分；油注高度不合适扣1分；注油后不将注油塞拧紧扣1分
	3	安全文明工作		12	
	3.1	填写检修记录	齐全、正确		填写不规范或有错误扣2分
	3.2	向运行人员交待	安全工作规程		交待不清楚、不清理现场各扣2分
	3.3	安全文明	执行安全工作规程、检修工艺规程，环境清洁、无野蛮作业		每违反安全工作规程一次扣2分；违反检修工艺规程扣2分；环境脏、乱、差扣2分
	3.4	办理工作票结束	安全工作规程		不会办理工作票结束扣2分
					注：野蛮作业，出现人身设备事故取消考核

行业：电力工程　　工种：变电检修　　等级：中

编　　号	C05A010	行为领域	e	鉴定范围	2
考核时限	120min	题　　型	A	题　　分	100（20）
试题正文	断路器油气分离器、静触头灭弧单元解体大修				
需要说明的问题和要求	1. 鉴定基地 2. 现场闲置设备，做好安全措施 3. 配合一名工人 4. 以 SW2—35 型为例				
工具、材料、设备场地	SW2—35 型断路器一台、检修专用工具、常用电工工具、材料、备品、备件				
评分标准	序号	项目名称	质量要求	满分	得分或扣分
	1	检修前准备		9	
	1.1	着装、工器具、材料、专用工具、备品、备件	合理、齐全、合格		着装不符合安全工作规程规定扣 2 分；每缺少一件工具、仪表、材料、专用工具、备品、备件而影响检修扣 2 分
	1.2	技术资料	包括运行缺陷记录，检修安全技术组织措施，技术记录表格，检修报告，检修工艺导则		每缺少一件有关技术资料而影响检修扣 1 分
	1.3	安全用具	工作台良好，选择好零部件存放地点，防止绝缘部件受潮损坏；编制工序工艺标准卡并经审		不检查工作台质量扣 1 分；零部件存放地点不符合要求扣 1 分；未编制工序工艺标准卡并送审扣 2 分
	1.4	办理工作票开工手续	正确办理工作票、履行开工手续，复核安全措施		不办理工作票、履行开工手续扣该项全部分数 9 分 不了解工作票内容和现场安全措施扣 2 分
	2	停电后外部检查		6	
	2.1	根据存在的问题检查有关部位	对存在问题的部位清楚		不会用手动或电动慢分、合试验来检查各部运动情况扣 1 分；不会测量断路器行程、超行程和分、合闸时间扣 1 分；不会与上次大修报告对比扣 1 分；有问题不会分析原因、不检查基础支架扣 1 分
	2.2	检查、装设专用的工具作业台及拆除引流线	牢固稳定、不损伤接触面		不会检查工作架是否满足质量要求扣 1 分；不拆除两侧引线，不用绳固定损坏的引流线或安全距离不够各扣 1 分

续表

	序号	项目名称	质量要求	满分	得分或扣分
评分标准	3	单极断路器分解检修		75	
	3.1	机构与单极分解	单极与操动机构隔离		不会断开机构和电源，不会将水平拉杆拆除扣2分
	3.2	解体检修			不会拆下上帽、小帽扣1分；不会检查、处理2个3.5mm油气孔扣2分；不检查铸铝上帽有无砂眼、裂纹扣1分；装复时不更换密封垫或不会装复各扣2分
		油气分离器检修	油气孔畅通，无砂眼裂纹		
		静触头检修			不检查静触头座与上出线座间接触面情况或有缺陷不会处理各扣2分
		取下静触座	不损坏		
		取下触片座	不损坏		取下触片座不损坏不会拧止钉和卸下铜套扣2分
		检查触头架与触片座间接触面	光洁		不会检查扣1分，轻微缺陷不会用细锉、细砂皮修整扣1分；损坏镀层扣1分
		拆除铝栅架，各部零件检修	不损伤、不变形、不变色、无裂纹		
		检查引弧环、触指间触片动作间隙，静触头座组装	无损伤、裂纹，动作间隙可靠		不会拆下触片弹簧片扣2分；不检查触指端部或轻微烧伤不修整扣2分；有效触指由原来10mm减少到7mm而不更换扣2分；不检查弹簧片变形、过热情况或变形、过热严重不更换各扣2分 不检查铝栅、铝栅架有无裂纹、变形或有严重缺陷不更换各扣2分 不检查引弧环烧损情况或轻微烧伤不会用油石修整扣3分；严重烧损孔径大于更换扣3分；不会装复或不会检查触指间触片可靠动作间隙33mm以上或有裂纹时不各扣3分

续表

	序号	项目名称	质量要求	满分	得分或扣分
评分标准	3.3	灭弧单元检修	不损坏		不会使用拆装断路器专用工具拆取压圈、灭弧片、小绝缘筒绝缘衬环和垫片扣3分；不会用专用工具旋松螺栓、法兰盘，取下铜压圈上出线座和密封垫扣3分
		a 灭弧室解体			
		b 清洗、检查、处理各零部件	无损坏、无变形、无裂纹		不清洗各零部件扣3分；不检查压圈是否完好，螺纹有无滑牙扣3分；不检查灭弧片中心孔直径（不应大于 34mm）或严重损伤不更换，轻微损伤不处理扣2分；不检查小绝缘筒绝缘衬环损伤情况或轻微损伤不处理，严重损伤不更换扣3分；不检查铜压圈有无变形或开裂不更换扣2分
		c 检查上瓷套灭弧筒	无损坏、无烧损		不会拆下上瓷套旋下灭弧筒扣2分；不会存放上瓷套扣2分；不检查灭弧筒表面有无烧损，清漆有无剥落扣2分
		d 检查处理油位指示计	无损坏，密封良好		不会拆除油位指示计的固定螺栓、油位玻璃密封垫扣2分；不检查2个4mm小孔是否畅通，不清洗处理油位玻璃扣3分
		e 组装	无损伤，密封良好		不会组装或组装顺序错误扣3分；不更换密封垫扣2分；压圈压紧小绝缘筒上端面高出灭弧筒的上平面3mm以上扣3分
	4	安全文明工作		10	
	4.1	填写检修记录	齐全、正确		填写不规范、不齐全扣2分
	4.2	向运行人员交待	符合安全工作规程		不清理现场，向运行人员交待不清楚扣2分
	4.3	安全文明	执行安全工作规程、检修工艺，环境清洁，无野蛮作业		每违反安全工作规程一次扣1分；违反检修工艺扣2分；环境脏、乱、差扣1分
	4.4	办理工作票结束	符合安全工作规程		不会办理工作票结束扣2分 注：野蛮作业，出现人身及设备事故取消考核

行业：电力工程　　工种：变电检修　　等级：中

编　号	C04A011	行为领域	e	鉴定范围	3
考核时限	80min	题　型	A	题　分	100（20）
试题正文	断路器电磁机构分闸失灵的检修处理				
需要说明的问题和要求	1. 鉴定基地 2. 现场闲置设备，做好安全措施 3. 以SN10—10Ⅱ型为例				
工具、材料、设备场地	SN10—10Ⅱ型断路器开关柜一台、常用电工工具、常用量具、公用工具、备品、备件、消耗性材料				

评分标准	序号	项目名称	质量要求	满分	得分或扣分
	1	检修前准备		9	
	1.1	着装、工具、材料、备品、备件	合理、齐全、合格		着装影响检修安全扣1分；每缺少一件工具、材料、备品、备件而影响检修扣1分
	1.2	检修技术资料	包括运行缺陷记录，检修报告，检修工艺，分析缺陷原因、处理方法；编制工序工艺标准卡并经审		每缺少一件必备技术资料而影响检修质量扣2分；不清楚缺陷，分析不清原因扣3分；未编制工序工艺标准卡并送审扣2分
	1.3	办理工作票开工手续	正确办理工作票、履行开工手续，复核安全措施		不办理工作票、履行开工手续扣该项全部分数8分 不了解工作票内容和现场安全措施扣2分；
	2	电磁机构外观检查		7	
	2.1	进行手动、电动分、合闸操作	手动、电动分、合闸		不会手动分、合闸操作扣2分；不会电动分、合闸操作扣2分
	2.2	检查机构断路器动作情况	操作正确，而分闸失灵，缺陷突出：① 机械故障；② 电气回路故障		分闸失灵原因不清楚扣3分
	3	机械部分故障	检修工艺	43	

续表

	序号	项目名称	质量要求	满分	得分或扣分
评分标准	3.1	检查分闸失灵原因	分闸铁芯顶杆应不弯曲，顶杆在铁芯上应固定牢固，线圈铜套管应光洁无毛刺，形状圆正。铁芯运动灵活、无卡涩		操作时不能根据合闸信号变化情况，来判断机械故障扣 2 分；跳闸线圈短路，铁芯微动（不动）未发现扣 2 分；不会测量跳闸线圈直流电阻，又判断不出是否短路扣 2 分；跳闸线圈通电后，跳闸铁芯动作，但机构拒分，查不出原因扣 2 分；不检查定位螺杆松动变位，造成分闸连板中间轴过低扣 2 分；不观察分闸电磁铁运动是否有卡涩情况扣 2 分；不检查分闸电磁铁固定止钉是否松动，铁芯是否下落掉下扣 2 分
	3.2	分闸失灵处理	检修工艺 重新调整定位螺杆并紧固、锁紧螺母，对有卡涩的铁芯，针对原因处理，将止钉牢固的顶入窝内，并在分闸铁芯下部装托板，调整铁芯行程，使满足要求，“死点”距离为 0.5～1mm		不检查分闸铁芯行程是否过大或过小扣 2 分；不检查分闸铁芯顶杆是否过短或过长扣 2 分；不检查分闸铁芯是否完全复位扣 2 分；不检查机构与本体装配后的灵活情况扣 2 分 跳闸线圈短路，不能进行加强绝缘处理又不更换扣 2 分；跳闸铁芯起动，油泥过多不清洗扣 2 分；不会分解铁芯，检查组装情况扣 2 分；不会调整定位螺杆和固定“死点”扣 2 分；有卡涩情况不检查原因也不处理扣 2 分；不会固定止钉、不会装托板扣 2 分；不会调节铁芯顶杆，过短或过长扣 2 分；不会调节铁芯行程，不满足工艺要求扣 2 分；因装配有问题，分闸铁芯不复位又不处理扣 2 分；经慢分检查，机构与本体配合不灵活，有卡阻情况，不会处理扣 3 分

续表

	序号	项目名称	质量要求	满分	得分或扣分
评分标准	4	电气部分故障		31	
	4.1	检查分闸失灵原因	检修工艺 动静触点表面应无烧伤、接触良好 连杆在分、合闸位置时不卡劲		对电气回路故障不会检查判断扣 3 分；不会利用合闸信号灯灭判断电气故障扣 2 分；合闸信号红灯亮而操作时不灭，据此判断不出操作把手接点问题扣 2 分；合闸信号红灯亮，操作时不分闸，不检查电源情况扣 2 分；据红灯灭分析不到分闸回路铅丝接触不好（熔断）及防跳中间故障扣 3 分；红灯灭而分析不到可能是分闸线圈断线、机构转换开关“a”接点接触不良或回路端子松动故障扣 3 分；不会处理把手接点又不更换、不提出意见扣 2 分；直流电源有问题不进行改进扣 2 分；铅丝接触不好（熔断），不更换、不处理又不提出建议扣 2 分
	4.2	分闸失灵的处理	检修工艺		分闸线圈断线能处理不处理、不更换扣 3 分；机构转换开关“a”接点接触不良又不能处理调节扣 3 分；回路端子松动检查出来却不会处理扣 2 分；不会使用万用表检查回路扣 2 分
	5	安全文明工作		10	
	5.1	填写检修记录	齐全、正确		填写不规范或有错误扣 2 分
	5.2	向运行人员交待	符合安全工作规程		不清理现场，向运行人员交待不清楚扣 2 分
	5.3	安全文明	执行安全工作规程、检修工艺，环境清洁不野蛮作业		每违反安全工作规程一次扣 1 分；违反检修工艺扣 1 分；环境脏、乱、差扣 2 分
	5.4	工作结束办理工作终结手续	遵守安全工作规程		不会办理工作票结束扣 2 分 注：出现人身及设备事故取消考核

行业：电力工程　　　工种：变电检修　　　等级：中/高

<table>
<tr><td>编　号</td><td>C05A012</td><td>行为领域</td><td>e</td><td>鉴定范围</td><td>3</td></tr>
<tr><td>考核时限</td><td>80min</td><td>题　型</td><td>A</td><td>题　分</td><td>100（20）</td></tr>
<tr><td>试题正文</td><td colspan="5">隔离开关主刀闸导电系统检修</td></tr>
<tr><td>需要说明的问题和要求</td><td colspan="5">1. 鉴定基地
2. 以GW7—220型隔离开关为例
3. 现场闲置设备应采取安全措施
4. 配合一名工人</td></tr>
<tr><td>工具、材料、设备场地</td><td colspan="5">GW7—220型隔离开关一组，高空作业车一台（架），检修电工工具按检修工艺规程或有关规定准备，消耗性材料，备品、备件，专用工具等</td></tr>
</table>

<table>
<tr><td rowspan="10">评
分
标
准</td><td>序号</td><td>项目名称</td><td>质量要求</td><td>满分</td><td>得分或扣分</td></tr>
<tr><td>1</td><td>检修前准备</td><td></td><td>7</td><td></td></tr>
<tr><td>1.1</td><td>着装、工具、材料、备品、备件</td><td>着装合理，工具材料、备品、备件齐全</td><td></td><td>检修用的工具、材料每少一件扣1分；检修用的备品备件每少一件扣1分；着装影响检修安全的扣1分</td></tr>
<tr><td>1.2</td><td>检修技术资料检修</td><td>包括运行缺陷记录，大修报告，安全技术措施，检修工艺等；编制工序工艺标准卡并经审</td><td></td><td>必备技术资料每少一件扣1分；未编制工序工艺标准卡并送审扣1分</td></tr>
<tr><td>1.3</td><td>办理工作票和开工手续</td><td>正确办理工作票、履行开工手续，复核安全措施</td><td></td><td>不办理工作票、履行开工手续扣该项全部分数7分
不了解工作票内容和现场安全措施扣2分</td></tr>
<tr><td>2</td><td>500kV主刀闸、导电系统的检修、分解</td><td></td><td>82</td><td></td></tr>
<tr><td>2.1</td><td>拆下动触头</td><td>无损伤</td><td></td><td>不会拧下导电管与动触头相连的六个螺栓扣2分</td></tr>
<tr><td></td><td>拆下引弧环</td><td>无损伤</td><td></td><td>不会拧下引弧环与动触头相连的螺栓扣2分</td></tr>
<tr><td></td><td>取出两根导电管、上夹板</td><td>无碰损</td><td></td><td>不会拧下上夹板与下夹板两侧的六个螺栓扣2分</td></tr>
</table>

续表

	序号	项目名称	质量要求	满分	得分或扣分
评分标准	2.2	检修			轻微变形不校正扣2分；不用00号砂布清除两端导电接触面氧化层扣2分
		检查两根导电管	无变形、导电接触面无氧化层		
		检查引弧环	完好、无烧损，无锈蚀		不检查扣2分；不用00号砂布除锈扣2分；烧损严重不更换扣2分
		检查上、下夹板及其间的导电接触面的氧化及锈蚀情况	夹板无损伤，导电接触面无氧化层，表面及孔洞无锈蚀		不检查上、下夹板扣2分；不会用00号砂布清除导电接触面上氧化层扣2分；不除表面及孔洞锈扣2分
		检查转轴焊装及钢球槽的情况	无锈蚀，螺孔无损伤		不检查锈蚀扣2分；不用00号砂布除掉转轴焊装、钢珠槽上的锈蚀扣2分；不用丝锥套攻转轴板上螺孔，不除锈蚀扣3分
			轴承装配完好，转动灵活，轴承工作面无锈蚀		不会分解轴承扣3分；检查工作面有锈蚀不用00号砂布清除修整，损坏配合表面及降低精度扣2分；保持架、滚针锈蚀损坏严重不更换扣3分；不用清洗剂清洗零件，晾干后保持架不涂满二硫化钼锂基脂扣3分；不会组装，将保持架放在内圈上，装入滚针后套上外圈扣2分；不检查轴承装配后转动是否灵活，接触是否良好扣2分
		检查轴承座、轴承装配处和与下夹板的接触处	轴承座完好，无锈蚀		不用00号砂布除去轴承座内孔轴承装配处及与下夹板接触处的锈蚀扣2分
		检查动触头及导电接触面	动触头导电接触面无氧化层、毛刺，镀银层完好		不用钳工细齿扁锉修理动触头烧伤处毛刺扣2分；不检查镀银层是否完好扣2分；严重损伤而不更换扣2分
		检查钢球槽及端盖	表面光洁，无锈蚀		不用00号砂布除掉钢球端盖上的锈蚀扣2分

续表

	序号	项目名称	质量要求	满分	得分或扣分
评分标准	2.3	检查转轴焊装	螺纹完好，无锈蚀		不用钢丝刷除去转轴焊装上螺纹处的锈蚀扣2分
		组装按与分解的相反顺序进行			
		清洗各零部件，待干后在导电接触面涂导电脂，在转动件上涂润滑脂	各零部件完好，无锈蚀		不用清洗剂洗各零部件扣2分；不在导电接触面上涂导电脂，转动件上涂润滑脂扣2分
		更换所有锈蚀严重的连接、固定件及轴承	连接、固定螺栓(钉)完好、无锈蚀		该更换的不更换，有一件扣2分
		组装过程中检查两根导电管插入上、下夹板内的深度，连接上、下夹板与导电管间的螺栓	两根导电管插入深度基本一致		不检查两根导电管插入深度、连接螺栓扣3分；不满足深度基本一致要求的扣2分
		检查两动触头插入导电管中的深度，连接好固定螺栓后，检查两导电管应在一条直线上	两动触头插入导电管深度基本一致，两导电管在同一直线上		不检查动触头插入深度及两导电管是否在同一直线扣3分；插入深度不一致扣2分；两导电管不在同一直线扣3分
		组装后手动检查导电管转动情况	导电管转动灵活，无卡涩		导电管转动不灵活，有卡涩扣2分；不会调扣3分 更换，有一件扣2分
	3	安全文明工作		11	
	3.1	填写检修记录	齐全、正确		不齐全，有错误扣2分
	3.2	清扫现场，向运行人员交待	按安全工作规程办理		不清扫现场，向运行人员交待不清楚扣2分
	3.3	安全文明	严格执行安全工作规程及检修工艺，环境清洁，无野蛮作业		每违反安全规程一次扣1分；违反检修工艺规程扣2分；环境脏、乱、差扣2分
	3.4	工作结束办理工作终结手续	按安全工作规程办理		不会办理工作票结束，不办理扣2分 注：出现人身及设备事故取消考核

行业：电力工程　　　　工种：变电检修　　　　等级：中/高

编　　号	C43A013	行为领域	e	鉴定范围	2
考核时限	120min	题　　型	A	题　　分	100（20）
试题正文	单极断路器的分解检修				
需要说明的问题和要求	1. 鉴定基地 2. 现场闲置设备，做好安全措施 3. 配合一名工人 4. 不含机械部分检修(机构室) 5. 以 SW2—60G/63I 型为例				
工具、材料、设备场地	破布、钢丝刷、铁砂布 0～2 号、刷子 2 把、汽油、带锈底漆、防锈漆(酚醛)安全绳				

评分标准	序号	项目名称	质量要求	满分	得分或扣分
	1	检修前准备		9	
	1.1	着装、工具、仪表、专用工具、备品、备件、材料	合理、齐全、合格		每缺少一件工具、仪表、材料而影响检修扣 3 分；着装不符合安全规定扣 1 分
	1.2	技术资料	包括运行中缺陷记录，检修安全技术组织措施，技术记录表格，检修报告，检修工艺导则；编制工序工艺标准卡并经审		每缺少一件技术资料而影响检修扣 1 分；不熟悉技术资料内容扣 1 分；未编制工序工艺标准卡并送审扣 2 分
	1.3	安全用具	工作台良好，选择好零部件存放地点，防止绝缘部件受潮损坏		工作台不合格扣 1 分 零部件存放地点不符合要求扣 1 分
	1.4	办理工作票开工手续	正确办理工作票、履行开工手续，复核安全措施		不办理工作票、履行开工手续扣该项全部分数 9 分 不了解工作票内容和现场安全措施扣 2 分
	2	停电后的外部检查		5	
	2.1	根据存在问题对有关部位进行检查	清楚存在问题的部位并能检查		不会手动、电动操作慢分、合试验和防慢试验，不检查各部位情况扣 1 分；不会测量断路器行程及分、合闸时间，不会与上次大修报告对比扣 1 分；有问题分析不出原因扣 1 分
	2.2	检查、装设专用的工具作业台	装设牢固、稳定		不检查基础支架接地情况扣 1 分；不检查基础支架是否牢固稳定扣 1 分

续表

	序号	项目名称	质量要求	满分	得分或扣分
评分标准	3	单极断路器的分解检修		77	
	3.1	机构与单极分解处理	单极与机构隔离		不会断开机构电源扣 1 分；不会将水平拉杆拆除扣 1 分
	3.2	解体 放油，取下上盖盖板、压圈，提出安全阀盖，卸下消弧室支持座、消弧室上静触座装配、连接套、压圈、垫圈、上帽上衬筒、上瓷套、法兰、下瓷套	按检修工艺导则规定工作，不损坏部件，不要损坏绝缘筒，放入合格的绝缘油或用塑料布包好，不可先卸连接套，把拐臂搬至合闸位置		工作台不牢，上部无围栏，上下不方便扣 1 分；不拆除两侧引线，不用绳绑牢固定，与带电设备安全距离不够扣 1 分 不放油扣 1 分；不会用 12 寸活扳手卸下上帽螺栓，不会用螺丝刀卸下盖板上螺栓、安全阀盖的挡圈螺丝，不会用固定盖螺栓拧入原处各扣 1 分 不会用 24 号套筒扳手卸支持座上螺帽，不会用专用扳手松帽内压圈上的螺帽螺丝，不会用专用工具卸下与上衬筒的连接套各扣 1 分 不先卸松背帽螺丝与连接套，而先卸连接套扣 1 分 不会逆时针用力拧下上衬筒，卸中间法兰螺丝无人配合（扶住法兰）扣 1 分 不会拧下底法兰螺丝，损坏油标和绝缘筒螺纹，损坏瓷套及导电杆扣 4 分 取瓷套不扶正提升杆扣 1 分 不会卸下提升杆导电杆扣 1 分
	3.3	上盖、油标座、安全阀、帽的检修	上盖无沙眼、裂纹、变形 油标无裂纹，清洁透明，油孔畅通阀片完整，无裂纹，厚度为 5mm 上帽无沙眼、裂纹，胶圈密封槽光滑逆止阀内无杂质，密封良好、灵活		不检查上盖及密封情况，不检查油标座，不会拆油标扣 1 分 不检查进油孔畅通情况，不用酒精擦洗油标玻璃，安装时不对角轻轻拧螺栓扣 2 分 不会松安全阀片、清扫阀片和不检查厚度扣 2 分 不检查、清扫上帽扣 1 分 不会清洗检查逆止阀，不检查钢球有无锈蚀动作，是否卡滞扣 1 分

续表

	序号	项目名称	质量要求	满分	得分或扣分
	3.4	灭弧室与上静触头装配检修			
		卸下灭弧管、灭弧片调节垫不	用合格绝缘油清洗，无烧伤剥离情况，灭弧管不损伤，灭弧片完整，无碳化		不会卸下支持座上的螺丝，不知逆时针方向拧灭弧室和取定位锁扣 2 分；不用合格油清洗，不检查零部件有无烧伤、剥离、碳化和是否完整，不会用 0 号砂布修整扣 2 分；有严重缺陷不更换扣 2 分
		检查灭弧筒，处理后装配	有七片灭弧片，孔径分别为 43mm 一片，34mm 三片，46mm 一片，53mm 一片，63mm 一片，顺序自上而下沿凹槽向下，调整垫应放在 4、5 片之间，共灭弧片孔径烧伤≥2mm 时应更换		不检查修理灭弧筒或没擦净，损伤、剥离者不涂一层 1154 号或 185 号绝缘漆，重者不更换各扣 2 分；不检查灭弧片孔径，不合格者不更换，不会安装配图的顺序装配各扣 3 分
评分标准		拆下上静触头装配	螺扣完整，弹簧垫齐全，接触片良好		不会用 14 号套筒扳手拆固定静触头装配扣 2 分；不检查螺扣弹簧垫，不用细砂布处理好接触片扣 1 分
		拆下引弧环	应光滑，无烧伤，螺扣应完整		不会用专用工具卸引弧环或不检查引弧环扣 2 分；轻微烧伤不会用细砂布或锉打光，严重烧伤不更换扣 1 分
		卸下保护罩，检查触指和触指弹簧片	烧伤面积不应大于触指顶面的 30%，深度不大于 0.5mm；弹簧片无疲劳，触头座无裂纹		不会卸保护罩或不会检查触指烧伤情况，轻者不会用细砂布或小锉打光，重者不更换扣 1 分；不检查弹簧片触头座情况，有缺陷不更换扣 2 分
	3.5	卸下固定下静触头静触指装配，并分解检修	注：质量要求与安装上静触指装配相同		不对下静触头分解检修扣 3 分
		检查接线座密封槽	无砂眼、裂纹，清洁干净，螺扣完整，密封槽内应光滑、无杂质		不检查接线座密封槽或不对其进行处理扣 2 分

续表

	序号	项目名称	质量要求	满分	得分或扣分
评分标准	3.6	绝缘筒与瓷套连接法兰检修			
		清洗绝缘筒	无剥离、烧伤，与瓷套螺纹结合牢固		不用合格绝缘油清洗，不会检查漆膜脱落，不用0号砂布打光并涂1154号或185号漆扣2分
		清扫检查上下瓷套法兰	瓷套内外清洁完整，上下端面光滑平整，法兰无裂纹，弹簧无断裂、锈蚀、疲劳，弹簧槽光滑平整		内外不清洁、不用纤维布擦拭扣2分
		处理下瓷套法兰内弹簧，检查清扫			不清扫检查瓷套法兰扣1分 弹簧不涂抹甘油扣1分
	3.7	导电杆与提升杆的检修			
		卸下提升杆和导电杆，检查导电杆与绝缘杆铆接处	导电杆无卡伤、变形，铆接无松动，导电杆装配的弯曲度不大于0.5mm		不会拆卸和检查导电杆、提升杆或铆接处有松动而不会按质量要求进行检查，有缺陷的不重铆扣3分
		卸下钨铜触头，检查弹簧和螺纹，安装测试杆螺孔内扣，检修后	钨铜触头顶端烧伤深度不得大于2mm，直径减少不超过2mm，与导电杆连接处应牢固，触头弹簧应无疲劳、断裂、退火现象		不会卸钨铜触头，不按质量要求检查和处理弹簧、螺纹、螺孔扣2分；不会按顺序组装扣1分
		按顺序组装检查提升杆，把间隔柱与提升杆铆接	完好，无剥离，间隔柱牢固		不会按质量要求检查，损坏严重不更换扣2分；铆接不好不重铆（或更换），部件与原来尺寸不符合扣3分
		检查提升杆与导电杆的连接轴销，检查提升杆	窜动间隙不大于1mm，平垫开口销齐全，提升杆无变形，表面无擦伤，弯曲度不大于2mm		不按质量要求检查处理，窜动较大不加垫调整扣2分；不按质量要求检查提升杆表面漆膜，轻微损伤不用细砂布打光，不涂1154号或185号漆扣3分
	4	安全文明		9	
	4.1	填写检修记录	齐全、正确		填写不规范或有错误扣2分
	4.2	向运行人员交待	符合安全工作规程		不清理现场，向运行人员交待不清楚扣2分
	4.3	安全文明	执行安全工作规程、检修工艺，环境清洁，无野蛮作业		每违反安全工作规程一次扣1分；违反检修工艺扣2分；环境脏、乱、差扣1分
	4.4	办理工作票结束	符合安全工作规程		不会办理工作票结束扣2分 注：野蛮作业，出现人身及设备事故取消考核

行业：电力工程　　　　工种：变电检修　　　　等级：中/高

编　　号	C43A014	行为领域	e	鉴定范围	2
考核时限	120min	题　　型	A	题　　分	100（20）
试题正文	液压机构贮压筒工作缸检修				
需要说明的问题和要求	1. 现场闲置设备，做好安全措施 2. 配合一名工人 3. 鉴定基地 4. 以SW2—60G型断路器为例				
工具、材料、设备场地	SW2—60G型断路器、CY5型液压机构一台、常用电工工具、专用工具、常用量具、备品、备件、材料（按检修工艺备齐）				
评分标准	序号	项目名称	质量要求	满分	得分或扣分
	1	检修前准备		7	
	1.1	着装、工器具、材料、备品、备件	合理、齐全、合格，按检修工艺备齐		着装不符合安全要求扣1分；不按检修工艺要求备齐工器具、专用工具、备品备件及材料，每缺少一件扣1分
	1.2	技术资料	包括运行中缺陷记录，检修安全技术组织措施，技术记录表格，检修报告，检修工艺导则；编制工序工艺标准卡并经审		检修必备资料每缺少一件扣1分；未编制工序工艺标准卡并送审扣2分
	1.3	办理工作票开工手续	正确办理工作票、履行开工手续，复核安全措施		不办理工作票、履行开工手续扣该项全部分数7分 不了解工作票内容和现场安全措施扣2分
	2	停电后液压机构检查及准备		8	
	2.1	装设工作台	牢固可靠		不装设工作台或工作台不牢靠扣1分
	2.2	检查液压机构工作状况	无泄漏		手动、电动操作两次，检查液压机构工作情况，存在问题不进行检查扣1分
	2.3	释放高压油	断开电源，压力为零		不检查渗漏情况扣1分；不断开电动机电源，取下保险器扣1分；不将高压放油阀打开，将压力放至零扣1分
	2.4	放油	将低压液压油放净		不打开低压放油阀将液压油放净扣2分
	2.5	拆下油管	不损伤		不松开机构中有关油管的接头螺帽而拆下高低压油管扣1分

续表

	序号	项目名称	质量要求	满分	得分或扣分
评分标准	3	贮压筒检修		49	
	3.1	放氮	不伤人，不要碰伤活塞杆及微动开关		放氮气时，工作人员不要正对喷口，防止零件冲出伤人，不了解此项内容的扣 4 分；不会卸下贮压筒充气阀螺栓，将充气阀橡皮顶开扣 1 分；不卸下贮压筒底部固定螺丝，不会把吊环装上，将贮压筒吊出放在专用架上扣 1 分
	3.2	分解 卸下上端帽装配，取出弹簧及密封堵和贮压筒下端帽活塞	在台虎钳的钳口加保护垫		不会使用专用工具卸下上端帽装配扣 2 分；不会拧固定活塞杆密封处螺栓扣 2 分；不会用专用工具拧松固定活塞螺丝，使密封圈松弛扣 1 分；不加保护垫扣 1 分
	3.3	清洗检查 检查贮压筒内壁、活塞杆表面和充氮装置弹簧	活塞杆镀铬层完整		不知用航空油清洗各零件扣 2 分 不会检查贮压筒内壁，轻度滑伤磨损不知用 800 号水磨砂纸处理或严重损伤不更换的扣 2 分 不会检查活塞杆表面，有锈蚀不修理或锈蚀严重不更换扣 2 分；不检查镀铬层有无起层、脱落、变形和弯曲划伤，轻者不处理，重者不更换的扣 2 分；不会检查充氮装置或弹簧疲劳锈蚀而不更换扣 2 分
	3.4	组装 组装时按分解相反顺序进行	组装前所有零部件用 10 号航空液压油清洗，组装时更换所有密封垫圈，活塞密封圈坚固后，外径保持 135+0.4mm～135+0.6mm，液压油高度约 5mm，螺丝要对角紧固，受力均匀		不清洗零件或不清洁扣 2 分；不更换密封圈、V 型密封圈不涂少量低温润滑脂扣 2 分；活塞上的 2 个 V 型密封圈的槽口不分别朝向氮气侧和液压油侧扣 2 分；端帽螺丝不涂中性凡士林油扣 2 分；组装充氮装置之前不在活塞氮气侧先倒入适量液压油扣 2 分；活塞的压板螺丝在整个活塞推入筒体后不拧紧扣 3 分；安装于原来位置不牢固或有位移扣 2 分
	3.5	充氮气 充氮前检查	各紧固连接可靠		不检查各紧固件的连接情况就充氮扣 2 分
		充氮时装好充氮装置	一瓶 12MPa 的纯净氮气瓶		不装好带密封圈的充氮接头、连接好氮气瓶与贮压筒的充氮管，就打开氮气瓶阀扣 2 分

续表

	序号	项目名称	质量要求	满分	得分或扣分
评分标准	4	工作缸的检修		26	
	4.1	分解			
		取下工作缸，抽出活塞杆装配铁垫密封圈	不损伤		不会卸下工作缸与拉杆间的连接螺母和固定工作缸的螺丝，不会卸下固定转换接点与连接支架的固定螺丝各扣2分；工作缸放在台钳上，钳口无保护垫就夹紧扣2分；不会用专用工具拧下固紧套而使密封圈松动扣2分；不会用大管钳将两端缸帽拧下，抽出活塞杆装配，取出铁垫密封圈扣2分
	4.2	清洗检查			
		用液压油清洗缸体及各零件，检查缸体内壁活塞杆，检查活塞缸和缸帽	缸内壁应光滑无划伤，活塞杆不弯曲，表面无伤痕		不用液压油清洗缸体及各零件扣2分；不检查缸体内壁活塞杆表面有无卡伤、磨损，轻者不会用80号水磨砂纸和油石处理扣3分；不检查活塞缸和缸帽有无划痕迹，轻者不会用油石和800号砂布处理扣2分；不会用油石将活塞缸的两端尖角处理光滑，重者不更换扣1分
	4.3	组装			
		按分解相反顺序进行，检查活塞工作缸行程	在干净的室内进行 更换全部密封圈，V形密封圈槽口必须朝向工作缸里侧，并涂润滑脂，活塞无卡滞，螺套应低于缸帽的端面0.1mm～0.5mm。活塞拉动应无卡劲，拉动力为30kg，工作缸行程为95±1mm		不在干净室内组装，灰尘进入缸体扣2分；不更换密封圈扣2分；V形密封圈组装不按质量要求进行扣2分；工作缸零件组装后，不会用手拉动活塞杆检查有无卡滞及行程是否满足质量要求扣2分；螺套与缸帽的端面尺寸不符合又不调整扣2分
	5	安全文明工作		10	
	5.1	填写检修记录	齐全、正确 按安全工作规程办理		记录填写不规范或有错误扣2分 向运行人员交待不清楚，不清理现场扣2分
	5.2	向运行人员交待	严格执行安全工作规程和检修工艺，环境清洁无野蛮作业		每违反安全工作规程一次扣1分；违反检修工艺规程扣1分；环境脏、乱、差扣2分
	5.3	安全文明			
	5.4	办理工作票终止手续	按安全工作规程办理		不会办理工作票结束扣2分 注：野蛮作业，出现人身及设备事故取消考核

行业：电力工程　　　工种：变电检修　　　等级：中/高

编　　号	C43A015	行为领域	e	鉴定范围	2
考核时限	120min	题　　型	A	题　　分	100（20）
试题正文	液压机构油泵电动机及各种阀门的检修				
需要说明的问题和要求	1. 鉴定基地 2. 现场闲置设备，做好安全措施 3. 配合一名工人 4. 可结合现场实际设备情况，进行相应的考核 5. 以 SW2—60G 断路器 CY5 液压机构为例				
工具、材料、设备场地	破布、钢丝刷、铁砂布 0～2 号、刷子 2 把、汽油、带锈底漆、防锈漆（酚醛）安全绳 SW2—60G 断路器配 CY5 液压机构一台、按检修工艺配备工器具、备品、备件、专用工具、消耗性材料				

评分标准	序号	项目名称	质量要求	满分	得分或扣分
	1	检修前准备		7	
	1.1	着装、工具、仪表、专用工具、备品、备件、材料	合理、齐全、合格		每缺少一件工具、仪表、材料而影响检修扣 1 分；着装不符合安全规定扣 1 分
	1.2	技术资料	包括运行中缺陷记录，检修安全技术组织措施，技术记录表格，检修报告，检修工艺导则；编制工序工艺标准卡并经审		检修必备资料每缺少一件扣 2 分；未编制工序工艺标准卡并送审扣 2 分
	1.3	办理工作票开工手续	正确办理工作票、履行开工手续，复核安全措施		不办理工作票、履行开工手续扣该项全部分数 7 分 不了解工作票内容和现场安全措施扣 2 分
	2	液压机构检查及准备	（按某项检修后，进行此项目的口述）	8	
	2.1	装设工作台	牢固、可靠		不装设工作台或不牢靠扣 1 分
	2.2	检查液压机构工作状况和渗漏情况	无泄漏		手动、电动操作两次，检查液压机构工作情况，有问题不进行检查扣 2 分；不检查渗漏扣 1 分 不断开电动机电源就取下保险器扣 1 分
	2.3	释放高压油	断开电源，压力为零		不将高压放油阀打开将压力放至零扣 1 分
	2.4	放油	将液压油放净		不打开低压放油阀将液压油放净扣 1 分
	2.5	拆下油管	不损坏		不松开机构中有关油管的接头螺帽，拆下高低压油管扣 1 分

续表

	序号	项目名称	质量要求	满分	得分或扣分
评分标准	3	油泵及电动机检修		32	
	3.1	油泵检修 分解油泵	遵守检修工艺导则 钢球为5.5mm		不会将电动机底座固定螺丝与油泵一起从机构箱中取出扣2分；不会分开泵与电动机扣1分；不会按检修工艺拆下铝合金罩和密封圈扣1分；不会拧下一级逆止阀，取下锥形弹簧阀片扣1分；不会用专用工具取下阀座柱塞弹簧、二次逆止阀、套、弹簧钢球扣1分
		清洗检查 检查一级逆止阀片、柱塞间隙配合情况。检查一、二级逆止阀的密封情况	用嘴吸一级逆止阀不泄气，二级逆止阀不透气。柱塞间隙配合良好，两个柱塞不得互换，柱塞杆行程为8mm。钢球、阀片与阀口不得有杂物。弹簧无变形、疲劳		不按检修工艺要求清扫各零件扣2分；一级逆止阀片不得有沟痕，锥形弹簧无变形，过滤网应良好，不合要求而不更换扣2分；不会检查一、二级逆止阀是否满足质量要求扣2分；不检查柱塞间隙配合情况，不会按检修工艺要求、质量要求检查处理扣2分 两个柱塞互换扣2分；一、二级逆止阀密封不良，不会用研磨膏研磨或重新打密封线或更换扣2分；二级逆止阀密封情况不按检修工艺处理扣1分；各弹簧座密封圈不更换，不会处理油泵主轴的骨架密封圈扣1分
		组装 组装按与拆卸相反顺序进行	组装前向柱塞及柱塞腔内注入适量液压油		不会组装，不满足质量要求扣3分
	3.2	电动机检修清扫轴承，检查滚珠轴承	轴承应无磨损		不会拆下电动机端盖，清扫、检查轴承，不重新涂润滑油扣2分
		检查电动机转动情况	转子与定子间隙应均匀		检查定子与转子间有无磨损，不会检查扣2分
		直流电动机检查碳刷整流子	无损伤		不会检查碳刷是否磨损，整流子磨出深沟而不能进行加工平整处理扣2分
		测量电动机绝缘电阻和进行干燥处理	用500V绝缘电阻表测量绝缘电阻在0.5MΩ以上		不会测量扣1分；不会干燥处理扣1分
		油泵与电机组装在一起	正确		不会组装油泵、电机扣1分

续表

	序号	项目名称	质量要求	满分	得分或扣分
评分标准	4	分、合闸阀检修		40	
	4.1	分解 拆除手动分、合闸装置、分、合闸线圈装配	遵守检修工艺导则，不损伤零部件		不会按检修工艺拧下有关螺丝取下箱盖、分解手动分合闸装置线圈装配扣3分
		拧下慢合兼高压释放阀，慢分兼高压释放阀、截流阀，取出合闸二级阀座、弹簧钢球			不会拆下慢合、分高压释放阀、截流阀、闸二级阀座、弹簧及钢球扣2分；不会分解合、分闸阀上部球面圆头螺栓，取下磁轭装配，复归弹簧及座，抽出阀杆扣3分；不会用M3专用螺丝分别拧入分、合闸阀座的螺孔内，抽出阀座取出钢球及弹簧扣2分
		取出分、合闸阀阀体装配，抽出阀座取出5mm钢球及弹簧			不会用专用工具卸下6个螺丝 取下一级阀体装配座，分解出慢分装配碟形弹簧钢球弹簧扣3分 不会用M6mm螺栓拧入二级启动阀杆上部螺丝孔内，抽出二级启动阀杆扣2分
	4.2	清洗检查 用液压油清洗各零件	存放在清洁液压油中		不清洗干净，不会存放扣1分
		检查钢球阀口密封情况	阀口密封应严密，钢球为5mm，密封线应光滑平整，成一封闭圆		不检查密封情况，发现阀口密封不严时不会将阀口涂砂磨膏，用钢球进行研磨或把钢球放在阀口上垫好黄铜棒，用锤子重新打密封线扣2分
		检查阀杆与阀针	无变形		不检查或变形不更换扣2分
		检查复归弹簧、钢球及密封圈的压缩量			无变形、裂纹，完好，压缩量足够 不检查扣3分
		检查合闸阀二级球阀与阀口的密封情况	阀口密封处应严密		不检查扣2分
		检查二级阀阀杆和锥形阀口、二级阀弹簧情况	活塞上下运动灵活，二级阀杆密封圈处密封应高出槽口0.2～0.5mm		不检查二级阀阀杆有无卡伤和磨损情况，轻者不用800号砂纸处理扣1分；不检查锥形阀口密封情况、阀杆端部有无打秃，情况重者不更换扣2分；不检查二级阀弹簧有无变形，锈蚀严重不更换扣2分

续表

	序号	项目名称	质量要求	满分	得分或扣分
评分标准	4.3	组装			
		在组装一级阀座和密封圈时，一定要轻轻将一级阀座装入阀体内，涂少量润滑脂，反复拉动，最后抽出，检查密封圈无卡伤时再组装	按分解的相反顺序进行，更换全部密封圈		组装顺序不正确扣1分；不更换全部密封圈扣1分；组装一级阀座和密封圈时不按检修工艺要求进行扣2分
		球托在组装时，应与弹簧夹紧，防止球托在操作过程中被油流冲倒	弹簧与球托紧密结合在一起		组装不正确，球托不与弹簧紧密结合扣1分
		防慢分的碟形弹簧组装时，一定注意方向，即“凹”口朝上，在组装碟形弹簧时，应先将防慢分弹簧和钢球装入活塞杆内，再一并装入阀体	方向不要装错，碟形弹簧应无变形、无锈蚀		不会按检修工艺要求组装，防慢分的碟形弹簧不满足质量要求扣2分
		测量并调整阀杆行程	一级阀杆行程为4～5mm，钢球打开距离为1～1.5mm，二级阀杆打开行程为2～2.5mm，阀杆在任何位置运动应灵活不卡滞		不按检修工艺质量要求测量和调整阀杆行程扣2分；不会调整扣1分
	5	高压放油阀、截流阀的检修		6	
	5.1	分解	不损伤		不了解元件，不会分解扣2分

续表

	序号	项目名称	质量要求	满分	得分或扣分
评分标准		拧下慢分、慢合阀，拧下截流阀，取下密封圈和慢分、慢合阀钢球			
	5.2	清洗、检查、组装			
		用液压油清洗阀体各零件	阀口密封应严密		不会用液压油清洗或不干净扣1分
		检查放油阀钢球与阀口的密封情况			不按检修工艺要求检查处理放油阀扣1分
		检查截流阀锥形与阀口处密封			不按检修工艺要求检查处理截流阀扣1分
		组装按分解的相反顺序进行组装，更换全部密封圈			组装顺序不正确或不更换密封圈扣1分
	6	安全文明工作		7	
	6.1	填写检修记录	齐全、正确		填写不规范或有错误扣1分
	6.2	向运行人员交待	按安全工作规程办理		向运行人员交待不清楚扣1分
	6.3	安全文明	严格执行安全工作规程、检修工艺导则，环境清洁，无野蛮作业		每违反安全规程一次扣1分；违反检修工艺规程扣2分；不清理现场，环境脏、乱、差扣1分
	6.4	办理工作票终结手续	按安全工作规程办理		不会办理工作票结束扣1分 注：野蛮作业，出现人身及设备事故取消考核

行业：电力工程　　　工种：变电检修　　　等级：高/技师

编　　号	C32A016	行为领域	e	鉴定范围	2
考核时限	120min	题　　型	A	题　　分	100（20）
试题正文	隔离开关及电动操动机构的检修				
需要说明的问题和要求	1. 鉴定基地，CJ6 型电动操动机构 2. 现场闲置设备，做好安全措施 3. 配合一名工人 4. 以 GW7（GW4）型隔离开关、CJ6 型电动操动机构为例				
工具、材料、设备场地	CW7—220 型刀闸，CJ6 型电动操动机构，检修电工工具，按检修工艺备专用工具、消耗性材料、备品、备件				

评分标准	序号	项目名称	质量要求	满分	得分或扣分
	1	检修前准备		6	
	1.1	着装、工具、材料、备品、备件	着装合理，工具材料，备品，备件齐全		着装影响人身安全扣 1 分；每缺少一件工具、材料、备品、备件而影响检修扣 1 分
	1.2	检修技术资料	包括运行中的缺陷记录、大修报告、检修工艺、产品说明书等；编制工序工艺标准卡并经审		每缺少一件技术资料而影响检修扣 1 分；未编制工序工艺标准卡并送审扣 2 分
	1.3	办理工作票开工手续	正确办理工作票、履行开工手续，复核安全措施		不办理工作票、履行开工手续扣该项全部分数 6 分 不了解工作票内容和现场安全措施扣 2 分
	2	CJ6 型电动操作机构检修		87	
	2.1	拆卸前准备			
		电动操作三次，进行分、合闸	无抖动、卡塞		不进行三次分、合闸检查和相关测试扣 1 分
		检查电动操作机构动作情况与主刀闸配合情况	灵活、可靠配合正确		不检查动作情况与主刀闸配合情况扣 1 分

续表

	序号	项目名称	质量要求	满分	得分或扣分
评分标准	2.2	机构箱的拆卸			
		断开电动操动机构箱内电源	电动机电源、加热电源、电气联锁回路电源、继电保护回路电压回路电源无损伤		不断开电源，对机构箱进行拆卸扣1分
		拆下垂直传动杆与机构箱相连接的上、下法兰，使箱与垂直传动杆脱离			不会拆除垂直传动杆与箱相接处扣1分；不拆垂直传动杆和箱体扣1分；不做有关必需标记扣1分
		拆除电源电缆线	拆下的二次接线的导线头上应有标记，做好记录，电缆有防潮措施		拆下的电源线及接线端子不做标记、不做记录扣1分；电缆不做防潮措施扣1分；不会拆电源线及电缆扣1分
		拆下机构箱	无损伤		不会拆除扣1分（损坏零件扣1分）
	2.3	二次元件的检修			
	2.3.1	分解			
		拆下接线端子板与辅助开关二次接线，电动机与接线端子板连线	无损坏 标记正确		不会拆出辅助开关、电动机与接线端子板上连线扣1分；不检查标记情况扣0.5分
		拆下分、合闸接触器与行程开关相连接的二次接线	无损坏 标记正确		不会拆除分、合闸接触器与行程开关相连接的二次线扣1分；不检查标记情况扣1分
		拆下L形接线板	无损坏		不会拆扣0.5分
		拆下二次接线前，做好相应记录分	拆下的二次接线的导线头上应有标记		接线端子板上的二次接线无标记扣0.5分；分合闸按钮上的二次接线无标记扣1分；分、合闸接触器上的二次接线无标记扣1分；组合开关及热继电器上的二次接线无标记扣1

续表

	序号	项目名称	质量要求	满分	得分或扣分
评分标准		拆下接线端子板合、分闸按钮、分、合闸接触器、组合开关、刀开关及热继电器	无损伤		不会从“L”形接线板上分别拆下各个元件扣1分
		拆下辅助开关上的二次接线	拆下的导线头上应做好标记		不会拆，不做标记扣1分
		拆下辅助开关及辅助开关传动板、分、合闸切换块	无损伤		不会拆扣0.5分
	2.3.2	检修			
		检查端子排、端子编号	端子排编号清晰、完整、无破损、无锈蚀		缺失的不补齐，破损、裂纹的不更换，压线螺钉锈蚀不更换扣0.5分；不检查外观，破损严重不更换扣1分；调整好触头开距和超行程后，不会用万用表测试接触器通、断情况扣1分
		检查分、合闸接触器外观、动作情况、线圈情况，用1000V绝缘电阻表测量绝缘电阻	通、断切换可靠，动作灵活，无卡涩，开距和超行程符合铭牌要求，绝缘电阻大于2MΩ		不检查线圈扣0.5分；不用1000V绝缘电阻表测量绝缘电阻（>2MΩ）扣1分
		辅助开关的检修			
		（1）分解	无损伤		分解前不检查各触点的位置及顺序，不记录扣1分；不会分解扣0.5分
		（2）检修			
		①检查动、静触点的氧化情况	触点表面光洁		不检查，不用00号砂布除氧化层扣1分
		②检查传动轴及绝缘块	转动轴与动接点的绝缘块、静触点夹块配合良好，转轴无损伤、无变形		不会检查、磨损严重不更换各扣1分

续表

	序号	项目名称	质量要求	满分	得分或扣分
		③ 检查触点弹簧			不检查变形情况，严重变形不更换扣1分
		④ 检查传动拐臂及连杆	无变形，快分弹簧无锈蚀		轻微变形不校正、不用00号砂布擦快分弹簧锈扣1分
		⑤ 轴承涂二硫化钼锂基脂			轴承不涂基脂扣0.5分
		（3）组装			
		按分解时的相反顺序装复	清洗所有零件完好清洁，在动、静点上涂导电脂、轴向窜动量不大于0.5mm，接触良好，通、断相应位置正确，转动灵活、无卡涩		已淘汰的F1系列辅助开关不更换扣1分；不用清洗剂清洗，不清洁、不涂导电脂，窜动大于0.5mm各扣1分；不用或不会使用万用表检查动、静触点通断情况、切换位置正确性、转动灵活性各扣1分
评分标准		检查热继电器	完整、无损、刻度与实际值相符		破损不更换、刻度不准确不校正，不用清洗剂清洗热继电器外表面各扣1分
		检查分、合闸限位开关	无破损、触点切换，动作正确		不用手轻压检查触点动作情况，破损不更换扣1分
		检查弹性压片复位情况	复位正常		不会用手轻压弹性压片，永久疲劳不更换扣1分
		检查三相刀闸绝缘件情况、分、合闸动作情况	绝缘件完好无损，分、合闸动作可靠，接触良好		损坏不更换，不会用细齿扁锉除刀片及触片上烧伤斑点扣1分；不检查动作是否灵活，接触是否良好扣1分
		检查分、合闸操作按钮	无损伤，动作正确，接触可靠		不会用万用表测试按钮通断情况，不会观察通断是否正常扣1分
		处理二次接线板上的锈蚀，检查L形接线板	无锈蚀、无变形		不用00号砂布除锈，不刷防锈漆扣1分；不校正变形、不除锈，情况严重不更换扣1分
	2.3.3	组合			
		按分解时的相反顺序进行组合	连接固定件及弹簧无锈蚀，二次接线正确，绝缘电阻大于2MΩ		不用清洗剂洗各零部件，导电接触面不涂导电脂各扣2分；不更换锈蚀严重的连接固定件及弹簧扣2分；不核对二次接线正确定性扣2分；不会用1000V绝缘电阻表测量全部二次元件的绝缘电阻扣2分

续表

	序号	项目名称	质量要求	满分	得分或扣分
评分标准	2.4	电动机的检修			
	2.4.1	分解			
		从机构箱拆下电动机，调整垫片、橡皮垫、一级主动齿轮	无损伤		不会拆下电动机及有关元件扣1分
	2.4.2	检修及装复			
		检查电动机输出轴上小齿轮完整情况	齿轮无磨损		不检查齿轮轻微磨损，不用细齿扁锉修理扣1分 检查电动机
		检查电动机			
		手动旋转电动机输出轴，检查动作情况	转动灵活、无卡涩现象		不会检查动作是否灵活扣1分
		检查电动机轴承工作面，滚动体与内外圈接触情况	轴承工作面无裂纹，表面无锈蚀，接触面良好，转动灵活		不拆下轴承端盖，不会检查或有裂纹不更换扣1分；不用00号砂布除锈，不检查接触情况扣1分
		检查电动机转动部分	转动部分干净		不用清洗剂洗，干净后不涂二硫化钼锂基脂各扣1分
		电动机不满足质量要求，应抽芯检查	经外观检查或电气试验有异常，接通电源试运转有异常		不清楚抽芯检查内容扣0.5分
		检查电动机引出线的焊接或压接情况	焊接或压接良好		不检查此项，有问题不处理扣1分
		检查直流电动机整流子、炭刷及炭刷架等	无损伤		有异状而不会处理，不清扫，不用清洗剂清洗干净扣1分
		按拆卸的相反顺序、相应位置组装，通直流电源，检查动作情况	装复正确，转动正常		不会组装扣1分；不会通电检查扣0.5分
		测量电动机绝缘电阻	应大于2MΩ		不会测量绝缘电阻、不知标准扣1分

续表

	序号	项目名称	质量要求	满分	得分或扣分
评分标准	2.5	减速器装配的检修			
	2.5.1	分解			
		拆下减速器箱 、	无损伤		不会拆下各零部件中的任何一件扣 1 分；损坏零部件扣 4 分
		拆下行程开关 拆下限位块及平键			
		拆下盖板、铜套、调节垫			
		拆下轴承压盖、调节垫片			
		拆下蜗杆两端滚动轴承、二级被动齿轮、平键等			
		从减速器箱取出蜗轮、轴套、调节垫片、主轴平键			
		拆下端盖，中间轴装配 取出中间轴装配两端的轴承、一级被动齿轮、二级主动齿轮，取下平键			
	2.5.2	检修			
		检查大齿轮	齿轮及其键槽完整、无损		齿表面及齿轮中心孔键槽稍有磨损而不会处理扣 1 分
		检查涡轮，涡杆轴，蜗杆，轴套，主轴，轴上键槽，平键挡钉	完好、无损伤		轴轻微变形，不会校正扣 1 分；磨损部分不会用细齿扁锉修整，情况严重而不更换扣 1 分

续表

	序号	项目名称	质量要求	满分	得分或扣分
评分标准		轴承检修，分解轴承，取下内圈、滚针、保持架及外圈检查轴承工作面，检查装复的轴承、滚动体与内、外圈	轴承装配完好，转动灵活，轴承工作面无锈蚀		不会分解扣 1 分；锈蚀不会用 00 号砂布清除（不能损坏配合表面、精度），严重锈蚀不更换扣 1 分；不用清洗剂清洗零部件，干后不涂满二硫化钼锂基脂扣 1 分；不检查接触动作是否灵活，不会组装扣 1 分
		检查机座、轴承座、轴承端盖	壳体及端盖无变形、无裂纹、无损伤		不检查或有轻微变形不会用细齿扁锉修理扣 1 分
		检查机构箱体	无锈蚀，密封良好		不检查通风、密封、驱潮措施，密封填料失效不更换，不用钢丝刷除锈，刷防锈漆扣 1 分
	2.5.3	组装			
		按分解的相反顺序组装	各零件无损伤、清洁，轴向窜动不大于 0.5mm，涡轮中心面与涡杆轴线在同一平面，涡轮与涡杆的轴线互相垂直，涡轮、涡杆动作平稳、灵活、无卡涩。涡轮、涡杆、轮齿无损伤		不会组装扣 1 分；不用清洗剂清洗零部件，干后在转动件上不涂二硫化钼锂基脂扣 0.5 分；不检查在涡轮、涡杆轴两端是否加入适量调节垫片，窜动量是否满足要求扣 0.5 分；不检查涡轮中心平面与涡杆轴线是否在同一平面扣 0.5 分；不检查涡轮与涡杆是否相互垂直扣 0.5 分；不会手力转动涡杆轴检查涡轮、涡杆装配动作是否平稳、灵活扣 0.5 分；涡轮、涡杆轮齿表面不涂二硫化钼锂基脂扣 0.5 分
	2.6	CJ6 电动操动机构的组装			
		组装前清洗零部件	清洁		不会组装扣 1 分；不用清洗剂洗干净并涂二硫化钼锂基脂扣 1 分
		注意辅助开关转动盘与分、合闸切换块的相对位置	相对位置正确		不检查相对位置扣 1 分
		检查各连接固定螺栓是否紧固	紧固		不检查螺栓紧固情况扣 1 分

续表

	序号	项目名称	质量要求	满分	得分或扣分
评分标准	2.6	检查一、二级齿轮啮合位置	啮合位置正确		不检查啮合情况是否合格扣1分
		用手柄转动机构检查传动系统	动作情况动作灵活，蜗杆及中间轴轴向窜动量不大于0.5mm		不会检查动作是否灵活、有无卡涩窜动量扣1分
		复检二次接线	正确		不检查二次接线的正确性扣1分
		用手柄操动机构检查分、合闸位置及辅助开关切换位置	切换位置正确，接触可靠		不检查分、合闸位置和切换位置各扣1分
		检查行程开关	可靠		不检查行程开关扣1分
		更换密封条，检查机构密封情况			不检查机构密封，不更换密封条扣1分
	3	安全文明工作		7	
	3.1	填写检修记录	齐全、正确		不正确、不齐全扣2分
	3.2	向运行人员交待	遵守安全工作规程		向运行人员交待不清楚、不清理现场扣1分
	3.3	安全文明	严格执行安全工作规程、检修工艺，环境清洁，无野蛮作业		每违反安全工作规程一次扣1分；违反检修工艺扣1分；环境脏、乱、差扣1分
	3.4	办理工作票终结手续	安全工作规程		不会办理工作票结束扣1分 注：出现人身、设备事故取消考核

行业：电力工程　　　工种：变电检修　　　等级：高/技师

<table>
<tr><td colspan="2">编　　号</td><td>C32A017</td><td>行为领域</td><td>e</td><td>鉴定范围</td><td>3</td></tr>
<tr><td colspan="2">考核时限</td><td>120min</td><td>题　　型</td><td>A</td><td>题　　分</td><td>100（20）</td></tr>
<tr><td colspan="2">试题正文</td><td colspan="5">隔离开关导电系统过热处理</td></tr>
<tr><td colspan="2">需要说明的问题和要求</td><td colspan="5">1. 鉴定基地
2. 现场闲置设置，做好安全措施
3. 大修报告内容结合设备口述
4. 配合一名工人
5. 以 GW7—220 型隔离开关为例</td></tr>
<tr><td colspan="2">工具、材料、设备场地</td><td colspan="5">GW7—220 型隔离开关，专业作业台（车架）、按检修工艺规程或有关规定准备
检修电工工具、备品、备件、消耗性材料等</td></tr>
<tr><td rowspan="9">评
分
标
准</td><td>序号</td><td>项目名称</td><td>质量要求</td><td>满分</td><td colspan="2">得分或扣分</td></tr>
<tr><td>1</td><td>导电系统过热处理前准备</td><td></td><td>10</td><td colspan="2"></td></tr>
<tr><td>1.1</td><td>着装、工具材料、备品、备件</td><td>着装合理、工具材料、备件齐全、合格</td><td></td><td colspan="2">着装不合理扣 1 分；每缺少一件工具、材料而影响检修扣 1 分；更换过热设备的备件没有准备好扣 2 分</td></tr>
<tr><td>1.2</td><td>检修技术资料</td><td>包括运行中缺陷记录，大修报告，检修工艺导则；编制工序工艺标准卡并经审</td><td></td><td colspan="2">每缺少一件有关技术资料影响缺陷处理扣 1 分；不了解过热元件及部位扣 2 分；未编制工序工艺标准卡并送审扣 2 分</td></tr>
<tr><td>1.3</td><td>办理工作票开工手续</td><td>正确办理工作票、履行开工手续，复核安全措施</td><td></td><td colspan="2">不办理工作票、履行开工手续扣该项全部分数 10 分
不了解工作票内容和现场安全措施扣 2 分</td></tr>
<tr><td>2</td><td>导电系统过热处理</td><td></td><td>75</td><td colspan="2"></td></tr>
<tr><td>2.1</td><td>过热元件触头过热</td><td>原因：接触不良；触指拉簧失效，压力不够；装配不良等</td><td></td><td colspan="2">不清楚元件过热原因扣 5 分；检查不到元件过热位置扣 4 分</td></tr>
<tr><td></td><td>接线座过热</td><td>原因：连接导线接线板接触不良</td><td></td><td colspan="2">不清楚元件过热原因扣 5 分；检查不到元件过热位置扣 3 分</td></tr>
<tr><td></td><td>导电管过热</td><td>原因：动触头与导电管接触不良；导电管连接片连接不牢固</td><td></td><td colspan="2">不清楚元件过热原因扣 5 分；检查不到元件过热位置扣 3</td></tr>
</table>

续表

	序号	项目名称	质量要求	满分	得分或扣分
评分标准	2.2	触头过热处理			
		会分解、组合、会处理、更换	按检修工艺进行		不会分解、组合扣4分；触指轻微烧伤或磨损深度大于0.5mm时，不会用细齿扁锉修理扣4分；若严重烧损不更换扣4分；不会用平刮刀修平伤痕扣1分；不在浓度为25.28%的氨水中浸泡15s后，用尼龙刷子刷硫化银层，并用清水洗净抹干、涂中性凡士林油扣4分 不会更换受力后不复位的触指拉簧扣3分；装配不良、不会打磨接触面、接触面不涂导电脂、调整紧固正确扣5分
	2.3	接线座过热处理检	按检修工艺进行		查不出接线座过热原因扣4分；轻微烧伤不用00号砂布或细齿扁锉处理、不清擦接触面扣5分；不涂导电脂扣3分；严重烧损不更换扣3分
	2.4	导电管过热处理 分解组合处理、更换	按检修工艺进行		不会分解组合扣2分；检查不出导电管过热原因扣1分；轻微变形不校正、不用00号砂布清除两端导电接触面氧化层扣1分；引弧环轻微烧伤不处理，严重烧伤不更换扣2分；不处理夹板导电接触面氧化层或严重氧化不更换扣2分；动触头与导电管接触不良不处理、不涂导电脂扣1分；导电管及导电系统连接片连接是否牢固或不牢固未检查出来扣1分
	3	安全文明工作		15	
	3.1	填写检修记录	齐全、正确		处理的缺陷填写不全、有错误扣3分
	3.2	向运行人员交待	按安全工作规程办理		向运行人员交待不清楚、不清理现场扣3分
	3.3	安全文明	严格执行安全工作规程、检修工艺，环境清洁，无野蛮作业		每违反安全工作规程一次扣1分；不按检修工艺处理缺陷扣3分
	3.4	办理工作票终结手续	按安全工作规程办理		不会办理工作票结束扣3分 注：野蛮作业，出现人身及设备事故取消考核

行业：电力工程　　　　工种：变电检修　　　　等级：高/技师

编　　号	C32A018	行为领域	e	鉴定范围	2
考核时限	120min	题　　型	A	题　　分	100（20）
试题正文	断路器断口的检修处理				
需要说明的问题和要求	1. 鉴定基地 2. 现场闲置设备做安全措施 3. 配合两名工人 4. 不包括动触杆、油标均压电容器检修 5. 以 SW4—220 型断路器为例				
工具、材料、设备场地	SW4—220 型断路器一台 按检修工艺导则配备工器具、起重工具、专用工具、材料、备品备件 汽车吊车一台				

评分标准	序号	项目名称	质量要求	满分	得分或扣分
	1	检修前准备		6	
	1.1	着装、工器具、专用工具、起重工具、材料、备品、备件	合理、齐全、合格		着装不符合检修安全扣1分；每缺少一件工器具、起重工具、专用工具和材料及备品、备件而影响检修扣1分
	1.2	技术资料	包括缺陷记录、检修报告、检修记录、检修工艺导则、检修安全组织技术措施；编制工序工艺标准卡并经审		每缺少一件必备技术资料影响检修扣 1 分；不清楚检修内容、项目扣1分；未编制工序工艺标准卡并送审扣2分
	1.3	办理工作票开工手续	正确办理工作票、履行开工手续，复核安全措施		不办理工作票、履行开工手续扣该项全部分数 6 分 不了解工作票内容和现场安全措施扣2分
	2	停电后外部检查及试查		3	
	2.1	断路器本体外部检查	无漏项，做记录		不对瓷套、卡固弹簧、基础、各部密封进行检查，不做记录扣0.5分
		操动机构检查			不检查各部件是否有变形、各可调部位是否有变动扣0.5分
	2.2	试检、切除控制电源，使断路器处于分闸位置（此项内容口述）	项目要全（此项内容口述）		不进行手动、电动分、合闸操作检查扣0.5分；讲不清固有分、合闸时间、速度及同期性，未回答出测量电路电阻、测量总行程和超行程扣 1 分；不断开电源，使断路器在分闸位置扣0.5分

续表

	序号	项目名称	质量要求	满分	得分或扣分
评分标准	3	断口起吊		12	
	3.1	拆除断口两端导电连接线，放掉断口内的全部绝缘油	不损伤导电连接接触面及瓷质		不会放油扣 1 分；不会拆除固定导电连接引线扣 1 分
	3.2	起吊断口	不损伤动触杆和密封圈，当断口脱离动触杆时，要防止发生断口摆动、碰撞、损坏		不会将起吊绳套固定在断口瓷套上端第一个瓷裙上面扣 2 分；起吊方法不正确，在起吊绳稍微受力后拆去固定螺钉扣 2 分；不缓慢地将断口沿动触杆方向吊出扣 2 分
	3.3	断口装复 按起吊的相反程序吊装	断口密封圈不能插翻或将小弹簧弄掉，保证装复后断口密封良好		不会吊装扣 2 分；动触杆端部不涂以适量黄油，不缓慢插入密封圈，不满足质量要求扣 2 分
	4			38	
	4.1	断口解体检修 分解罐上的帽、油气分离器静触头，排气装置的解体清洗检查	内部清洗应在合格的油中使用打边的绸或泡沫塑料，禁止使用棉纱		不会卸罐上的帽、拆去油气分离器、拧下紧固静触座的螺钉扣 3 分；不按质量要求对排气装置和静触头进行解体清洗检查扣 3 分
	4.2	对灭弧室解体清洗检查	在取出灭弧室时注意不要碰刮玻璃钢筒、损坏其表面漆膜		不会拧下喇叭形基座的固定螺钉扣 2 分；不按质量要求将取出的喇叭形基座连同灭弧室倒立直放扣 3 分；不会解体清洗检查扣 1 分
	4.3	卸下罐和瓷套，玻璃钢筒的清洗与检查	密封圈弹性良好，无老化脆裂，瓷套不破裂、掉块，电气试验合格。旋取玻璃钢筒时不能损伤表面漆膜和螺纹，筒的表面漆膜应完好，螺纹不脱层掉牙，筒壁无脱层，电气试验合格		不会按对角方法均匀地多次循环放松、压紧螺钉，再用专用工具逆时针方向将法兰圈退下，取出压圈、罐和瓷套扣 3 分；不会按逆时针方向将下班筒由断口基座旋下扣 2 分；不会按质量要求对上壕部件清洗检查扣 3 分；严重损伤不更换扣 1 分
	4.4	卸下中间触头，对触头解体检查	中间触头座与基座的接触良好，无过热或者放电痕迹		不会从基座上拧下紧固螺钉，不按质量要求对触头解体检查扣 3 分；不会处理缺陷扣 2 分

续表

	序号	项目名称	质量要求	满分	得分或扣分
评分标准	4.5	卸下基座压圈、密封圈	密封圈完好，密封良好		不会将基座翻转后卸下基座的压圈和密封圈扣 1 分
	4.6	断口装复按与解体相反的程序进行，慢分、合过程中检查进程，注意安全，防止断路器突然快速动作	装断口玻璃钢筒时注意在基座上要拧到底。装瓷套与罐时注意罐上油标与基座上的放油阀要对正。瓷套与玻璃钢筒的间隙要四周保持均匀，瓷套与密封垫要同心。在装复过程中注意同直径螺孔的孔深，螺钉不要用错，保证压紧 螺钉的松紧程度一般以弹簧垫圈压平稍紧为宜		不会按相反程序组装扣 3 分；装罐在旋紧压紧螺钉同时，不用对中专用工具，沿罐口圆周多点进行对中校正扣 3 分；断口吊装后不检查对中校正情况、不会在装上测量杆进行手动慢合、分过程中摇动螺钉的松紧程度一般以弹簧垫圈压平稍紧为宜测量杆，观察动触杆与灭弧片孔中四周间隙扣 2 分；动触杆紧靠一边不能摇动、罐的安装不对中不重新校正扣 2 分；进行此方面检查不注意安全扣 2 分
	5	灭弧室的检修		17	
	5.1	分解，取出玻璃钢筒内调整垫圈，衬筒、灭弧片、隔圈的清洗、检查	不能损伤表面漆膜，筒表面漆膜完好，螺纹不脱层，筒壁不应有脱层，电气试验合格，不合格的要进行处理，第一灭弧片内孔烧损内径≤36mm，其余各片的内孔烧损内径≤34mm		不会从喇叭形基座上按逆时针方向拖下玻璃钢筒扣 2 分；不会按质量要求检查清洗各零件扣 2 分；不会修整打磨灭弧片（被电弧烧损碳化的部分）扣 2 分；严重烧损、脱层不处理、不更换扣 2 分
	5.2	按解体相反的程序进行装复灭弧室	灭弧片安装顺序正确；灭弧片与隔圈的配合应严密；组装压紧后灭弧片不应发生松动。第一片灭弧片的上平面至喇叭形基座与静触头座接合的距离为 266±1mm		不会按质量要求组装灭弧室扣 2 分；不满足质量要求一项扣 2 分；第一片弧片内孔不满足要求，有圆边的面不朝上安装扣 1 分；第七片外圆有斜面，斜面与玻璃钢筒的斜面不配合扣 1 分；不会用调节衬筒垫圈，不满足压紧后灭弧片对静触头尺寸要求扣 2 分；不会用同心塞棒插入灭弧片内孔，压紧后抽出，保证灭弧片同心扣 1 分

续表

	序号	项目名称	质量要求	满分	得分或扣分
评分标准	6	静触头、中间触头的检修		18	
	6.1	拆下弹簧及压油活塞进行检查	弹簧无变形，弹性符合要求		不会拧松止钉、旋下盖将盖压住以防止盖弹起或不会从压油活塞上拧下堵头螺钉扣2分
			压油活塞动作灵活 活塞杆上绝缘头完好，装配牢固 逆止阀片开闭灵活;		不会按质量要求检查弹簧压油活塞和活塞杆逆止阀片各扣2分
	6.2	拆下触指，清洗检查	触指接触良好，弹簧片无变形，压力均匀。触指烧损致使有效接触面长度短于7mm的应更换 引弧环装配紧密，铜钨合金块应完好，焊接牢固，当引弧环内孔烧损扩大到直径33mm及以上应更换		不会拧松止钉、旋下引弧罩、从静触座上拆去压紧触指的弹簧片扣2分；不按质量要求检查清洗扣2分；不会修整打磨触指烧伤部位扣2分；烧损严重的触指和引弧环，不更换扣2分 不会组装扣2分
	6.3	按分解的相反顺序装复	组装良好正确		不会拆去压紧触指的弹簧片取下触指，不按质量要求清洗检查扣2分；轻者不修整，重者不更换扣1分；不会组装扣1分
	6.4	中间触座分解清洗检查组装	触指接触面应光滑，接触良好，弹簧片无变形，触指压力均匀		
	7	安全文明工作		6	
	7.1	填写检修记录	齐全正确		填写不清楚、有错误扣1分
	7.2	向运行人员交待	符合安全工作规程		不清理现场，向运行人员交待不清扣2分
	7.3	安全文明	执行安全工作规程、检修工艺导则，环境清洁无野蛮作业		每违反安全工作规程一次扣1分；违反检修工艺导则扣1分；环境脏、乱、差扣1分
	7.4	办理工作票终结手续	符合安全工作规程		不会办理工作票结束扣1分 注：野蛮作业，出现人身及设备事故取消考核

行业：电力工程　　　工种：变电检修　　　等级：技师/高技

编　　号	C21A019	行为领域	e	鉴定范围	3
考核时限	120min	题　　型	A	题　　分	100（20）
试题正文	液压操动机构故障（拒动、操作时油压降过大）的处理				
需要说明的问题和要求	1. 鉴定基地 2. 现场闲置设备，做好安全措施 3. 配合一名工人 4. 以 CY4 或 CY3 型液压操动机构为例				
工具、材料、设备场地	SW7—110/220 型断路器一台（CY4 或 CY3 型液压操动机构），按检修工艺配备工器具，仪表，材料，备品备件				
评分标准	序号	项目名称	质量要求	满分	得分或扣分
	1	故障排除前准备		9	
	1.1	着装、工器具、仪表、材料、备品、备件	着装合理、材料合格、工具齐全		着装不符合安全检修要求扣 1 分；故障处理所用的工器具、仪表、备品备件每缺少一件扣 1 分
	1.2	技术资料	包括运行缺陷记录、检修报告、检修工艺导则、CY4 型液压装置结构原理图，安装图齐全、正确；编制工序工艺标准卡并经审		不会分析缺陷原因扣 2 分；不会看液压装置结构、工作原理图扣 2 分；未编制工序工艺标准卡并送审扣 2 分
	1.3	办理开工手续	正确办理工作票、履行开工手续，复核安全措施		不办理工作票、履行开工手续扣该项全部分数 8 分 不了解工作票内容和现场安全措施扣 2 分
	2	分析故障原因		20	
	2.1	结合 CY4 型液压操作机构工作原理图（口述说明）	工作过程清楚，贮能、分、合闸过程叙述正确		不会结合图说明贮能过程扣 5 分；不会说明分、合闸过程各扣 5 分；不会说明慢分、合过程扣 5 分
	2.2	回答考评人员提出的关于油路系统电气控制回路有关问题	（可提出 4～6 问题）		不能回答考评人员提出的问题每题扣 5 分

续表

	序号	项目名称	质量要求	满分	得分或扣分
评分标准	3	断路器拒动		38	
	3.1	拒动可能原因（11种可能）	回答齐全、正确		少说一处扣3分；不会结合图说明扣3分
	3.2	排除故障	正确		找不到拒分故障部位一处扣1分；找不到拒合故障部位扣4分
		设置故障（四处，二处拒分，二处拒合）	能找到并能处理		排除故障的方法不正确扣4分；少处理一处扣4分
	4	操作时油压降过大		25	
	4.1	过大可能原因	回答齐全、正确		答不全故障原因扣3分；每少说一处扣3分；不会结合图说明扣3分
	4.2	排除故障（设置故障二处）	能找到、能处理		找不到故障部位每一处扣4分；排除故障的方法不正确扣4分；每少处理一处扣4分
	5	安全文明工作		8	
	5.1	填写检修记录	记录齐全、正确		填写不规范有错误扣1分
	5.2	向运行人员交待	符合安全工作规程		不清理现场、向运行人员交待不清楚扣2分
	5.3	安全文明	遵守安全工作规程、检修工艺导则，环境清洁，无野蛮作业		每违反安全工作规程一次扣1分；违反检修工艺导则扣2分；环境脏、乱、差扣2分
	5.4	办理工作票终结手续	按安全工作规程办理		不会办理工作结束扣1分 注：野蛮作业，出现人身和设备事故取消考核

行业：电力工程　　　工种：变电检修　　　等级：技师/高技

<table>
<tr><td>编　　号</td><td>C21A020</td><td>行为领域</td><td>e</td><td>鉴定范围</td><td>3</td></tr>
<tr><td>考核时限</td><td>90min</td><td>题　　型</td><td>A</td><td>题　　分</td><td>100（20）</td></tr>
<tr><td>试题正文</td><td colspan="5">电磁操动机构拒合故障的处理</td></tr>
<tr><td>需要说明的问题和要求</td><td colspan="5">1. 鉴定基地
2. 现场闲置设备做好安全措施
3. 配合一名工人
4. 以 CD5—370X 型电磁操动机构为例</td></tr>
<tr><td>工具、材料、设备场地</td><td colspan="5">SW2—60G 及 35 型断路器电磁操动机构一台，按检修工艺配备工器具、仪表、专用工具、材料、备品、备件</td></tr>
</table>

<table>
<tr><td rowspan="8">评分标准</td><td>序号</td><td>项目名称</td><td>质量要求</td><td>满分</td><td>得分或扣分</td></tr>
<tr><td>1</td><td>故障排除前准备</td><td></td><td>8</td><td></td></tr>
<tr><td>1.1</td><td>着装、工器具、仪表、专用工具、材料、备品、备件</td><td>着装合理、材料合格、工具齐全</td><td></td><td>着装不符合安全检修要求扣 1 分；故障处理所用工器具、仪表、材料、专用工具、备品、备件，每少一件扣 1 分</td></tr>
<tr><td>1.2</td><td>技术资料</td><td>包括运行缺陷记录，检修工艺导则，电磁操动机构结构安装原理图，电气控制回路安装原理图要求齐全、正确；编制工序工艺标准卡并经审</td><td></td><td>不会分析导致异常缺陷的原因扣 2 分；不会看安装原理图扣 1 分；不会看电气控制回路安装原理图扣 1 分；未编制工序工艺标准卡并送审扣 2 分</td></tr>
<tr><td>1.3</td><td>办理开工手续</td><td>正确办理工作票、履行开工手续，复核安全措施</td><td></td><td>不办理工作票、履行开工手续扣该项全部分数 8 分
不了解工作票内容和现场安全措施扣 2 分</td></tr>
<tr><td>2</td><td>分析异常原因</td><td></td><td>15</td><td></td></tr>
<tr><td>2.1</td><td>结合电磁机构结构及电气控制回路图</td><td>电磁操动机构工作过程清楚</td><td></td><td>不会结合图说明分、合闸过程扣 4 分；不清楚防跳回路扣 2 分</td></tr>
<tr><td>2.2</td><td>口述说明回答考评人员提出的关于分闸回路操作、合闸回路、主合闸回路有关问题</td><td>（考评人员可提出三个问题）
回答符合要求</td><td></td><td>不能回答考评人员提出的问题每一题扣 3 分</td></tr>
</table>

续表

	序号	项目名称	质量要求	满分	得分或扣分
评分标准	3	合闸铁芯不动作处理		24	
	3.1	原因分析	分析正确（8种原因）		结合机械动作控制回路图，分析不出拒合的原因扣3分；每少回答一处电气故障或机械故障扣3分
	3.2	排除故障（设置故障三处）	修复或更换正确		找不到故障地点扣3分；对故障不会处理扣3分；处理方法不正确扣3分；每少处理一处扣4分
	4	合闸铁芯动作但合不上闸的处理		24	
	4.1	原因分析	原因分析正确、齐全（14种原因）		结合控制回路和机构动作情况分析拒合原因，回答不全扣3分；每少回答一处电气故障或机械故障扣3分
	4.2	排除故障（设置故障三处）	修复或更换正确		找不到故障地点扣3分；故障处理方法不正确扣3分；每少处理一处故障扣4分
	5	合闸线圈本身故障（烧损）的处理 （设置故障一处）	分析原因齐全、正确，修复或更换正确，有三种原因	20	结合机构机械动作情况和控制回路图，分析拒合原因，回答不全扣6分；找不到故障地点扣8分；处理方法不正确扣6分
	6	安全文明工作		9	
	6.1	填写检修记录	记录齐全、正确		填写不规范或有错误扣2分
	6.2	向运行人员交待	遵守安全工作规程		不清理现场，向运行人员交待不清楚扣2分
	6.3	安全文明	遵守安全工作规程、检修工艺导则，环境清洁，无野蛮作业		每违反安全工作规程一次扣1分；违反检修工艺导则扣1分；环境脏、乱、差扣2分
	6.4	办理工作票终结手续	遵守安全工作规程		不会办理工作票结束扣1分 注：野蛮作业，出现人身及设备事故取消考核

4.2.2 多项操作

行业：电力工程　　　　工种：变电检修　　　　等级：初/中

编　号	C54B021	行为领域	e	鉴定范围	3
考核时限	80min	题　型	B	题　分	100（30）
试题正文	互感器、断路器设备线夹和引流线检修及过热处理				
需要说明的问题和要求	1. 鉴定基地 2. 现场闲置设备，做好安全措施 3. 以35～220kV互感器、断路器为例（视情况设检修平台或绝缘梯）				
工具、材料、设备场地	铜铝过渡设备线夹、钢芯铝绞线、钻床、常用电工工具、常用量具、公用工具、虎钳、锉刀、铁锯、钢丝刷、消耗性材料（导电膏、凡士林、汽油、砂布、毛巾）				

评分标准	序号	项目名称	质量要求	满分	得分或扣分
	1	检修前准备		8	
	1.1	着装、器具、材料、备品、备件	着装合理，工具、材料、备品、备件齐全合格		着装影响安全检修扣1分；每缺少一件工具、材料、备品、备件影响检修扣1分
	1.2	检修技术资料	包括运行中缺陷记录、变电站主接线、设备线夹规格、电气设备施工验收规范和安全工作规程；编制工序工艺标准卡并经审核		每少一份资料影响检修扣2分 未编制工序工艺标准卡并送审扣2分
	1.3	办理开工手续	正确办理工作票、履行开工手续，复核安全措施		不办理工作票、履行开工手续扣该项全部分数8分 不了解工作票内容和现场安全措施扣2分
	2	设备线夹及引流线检修		67	
	2.1	分解，固定好引流线	导线无损伤、固定正确		不用绳索固定连接导线，不拧下设备线夹扣2分；绑扎绳使用不正确扣2分；不将引流线缓慢放下、碰撞设备扣3分；对导电接触面无防护措施扣2分

续表

	序号	项目名称	质量要求	满分	得分或扣分
评分标准	2.2	检修，检查引流线	无明显烧伤、无断股		对轻微损伤不会用钢丝刷或00号砂布处理扣2分；断股修理不当或损伤严重不更换扣2分；引流线长度过小，对设备拉力太大不更换扣2分；引流线弛度过大，安全距离不够不更换扣2分；三相引流线不一致不处理扣2分
		检查设备线夹螺栓	螺栓无生锈、裂纹、齐全		不检查螺栓生锈、裂纹、齐全情况扣1分；轻微锈蚀不会处理扣2分；严重锈蚀、裂纹不更换扣3分；螺栓不齐全每缺一件扣1分；螺纹损坏不更换扣2分
		检查设备线夹	无氧化层、无裂纹、无烧伤或烧伤深度＜1mm		不会检查设备线夹接触面扣2分；接触面有熔化痕迹不用细锉或00号砂纸处理扣2分；烧伤深度＞1mm不更换扣2分；接触面氧化层不用00号砂布处理扣2分；毛刺不用细锉处理扣2分；接触面加工平整无氧化膜，接触面减少超过原截面的，铜材料的大于3%，铝材料的大于5%扣3分；镀银层不会锉磨，不用尼龙刷处理扣1分；室外设备不用铜铝过渡线夹扣1分；严重烧伤、裂纹、断裂不更换扣1分

续表

	序号	项目名称	质量要求	满分	得分或扣分
评分标准	2.3	组装 检查设备线夹与设备连接	正确、无松动，螺栓齐全，引流线对地安全距离合格		不检查压接线夹与导线连接情况扣 2 分；不检查螺栓连接线夹与导线连接情况扣 2 分；不检查设备线夹与设备连接情况扣 2 分；铜铝过渡线夹接反扣 2 分；接触面不涂中性凡士林或导电脂扣 1 分；接触面不严密，用 0.05mm×10mm 塞尺检查不合格（＞5mm）扣 3 分；接触面歪斜影响接触面美观扣 2 分
		检查螺栓	齐全、连接牢固		螺栓不紧，各螺栓配合压力不一样扣 2 分；缺少一个平垫、弹簧垫扣 1 分；螺栓穿入方向不对、不便检查扣 2 分；螺栓规格与孔不配套扣 1 分
		检查引流导线	无损伤，弛度合适，符合安全距离		不检查引流导线受力情况扣 1 分；不检查引流导线弛度、对地安全距离扣 1 分；三相引流导线不一样扣 1 分
	3	引流线及线夹过热处理		13	
	3.1	检查引流线	无损伤、断股、接触良好		引流线严重烧伤、断股不更换扣 1 分；更换的引流线与原来引流线规格不一样扣 1 分；更换的引流线与设备线夹连接不可靠扣 1 分；设备线夹严重烧伤，接触面损失＞10%、深度＞1mm 不更换扣 1 分

续表

	序号	项目名称	质量要求	满分	得分或扣分
评分标准	3.2	检查设备线夹及设备线夹加工	无损伤，其规格满足要求，符合检修、施工、验收规范		压接线夹裂纹、过热不更换扣1分；不考虑设备端子大小、材质、形状、高差、角度而加工线夹扣1分；钻线夹端子孔与设备端子不符合扣1分；不会使用电钻、钻床，不按要求使用扣1分；不会绑扎铝导线扣1分；不测量压接管深度、导线长度，不知插入多长扣1分；不用00号砂布将压接管内氧化膜去掉，不用钢丝刷将导线氧化膜去掉扣1分；不涂电力复合脂或中性凡士林油扣1分；不会使用钳压器压接扣1分
	4	安全文明工作		12	
	4.1	填写检修记录	记录齐全、正确		填写不规范或有错误扣2分 不清理现场，不会向运行人员交待扣2分
	4.2	清理现场，向运行人员交待检修内容、项目	符合安全工作规程		每违反安全工作规程一次扣2分；违反检修工艺扣2分；环境脏、乱、差扣2分
	4.3	安全文明检修	执行安全工作规程、检修工艺，环境清洁，无野蛮作业		
	4.4	办理工作票终结手续	符合工作结束手续		工作票办理结束后又回去工作扣2分 注：野蛮作业，出现人身设备事故取消考核

行业：电力工程　　　　工种：变电检修　　　　等级：初/中

编　　号	C54B022	行为领域	e	鉴定范围	2
考核时限	120min	题　　型	B	题　　分	100（30）
试题正文	10kV 少油断路器灭弧室装配及导电杆装配的检修				
需要说明的问题和要求	1. 鉴定基地 2. 现场闲置设备，做好安全措施 3. 以 SN10—10Ⅱ型断路器为例				
工具、材料设备场地	SN10—10Ⅱ型断路器开关柜一台、常用电工工具、常用量具、公用工具、检修专用工具、备品、备件、消耗性材料（变压器油、导电膏、凡士林、砂布、白布）				

评分标准	序号	项目名称	质量要求	满分	得分或扣分
	1	检修前准备		6	
	1.1	着装、工器具、材料、备品、备件	着装合理，工具、材料、备品、备件齐全合格 包括运行缺陷记录、检修		安全措施、着装不符合安全要求扣 1 分；每缺少一件工具、材料、备品、备件影响检修扣 1 分
	1.2	检修技术资料	大修报告、检修工艺、检修记录、安全工作规程每缺少一件技术资料影响检修扣 1 分；编制工序工艺标准卡并经审核		每少一份资料影响检修扣 1 分 未编制工序工艺标准卡并送审扣 2 分
	1.3	办理开工手续	正确办理工作票、履行开工手续，复核安全措施		不办理工作票、履行开工手续扣该项全部分数 6 分 不了解工作票内容和现场安全措施扣 2 分
	2	断路器分解		28	
	2.1	拧下底部放油螺栓	油存放好		不会放油，油不存放好扣 2 分
	2.2	拆卸上下接线端子引线	不损伤接触面、物件摆放有序		不会拆掉上、下接线端子引线扣 2 分；接触面无保护措施、方法、物件摆放无序扣 2 分

续表

	序号	项目名称	质量要求	满分	得分或扣分
评分标准	2.3	拆卸上帽装配与上接线座间螺栓	不损伤零部件，拆下的零部件应放在清洁干燥场所，并按相顺次放置以防丢失。绝缘部件不得碰伤		零部件有损伤扣 1 分；不会用内六角扳子拧下上帽装配与上接线座间的四只内六角螺栓扣 2 分；不会取下上帽装配、静触座装配扣 2 分；拆下的零部件存放位置不符合质量要求扣 2 分；零部件摆放无序扣 2 分；绝缘部件有碰伤扣 3 分
	2.4	拆卸取出灭弧室装配			不会用专用工具旋下灭弧室顶部的上压环扣2分；不取出绝缘环灭弧片扣 2 分；不会取出挡弧片绝缘衬垫扣 2 分；零部件存放位置不清洁干燥扣 2 分；摆放位置无规律扣 2 分
	3	灭弧室装配检修		35	
	3.1	检查灭弧室零件	灭弧片表面应光滑平整、无碳化颗粒、无裂纹及损坏；绝缘件无烧伤损坏		少清洗一件扣 1 分；不检查灭弧片表面质量情况扣 2 分；轻微烧伤时不用 0 号砂布轻轻擦拭弧痕扣 2 分；烧伤严重不更换扣 2 分；灭弧片一片处理孔径超过标准扣 2 分；绝缘件烧伤严重不更换及轻微烧伤不处理扣 2 分；少检查少处理一件灭弧片，少调整垫片绝缘衬圈等扣 2 分；灭弧片孔径一片不合理扣 2 分
	3.2	清洗灭弧室零件	清洁、无杂物		不用合格油清洗灭弧片，调整垫片绝缘衬圈、隔弧壁扣 2 分

续表

	序号	项目名称	质量要求	满分	得分或扣分
评分标准	3.3	灭弧室装配组装	按拆卸的相反顺序依次装入绝缘衬圈、灭弧片，调整垫片注意最下面的绝缘衬圈安装方向，保证横吹弧道与油位表方向相反		不会组装灭弧片绝缘衬圈、不调整垫片扣2分；装错一片扣2分；不按检修工艺图组装扣3分；安错绝缘衬圈方向扣3分；不会测量尺寸扣2分；不拧紧铜压圈、不将灭弧片压紧扣2分；不会用专用工具装上上压环扣2分；尺寸不合格，不调整四、五片灭弧片间的绝缘垫片厚度扣2分
	4	导电杆装配检修		24	
	4.1	分解： 一般动触头可不拆卸，但应检查动触头与导电杆的连接是否松动	动触头铜钨合金部分烧伤深度大于2mm时应更换，铜部分不应有烧伤。动触头与导电杆的连接应紧密牢固。导电杆装配各结合处应光滑无凸出		不检查动触头与导电杆连接情况扣2分；烧损严重不会用专用工具把动触头拧下处理扣3分；不检查导电杆装配各结合处扣2分
	4.2	检查： 卸下动触头检查导电杆螺纹及内部弹簧 检查导电杆与缓冲器的铆接情况，检查缓冲器，检查导电杆的弯曲度	连接螺纹不应有乱扣现象，弹簧应无断裂及严重锈蚀 铆接牢固，铆钉两端应修平。缓冲器下端口部不应有严重撞击痕迹，弯曲度应＜0.15mm		不检查螺纹扣2分；螺纹严重损坏不更换扣2分；弹簧不起作用不更换扣2分；不会检查导电杆与缓冲器连接情况，不满足质量要求扣3分；不检查缓冲器下端口有无严重撞击痕迹，不会处理、不查原因扣3分；不会检查导电杆弯曲度、不合格不校直扣3分
	4.3	装复： 按分解的相反顺序装复	不损伤零部件		不会装复扣2分

续表

	序号	项目名称	质量要求	满分	得分或扣分
评分标准	5	安全文明工作		7	
	5.1	填写检修记录	记录齐全、正确		不会填写或有错误扣 1 分
	5.2	清理现场，向运行人员交待检修内容、项目	符合安全工作规程		不清理现场，向运行人员交待不清楚扣 2 分
	5.3	安全文明	执行安全工作规程、检修工艺，环境清洁，无野蛮作业		每违反安全工作规程一次扣 1 分；违反检修工艺扣 1 分；环境脏、乱、差扣 1 分
	5.4	办理工作票终结手续	办理工作结束符合规定		工作票办理结束后又去工作扣 1 分 注：野蛮作业，出现人身设备事故取消考核

行业：电力工程　　工种：变电检修　　等级：中

<table>
<tr><td>编　号</td><td>C04B023</td><td>行为领域</td><td>e</td><td>鉴定范围</td><td>2</td></tr>
<tr><td>考核时限</td><td>120min</td><td>题　型</td><td>B</td><td>题　分</td><td>100（30）</td></tr>
<tr><td>试题正文</td><td colspan="5">断路器操动机构分、合闸线圈绝缘电阻及启动电压的测试</td></tr>
<tr><td>需要说明的问题和要求</td><td colspan="5">1. 鉴定基地
2. 现场闲置设备，做好安全措施</td></tr>
<tr><td>工具、材料设备场地</td><td colspan="5">10～220kV 断路器一台、常用电工工具、公用工具、仪表、摇表、电流表、电压表、滑动电阻、硅整流动作电压测试器、软线及开关</td></tr>
</table>

<table>
<tr><td rowspan="8">评分标准</td><td>序号</td><td>项目名称</td><td>质量要求</td><td>满分</td><td>得分或扣分</td></tr>
<tr><td>1</td><td>电气试验前准备</td><td></td><td>7</td><td></td></tr>
<tr><td>1.1</td><td>着装、工器具、材料、备品、备件</td><td>合理、齐全、合格</td><td></td><td>着装不符合安全要求扣1分；影响测试检修的工具、仪表、材料每少一件扣1分</td></tr>
<tr><td>1.2</td><td>检修技术资料</td><td>包括运行缺陷记录，检修报告，检修工艺，电力设备预防性试验规程；编制工序工艺标准卡并经审核</td><td></td><td>每缺少一件技术资料影响检查测试扣1分
未编制工序工艺标准卡并送审扣2分</td></tr>
<tr><td>1.3</td><td>办理开工手续</td><td>正确办理工作票、履行开工手续，复核安全措施</td><td></td><td>不办理工作票、履行开工手续扣该项全部分数7分
不了解工作票内容和现场安全措施扣2分</td></tr>
<tr><td>2</td><td>断路器分、合闸动作情况检查</td><td>分、合闸正常</td><td>4</td><td>不进行断路器手动、电动分、合闸检查扣2分；分、合闸检查时，不观察分、合闸铁芯动作情况扣2分</td></tr>
<tr><td>3</td><td>分、合闸线圈绝缘电阻测试</td><td>大于1MΩ，比较潮湿地方大于0.5MΩ</td><td>12</td><td>不断开本回路交直流电源扣3分；不会用500～1000V绝缘电阻表进行测量扣3分；不清楚绝缘电阻标准扣3分；拆端子测绝缘电阻之后不恢复原样扣3分</td></tr>
</table>

续表

	序号	项目名称	质量要求	满分	得分或扣分
评分标准	4	分、合闸线圈启动电压测试		67	
	4.1	取下直流控制及信号直流保险	机构内确无直流电压		不取下直流控制信号保险扣 3 分；不检查机构有无电压扣 2 分
	4.2	接线	30%U_N、65%U_N 接线正确		不会接线扣 3 分
	4.3	合闸线圈启动电压测试	测量调试 30%U_N（即 66V）电压合闸线圈不启动。85%U_N（即 187V）电压断路器应合闸		不会接电流表、电压表扣 3 分；不会使用硅整流动作电压测试器扣 3 分；不会将测试线一端接在机构端子排负电源端子上扣 3 分；不会将电压调至 30%U_N 扣 2 分；不会将测试线另一端接到开关转换“b”接点前端子排端子上扣 3 分；不会合上操作按钮或刀闸断路器不合闸扣 3 分；不分开操作按钮或刀闸扣 1 分；不做三次测试扣 1 分
	4.4	分闸线圈启动电压测试	30%U_N（即 66V）电压分闸线圈不启动。65%U_N（即 143V）电压断路器应可靠分闸		不会将电压调 60%U_N 即 143V 扣 2 分；不会合上操作按钮或隔离开关、断路器合闸不可靠扣 3 分；不分开操作按钮或隔离开关、扣 1 分；不做三次测试扣 1 分；不会调节电压至 30%U_N 使断路器不合闸扣 3 分；不会调节电压至 65%U_N 使断路器合闸扣 3 分；不会将测试线从合闸端子移到开关转换“a”接点前端子排上扣 3 分；不会合上操作按钮或隔离开关、断路器不合闸，扣 3 分；不分开操作按钮或隔离开关扣 1 分；30%U_N 电压不会调出扣 2 分；不做三次测试扣 1 分

续表

	序号	项目名称	质量要求	满分	得分或扣分
评分标准	4.5	远方控制断路器进行分、合闸测试	恢复机构接线、给上控制直流，100%U_N分、合闸正常		不能准确调出65%U_N电压扣2分；不会合上操作按钮或隔离开关、断路器使其可靠分闸扣2分；不分开操作按钮或刀闸扣1分；不做三次测试扣1分；不会调节65%U_N电压使断路器分闸扣3分；试验电源不会断开，测试接线不会拆除扣2分；回路有关端子松动，拆除后不恢复原样，不检查变动情况扣2分；分、合闸线圈机械部分调节未固定好扣2分 远方控制操作不进行断路器分、合闸测试扣3分
	5	安全文明工作		10	
	5.1	填写检修记录	齐全、正确		填写不规范或有错误扣2分
	5.2	向运行人员交待检修内容、项目	符合安全工作规程		不清理工作现场或向运行人员交待不清扣2分
	5.3	安全文明	执行安全工作规程、检修工艺，环境清洁，无野蛮作业		每违反安全工作规程一次扣2分；违反检修工艺及预防试验规程扣2分
	5.4	办理工作票终结手续	符合安全工作规程		不会办理工作票结束扣2分 注：野蛮作业，出现人身及设备事故取消考核

行业：电力工程　　　　工种：变电检修　　　　等级：中/高

<table>
<tr><td>编　号</td><td>C43B024</td><td>行为领域</td><td>e</td><td>鉴定范围</td><td>2</td></tr>
<tr><td>考核时限</td><td>80min</td><td>题　型</td><td>B</td><td>题　分</td><td>100（30）</td></tr>
<tr><td>试题正文</td><td colspan="5">隔离开关大修后调试</td></tr>
<tr><td>需要说明的问题和要求</td><td colspan="5">1. 鉴定基地
2. 现场闲置设备应做好安全措施
3. 配合一名工人
4. 以 GW5—60Ⅱ型隔离开关为例</td></tr>
<tr><td>工具、材料设备场地</td><td colspan="5">1. 安装好 GW5—60Ⅱ型隔离开关一组
2. 检修常用电工工具，组合套扳子
3. 量尺（水平尺、卷尺）
4. 仪器（电桥，电阻测试仪）
5. 备有易损件及消耗性材料</td></tr>
</table>

<table>
<tr><td rowspan="8">评分标准</td><td>序号</td><td>项目名称</td><td>质量要求</td><td>满分</td><td>得分或扣分</td></tr>
<tr><td>1</td><td>大修前准备</td><td></td><td>11</td><td></td></tr>
<tr><td>1.1</td><td>工具、材料、备品、备件</td><td>工具、材料齐全</td><td></td><td>工具、材料、备品、备件不齐全，影响检修每少一件扣 2 分</td></tr>
<tr><td>1.2</td><td>检修技术资料</td><td>包括运行缺陷记录、重点检修项目、有关隔离开关说明书和检修工艺规程；编制工序工艺标准卡并经审核</td><td></td><td>每缺少一件必备的技术资料影响检修扣 3 分
未编制工序工艺标准卡并送审扣 2 分</td></tr>
<tr><td>1.3</td><td>办理工作票开工手续</td><td>正确办理工作票、履行开工手续，复核安全措施</td><td></td><td>不办理工作票、履行开工手续扣该项全部分数 11 分
不了解工作票内容和现场安全措施扣 3 分</td></tr>
<tr><td>2</td><td>隔离开关调试</td><td></td><td>70</td><td></td></tr>
<tr><td>2.1</td><td>单相调整
水平垂直的调整</td><td>主刀闸处于合闸位置，使单相处于水平面，整相刀闸及其底座所构成的平面垂直于水平面</td><td></td><td>不会用水平仪垫铁调水平扣 2 分；不会调节垂直水平面的连接螺栓扣 3 分</td></tr>
</table>

续表

	序号	项目名称	质量要求	满分	得分或扣分
评分标准	2.2	检查调整上接线夹顶端与底座基础平面垂线距离 E；检查两绝缘子上法兰间最小距离 B；检查分闸时触指与触头间空气间隙距离 C；检查单相主刀闸上两接线夹顶端间的最小绝缘距离 A；检查分闸时触指臂装配的触指与轴承座装配法兰盘间的距离 F	E=1300mm； B=785mm； C=715mm； A=1270mm； F=610mm		不会通过增减绝缘子下法兰与底座法兰间调节垫片来调节 A、B、C、E 尺寸各扣 3 分，不会检查上述距离各扣 3 分；不会检查 F 距离，不会调节各扣 2 分
		检查触头与触指接触位置，恢复引出线再检查一次	接触位置在刻度线上，其触头在触指中，上、下相对位置偏差应一致，接触紧密，接触压力均匀		不符合要求，不会调导电管插入接线座的深度扣 4 分，上、下偏差不会调扣 4 分
		三相联合调整 检查各相隔离开关安装在一个水平面上，主刀闸每相所构成铅垂面平行紧固底座与基础相连的螺栓	各相基础均在一个水平面上，各相主刀闸之间的距离相等，相互平行		不会调基础在同一个水平面上扣 4 分，槽钢按长度比不平度超过 2/1000 扣 4 分，各相主刀间距离误差大于 5mm 扣 4 分，不平行扣 4 分
		手动操作机构，观察主刀闸系统动作	主刀闸系统动作灵活，无卡涩		不灵活，有卡涩扣 3 分，不处理扣 3 分

续表

	序号	项目名称	质量要求	满分	得分或扣分
评分标准	2.2	调三相同期	三相不同时接触，不应大于 8mm		不会调水平拉杆长短，实现同期扣 8 分，调好，备帽不拧紧扣 4 分
		隔离开关调整合格后，对接触面检查必须用 0.05mm×10mm 塞尺	对于线接触应以塞不进去为合格，对于面接触塞入深度，在接触面宽度为 50mm 及以下时，不大于 4mm，接触面在 60mm 及以上时，不大于 6mm		接触面不合格扣 4 分，应重新检修不检修扣 3 分
	2.3	试验：大修后测量导电回路电阻	按厂家说明书或工艺规程要求		不会用电桥测量，不清楚标准扣 3 分，不会用 100A 回路电阻测试仪测量扣 3 分
	3	安全文明工作		19	
	3.1	填写检修记录，检修报告	填写检修内容项目齐全、正确		检修内容不正确，漏项扣 2 分，不会填写检修报告扣 5 分
	3.2	清理现场，向运行人员交待检修内容、项目	按安全工作规程规定办理		现场有遗留物、不交待各扣 1 分
	3.3	安全文明	严格执行安全工作规程、检修工艺规程，无野蛮检修，环境清洁，物品摆放整齐		违反安全工作规程一次扣 2 分，不按检修工艺规程要求检修，违反一次扣 2 分；物品摆放乱，不文明检修扣 2 分
	3.4	办理工作票终结手续	办理工作结束，交回工作票		不会办理工作票结束，不交工作票各扣 4 分 注：出现较大人身、设备事故取消考核

行业：电力工程　　　　工种：变电检修　　　　等级：中/高

<table>
<tr><td colspan="2">编　号</td><td>C43B025</td><td>行为领域</td><td>e</td><td>鉴定范围</td><td>2</td></tr>
<tr><td colspan="2">考核时限</td><td>120min</td><td>题　型</td><td>B</td><td>题　分</td><td>100（30）</td></tr>
<tr><td colspan="2">试题正文</td><td colspan="5">隔离开关本体分解检修</td></tr>
<tr><td colspan="2">需要说明的问题和要求</td><td colspan="5">1. 鉴定基地
2. 现场闲置设备，应做好安全措施
3. 配合一名工人
4. 以 GW4—110 型隔离开关为例</td></tr>
<tr><td colspan="2">工具、材料设备场地</td><td colspan="5">1. GW4—110 型隔离开关一组
2. 检修常用工具、组合套扳子
3. 各种锤刀、各种量具、塞尺
4. 备有易损件及消耗性材料（导电膏、凡士林、汽油、砂布、毛巾）</td></tr>
<tr><td rowspan="8">评分标准</td><td>序号</td><td>项目名称</td><td>质量要求</td><td>满分</td><td colspan="2">得分或扣分</td></tr>
<tr><td>1</td><td>大修前的准备</td><td></td><td>9</td><td colspan="2"></td></tr>
<tr><td>1.1</td><td>工具、材料、备品、备件、着装</td><td>工具、材料齐全、备品、备件备齐、合格</td><td></td><td colspan="2">工具、材料、备品、备件不齐全，每少一件影响检修扣 1 分；影响着装安全扣 1 分</td></tr>
<tr><td>1.2</td><td>检修技术资料</td><td>包括运行中缺陷，重点检修项目，开关说明书，有关检修工艺规程；编制工序工艺标准卡并经审核</td><td></td><td colspan="2">不了解运行中缺陷记录，不清楚检修项目各扣 2 分；无检修工艺规程和有关说明扣 1 分
未编制工序工艺标准卡并送审扣 2 分</td></tr>
<tr><td>1.3</td><td>办理工作票开工手续</td><td>正确办理工作票、履行开工手续，复核安全措施</td><td></td><td colspan="2">不办理工作票、履行开工手续扣该项全部分数 9 分
不了解工作票内容和现场安全措施扣 2 分</td></tr>
<tr><td>2</td><td>分解及组装</td><td></td><td>79</td><td colspan="2"></td></tr>
<tr><td>2.1</td><td>外部检查及拆卸引流线</td><td>根据存在问题手动或电动对主刀闸操作三次，观察动作情况</td><td></td><td colspan="2">不会利用手动或电动操作扣 2 分；不会查找问题扣 2 分；不会拆卸引流线，不知安全注意事项各扣 1 分</td></tr>
</table>

续表

	序号	项目名称	质量要求	满分	得分或扣分
评分标准	2.2	接线座和触头检修 分解	安全拆卸引流线		不会使用工具分解扣1分；不清楚分解步骤和顺序扣2分
		清洗及检查			
		检查右触头与导电管的配合及接触情况，装复时接触面涂中性凡士林油，螺栓拧紧，检查塞是否良好，检查圆柱销有无松动	分解方法正确，不损伤部件，会看图分解；零件用汽油清洗，用布擦净。导电管与触头接触端面应平整，无氧化；触头相应接触面镀银层应完整，氧化膜应清洗干净（不准使用0号砂纸，如有烧伤可用200号水磨砂纸处理）		不会看图分解扣2分；不用汽油、布擦净零件扣1分；不检查接触面，检查又发现不了问题扣1分；氧化膜不处理扣1分；使用0号砂纸处理扣2分；烧伤不用200号水磨砂纸处理扣2分；镀银层处理掉扣4分；不检查触头与触指接触面的镀银层情况，不了解标准扣3分
		检查夹板接线座导电管的接触面	触头与触指接触面的镀银层应完整无油垢、无明显沟痕 塞应无损坏锈蚀，圆柱锁牢固		不检查塞的损坏锈蚀程度，不检查圆柱销牢固情况各扣1分；接触面氧化膜不处理扣1分；导电管与夹板连接长度不够扣2分
		检查导电带两端接触面有无氧化，检查导电带的铜片	接触面应清洁、无氧化，膜无损坏，导电管与夹板连接长度按厂家要求，导电带的两端接触面应平整、清洁无氧化膜，铜片损坏超过5片应更换		导电带两端接触面不满足要求不处理扣1分 铜片损坏没发现，5片以上损坏不更换扣2分
		左触头的触指座与导电管的接触检查，方法同右触头。检查触指接触面，检查触指弹簧	触指座与导电管接触面、塞、圆柱销质量标准同右触头		触指座、导电管、接触面不检查，塞锈蚀，圆柱销不牢固各扣2分 触指不合格不处理扣1分
			触指应完整，触指表面应平整无明显沟痕，清洁无氧化膜；触指与触指座接触面应平整、无凹陷		接触面有氧化不检查，不平整不处理扣1分
			触指弹簧应无锈蚀、过热失效，弹簧拉力应符合要求。触指弹簧大修必须更换		弹簧过热失效、锈蚀，弹力下降不更换扣2分大修不更换触指弹簧扣1分

续表

	序号	项目名称	质量要求	满分	得分或扣分
评分标准	2.2	检查轴套与导电杆的公差配合	轴套与导电杆间隙要求为0.2～0.3mm		轴套与导电杆间隙过大不检查扣2分
		检查接线夹有无裂纹、损坏	接线夹外观应完整，接触面应清洁、无氧化膜		接线夹有缺陷未发现，发现又不处理扣2分
		主导电回路的零件尺寸检查	零件尺寸应满足厂家要求，触头的宽度比规定值小0.5mm时应更换		不检查触头宽度，应更换的不更换各扣1分
		组装 按分解的相反顺序进行组装	右触头，左触指座与导电管连接的螺栓拧紧，必须带有平垫、弹簧垫		不会组装扣2分，连接各部分螺栓不紧，无平垫、弹簧垫扣1分
			导电带组装时要注意方向，以免损坏铜片		导电带组装不注意方向，损坏铜片扣1分
			隔离开关在合闸位置，用塞尺检查触头与触指接触情况，以塞不进为合格		开关在合闸位置时，不用塞尺检查或检查不合格各扣1分；该上油不上油扣1分
	2.3	支柱绝缘子检修	从底座上拆下固定螺栓，取下绝缘子。瓷件外观清洁，无损坏，铁法兰无裂纹，铁瓷间的填料无脱落		拆支柱绝缘子时损坏瓷件扣4分；不检查绝缘子瓷件外观质量情况扣3分
	2.4	底座分解检修	分解方法正确，不损伤部件，会看图分解		分解方法不正确，损伤部件扣3分；不会分解或不会看图分解扣3分
		检查及清洗			
		检查轴承及内径与轴承座的公差配合	零件用汽油清洗干净，用布擦净 轴承无损坏，完整，转动灵活；无损坏		不用汽油清洗，不用布擦净扣2分；不检查轴承是否损坏和灵活情况扣2分；不检查轴承的完整性扣2分

续表

	序号	项目名称	质量要求	满分	得分或扣分
	2.4	组装 按分解的相反顺序组装，专用工具进行或用比轴承内径稍大的铁管，用手锤慢慢打入，调试合格后所有金属表面应除锈刷漆	轴承内应涂-40℃的二硫化钼润滑脂，涂的量以轴承腔的2/3体积为宜；组装后转动轴承座应灵活，接线座刷红色，其他部位刷灰色		不会组装扣2分；组装方法不对损坏部件扣2分；轴承内不涂二硫化钼润滑脂或量不够扣2分；转动轴承座不灵活扣2分；接线座金属表面不除锈、不刷漆扣2分
评分标准	3	安全文明工作		12	
	3.1	填写检修记录	填写检修内容齐全、正确		填写检修记录检修内容填写错误、漏项、不合格各扣1分
	3.2	清理现场，向运行人员交待检修内容、项目	按安全工作规程办理		现场有遗留物，向运行人员交待不清楚各扣1分
	3.3	安全文明	严格执行安全工作规程、检修工艺规程，环境清洁，无野蛮作业，物品摆放整齐		检修过程中每违反安全工作规程一次扣1分；违反检修工艺规程作业一次扣1分；环境脏、乱、差扣2分
	3.4	办理工作票终结手续	按安全工作规程办理		不会办理工作票结束扣2分 注：野蛮作业，出现人身及设备事故取消考核

行业：电力工程　　　　工种：变电检修　　　　等级：中/高

编　号	C43B026	行为领域	e	鉴定范围	2
考核时限	120min	题　型	B	题　分	100（30）
试题正文	电流互感器器身及零部件检修				
需要说明的问题和要求	1. 鉴定基地 2. 现场闲置设备，做好安全措施 3. 配合一名工人 4. 不包括总装配，干燥处理 5. 以 110kV 油浸式电流互感器为例				
工具、材料设备场地	110kV 电流互感器一台、起吊工器具、常用电工工具、公用工具、常用量具、大修用备品、备件及消耗性材料（绝缘油、砂布、绸布、白纱带等）				

评分标准	序号	项目名称	质量要求	满分	得分或扣分
	1	检修前准备		15	
	1.1	着装、工器具、材料、备品、备件、起重用具	合理、齐全、合格		着装影响安全大修扣 1 分；每缺少一件工器具、备品备件、材料影响大修扣 1 分；每少一件工器具影响解体起吊扣 1 分
	1.2	检修间或室内	有防尘措施		不清楚防尘措施或不搞防尘扣 2 分
	1.3	检修技术资料	包括运行中缺陷记录、大修报告、检修工艺规程、安全技术组织措施计划，检修记录；编制工序工艺标准卡并经审核		不了解运行缺陷、异常现象原因扣 2 分；渗漏油具体部位不清或原因不明扣 1 分；无检修工艺导则扣 1 分；检修记录、计划、内容、人员分工、检修项目、方法、质量要求、工器具、材料、备件明细和进度、技术、安全措施等，每少一个内容扣 1 分；未编制工序工艺标准卡并送审扣 2 分
	1.4	大修前检测，确定检修项目	绝缘试验，绝缘油的简化试验，色谱分析		不进行绝缘试验扣 1 分 不对绝缘油化验扣 1 分

续表

	序号	项目名称	质量要求	满分	得分或扣分
评分标准	1.5	办理开工手续	正确办理工作票、履行开工手续，复核安全措施		不办理工作票、履行开工手续扣该项全部分数15分 不了解工作票内容和现场安全措施扣2分
	2	大修		78	
	2.1	外观检查 检查储油柜或金属膨胀器	无缺陷，密封良好		不检查此项目，有缺陷未发现扣2分
		检查瓷箱	无裂纹、无损伤、无渗漏		不检查，有缺陷未发现，不做记录扣2分
		检查接线板、接线端子（小套管）	清洁、干燥		不检查，有缺陷未发现扣2分
		检查油箱及底座	无锈蚀、无明显变形，压圈、夹件垫铁、铭牌完整		不检查，有变形未发现，零部件不完整扣2分
		检查油箱底座储油柜油漆	完好		不检查防腐情况扣1分
	2.2	电流互感器解体			
		解体前应画好相对标记线	储油柜、油箱、底座		不画相对标记线扣3分
		放净油箱内绝缘油	放净		不打开放油门放净油扣2分
		拆除金属膨胀器储油柜内的联板、接线板避雷器、角形接线柱和铁板	无损伤、做好标记		不会拆除，不做标记取下储油柜扣3分
		拆除压圈夹件	无损伤		不会拆除扣1分

续表

	序号	项目名称	质量要求	满分	得分或扣分
评分标准	2.2	吊出瓷箱露出器身	无损伤，做好绕组与底座的方向标记		不会结绳扣、绑扎不牢、损伤器身扣 4 分；不做标记会造成接错极性而出现保护死区，所以扣 2 分
		拆除二次绕组引线，使器身与底座脱离	无损伤		器身与底座脱离不做记录扣 2 分
	2.3	内部检查 检查一、二次绕组表面清洁状况	表面洁净，无油垢、砂粒及金属粉末		发现脏污时，不用泡沫塑料或合格的绝缘油清洗掉积集或粘附在绕组表面上的油垢、砂粒、金属粉末等异物扣 3 分
		检查一、二次绕组外包布带状况	应紧固、无破损及松脱		不检查或发现损坏松脱时不重新包扎好扣 3 分
		检查所有二次绕组引线状况	引线应焊接牢固		不检查或发现断路、接触不良，不进行处理扣 3 分
		检查链型一次绕组三叉口绝缘状况	三叉口处绝缘无损坏、开裂，外包布带紧固		不检查或发现开裂破损时，不按原绝缘进行绕包处理扣 3 分
		检查链型一、二次绕组相链部分的主绝缘状况	相连部分主绝缘良好，无放电、损伤		不检查或发现损伤放电而不查明原因及处理扣 3 分
		检查 U 形一次绕组拼腿处的绝缘状况	拼腿处绝缘良好，无损伤		不检查或发现损伤不解开亚麻绳或玻璃粘带，重新进行绝缘处理扣 3 分
		检查 U 形一次绕组底部绝缘状况	绝缘无臃肿、受潮及放电		不检查或查明原因不处理扣 2 分
		检查 U 形一次绕组的紧固装置	木垫块、亚麻绳子及各部卡箍支撑条处于完好的紧固状态，无损坏		不检查或发现有松脱，不调节电木螺杆上螺母并紧固扣 2 分

续表

	序号	项目名称	质量要求	满分	得分或扣分
评分标准	2.3	检查U形一次绕组电容零屏及末屏状况	引线焊接牢固		不检查或发现脱焊、断路不处理扣2分
		检查U形器身支架及链型二次绕组支座情况	无变形、损坏		不检查或发现损坏变形，不进行校正处理扣2分
	2.4	零部件的检修 a 金属膨胀器储油柜的检修			
		检查膨胀节内情况	洁净、无异物		不检查或发现异物不清除，不放在干燥箱内烘干扣1分
		检查膨胀节焊缝	无开裂		发现开裂不进行补焊扣1分
		检查波纹式金属膨胀器的油位计，检查外罩及顶盖情况	完整无损，各部密封良好、无变形、无锈蚀		不检查，不更换密封垫扣1分；发现严重变形、锈蚀不用手锤进行处理扣1分
		检查温度指示传动机构	应灵活可靠，无锈蚀、卡死		不检查或发现问题又不处理扣1分
		检查柜体法兰密封面，柜体内情况	无机械损伤，柜内及密封面洁净，无油垢		不检查法兰密封面是否清洁平整、柜内是否清洁，不用清洁材料清洗柜内油垢、封面油垢扣1分
		检查电木板联板、角形接线柱、软接紫铜片	柜内零部件无过热、烧损现象		不检查或发现过热不更换处理扣1分
		检查P1、P2、C1、C2套管情况	完好、无损伤、密封良好		不检查，损坏不更换，引出端子的密封胶垫密封不好不更换扣1分

续表

	序号	项目名称	质量要求	满分	得分或扣分
评分标准	2.4	检查P1、P2、C1、C2端子板	光滑平整，表面无氧化膜		不检查有无过热、烧损、氧化膜存在，有问题不处理扣1分
		检查P1端子绝缘垫	绝缘应良好		不检查，有问题不处理扣1分
		b 瓷箱的检修			不检查此项扣1分
		检查瓷裙情况	无破碎及裂纹		
		检查瓷箱内情况	洁净、无残油附在箱壁上		不检查，发现脏污不知用泡沫或绸布擦干净扣1分
		检查瓷箱两端的密封面	平整、辐向无沟痕		不检查密封面情况和辐向是否有沟痕扣1分
		c 油箱及底座的检修			
		检查油箱及底座	无变形、无渗漏点		发现焊缝渗漏不进行处理扣1分
		清除油箱及底座内外油垢及灰尘	内外洁净，箱内无残油		不用泡沫或绸布擦拭干净扣1分
		检查二次套管	洁净、无损坏		损坏不更新，脏污处不处理干净扣1分
		更换二次套管所有密封胶垫	套管与箱底密封良好		不更换密封胶垫扣1分
		检查放油门油门芯子及外罩丝扣，检查放油管	完整、密封良好，放油管路畅通、无堵塞		不更换油门罩的密封胶垫扣1分；不检查放油管路扣1分；不清除沉积存水，管路不畅通扣1分

续表

	序号	项目名称	质量要求	满分	得分或扣分
评分标准	2.4	检查二次接线盒内的绝缘板、检查二次接线端子上的螺栓、螺母、垫片端子标志是否齐全，二次套管及二次引线排列是否相对应	电木板清洁无破损，二次端子排列整齐，端子上的螺母、垫片齐全，标志正确		不检查或绝缘板受潮不干燥，破损不更换扣1分；螺栓、螺母、垫片不齐全不补齐扣 1 分；端子对接标志不全、二次套管及二次引线排列不相对应扣 1 分
		检查油箱及底座上铭牌	牢固、与产品相符		不检查扣1分
		d 机械紧固件的检修			
		储油柜及油箱底座上的压圈垫铁、夹件以及各种紧固螺栓、螺母均应用汽油浸泡	洁净，无油垢、锈蚀		不检查，不用汽油浸泡，不清除上面的油垢扣1分
		检查螺栓、螺母	经套扣处理后的螺栓基本恢复正常，能满足机械紧固的要求		不对螺扣损坏的螺栓、螺母更换或重新套扣处理扣1分

续表

	序号	项目名称	质量要求	满分	得分或扣分
评分标准	3	安全文明工作		7	
	3.1	填写检修记录或大修报告	齐全、正确		正确不会填写或填写不齐全扣1分
	3.2	清理现场，向运行人员交待检修内容、项目	符合安全工作规程		不清理现场，向运行人员交待不清楚扣1分
	3.3	安全文明	执行安全工作规程、检修工艺导则，环境清洁，物品摆放整齐、不乱，无野蛮作业		每违反安全工作规程一次扣1分；违反检修工艺扣2分；现场环境脏、乱、差扣1分
	3.4	办理工作票终结手续	符合安全工作规程		不会办理工作票结束扣1分 注：野蛮作业，出现人身设备事故取消考核

行业：电力工程　　　　工种：变电检修　　　　等级：中/高

编　号	C43B027	行为领域	e	鉴定范围	2
考核时限	80min	题　型	B	题　分	100（30）
试题正文	隔离开关本体的拆卸及绝缘子的检查				
需要说明的问题和要求	1. 鉴定基地 2. 现场闲置设备，做好安全措施 3. 配合二名工人 4. 以 GW4—35/110 型隔离开关为例				
工具、材料、设备场地	GW4—35/110 型刀闸一组、吊车一台、专业作业车（台）、检修电工工具、起吊用具、绳索、虎钳、锉刀、钢丝刷、消耗性材料（导电膏、凡士林、汽油、砂布、毛巾）				

评分标准	序号	项目名称	质量要求	满分	得分或扣分
	1	检修前准备		7	
	1.1	着装、工具、材料、机具、备品、备件	着装合理，工具、材料、备品、备件齐全、合格		每缺少一件工具、材料影响检修扣 1 分；着装不符合要求影响人身安全扣 2 分
	1.2	检修技术资料	包括运行缺陷记录，大修报告，检修工艺规程，大修安全技术措施；编制工序工艺标准卡并经审核		每缺少一件技术资料影响检修扣 2 分；未编制工序工艺标准卡并送审扣 2 分
	1.3	办理开工手续	正确办理工作票、履行开工手续，复核安全措施		不办理工作票、履行开工手续扣该项全部分数 7 分 不了解工作票内容和现场安全措施扣 1 分
	2	设备停电后外部检查及测试		6	
	2.1	存在问题的检查	根据存在缺陷检查		有缺陷不检查扣 2 分
	2.2	手动操作进行检查	对主刀闸、接地刀闸进行分、合闸三次操作		不仔细观察各运动部分动作情况，做好记录扣 2 分

续表

	序号	项目名称	质量要求	满分	得分或扣分
评分标准	2.3	解体检修前需要确定测量项目	做好记录		解体检修前该测量项目不测量、不做记录扣2分
	3	本体部件的拆卸		68	
	3.1	整体分解断开电源	机构内电动机电源，有关电气连锁电源，保护回路二次电源		不知断开哪些电源扣2分；少断一个熔断器或电源扣1分
		拆卸连接导线	导电接触面保护措施及连接引流线固定好		不用绳索固定缓慢放下引流线扣1分；导电接触面不保护好扣1分
		拆卸三相主刀闸水平连杆及铜套，主刀闸处于开合闸位置	不损伤		不会拆卸主刀闸相间水平拉杆扣2分
		拆卸同相水平拉杆及铜套	不损伤		不会拆卸同相水平拉杆及铜套扣2分
		拆卸主刀闸拉杆	不损伤		不会拆卸主刀闸拉杆扣2分
		拆卸垂直连杆	不损伤		不会拆卸垂直连杆扣2分
		拆卸操动机构主轴上法兰	不损伤		不会拆卸敲出紧固锥销扣2分
		拆卸连接法兰套及主轴拐臂	不损伤		不会拆卸连接法兰套及主轴拐臂扣2分
		固定接地开关导电管，拆卸接地刀闸水平连杆	不损伤		拆卸接地刀闸水平连杆方法不对扣2分
		拆卸接地开关的拉杆垂直连杆	不损伤		不会拆卸接地开关拉杆，垂直连杆扣2分

续表

	序号	项目名称	质量要求	满分	得分或扣分
评分标准	3.1	拆卸接地开关的连接法兰拐臂及机构输出轴上的法兰	不损伤		不会拆卸接地刀闸的连接法兰拐臂及机构输出轴上的法兰扣3分
	3.2	主刀闸及接地刀闸的拆卸			
		在底座槽钢两端挂好起吊绳，用起吊工具使起吊绳受微力	绑扎牢固，方法正确，其导电连接的接触面有防止损伤措施		不会绑扎绳扣，绑扎地点不对扣4分；起吊前不使吊绳轻微受力扣3分；导电连接接触面无防止损伤措施扣3分；起吊方法不正确扣4分
		松开底槽钢与基础相连的螺栓，检查主刀闸重心与起吊点是否相对应，绑扎好牵引绳子	主刀闸重心与起吊点对应；在绝缘子上端第三裙与挂钩间绑扎牵引绳		不会绑扎牵引绳扣3分
		将主刀闸系统平稳地吊至地面	无损伤，无倾倒		吊起过程无防损伤、落下无防倾倒措施扣5分
		拆下固定接线座装配及触头臂触指臂装配	无损伤		拆下方法不对扣3分
		拆下绝缘子及轴承座装配，分相存放	无损伤，绝缘子放置平稳，有防止碰撞措施，有原安装位置的标记或编号		不分相存放扣2分；不对导电接触面做好防护措施扣2分；起吊绝缘子绑扎方法不对扣2分；不会拆下绝缘子及轴承座装配扣3分；无原来安装位置标记或标记乱扣3分；无防碰撞措施或乱存放扣2分

续表

	序号	项目名称	质量要求	满分	得分或扣分
评分标准	3.2	拆下接地软铜导电带	无损伤		不会拆下扣 2 分
		将接地刀闸支架与底座槽钢分离	无损伤		不会分离扣 3 分
	4	绝缘子检查		12	
	4.1	检查外观	无破损、裂纹		不会检查或损坏不更换扣 2 分
	4.2	检查绝缘子瓷件与法兰浇装情况，检查铁法兰	浇装处无裂纹、无松动，填料无脱落、无裂纹		不会检查或松动脱块不会修补扣 2 分；不检查裂纹，铁、瓷间填料脱落松动不更换扣 2 分
	4.3	检查上下铁法兰螺孔情况	螺孔螺纹完好，无锈蚀，孔内无杂物		不知检查内容扣 1 分 不用丝锥套攻扣 1 分 不清除灰尘、铁锈孔内不涂满黄油，不刷防锈漆扣 1 分；螺纹损坏严重不更换扣 1 分
	4.4	清洗绝缘子表面	表面清洁		不会用水清洗剂清洗抹干扣 2 分

续表

	序号	项目名称	质量要求	满分	得分或扣分
评分标准	5	安全文明工作		7	
	5.1	填写检修记录	齐全、正确		填写不规范或有错误扣1分
	5.2	向运行人员交待检修内容、项目	按安全工作规程办理		向运行人员交待不清楚，不清理现场扣1分
	5.3	安全文明	严格执行安全工作规程、检修工艺，环境清洁，无野蛮作业		每违反安全规程一次扣1分；违反检修工艺规程扣1分；环境脏、乱、差扣2分
	5.4	办理工作票终结手续	按安全工作规程办理		不会办理工作票结束扣1分 注：野蛮作业，出现人身及设备事故取消考核

行业：电力工程　　　　工种：变电检修　　　　等级：中/高

<table>
<tr><td>编　号</td><td>C43B028</td><td>行为领域</td><td>e</td><td>鉴定范围</td><td>3</td></tr>
<tr><td>考核时限</td><td>100min</td><td>题　型</td><td>B</td><td>题　分</td><td>100（30）</td></tr>
<tr><td>试题正文</td><td colspan="5">CY5 型液压机构管路元件的检修及调整</td></tr>
<tr><td>需要说明的问题和要求</td><td colspan="5">1. 鉴定基地
2. 现场闲置设备，做好安全措施
3. 配合一名工人
4. 可结合现场实际设备的情况，进行相应的考核
5. 以 SW2—110 型断路器为例</td></tr>
<tr><td>工具、材料设备场地</td><td colspan="5">SW2—110 型断路器、CY5 型液压机构一台
按检修工艺导则配备工器具、专用工具、备品、备件、材料</td></tr>
<tr><td rowspan="7">评分标准</td><td>序号</td><td>项目名称</td><td>质量要求</td><td>满分</td><td>得分或扣分</td></tr>
<tr><td>1</td><td>检修前准备</td><td></td><td>6</td><td></td></tr>
<tr><td>1.1</td><td>着装、工具、仪表、专用工具、备品、备件、材料</td><td>合理、齐全、合格</td><td></td><td>每缺少一件工具、仪表、材料影响检修扣 1 分；着装不符合安全规定扣 1 分</td></tr>
<tr><td>1.2</td><td>技术资料</td><td>包括运行中缺陷记录，检修安全和技术组织措施，技术记录表格，检修报告，检修工艺导则；编制工序工艺标准卡并经审核</td><td></td><td>检修必备资料每缺少一件扣 1 分；未编制工序工艺标准卡并送审扣 2 分</td></tr>
<tr><td>1.3</td><td>办理工作票开工手续</td><td>正确办理工作票、履行开工手续，复核安全措施</td><td></td><td>不办理工作票、履行开工手续扣该项全部分数 6 分
不了解工作票内容和现场安全措施扣 1 分</td></tr>
<tr><td>2</td><td>停电后液压机构检查及准备</td><td>（接某项检修后进行此项目，可以口述进行）</td><td>8</td><td></td></tr>
<tr><td>2.1</td><td>装设工作台（检查项目）</td><td>牢固、可靠</td><td></td><td>不检查或不可靠扣 1 分</td></tr>
</table>

续表

	序号	项目名称	质量要求	满分	得分或扣分
评分标准	2.2	检查液压机构工作状况、渗漏情况	无泄漏		手动、电动操作两次，检查液压机构工作情况，存在问题不进行检查扣 2 分；不检查渗漏情况扣 1 分
	2.3	释放高压油	断开电源，压力为零		不断开电动机电源取下保险器扣 1 分；不将高压放油阀打开，将压力放至零扣 1 分
	2.4	放油	将低压液压油放净		不打开低压放油阀将液压油放净扣 1 分
	2.5	拆下油管	不损伤		不松开机构中有关油管的接头螺帽，拆下高低压油管扣 1 分
	3	管路连接及机构箱注油	（此项工作在液压机构本体检修后进行）	22	
	3.1	将机构箱清洗干净，清除滤油器的脏物	油箱、滤油器等清洁		不用液压油清洗干净扣 1 分；不清除滤油器中的脏物扣 1 分
	3.2	装回工作缸分合闸高压释放阀、油泵、电动机、分合闸阀和贮压筒等	按原来位置和装配图进行复位		不会安装工作缸分合闸高压释放阀、油泵、电动机分合闸阀和贮压筒元件各扣 1 分
	3.3	管路连接检查及其连接管情况	卡套无卡伤、变形和开裂		不会检查连结管路扣 2 分；不检查各连接管有无卡伤和锈蚀情况扣 1 分；不按质量要求检查管路接头、卡套螺母扣 2 分
	3.4	检查管接头卡套螺母的配合情况	卡套前部露出管的长度不超过 10mm		管路连接时各管接头螺丝处及卡套表面不涂凡士林油每一处扣 1 分；接头插入后不检查管路是否卡劲、不用手将螺帽带紧后再用扳手拧紧扣 2 分；不检查接头卡套螺母配合情况扣 2 分

续表

	序号	项目名称	质量要求	满分	得分或扣分
评分标准	3.5	调试工作结束再检查和紧固	无泄漏		管路连接紧固、调试结束后，不检查各处螺母连接情况扣2分
	3.6	机构箱注油	油箱无渗漏，油位在油标合格范围内		注油前不检查油箱有无渗漏油扣2分；不注入合格10号航空液压油扣2分；注油时不用200目铜丝布再铺上1～2层绸布进行过滤扣1分；不检查注油情况扣2分
	4	电气元件检修		23	
	4.1	微动开关 检查各微动开关，检查微动开关滚子与活塞杆接触情况	开关接点动作灵活，贮压筒活塞杆压着滚子后，应留有1～2mm剩余行程		不检查微动开关动作情况扣1分；不检查滚子与活塞杆接触是否可靠，位置是否适当扣2分；没有剩余行程扣1分
		校验微动开关位置与压力值对应情况	满足要求		不同压力值对应不同微动开关位置，不进行校对、校验扣2分
	4.2	辅助开关 检查辅助开关的切换动作情况	灵活、正确		不检查辅助开关的切换动作情况扣1分
		检查接点情况	无烧伤		不检查接点是否良好，有轻者烧伤不会用0号砂布处理扣2分
	4.3	检查接触器	无烧损，接点动作灵活，同期差不应过大。接点弹片的弹性良好		不检查接点动作灵活和同期情况扣1分；不检查接点弹片弹性，线圈情况扣1分
	4.4	检查压力表及电接点压力值校验	电接点压力表动作准确，对压力表进行校整，偏差不超过3%		不检查压力表、不进行校验扣1分；不会利用制造厂提供的专用工具，对压力表的压力值进行校对，发出信号扣2分

续表

	序号	项目名称	质量要求	满分	得分或扣分
评分标准	4.5	加热器及温度继电器检查	加热器在0℃投入，12℃时切除加热器两个，每个电阻值为60～90Ω		不会按质量要求检查加热器、温度继电器扣2分；不会用500V绝缘电阻表测量绝缘电阻扣1分
	4.6	检查二次线端子排	接触面无烧伤，端子紧固，绝缘良好，绝缘电阻＞1MΩ		不会按质量要求检查二次线端子排情况扣1分；不测量绝缘电阻扣1分
	4.7	电气控制回路检查	完整，控制回路相互动作配合正确，绝缘良好，1000V绝缘电阻表测绝缘电阻≥1MΩ		不会检查控制回路的动作情况扣2分；不测量绝缘电阻扣2分
	5	液压机构的调整		34	
	5.1	起动电压的试验与调整	起动电压的标准值为30%～65%额定电压		不会进行起动电压试验接线扣3分；不知利用改变分合闸电磁铁铁芯顶杆的长短来调整扣2分；缩短顶杆，动作电压下降，反之升高，此项不会扣2分；顶杆缩太短反而电压升高而不能分合闸，又影响分合闸时间，不会综合考虑扣3分
	5.2	分、合闸时间及同期性调整 分、合闸时间的测量	固有分闸时间≤0.045s 合闸时间≤0.2s		不会进行分、合闸时间测量接线扣2分；不会利用测试设备测量时间扣1分；不会测量同期性扣1分
		分、合闸时间的调整	调整之前必须使行程、超行程的数值在合格值之内，并排除油管路中的气泡。缩短顶杆，时间缩短，加长顶杆，时间增长；截流阀口大，时间短，反之慢		不会先操作几次或使油箱的油位低于二级阀的泄油孔扣2分；不知可借助调整合闸、分闸阀电磁盘铁的顶杆长短来调整合闸时间、固有分闸时间扣2分

续表

	序号	项目名称	质量要求	满分	得分或扣分
评分标准	5.2				不会调整截流阀阀口的大小扣 1 分；不清楚改变截流阀阀口大小对速度有影响扣 1 分；阀口调的过大或过小时不再校核分、合闸速度扣 2 分；不清楚分、合闸阀电磁铁的顶杆长短对时间、起动电压有影响扣 2 分；不会使用电磁振荡器测速工具扣 1 分
	5.3	速度调整	刚合速度 4±0.6m/s，刚分速度 5.5±0.8m/s，最大分闸速度 8±1m/s		不会接线测量速度扣 3 分；不会看图计算速度扣 3 分；不会利用改变截流阀阀口大小改变速度扣 3 分
	6	安全文明工作		7	
	6.1	填写检修记录	齐全、正确		填写不规范或有错误扣 1 分
	6.2	向运行人员交待检修内容、项目	按安全工作规程办理		向运行人员交待不清，不清理现场扣 1 分
	6.3	安全文明	严格执行安全工作规程、检修工艺，环境清洁，无野蛮作业		每违反安全规程一次扣 1 分；违反检修工艺规程扣 2 分；环境脏、乱、差扣 1 分
	6.4	办理工作票终结手续	按安全工作规程办理		不会办理工作票结束扣 1 分 注：野蛮作业，出现人身及设备事故取消考核

行业：电力工程　　　工种：变电检修　　　等级：中/高

编　　号	C43B029	行为领域	e	鉴定范围	3
考核时限	120min	题　　型	B	题　　分	100（30）
试题正文	少油断路器的解体和灭弧单元检修				
需要说明的问题和要求	1. 鉴定基地 2. 现场闲置设备，做好安全措施 3. 配合二名工人 4. 不包括组装灭弧单元 5. 以SW6—220型断路器为例				
工具、材料设备场地	SW6—220型断路器一台，按检修工艺导则，配备工器具、起重工具、专用工具、材料、备品备件，现有工作架（台）				

评分标准	序号	项目名称	质量要求	满分	得分或扣分
	1	检修前准备		6	
	1.1	着装、工器具、专用工具、材料、备品备件	合理、齐全、合格		着装不符合检修安全扣1分；不按检修工艺配备工器具、起重工具、专用工具、材料、备品备件，每少一件扣1分
	1.2	技术资料	包括运行缺陷记录、检修报告、检修记录、检修工艺导则、检修安全技术组织措施；编制工序工艺标准卡并经审核		每缺少一件必备技术资料影响检修扣1分；不清楚检修项目和内容扣1分；未编制工序工艺标准卡并送审扣2分
	1.3	办理工作票开工手续	正确办理工作票、履行开工手续，复核安全措施		不办理工作票、履行开工手续扣该项全部分数6分 不了解工作票内容和现场安全措施扣1分
	2	停电后外部检查及试验		5	
	2.1	断路器本体外部检查	无漏项并记录		不对瓷套、各部密封、基础、接地进行检查，不做记录扣1分

续表

	序号	项目名称	质量要求	满分	得分或扣分
	2.1	操动机构检查			不对各部件是否有变形、各可调部位是否有变动、合闸保持弹簧是否合格进行检查各扣1分 不检查各部位是否有渗漏，不进行手动、电动分、合闸操作检查扣1分
	2.2	试验 切断控制电源，使断路器处于分闸位置（此项内容口述）	项目全（此项内容口述）		讲述测量开关的行程、超行程、分合闸时间和速度，测量导电回路电阻，测量油泵打压时压力表电接点及检查微动开关动作情况和进行慢分试验，每少做一项扣1分
	2.3	检查专用工作架	牢固、稳定		不检查扣1分
评分标准	3	断路器的解体		33	
	3.1	拆下引线，断开机构操作电源，使断路器处于分闸位置	不损伤引线接触面		不用绳索固定引流线，不会拆引线，操作电源未断开，断路器在合闸位置各扣1分
	3.2	放油，释放机构压力	油收存好，不能混装		不会打开底座放油阀及灭弧室放油阀放出绝缘油扣1分；不会拧开机构高压放油阀释放压力扣1分
	3.3	起吊中间机构箱及灭弧单元			
		拴好吊绳轻轻收紧	中间机构箱连同灭弧单元吊下后，放置应平稳牢固，有防止倾倒措施		不会拴吊绳和轻轻收紧扣2分；绑扎方法不对扣2分
		将提升杆与中间机构脱离	不损伤		不会拆开中间机构箱及手孔盖板，不会拆开口销、垫圈滚子、轴套、垫圈抽出提升杆与直线机构的连接轴扣3分

续表

	序号	项目名称	质量要求	满分	得分或扣分
评分标准	3.3	拆下中间机构箱与上瓷套连接的螺栓	无损伤		不会将中间机构箱与上瓷套连接的螺栓拆除扣 2 分
		拆上、下法兰	无损伤		不扶好，上法兰掉下扣 2 分；起吊时不注意拉绳，不平稳放在木板上，没有防倾倒措施扣 2 分；不会抽出上法兰卡箍弹簧扣 2 分
		拆下提升杆	无损伤，用塑料布捆好，吊置在干燥室内		不会打开底座手孔盖，抽出主拐臂与提升杆的连接轴，从上瓷套的上端抽走提升杆扣 2 分；提升杆端头碰损瓷套内壁扣 1 分；不按质量要求保存提升杆扣 2 分
		拆上、下瓷套橡皮垫，卡箍弹簧，中间法兰	方法对、无损伤		不会用吊绳绑好上瓷套，慢慢收紧扣 3 分；不会松开中间法兰连接螺栓吊起上瓷套并吊放在平稳地方扣 2 分；不会取下橡皮垫，扶好中间法兰抽出卡箍弹簧，取下中间法兰扣 2 分
		拆下下瓷套	无损伤		不会用同样方法将下瓷套拆下吊放在平稳处扣 3 分
	4	灭弧单元检修		50	
	4.1	分解灭弧单元			
		a 分解前的准备			不知道检修场地要求扣 1 分；不铺好洁净的塑料布或橡皮板扣 2 分；风沙天气不把零件放在室内扣 1 分
		b 分解			

续表

	序号	项目名称	质量要求	满分	得分或扣分
评分标准	4.1	拆除并联电容器			不会拆掉并联电容器扣1分 不会卸下铝帽盖上螺丝、上盖板上的螺母、不会拧出通气管扣3分
		取下铝盖帽、上盖板、通气管	无损伤		不会用套筒扳手拧开静触头螺栓扣1分
		取出静触头	无损伤		不会用专用工具旋下铜压圈扣1分；不会用专用工具取出灭弧片装配调节垫、下衬筒扣2分；不会用专用工具松开铁压圈上帽及螺丝，不扶好铝帽及瓷套扣2分
		拆除铜压圈、上衬筒灭弧片装配调节垫和下衬筒	方法正确；无损伤		不会用专用工具拧铝法兰、取出铝压圈铝帽，将玻璃钢筒拧下，扣2分
		分解玻璃钢筒及铝帽	方法正确；无损伤		
	4.2	拆下导电杆导电板	无损伤		不会松开导电杆的锁紧螺母、拧出导电杆，卸下导电板扣2分
		卸下铝法兰，中间触头毛毡垫	方法正确；无损伤		不会拧开铝法兰螺栓，卸下铝法兰扣2分；不会用扳手将中间触头的固定螺栓拧下、取下中间触头扣3分；不会松开下铝法兰下侧螺栓、取出毛毡垫扣2分
		检修灭弧室			
		清洗各绝缘件	清洁		不用合格的绝缘油清洗干净扣2分

续表

	序号	项目名称	质量要求	满分	得分或扣分
评分标准	4.2	检查处理灭弧片	灭弧片烧伤严重更换		不检查处理灭弧片，轻微烧伤碳化部分不会用 0 号砂布处理或用刮刀修整扣 2 分；用刮刀修整不涂三聚氰胺清漆扣 2 分；严重烧伤不更换扣 2 分
		检查灭弧片中心孔的直径	第一片中心孔直径扩大到 36（28）mm、其他各片中心孔扩大到 34（26）mm 应更换		不检查灭弧片中心孔的直径是否满足质量要求，不合格的不更换扣 2 分
		检查处理各绝缘件及大绝缘筒	大绝缘筒施加 40kV 直流电压泄漏电流不超过 5μA，干燥时，各绝缘件应做好防变形措施，干燥后，各绝缘件应做泄漏试验，绝缘电阻≥5000MΩ		不检查有无损坏、起层、裂纹和受潮扣 2 分；不对玻璃钢筒和提升杆表面用 0 号砂布将绝缘漆磨去，用合格绝缘油清洗干净扣 2 分；不将处理的玻璃钢筒和提升杆放入干燥室内进行烘干扣 2 分；不会烘干处理（烘干温度 90～100℃，时间不小于 8h，升温时间每小时 10℃左右）扣 2 分；48h 取出冷却，不测量绝缘电阻是否合格，不涂两遍环氧绝缘漆再烘干扣 2 分 对灭弧片和酚醛胶纸绝缘材料干燥前不清洗干净扣 2 分；不会干燥或在温度 80～90℃时，取出后不立即放入合格的绝缘油中扣 2 分
		灭弧片耐压试验	试验标准，第一片为 42kV，其余均为 30kV		不试验扣 1 分

续表

	序号	项目名称	质量要求	满分	得分或扣分
评分标准	5	安全文明工作		6	
	5.1	填写检修记录	齐全正确		填写不规范或有错误扣1分
	5.2	向运行人员交待检修内容、项目	符合安全工作规程		不清理现场，向运行人员交待不清楚扣1分
	5.3	安全文明	遵守安全工作规程、检修工艺，环境清洁，无野蛮作业		每违反安全工作规程一次扣1分；违反检修工艺扣1分；环境脏、乱、差扣1分
	5.4	办理工作票终结手续	遵守安全工作规程		不会办理工作票结束扣1分 注：野蛮作业，出现人身及设备事故取消考核

行业：电力工程　　　　工种：变电检修　　　　等级：中/高

<table>
<tr><td>编　号</td><td>C43B030</td><td>行为领域</td><td>e</td><td>鉴定范围</td><td>3</td></tr>
<tr><td>考核时限</td><td>90min</td><td>题　型</td><td>B</td><td>题　分</td><td>100</td></tr>
<tr><td>试题正文</td><td colspan="5">单元式电容器及其熔断器事故后的更换</td></tr>
<tr><td>需要说明的问题和要求</td><td colspan="5">1. 鉴定基地
2. 现场闲置设备，做好安全措施
3. 以 10kV 电容器为例</td></tr>
<tr><td>工具、材料、设备场地</td><td colspan="5">单元式电容器，熔断器，常用电工工具，万用表，裸铜线</td></tr>
</table>

<table>
<tr><td rowspan="6">评
分
标
准</td><td>序号</td><td>项目名称</td><td>质量要求</td><td>满分</td><td>得分或扣分</td></tr>
<tr><td rowspan="3">1</td><td>工作前准备</td><td>着装、工器具齐全、合格</td><td rowspan="3">30</td><td>着装不合格扣 3 分，工器具不齐扣 3 分</td></tr>
<tr><td rowspan="2">办理开工手续</td><td>万用表显示正常
产品说明书，检修工艺规程齐全、合格，检查电容器、熔断器合格情况格；编制工序工艺标准卡并经审核</td><td>不检查万用表扣 3 分
说明书及工艺规程不齐扣 3 分，不检查电容器、熔断器扣 2 分；未编制工序工艺标准卡并送审扣 2 分</td></tr>
<tr><td>正确办理工作票、履行开工手续，复核安全措施</td><td>不办理工作票、履行开工手续扣该项全部分数 20 分
不了解工作票内容和现场安全措施扣 1 分</td></tr>
<tr><td>2</td><td>电容器及熔断器更换过程</td><td>将裸铜线一端牢固接在接地扁铁上，将裸铜线另一端依次触碰电容器两侧接线端，直到放电完毕
松开电容器两侧接线端螺栓，工作时防止熔断器弹簧弹开伤人；
松开熔断器固定螺栓，取下熔断器
用万用表检查熔断器</td><td>50</td><td>不清楚如何放电扣5分，不能完全放电扣 10 分
熔断器弹簧弹开伤人扣 5 分
不清楚如何检查熔断器扣 5 分
不清楚如何检查电容器扣 5 分
不选用合适的工具扣 3 分</td></tr>
</table>

续表

	序号	项目名称	质量要求	满分	得分或扣分
评分标准	2		用万用表检查电容器		不采用正确方法扣2分
			拆下损坏的电容器 将新电容器安装在支架上		不采用正确方法，弹簧角度和紧力不正确扣5分
			安装熔断器		不恢复连线扣10分
	3	安全文明工作，办理工作结束		20	
			清理现场，向运行人员交待		不清理现场，向运行人员交待不清楚扣2分
			做好检修记录		不做检修记录扣2分
			严格执行安全工作规程，检修工艺规程，无野蛮作业		不严格执行安全工作规程，检修工艺规程扣2分，现场脏、乱、差扣2分
			办理工作票终结手续		不办理工作结束手续扣2分

行业：电力工程　　工种：变电检修　　等级：高

<table>
<tr><td>编　号</td><td>C03B031</td><td>行为领域</td><td>c</td><td>鉴定范围</td><td>3</td></tr>
<tr><td>考核时限</td><td>120min</td><td>题　型</td><td>B</td><td>题　分</td><td>100（30）</td></tr>
<tr><td>试题正文</td><td colspan="5">电流互感器事故后检查及更换</td></tr>
<tr><td>需要说明的问题和要求</td><td colspan="5">1. 鉴定基地
2. 现场闲置设备，做好安全措施
3. 配合4名工人
4. 以110kV（63kV）电流互感器为例</td></tr>
<tr><td>工具、材料、设备场地</td><td colspan="5">110kV电流互感器二台、常用电工工具、公用工具、常用量具，起吊工器具，消耗性材料（导电膏、凡士林、汽油、砂布、毛巾）</td></tr>
<tr><td rowspan="8">评分标准</td><td>序号</td><td>项目名称</td><td>质量要求</td><td>满分</td><td>得分或扣分</td></tr>
<tr><td>1</td><td>检修前准备</td><td></td><td>7</td><td></td></tr>
<tr><td>1.1</td><td>着装、工具、材料、起吊工器具、仪表</td><td>防护合理、齐全、合格</td><td></td><td>着装影响检修安全扣1分；工具、材料、仪表、每少一件扣1分；影响起重进行的起吊工器具缺少一件扣1分</td></tr>
<tr><td>1.2</td><td>检修技术资料</td><td>包括运行中缺陷记录，技术档案，检修工艺，事故抢修、更换施工组织安全技术措施</td><td></td><td>不了解缺陷扣1分；无技术档案，无法进行电流互感器更换扣1分；不了解安全技术组织措施内容扣1分</td></tr>
<tr><td>1.3</td><td>办理开工手续</td><td>正确办理工作票、履行开工手续，复核安全措施</td><td></td><td>不办理工作票、履行开工手续扣该项全部分数7分
不了解工作票内容和现场安全措施扣1分</td></tr>
<tr><td>2</td><td>检查互感器</td><td></td><td>6</td><td></td></tr>
<tr><td>2.1</td><td>事故设备外观检查</td><td>检查全面、能够发现缺陷</td><td></td><td>不进行外裂检查扣1分；绝缘套严重损坏，大量漏油至无油但未发现扣1分；不能或不会鉴定报废设备扣1分</td></tr>
</table>

续表

	序号	项目名称	质量要求	满分	得分或扣分
	2.2	检查新的电流互感器	技术指标符合要求，即电气装置安装工程施工及验收规范、检查工艺质量标准		不检查变比、极性、电压等级、伏安特性扣1分；不进行绝缘试验，不检查绝缘油、化验合格证扣1分；不进行外观检查、渗漏检查、瓷质部分检查，不检查铭牌及防腐等情况检查，每少一项扣1分
评分标准	3	起吊准备		20	
	3.1	选好起重工器具，选好地锚	按技术措施，根据互感器构架高度（2.5m）、本体高度（1.2m）、重量1000kg，验算起重设备承受的力		不会验算起重设备扣1分，不清楚技术措施和施工草图扣1分，不会选起重设备如：扒杆长度和粗细，钢丝绳，滑轮，电绞磨，地锚，每项扣1分
	3.2	检查起吊设备：扒杆、电绞磨、钢丝绳及绳套、滑轮、大小绳等	要完全符合安全技术措施所规定的强度和质理要求 （若使用吊车，则需要对吊车、吊绳、吊环检查）		不检查长度为5.5m，稍径200mm的红松扒杆木质情况扣1分；不检查2～3t电绞磨，4分钢丝绳、2t定滑轮、双滑轮、地锚等情况，每一项扣1分；扒杆、钢丝绳、滑轮、大小绳、吊钩等有损伤，不满足起重工艺质量要求，每项扣1分；滑轮与钢丝绳不匹配扣2分；扒杆、钢丝绳、大小绳在起吊过程中与带电设备的安全距离不够或不考虑扣2分；滑轮轴不加油、钢丝绳绕在绞磨的鼓轮圈数不够扣2分；（不检查吊车、吊绳、吊环等扣2分）
	3.3	会组立人字扒杆	满足施工草图要求		扒杆柱脚地面不垫牢、底部不对齐，根部钢丝绳绑不好扣2分；顶部不会结绳子扣和倒扣，不知缠绕圈数，分叉大于30°，扣2分；固定滑轮钢丝绳套方向不对，两挣绳（缆风绳）、锚绳引出不对，磨与立杆相距8m以内扣2分，不会组立扒杆扣2分

续表

	序号	项目名称	质量要求	满分	得分或扣分
评分标准	4	拆除事故互感器		16	
	4.1	拆除互感器一、二次引线	无损伤，二次引线标记正确		一次引线不用绳索固定缓慢松下扣1分；接触面无防护措施扣1分；二次引线拆卸前不核对标记或无标记扣1分；损伤设备线夹、导线扣1分
	4.2	起吊旧互感器	不损伤新的互感器，安全吊下，按起吊工艺进行（必须系防倾斜绳）		起吊过程受力不均匀，有倾斜，固定螺母受力松下扣1分；不按起吊工艺将互感器吊下，不能保持平稳，大绳没有足够长度，对地面或汽车有冲击扣1分；摆放位置不利于搬运扣1分；吊绳不固定在吊环上扣1分；不用四个吊环起吊，无防倾斜措施扣1分；用瓷裙起吊扣3分
	4.3	旧互感器运走	绑扎稳固，运输平稳		直立搬运，在汽车上封车不用四角封牢扣1分；运输倾斜角度＞15°扣1分；不修整运输道路扣1分；速度太快一般超过15km/h扣1分

续表

	序号	项目名称	质量要求	满分	得分或扣分
评分标准	5	安装新的互感器		27	
	5.1	起吊新互感器	人员分工合理，起吊符合工艺质量标准，无损伤，安全吊上（必须系防倾斜绳）		吊绳不固定在吊环上起吊扣1分；不用四个吊环起吊，无防倾倒措施扣1分；用瓷裙起吊扣3分； 高空作业人员操作不符合要求扣1分；起吊指挥人员不熟悉起重方案、方法、安全措施扣2分；人员少于5人、分工不明确扣1分；瓷套上部没绑扎牢固，不会结绳扣2分；钢丝套与瓷瓶间没垫软物包装扣1分 用手扶吊索及扭花，吊钩不对准吊物中心扣1分；无试吊起100mm，静止检查各部受力情况扣1分；地锚无人看守、刹车不检查、绳子牵引方向和导向轮的位置不正确，绞磨前第一个转向滑车与绞磨鼓轮中心不在一个水平面上，绞磨倾斜或悬空，每项扣1分；起吊过程上升不平稳，设备与扒杆有碰撞，重物下有人等每项扣1分
	5.2	新互感器固定	符合安装图纸、工艺质量标准要求		不按图纸技术规范固定互感器扣2分；固定螺栓不全，不符合工艺质量要求扣2分；倾斜、不水平、不垫铁扣1分
	5.3	拆除起吊设备	不损伤设备、不误触带电设备		钢丝绳套拆除时，吊钩误碰设备扣1分；放倒扒杆时伤人及设备　没有严重后果的扣2分；误触带电设备无严重后果扣2分；起重设备不按工艺质量要求整理好扣1分

续表

	序号	项目名称	质量要求	满分	得分或扣分
评分标准	6	检查及试验		15	
	6.1	安装互感器一、二次引流线	接触面接触良好，接线正确，无损伤，符合工艺质量标准		不检查极性，接线端子正确性扣1分；一次引流线设备线夹接触不良，螺栓方向不对，螺栓不全各扣1分；暂不使用的二次线圈不短路，又不接地扣3分；使用的二次线接线端子标记不对，不清，接错扣2分；互感器外壳，电容型绝缘的电流互感器其一次线圈末屏的引出端子及铁芯引出线接地端子不接地扣1分
	6.2	外观检查及试验	符合检修工艺质量标准及验收规范的要求，设备具备运行条件		瓷质、密封、油位、金属膨胀器及各部螺栓等不检查各扣1分；绝缘试验报告、绝缘油化验报告，各扣1分；无铭牌、产品说明书、合格证、试验记录扣1分；三相引流线安装有区别扣1分；外臂脏污不处理扣1分
	7	安全文明工作		9	
	7.1	填写检修	记录齐全、正确		不齐全、不正确扣1分
	7.2	向运行人员交待检修内容、项目	符合安全工作规程		向运行人员交待不清楚、不清理现场扣2分
	7.3	安全文明	执行安全工作规程及检修工艺，安装、验收规范，环境清洁，无野蛮作业		每违反安全工作规程一次扣1分；违反检修工艺、验收规范、起重工艺扣2分；环境脏、乱、差扣1分
	7.4	办理工作票终结手续	符合安全工作规程		不会办理工作票结束扣1分 注：野蛮作业、出现人身及设备事故取消考核

行业：电力工程　　　　工种：变电检修　　　　等级：高/技师

<table>
<tr><td>编　　号</td><td colspan="2">C32B032</td><td>行为领域</td><td>e</td><td>鉴定范围</td><td>2</td></tr>
<tr><td>考核时限</td><td colspan="2">120min</td><td>题　　型</td><td>B</td><td>题　　分</td><td>100（30）</td></tr>
<tr><td>试题正文</td><td colspan="6">隔离开关的安装与调试</td></tr>
<tr><td>需要说明的问题和要求</td><td colspan="6">1. 鉴定基地，GW7 系列隔离开关
2. 现场闲置设备应做好安全措施
3. 配合二名工人（初级工，同时对初级工进行有关方面考核）（可以同时考核二个等级）
4. 以 GW7—220 型隔离开关为例</td></tr>
<tr><td>工具、材料、设备场地</td><td colspan="6">GW7—220 型隔离开关一组，吊车一台，起吊用具，检修常用电工工具、量具，电压、电流测量用具，高空作业车（台）、消耗性材料（导电膏、凡士林、黄油、砂布、毛巾）</td></tr>
<tr><td rowspan="7">评分标准</td><td>序号</td><td>项目名称</td><td>质量要求</td><td>满分</td><td colspan="2">得分或扣分</td></tr>
<tr><td>1</td><td>安装、调试前准备</td><td></td><td>7</td><td colspan="2"></td></tr>
<tr><td>1.1</td><td>工具、材料、着装、仪表</td><td>工具、材料齐全、着装正确</td><td></td><td colspan="2">每缺少一件工具、材料、仪表影响检修扣 1 分；着装不正确扣 1 分</td></tr>
<tr><td>1.2</td><td>检修技术资料</td><td>包括运行的缺陷记录，上次大修安装报告，检修工艺等
符合安全工作规程；编制工序工艺标准卡并经审核</td><td></td><td colspan="2">每缺少一件检修技术资料影响检修扣 2 分； 未编制工序工艺标准卡并送审扣 2 分</td></tr>
<tr><td>1.3</td><td>办理开工手续</td><td>正确办理工作票、履行开工手续，复核安全措施</td><td></td><td colspan="2">不办理工作票、履行开工手续扣该项全部分数 7 分
不了解工作票内容和现场安全措施扣 1 分</td></tr>
<tr><td>2</td><td>安装调试</td><td></td><td>81</td><td colspan="2"></td></tr>
<tr><td>2.1</td><td>单相主刀闸（接地刀闸）的安装与调试，安装按分解时相反的顺序组装</td><td></td><td></td><td colspan="2"></td></tr>
</table>

续表

	序号	项目名称	质量要求	满分	得分或扣分
评分标准	2.1	组装前，校正每相（三相）底座槽钢，检查水平	底座槽钢平直，水平度较好		不水平又不修理扣2分
		支柱绝缘子与操作绝缘子柱情况检查	同相三个绝缘子均处于同一垂直平面上，三个绝缘子柱的法兰亦安装于一个平面上		稍有偏差，不会在绝缘子下法兰与底座间加垫片调节扣2分
		检查主刀闸装配合闸时导电管与底座槽钢平行情况，动、静触头接触位置，上、下偏差情况	主刀闸导电管在合闸时与底座槽钢平行，合闸后每相两侧动、静触头插入深度基本一致		导电管在合闸时与槽钢不平行又不调整扣2分；两侧动、静触头插入深度不一致扣2分
		检查、调节使两动触头插入静触头深度（间距）一致，符合规定尺寸	符合产品说明书要求		不会调节抱夹与导电杆的相对位置扣1分，不会调整导电管插入中间夹板深度使其达到要求扣2分
		检查同相合闸同期性，稍有偏差可检查两动触头中心与托板中心距是否相同，检查静触头在合闸时与限位螺栓间的间隙	每相两断口间同期差不大于10mm，静触头在合闸时与限位螺钉间隙应为2～3mm		不会用手柄操作，使主刀闸缓慢合闸来检查同期性扣2分；不会检查两动触头中心与托板中心距和限位螺栓间的间隙扣2分；不会调同期性和静触头在合闸时与限位螺栓的间隙扣3分
	2.2	三相主刀闸的联合安装			
		复测隔离开关安装基础	在水平面上		不复测、不会检查扣2分

续表

	序号	项目名称	质量要求	满分	得分或扣分
评分标准	2.2	使用起吊用具，分别将每相隔离开关吊至安装基础上，用地脚螺栓将底座连接于基础上	不损伤零部件，不碰撞周围设备，起吊方法正确，牵引绳受力均匀		损伤零部件、碰撞周围设备扣 4 分；起吊方法不正确，倾斜严重扣 4 分；不会系绳子扣扣 2 分
		检查主刀闸相间距离，各相主刀闸底座槽钢处于同一水平面。主刀闸处于合闸位置时，检查三相主刀闸同侧绝缘子处于同一垂直平面内。三相主刀闸导电管在同一平面，调整合格后拧紧底座与基础相连的地脚螺栓	主刀闸三相底座槽钢在同一水平面。同侧绝缘子在同一垂直面上。三相导电管在同一平面		主刀闸相间距离不等扣 1 分；主刀闸三相底座槽钢不在同一水平面上，又不检查扣 1 分；同侧绝缘子不在同一垂直平面上，又不检查扣 1 分；三相导电管不在同一平面，又不检查扣 1 分；调整合格不固定扣 1 分
		主刀闸处于合闸位置，连接主刀闸相间水平连杆	水平连杆正确，方法对		不清楚在合闸位置连接水平连杆扣 1 分
		连接接地刀闸水平连杆，将接地刀闸导电管与底座软铜导电带连接起来	主刀闸处于分闸位置，接地刀闸杆处于合闸位置，接触良好，完整		接地刀闸水平连杆连接条件不对扣 2 分；接地刀闸导电管不与底座连接扣 2 分

续表

	序号	项目名称	质量要求	满分	得分或扣分
评分标准	2.3	电动（手动）操动机构的安装			
		a 用连接螺栓将机构与基础固定	水平，紧固		不检查水平扣1分
		b 连接主刀闸与机构间垂直传动杆	手力操动机构使电动操动机构行程开关处于合闸刚切换位置，在主刀闸处于合闸位置时		连接垂直传动杆条件不对，不会连接扣2分
		垂直传动杆与机构用联轴器连接时，应检查θ、L尺寸	$\theta \approx 65°$ $L \approx 54mm$		不满足$\theta \approx 65°$扣2分；不满足$L \approx 54mm$，不会调节扣2分
		垂直传动杆与机构用调角联轴器连接时，应检查连接方式	符合检修工艺或产品说明书要求		满足不了要求，又不调节扣2分
		垂直传动杆与机构间用抱夹连接，检查圆锥销	圆锥销连接牢固、可靠		不检查圆锥销，不会连接扣2分
		c 接地刀闸与机构用垂直传动杆连接	连接前务必剪断接地刀闸导电管绑扎铁丝。主刀闸处于分闸、接地刀闸处于合闸位置		接地刀闸与机构连接不满足条件连接扣2分
		d 机构的二次接线电缆接入机构箱内二次端子排上	接线位置正确、无误，电缆入口进行封堵		接线位置不正确，入口不封堵扣2分
		e 组装机械闭锁板、电磁锁	正确、闭锁良好		不组装，不会组装机械闭锁、电磁锁扣2分

续表

	序号	项目名称	质量要求	满分	得分或扣分
评分标准	2.4	三相联合调整			
		按先手动、后电动顺序操作机构，观察主刀闸系统（接地刀闸系统）动作、辅助开关切换位置	主刀闸（接地刀闸）动作灵活、无卡涩，辅助开关切换位置正确，动作可靠，接触良好		刀闸动作不灵活、有卡涩扣2分；不会调扣2分；辅助开关不完整、切换不可靠扣2分
		手柄操作机构缓慢合闸，检查主刀闸合闸同期	符合隔离开关主要调试技术数据、有关检修工艺，根据合闸时间（或同期数值）调整		不满足同期扣1分；三相刀闸都不到位可调主刀闸传动杆长度，不会此内容扣1分；相间不同期不会调节相间水平拉杆扣1分
		检查接地刀闸合闸到位	接地刀闸合闸到位		主刀闸处于分闸位置时，用手柄操动将接地刀闸合闸不到位，又不会调接地刀闸相间水平拉杆扣2分
		主刀闸处于合闸位置时，手力操动接地刀闸应合不上	机械防误闭锁可靠，不能合闸		能合闸、闭锁不可靠，扣2分
		检查电磁锁及其回路	电磁锁闭锁可靠，动作灵活，二次回路接线正确		电磁锁闭锁不可靠，不灵活扣2分，接线有错误扣1分
		接地刀闸处于合闸位置进，手柄操作主刀闸合闸时，不能合闸	防误机械闭锁可靠，主刀闸不能合闸		防误闭锁不可靠，主刀闸能合闸扣2分
		隔离开关接入引出线，检查主刀闸触头与触指接触位置	满足调试技术数据、检修工艺要求		引出线接入后，主刀闸触头与触指接触位置不对，满足不了要求扣2分；不会调扣2分

续表

	序号	项目名称	质量要求	满分	得分或扣分
评分标准	2.4	检查主刀闸（接地开关）各连接处	连接处连接牢固		调试工作完成后，各处连接处不检查、不处理扣 2 分
	3	安全文明工作		12	
	3.1	填写检修记录	检修内容项目齐全、正确		填写错误或不规范扣 2 分
	3.2	现场清理，向运行人员交待检修内容、项目	按安全工作规程办理		不清理现场，不会交待或交待不全扣 2 分
	3.3	安全文明	严格执行安全规程、检修工艺规程。环境整洁，无野蛮作业		每违反安全工作规程一次扣 1 分；违反检修工艺规程扣 2 分；现场脏、乱、差扣 2 分
	3.4	办理工作票终结手续	正确办理工作票结束，交回工作票		不会办理工作票结束扣 2 分 注：野蛮作业，出现人身设备事故取消考核

行业：电力工程　　　　工种：变电检修　　　　等级：高/技师

编　号	C32B033	行为领域	e	鉴定范围	2
考核时限	150min	题　型	B	题　分	100（20）
试题正文	隔离开关导电折架和传动装置的检修				
需要说明的问题和要求	1. 鉴定基地 2. 现场闲置设备应做好安全措施 3. 配合一名工人 4. 以 GW6—220G 型隔离开关为例				
工具、材料、设备场地	GW6—220G 型刀闸一组，专业作业车台（架）或检修专用平台，按检修工艺导则配备件、消耗性材料、专用工具、工器具等				

评分标准	序号	项目名称	质量要求	满分	得分或扣分
	1	检修前准备		7	
	1.1	着装、工具、材料、备品备件	着装合理，工具、材料齐全、合格		着装影响检修安全扣 2 分；工具材料每缺少一件影响检修扣 1 分；备品备件每缺少一件影响检修扣 1 分
	1.2	检修技术资料	包括运行缺陷记录、大修报告、安全技术措施、检修工艺及产品说明书等		每缺少一件必备的技术资料影响检修扣 1 分
	1.3	办理工作票开工手续	按安全工作规程办理		不会办理工作票，不了解工作票内容扣 2 分
	2	导电折架和传动装置分解前准备		10	
	2.1	在检修专用平台上检查固定情况，手力将导电折架向合闸方向托起，取下平衡弹簧然后放至分闸位置	固定良好，工作时防止导电折架自由下落伤人		不固定好扣 2 分；不剪断导电折架绑扎铁丝扣 1 分；导电折架自由下落或伤人扣 4 分

续表

	序号	项目名称	质量要求	满分	得分或扣分
	2.2	检查平衡弹簧、调节拉杆、内孔用丝锥套攻	平衡弹簧无永久变形，圈间无间隙，调节拉杆内孔无锈迹		轻微锈蚀不用钢丝刷除锈和污垢扣1分；永久变形不更换扣1分；内孔有锈不用丝锥套除锈扣1分
	3	导电折架的检修		33	
	3.1	分解			
		观察整个导电部分情况检查撑杆、调节拉杆情况	无过热、烧损、变形，无锈蚀，做好记录，确定好需要更换的零件，测量折架有关尺寸		不检查导电部分过热烧损情况扣1分；不检查撑杆调节拉杆变形、锈蚀情况扣0.5分；不测量折架有关尺寸、更换零件不做记录各扣0.5分
		取下防雨罩	无碰损		不拧下传动装置防雨罩上紧固螺钉扣0.5分
评分标准		拆下两个引弧环	无碰损		不会拧下引弧环与固定盘相连螺栓扣0.5分
		拆下固定盘及连接销	无碰损		不会拧下固定盘中部固定螺栓扣0.5分
		拆下动触头并抽出其中的动触头固定方条	无损伤		不会拧下固定动触头的螺栓扣0.5分
		拆下弹簧板取出轴销尼龙垫	无损伤		不会拧下弹簧板两端固定螺栓扣0.5分
		取下调节拉杆			不会拆下撑杆中部固定调节拉杆的圆轴销扣0.5分
		抽出导电关节	无损伤		
		抽出圆柱销拆下撑杆	无损伤		不会拧下导电管上端与导电关节相连的螺栓扣0.5分
		拆下两根软铜导电带	无损伤		不会拧下撑杆两端分别与左臂及上导电管固定夹上的两个螺栓扣0.5分 不会拧下上下导电管间固定软铜导电带的四个螺栓扣0.5分

续表

	序号	项目名称	质量要求	满分	得分或扣分
评分标准	3.1	拆下上导电管活动关节与接线板相连导电带，抽出下导电管	无损伤		不会拧下上导电管与活动关节相连螺栓扣 0.5 分；不会拧下导电管与活动关节的连接螺栓扣 1 分；不拆导电带扣 0.5 分；不会拧下右臂上管夹的紧固螺栓扣 0.5 分
	3.2	检修			
		检查防雨罩	完好、无锈蚀		不用钢丝刷除锈或除锈后不刷漆，严重生锈不更换扣 1 分
		检查引弧环表面	表面完整、无严重烧伤		轻微烧损不用细齿扁锉修整，严重烧损不更换扣 1 分
		检查引弧环固定盘及连接销	引弧环固定盘表面无毛刺、销表面光滑无锈		不会用细扁锉除锈和毛刺扣 1 分
		检查动触头	动触头导电杆接触处无严重烧损，接触良好，烧伤深度不大于 1mm		轻微烧伤不用细齿扁锉修整扣 1 分；组装时不知将导电杆旋转 180°角，改变接触面或更换扣 1 分
		检查动触头固定方条	固定方条表面无锈、无变形		表面有锈不会用细齿锉修处理或处理后无防锈措施扣 1 分
		检查弹簧板及固定圆柱销	表面无锈蚀		轻微锈不会用 00 号砂布细齿扁锉清除扣 0.5 分
		检查导电关节	无裂纹		有裂纹不更换扣 1 分
		检查调节拉杆和圆柱销接叉	杆件无锈蚀，接叉、杆件无变形		轻微锈蚀不会处理扣 1 分；拉杆接叉变形不会校正，损坏严重不更换扣 1 分
		检查撑杆和两端接叉	撑杆应平直、接叉无锈蚀、变形		轻微锈蚀不会用细齿扁锉或 00 号砂布处理扣 1 分；轻微变形不会校正，严重锈蚀不更换扣 1 分
		检查管夹及所连的软铜导电带	导电带无损伤和严重过热现象，软铜导电带损坏部分不超过总截面的 10%，接触面清洁平整		管夹有裂纹、软铜导电带折损严重不更换扣 1 分；导电接触面不用 00 号砂布清除氧化层扣 1 分

续表

	序号	项目名称	质量要求	满分	得分或扣分
评分标准		检查上、下导电管两端及其接触面	导电管两端导电接触面光滑无氧化，导电管无变形过热等		轻微氧化不会用细齿扁锉修理，变形不校正扣1分；过热严重，引起表面异常不更换扣1分
		检查活动关节，检查上下导电管间连接的软铜导电带	活动关节无锈蚀变形，软铜导电带截面不超过 10%，接触面清洁、平整		轻微锈蚀不用细齿扁锉清除，变形不校正扣1分；连接软铜导电带可挠部分有折损不符合要求不更换，不用00号砂布除导电接触面氧化层扣1分
	3.3	组装			
		按分解相反顺序组装清洗	各零件清洁、完整，导电杆接触面烧伤深度小于 1mm。如导电杆烧伤深度超过规定值可将导电杆旋转 180°改变导电接触面		不用清洁剂清洗，传动件不涂二硫化钼锂基脂，导电接触面不涂导电脂扣2分；烧伤深度＞1mm不旋转180°扣1分
		组装	符合厂家产品说明书检修工艺，调节尺寸L1、L2与厂家产品说明书对照进行调整连接螺丝紧固；检查导电折架全部尺寸，调整符合要求后紧固所有螺栓		不会组装扣1分；调节尺寸不合格又不调节扣 2分；每发现一个螺栓不紧固扣0.5分
	4	传动装置的检修		27	
	4.1	分解 拆下接线板	无损伤		不会拧下与接线板相连的四个螺栓扣1分
		拆下左、右臂	无损伤		不会拧下左臂端部连接螺栓扣1分
		拆下两根传动连杆	无损伤		不会拧下左臂、右臂连板与传动连杆两端接叉连接螺栓端头圆柱销扣 1分
		抽出操作绝缘子固定盘及平键，取出轴承座装配和转轴	无损伤		不会拧下框架底部转轴轴套定位螺栓，不会拧下相连的螺栓扣1分

续表

	序号	项目名称	质量要求	满分	得分或扣分
评分标准	4.1	拆下连杆	无损伤，做好记录		不会拧下传动连杆两端万向接叉上定位螺钉，不记录相关尺寸扣1分
		抽出轴承挡圈定位套左、右臂平键	拆卸轴承时不能损坏轴承的配合表面，不能将作用力加在外圈或滚动体上		不按要求拧下两端轴承座端盖固定螺栓，不能抽出有关零件，不能满足质量要求扣1分
		测量有关尺寸	做好记录，无损伤，分合闸限位螺钉的有效工作长度在拧下前应做标记，传动装置框架上的分闸限位螺钉和合闸限位螺钉外露部分尺寸做好记录，拆下分合闸限位螺钉		不做记录，不测量有关尺寸，不会拆下限位螺钉扣1分
	4.2	检修			
		检查接线板	导电接触面应平整，光洁无氧化，无过热		轻微氧化不会用00号砂布清除扣1分；过热严重，表面异常应更换而不换扣1分
		检查左臂臂板、右臂及管夹	左右臂臂板管夹完好，表面无锈蚀，无变形		轻微变形不校正。轻微锈蚀不用00号砂布及细齿扁锉除锈，又不做防锈处理。管夹损伤不更换扣1分
		检查传动连杆及传动端部万向接叉，检查万向接叉活动销转动部分的磨损情况	螺杆及万向接叉无变形、无锈蚀，连接活动销转动灵活，销与接叉孔公差不大于0.5mm		轻微变形不校正，锈蚀不用钢丝刷清除，不做防锈处理扣1分；不检查转动部分是否满足质量要求，磨损严重不更换扣1分
		检查转轴轴承座、307轴承防潮罩转轴焊缝。检查操作绝缘子固定盘及平键	轴承、轴承座无锈蚀、无损伤，配合应紧密，转轴焊缝应无裂纹		不检查轴承、轴承座是否满足质量要求，破损严重不更换扣2分；不检查绝缘子固定盘、平键情况，平键变形不更换扣1分
		检查左臂、右臂轴孔中键槽磨损情况	左、右臂及轴孔中键槽无严重磨损		不检查左、右臂及轴孔中键槽情况，不用细齿扁锉处理毛刺扣1分

续表

	序号	项目名称	质量要求	满分	得分或扣分
评分标准	4.2	检查轴、轴承、轴套挡圈	各部件表面无锈蚀、无变形，轴及轴上键槽无毛刺，光滑，轴承转动灵活		不检查或轻微变形不校正，锈不用钢丝刷或00号砂布细齿扁锉处理、修正，磨损严重不更换，转动不灵活扣2分
		检查分、合闸限位螺钉	分、合闸限位螺钉应无变形、无锈蚀		不按质量标准检查及处理扣1分
		检查传动装置框架	框架无变形，表面无锈蚀，螺纹孔洞完好		不检查或变形不处理，锈蚀部分不用钢丝刷或铲刀除锈，不用丝锥套攻螺纹孔洞，除铁锈灰尘后不刷防锈漆扣1
	4.3	组装 按分解的相反顺序组装			不会组装扣2分
		清洗各零部件，转动部分涂二硫化钼锂基脂，导电接触面涂导电脂	各零部件完好、清洁		不用清洗剂清洗各零部件，转动部分不涂二硫化钼锂基脂，导电接触面不涂导电脂扣1分
		检查轴承与轴承座配合	轴与轴承转动灵活		不按质量标准检查扣1分
		组装时检查轴与左臂、右臂的孔、轴配合间隙	孔、轴配合间隙不大于0.2mm		不按质量标准检查扣1分
		检查L_4、L_5尺寸	按产品说明书要求分别应为308mm、360mm		不检查此尺寸扣1分
		连接	连接可靠，各部分尺寸调整好后，紧固所有连接件		不可靠又不处理扣1分

续表

	序号	项目名称	质量要求	满分	得分或扣分
评分标准	5	导电折架和传动装置的连接与调整		15	
	5.1	组装好的导电折架的下导电管、撑杆分别与传动装置左臂、右臂连接牢固	各连接部分连接牢固 L3 尺寸符合产品说明书要求		各连接部分不牢固，尺寸不满足要求扣 3 分
	5.2	手力将导电折架向合闸方向抬起、组装两根平衡弹簧	正确 注意安全		不会组装两根平衡弹簧扣 2 分
	5.3	调节平衡弹簧一端紧固螺栓外露部分长度	平衡弹簧与导电折架的重力矩基本平衡，使导电折架在规定的尺寸范围内		不会调节（加大或减小）弹簧的预拉力，在一定范围内做不到轻轻一抬可上升，轻压可下落，向上、下推力基本一致扣 2 分
	5.4	在分闸位置时，检查导电折架的高度，若尺寸偏大，调节有关尺寸，检查分闸限位螺钉外露长度			不知检查导电折架的高度，高度不满足要求又不会调节扣 2 分
	5.5	测量接触压力	动触头每侧压力符合规定		不会手力将导电折架送入合闸位置测量扣 2 分 不会调弹簧板及传动连杆使满足压力要求扣 2 分

续表

	序号	项目名称	质量要求	满分	得分或扣分
评分标准	6	安全文明检修办理工作结束		8	
	6.1	填写检修记录	记录齐全、正确		填写不规范或有错误扣1分
	6.2	清理现场，向运行人员交待	按安全工作规程办理		向运行人员交待不清楚，不清理现场扣1分
	6.3	安全文明检修	严格执行安全工作规程、检修工艺规程，环境清洁，无野蛮作业		每违反安全工作规程一次扣1分；不按检修工艺规程办理扣2分；现场脏、乱、差扣2分
	6.4	办理工作票终结手续	按安全工作规程办理，手续符合规定		不会办理工作票结束扣1分 注：野蛮作业、出现人身设备事故取消考核

行业：电力工程　　　　工种：变电检修　　　　等级：高/技师

编　　号	C32B034	行为领域	e	鉴定范围	2
考核时限	120min	题　　型	B	题　　分	100（30）
试题正文	SF_6气体回收充气装置的操作				
需要说明的问题和要求	1. 鉴定基地 2. 现场闲置设备，做好安全措施 3. 配合一名工人 4. 以 SGD/LH—14Y—4A 型 SF_6气体回收充气装置为例（也可采用其他装置，参照执行）				
工具、材料、设备场地	SF_6气体回收充气装置一台，SF_6气瓶一个，常用电工工具，备品、备件，检漏仪、消耗性材料（凡士林、白布、无水酒精）				
评分标准	序号	项目名称	质量要求	满分	得分或扣分
	1	SF_6回收充气装置操作前准备		6	
	1.1	着装、工具、材料备品备件	合理、齐全、合格		着装不符安全导则规定扣 1 分；每缺少一件工具、材料、备品、备件影响操作扣 1 分
	1.2	技术资料	包括本装置使用说明书、SF_6电气设备制造运行及试验检修人员安全防护暂行规定；编制工序工艺标准卡并经审核		没有装置使用说明书、扣 2 分；没有 SF_6电气设备制造运行及试验检修人员安全防护暂行规定扣 1 分；未编制工序工艺标准卡并送审扣 2 分
	1.3	办理开工手续	正确办理工作票、履行开工手续，复核安全措施		不办理工作票、履行开工手续扣该项全部分数 6 分 不了解工作票内容和现场安全措施扣 1 分

续表

	序号	项目名称	质量要求	满分	得分或扣分
	2	操作顺序		10	
评	2.1	装置自身抽真空 开关设备抽真空 回收储存 充气 充液 净化 分子筛再生的熟悉及有关操作	严格按照每一个功能的操作顺序进行操作		不检查装置外观情况扣1分；不会接通电源扣2分；不清楚操作顺序表就进行操作扣2分；不会操作阀门扣1分；不会起动真空泵扣2分；不清楚本装置自身抽真空、设备抽真空、回收储存充气、气体干燥净化、分子筛再生能力、回收SF_6气体过程中将液态SF_6气体充灌入钢瓶功能各扣2分
分 标	3	回收充气装置		74	
准	3.1	操作方法 自身抽真空方法	按装置使用说明书、操作要求进行		不会看SF_6气体回收充气装置结构及组成图扣2分；不会开球阀V3启动真空泵电源扣1分；不会依次开启球阀V2、V0、V5、V6和V7扣1分；不会开热偶真空计VM电源，不会观察真空度标准扣2分；当热偶真空计VM显示达到极限真空后，不依次关真空计电源、球阀V7、V6、V5、V0和V2，不关闭真空泵电源扣2分；误操作扣2分

续表

	序号	项目名称	质量要求	满分	得分或扣分
评分标准	3.2	回收储存步骤	遵守 SF_6 气体绝缘变化站运行维修导则、装置使用说明书要求，绝对防止误操作，保证 SF_6 气体纯度，防止 SF_6 污染及对外污染		不会用软管连接断路器设备与回收充气装置扣2分；软管不是专用的、不清洁、未两端封闭保存、不干燥扣1分；不依次开球阀 V3、真空泵电源、球阀 V2 和 V1 对软管抽真空扣2分；进口压力表 M1 在零表压以下时，接通真空计 VM 电源，当 VM 显示达到极限值时，不会确定软管内空气已抽净扣2分；不依次关热偶真空计电源、球阀 V1、V2 和真空泵电源扣1分；制冷压缩机未运转 15min 以上，储存容器内压力低于 1.0MPa 扣2分；不依次开启断路器设备阀门、球阀 V1、V0、V7 和压缩机电源、冷凝器电源，对 SF_6 气体进行回收，同时进行净化和储存扣2分；进口侧压力表 M1 显示不大于零表压时，不关闭球阀 V0，不打开球阀 V3 和真空泵电源及球阀 V2 各扣2分；不清楚约 10s 后关球阀 V3 同时迅速开球阀 V4，进行真空泵和压缩机串联运行以回收 SF_6 气体扣2分；不打开热偶真空计电源，不清楚当 VM 显示 100Pa 以下时，依次关断路器设备阀门，球阀 V1 和真空计 VM 电源扣2分；不关球阀 V4，同时迅速开球阀 V3，再关压缩机电源、冷凝器电源、球阀 V7、V2 和真空泵电源，再关冷冻压缩机、冷凝器电源扣2分；误操作扣3分

续表

	序号	项目名称	质量要求	满分	得分或扣分
评分标准	3.3	对断路器或 GIS 其他气室抽真空方法	遵守装置使用说明书要求、遵守 SF_6 电气设备制造,运行及试验检修人员安全防护暂行规定、用于电气设备的 SF_6 气体质量监督与运行管理导则;真空度为 133.32Pa 时抽半小时，停泵半小时，记下真空值 A，再隔五小时，读真空值 B，若 B—A＜133.32Pa，认为合格		回收装置不用专用连接管道、不清洁、不干燥扣 2 分；不会用软管连接断路器设备与回收充气装置进口端扣 1 分；不会开球阀 V3 启动真空泵电源扣 1 分；不会开断路器的球阀 V1，若进口的压力表 M1 显示不大于零表压，不开球阀 V2，不对断路器设备抽真空扣 2 分；不打开热偶真空计 VM 电源，不观察真空度扣 2 分；当真空度达到要求后不依次关热偶真空计 VM 电源、断路器设备阀门、球阀 V1、V2 和真空泵电源扣 2 分；不清楚抽真度标准扣 2 分；误操作扣 3 分
	3.4	利用储存器内部压力充气步骤	遵守装置使用规定和有关 SF_6 设备检修导则		不对软管抽真空扣 2 分；不开启断路器设备阀门和球阀 V8、V5，慢慢打开球阀 V7 对断路器设备充气扣 3 分
	3.5	利用压缩机充气	遵守装置使用规定及 SF_6 气体安全防护暂行规定		不会开启断路器设备阀门、球阀 V8、V5，然后再开球阀 V6 和压缩机电源对断路器设备充气扣 2 分；当设备内达到所需压力值时，不会关闭球阀 V6、V5、V8 和压缩机电源及断路器设备阀门各扣 1 分；误操作扣 2 分

续表

	序号	项目名称	质量要求	满分	得分或扣分
评分标准	3.6	对钢瓶充灌 SF_6 液体步骤	储存容器内有相当的储存量(一般应达到一半液体)条件下进行,同时充灌时钢瓶应放置在一台 150kg 的磅秤上		不会开启制冷机组,使储存容器内 SF_6 气体温度表 TM 降至-10℃以下,不用专用、干燥、清洁软管连接钢瓶与装置出口端,扣 2 分;不会回收并抽净钢瓶内余留的 SF_6 气体至 100Pa 以下(必要时可对钢瓶抽真空)扣 2 分;不会开钢瓶阀门和球阀 V9,向钢瓶充灌 SF_6 液体(一般可充入 30～40kg)扣 2 分;充气结束后不会关闭钢瓶阀门球阀 V9,不用压缩机将软管内 SF_6 气体抽尽后停机扣 2 分
	3.7	分子筛再生操作步骤	遵守装置使用操作规定、SF_6 气体管理规定		不会将系统(除储存容器)内气体放尽扣 1 分;不开球阀 V3、真空泵电源、球阀 V2、V5 和热偶真空计 VM 电源扣 2 分;不会开电加热器电源持续 16h、关闭电加热器电源、继续抽真空 2h 以上扣 2 分;不会关闭真空计 VM 电源、球阀 V5、V2 和真空泵电源扣 1 分;误操作扣 2 分
	4	安全文明工作		10	
	4.1	填写检修记录	齐全、正确		填写不规范或有错误扣 2 分
	4.2	向运行人员交待检修内容、项目	符合安全工作规程		不清理现场、向运行人员交待不清楚扣 2 分
	4.3	安全文明	执行安全工作规程、SF_6 气体电气设备制造运行及试验检修人员安全防护暂行规定;环境清洁,无野蛮作业		每违反安全工作规程一次扣 1 分;违反 SF_6 气体电气设备安全防护暂行规定扣 1 分;环境脏、乱、差扣 2 分
	4.4	办理工作票终结手续	符合安全工作规程		不办理工作票结束扣 2 分 注:野蛮作业、出现人身及设备事故取消考核

行业：电力工程　　　　工种：变电检修　　　　等级：高/技师

<table>
<tr><td>编　　号</td><td>C32B035</td><td>行为领域</td><td>e</td><td>鉴定范围</td><td colspan="2">2</td></tr>
<tr><td>考核时限</td><td>120min</td><td>题　　型</td><td>B</td><td>题　　分</td><td colspan="2">100（30）</td></tr>
<tr><td>试题正文</td><td colspan="6">断路器导电系统及上盖、帽、灭弧瓷套的检修</td></tr>
<tr><td>需要说明的问题和要求</td><td colspan="6">1. 鉴定基地
2. 现场闲置设备，做好安全措施
3. 配备一名工人
4. 在 SW6—220/110 型断路器解体基础上做
5. 以 SW6—220/110 型断路器为例</td></tr>
<tr><td>工具、材料、设备场地</td><td colspan="6">SW6—220/110 型断路器一台；按检修工艺导则配备检修工器具、材料、备品备件、专用工具、消耗性材料（导电膏、凡士林、黄油、砂布、白布、绝缘油）</td></tr>
<tr><td rowspan="7">评
分
标
准</td><td>序号</td><td>项目名称</td><td>质量要求</td><td>满分</td><td colspan="2">得分或扣分</td></tr>
<tr><td>1</td><td>检修前准备</td><td></td><td>7</td><td colspan="2"></td></tr>
<tr><td>1.1</td><td>着装、工器具、专用工具、材料、备品备件</td><td>合理、齐全、合格</td><td></td><td colspan="2">着装不符合检修安全扣1分；不按检修工艺配备工器具，专用工具，材料，备品备件，每少一件扣 1 分</td></tr>
<tr><td>1.2</td><td>技术资料</td><td>包括运行缺陷记录、检修报告、检修记录、检修工艺导则、检修安全技术组织措施；编制工序工艺标准卡并经审核</td><td></td><td colspan="2">每缺少一件必备技术资料影响检修和不清楚检修项目和内容扣 1 分；未编制工序工艺标准卡并送审扣 2 分</td></tr>
<tr><td>1.3</td><td>办理工作票开工手续</td><td>正确办理工作票、履行开工手续，复核安全措施</td><td></td><td colspan="2">不办理工作票、履行开工手续扣该项全部分数 7 分
不了解工作票内容和现场安全措施扣 1 分</td></tr>
<tr><td>1.4</td><td>停电后外部检查及试验</td><td>口述说明项目，内容</td><td></td><td colspan="2">不口述外部检查内容、不口述试验内容扣 1 分；口述内容不全扣 1 分</td></tr>
<tr><td>2</td><td>检修静触头，压油活塞</td><td></td><td>30</td><td colspan="2"></td></tr>
</table>

续表

	序号	项目名称	质量要求	满分	得分或扣分
评分标准	2.1	拆下导向件、压油活塞、弹簧活塞装配	不损伤		不会卸下固定螺栓、拆下有关元件扣2分
	2.2	分解压油活塞各元件	不损伤		不会撬开锁片，拧下有关螺母取出弹簧垫圈和垫圈、抽出管、取下压油活塞绝缘圈和活塞扣2分
	2.3	对卸下各零部件进行清洗检查	压轴活塞管的尼龙层无脱落或烧伤，否则应更换		不清洗各零件扣1分；不检查压油活塞管外面的尼龙喷涂层质量扣1分；不检查活塞端头有无撞粗变形，轻微变形不修整扣2分；不检查压油活塞绝缘圈、活塞，损坏不更换扣1分
	2.4	卸下引弧环，触指弹簧铜套，检查引弧环触指、静触座触指弹簧、压油活塞弹簧	不损伤；引弧环孔径扩大不超过34mm，Ⅰ型扩大不超过26mm，触指烧伤面积不大于5%，深度不大于1.5mm，弹簧特性满足检修工艺要求		不会左旋方向拧下引弧环，不会用手向中心扳动触指，卸下触指弹簧扣2分；不会卸下有关螺栓把铜套从静触座取下扣2分；不会按质量要求检查引弧环烧伤情况，轻者不用油石修整，严重不更换扣2分；不会按质量要求检查触指烧损程度，轻微烧损不用细锉修整，再用砂布磨光，严重不更换扣2分；不检查静触座、铝帽凸台接触面是否完好、光洁扣1分；轻者不用细锉修整、0号砂布打磨并涂上中性凡士林油扣2分；不检查触指弹簧与压油活塞弹簧是否有变形、弹性是否良好，不符合要求不更换扣2分
	2.5	组装 静触头装配，按拆卸的相反顺序组装	触指距离应均匀		不会组装压油活塞扣2分；不会组装静触头装配扣2分；不会按检修工艺检查静触指闭合圆接触是否良好扣2分；不检查触指距离，不会用钢冲在引弧环与铜套结合缝处冲凹紧固扣2分

续表

	序号	项目名称	质量要求	满分	得分或扣分
评分标准	3	检修导电杆		14	
	3.1	检查导电杆及铜钨头烧损情况	铜钨合金头烧损达1/3以上或黄铜座有明显沟痕时更换		不按质量要求检查烧损情况，严重烧损不更换扣3分；不按检修工艺进行检修扣3分
	3.2	检查导电杆是否弯曲、变形，检查与铜钨触头结合处的表面镀银层情况	导电杆与铜钨头结合处必须光滑无棱角，而两者外径相等，误差不大于0.3mm		不会按质量要求检查导电杆弯曲变形情况扣2分；不检查表面镀银层脱落情况扣2分；有严重缺陷不更换扣2分；不会检查与铜钨头结合处有无撞粗情况，不按检修工艺处理扣2分
	4	检修中间触头		16	
	4.1	分解 取下上触头座弹簧和触指	弹簧特性按检修工艺要求		不会松开中间触头螺栓进行分解扣3分
	4.2	清洗检查	洁净、无变形		不会用绝缘油清洗，各零件不干净扣3分；不检查触指弹簧是否变形和疲劳，情况严重不更换扣3分；不检查触指及触头座接触面镀银层情况，严重损坏不更换扣3分
	4.3	组装 按分解的相反顺序组装	正确 螺栓端头不应露出下触头座的接触面		不会按检修工艺进行组装扣2分；组装时，触头座的M螺栓紧固后，螺栓端头露出下触头座的接触面扣2分
	5	检修上盖、铝帽、灭弧瓷套及导电连接元件		26	

续表

	序号	项目名称	质量要求	满分	得分或扣分
评分标准	5.1	清洗检查铝帽上盖	丝扣无滑扣，4.5mm孔畅通		不清洗检查铝帽上盖、上盖板及螺栓铝帽内静触头的支持座（凸台）扣2分；不检查回油孔是否通畅，凸台接触面不用0号砂布处理光洁扣2分；不遵守检修工艺，不检查、处理油位指示器扣2分
	5.2	检查油位指示器，安全阀片通气管	阀片完整，畅通，无堵塞		不检查安全阀片是否起层、开裂，损坏的不换扣2分；不检查通气管是否畅通，不用加油试漏检查扣2分
	5.3	检查逆止阀和钢球动作，检查排气口挡板的弹簧	弹簧无变形，逆止钢球表面光滑，动作灵活，弹簧不变形，用手拉动挡板，复位灵活		不按质量要求检查扣1分；不会检查排气口处红漆，不用刮刀清理掉并涂少量中性凡士林油扣2分；不会按检修工艺检查扣1分
	5.4	检查铝帽和铝帽盖公差配合	结合面平整，无卡碰，帽盖无渗漏		不会按检修工艺检查扣1分；不会按检修工艺方法检查铝帽盖是否完好、是否有砂眼及进行处理扣2分
	5.5	检查铁压圈，铜压圈铝法兰及铝法兰油道，放油阀铝法兰螺孔	下铝法兰油道畅通，放油阀不渗油，各零部件无裂纹，螺孔无滑丝		不会按质量要求检查各零件，零件损坏不更换扣2分
	5.6	检查密封油毡	毡垫完整无松散，禁止用其他油类清洗毡垫		不会检查处理油毡上游离碳及脏物，用绝缘油清洗干净扣2分
	5.7	检查导电板，检查清洗软连接铜片	软连接铜片断片数不超过5片		不会用汽油清洗干净，不用0号砂布磨光涂少量中性凡士林油扣2分；不用汽油清洗螺栓软连接，接触面不磨光，不涂少量中性凡士林油，软连接片有断片不齐根剪掉、分段绑扎扣2分

续表

	序号	项目名称	质量要求	满分	得分或扣分
评分标准	5.8	检查灭弧室瓷套	完整无裂纹		不会检查扣1分
	6	安全文明工作	齐全正确	7	填写不规范或有错误扣1分
	6.1	填写检修记录	符合安全工作规程		不清理现场，向运行人员交待不清楚扣1分
	6.2	向运行人员交待检修内容、项目	遵守安全工作规程、检修工艺，环境清洁、无野蛮作业		每违反安全工作规程一次扣1分；违反检修工艺扣1分；环境脏、乱、差扣2分
	6.3	安全文明			
	6.4	办理工作票终结手续	安全工作规程		不会办理工作票结束扣1分 注：野蛮作业，出现人身及设备事故取消考核

行业：电力工程　　工种：变电检修　　等级：高/技师

编　　号	C32B036	行为领域	e	鉴定范围	2
考核时限	120min	题　　型	B	题　　分	100（30）
试题正文	断路器支持瓷套、拉杆的检修及整体组装				
需要说明的问题和要求	1. 鉴定基地 2. 现场闲置设备，做安全措施 3. 配备二名工人 4. 以 SW6—220/110 型断路器为例				
工具、材料、设备场地	SW6—220/110 型断路器一台；按检修工艺导则配备检修工器具、材料、备品、备件、专用工具、起重工器具、消耗性材料（导电膏、凡士林、黄油、砂布、白布、绝缘油）				

评分标准	序号	项目名称	质量要求	满分	得分或扣分
	1	检修前准备		10	
	1.1	着装、工器具、材料、专用工具、备品备件	合理、齐全、合格		着装不符合检修安全扣1分；不按检修工艺配备检查工器具、专用工具材料和备品备件，每少一件扣1分
	1.2	起重工器具安全工作架（台）	合格、齐全、牢固		不检查起重工器具、安全工作架扣2分
	1.3	技术资料	包括运行缺陷记录、检修报告、检修记录、检修工艺导则、检修安全技术组织措施；编制工序工艺标准卡并经审核		每缺少一件必备技术资料影响检修扣1分；不清楚检修项目和内容扣1分；未编制工序工艺标准卡并送审扣2分
	1.4	办理工作票开工手续	正确办理工作票、履行开工手续，复核安全措施		不办理工作票、履行开工手续扣该项全部分数10分 不了解工作票内容和现场安全措施扣1分
	1.5	停电后外部检查及试验	口述说明项目、内容		不口述外部检查内容扣1分；不口述试验内容扣1分

续表

	序号	项目名称	质量要求	满分	得分或扣分
评分标准	2	检查支持瓷套及绝缘拉杆		13	
	2.1	检查支持瓷套	无损伤，平整，每一节瓷套高度为1200±15mm，瓷套两端面不平度不大于2mm		不检查或不会检查瓷套是否牢固稳定扣1分；组装顺序不正确扣1分；密封胶圈不更换每一个扣1分；不会检查瓷套内外表面有无裂纹、碰伤及结合面平整情况扣2分
	2.2	检查卡箍弹簧	弹簧无变形、锈蚀		不检查、不清洗、不涂入黄油扣1分
	2.3	检查绝缘拉杆	无损坏		不检查弯曲变形、开裂情况和两端与金具结合是否牢固扣2分
	2.4	测量绝缘拉杆绝缘电阻	绝缘电阻不低于1000MΩ，泄漏电流不大于5μA		不会用清洁绝缘油清洗绝缘拉杆，组装前不会用2500V绝缘电阻表测量绝缘电阻和泄漏试验扣2分；不合格、不干燥处理、试验扣1分
	2.5	组装绝缘拉杆	绝缘拉杆拧入底盒接头深度不小于30mm		不会组装绝缘拉杆，不知保证拧入深度扣2分
	3	分解检修水平拉杆		17	
	3.1	拆下工作缸与基座箱主轴外拐臂的各连接轴销	无损伤		不知断路器在分闸位置时，才能拆下或不会拆下轴销扣2分
	3.2	清洗各轴销	清洗干净		不会用汽油清洗扣2分
	3.3	检查各轴销，检查水平拉杆，检查接头焊接缝	轴销、轴孔无变形，无严重磨损，配合间隙大于0.2mm，小于0.35mm，接头螺扣完整无滑丝和弯曲，焊缝良好，弹簧垫、并帽齐全		不检查各轴销有无变形，磨损严重不更换扣2分；不检查拉杆销孔，轻微磨损不修理或磨损严重不更换扣2分；不检查水平拉杆、接头螺纹是否有卡伤，有卡伤不会处理扣2分

续表

	序号	项目名称	质量要求	满分	得分或扣分
评分标准	3.4	组装	拉杆拧入深度、接头深度均不小于 20mm。轴销涂润滑油		不检查接头焊缝是否牢固、并帽弹簧垫是否整齐扣 2 分；不会组装扣 2 分；不会将工作缸活塞拉至分闸侧（分到头）、把分闸缓冲器压到底、穿好水平拉杆各轴销扣 2 分；用手横向拉动拉杆没有适当窜动余度扣 1 分
	4	断路器的整体组装		52	
	4.1	组装前应校正底座平面	组装按分解相反的顺序进行，两底座中心距离为 2200mm		不会组装扣 3 分；不会校正底座平面扣 2 分
	4.2	绝缘拉杆与支持瓷套的安装	绝缘拉杆组装后，上端 20mm 孔的下沿距支持瓷套上沿约 102mm		不会把 L 形密封垫和密封槽用汽油清洗干净擦干扣 2 分；不会将密封垫放入底槽内扣 1 分；不会起下支持瓷套，将铁法兰套入瓷套下端用手扶正，穿好卡箍弹簧扣 2 分；不会连同瓷套一起吊起放在底座上扣 3 分；不会对角均匀拧紧螺栓扣 2 分；紧好的不会将提升杆放入瓷套拧入主拐臂夹叉内，再将铁法兰放入下瓷套上端扣 2 分；不会穿好涂油的卡箍弹簧放好中间密封垫，吊起上瓷套，在瓷套下端放入法兰和穿好卡箍弹簧，又不扶正绝缘拉杆，将上支持瓷套缓缓落下扣 3 分；不会使胶垫及两节瓷套对正后，用 200mm 扳手对角均匀拧紧中间螺栓扣 2 分
	4.3	中间机构箱与灭弧单元的安装			

续表

	序号	项目名称	质量要求	满分	得分或扣分
评分标准	4.3	起吊中间机构箱及灭弧单元	无损伤，起吊方法正确，调整偏斜角度为13°～15°，三相偏斜应一致		不会起吊方法，起吊不正确，绑扎不对扣3分；不会将上支持瓷套的上部装上铁法兰，并穿好涂油的卡箍弹簧扣2分；不会将已组装好中间机构箱及灭弧单元吊起，擦净中间机构箱连接面扣2分；不会将已洗净擦干的L型密封垫圈放在密封槽内，将中间机构箱和灭弧单元吊放在瓷套上扣2分；不会对角均匀拧紧螺栓并固定扣2分；不会连接绝缘拉杆与直线机构扣3分
		连接绝缘拉杆与直线机构	绝缘拉杆拧入底盒，接头的深度不小于30mm，A尺寸不超过14±2mm		不会连接绝缘拉杆与直线机构扣3分；不将缓冲器压到底，不会调节绝缘拉杆拧入深度，A尺寸不满足要求扣3分；不穿入轴销扣2分
		从中间机构箱侧孔灌入约30kg绝缘油	缓冲器处于绝缘油之中		不会封好底座手孔盖板扣2分；不会向中间机构箱灌入绝缘油扣2分
		铝帽与软连接接触面处理及连接	接触面良好，有一定的松弛度		不会处理、清理接触面并涂上一层中性凡士林油扣2分；不会拧紧连接螺栓，连接后没有一定的松弛度扣2分
	5	安全文明工作		8	
	5.1	填写检修记录	齐全、正确		填写有错误扣1分
	5.2	清理现场，向运行人员交待检修内容、项目	符合安全工作规程		不清理现场，向运行人员交待不清楚扣2分
	5.3	安全文明	遵守安全工作规程、检修工艺，环境清洁，无野蛮作业		每违反安全工作规程一次扣1分；违反检修工艺扣2分；环境脏、乱、差扣1分
	5.4	办理工作票终结手续	按安全工作规程办理		不会办理工作票结束扣1分 注：野蛮作业，出现人身事故及设备事故取消考核

行业：电力工程　　　工种：变电检修　　　等级：高/技师

<table>
<tr><td>编　号</td><td>C32B037</td><td>行为领域</td><td>e</td><td>鉴定范围</td><td colspan="2">3</td></tr>
<tr><td>考核时限</td><td>120min</td><td>题　型</td><td>B</td><td>题　分</td><td colspan="2">100（30）</td></tr>
<tr><td>试题正文</td><td colspan="6">CY5 型液压机构压力及油泵打压异常故障的处理</td></tr>
<tr><td>需要说明的问题和要求</td><td colspan="6">1. 鉴定基地
2. 现场闲置设备，做安全措施
3. 结合类似设备进行考核</td></tr>
<tr><td>工具、材料、设备场地</td><td colspan="6">SW2—110 型 CY5 型液压机构一台、按检修工艺配备工器具、备品备件、材料、仪表、专用工具、消耗性材料（导电膏、凡士林、黄油、砂布、白布、液压油）</td></tr>
<tr><td rowspan="7">评分标准</td><td>序号</td><td>项目名称</td><td>质量要求</td><td>满分</td><td colspan="2">得分或扣分</td></tr>
<tr><td>1</td><td>故障排除前准备</td><td></td><td>8</td><td colspan="2"></td></tr>
<tr><td>1.1</td><td>着装、工器具、材料、备品备件、专用工具</td><td>着装合理，材料合格，工具齐全</td><td></td><td colspan="2">着装不符合安全检修要求扣 1 分；故障处理所用工器具、材料、备品备件每缺少一件扣 1 分</td></tr>
<tr><td>1.2</td><td>技术资料</td><td>包括运行缺陷记录、检修工艺导则、CY5 型液压装置结构原理图、安装图，资料齐全、正确；编制工序工艺标准卡并经审核</td><td></td><td colspan="2">不会分析缺陷原因扣 2 分；不会看液压装置结构原理图扣 2 分；未编制工序工艺标准卡并送审扣 2 分</td></tr>
<tr><td>1.3</td><td>办理开工手续</td><td>正确办理工作票、履行开工手续，复核安全措施</td><td></td><td colspan="2">不办理工作票、履行开工手续扣该项全部分数 8 分
不了解工作票内容和现场安全措施扣 1 分</td></tr>
<tr><td>2</td><td>分析异常原因</td><td></td><td>14</td><td colspan="2"></td></tr>
<tr><td>2.1</td><td>结合 CY5 型液压操作机构工作原理图口述说明</td><td>贮能过程、分合闸过程清楚</td><td></td><td colspan="2">不会结合图说明贮能过程扣 3 分；不清楚分、合闸过程扣 3 分</td></tr>
</table>

续表

	序号	项目名称	质量要求	满分	得分或扣分
评分标准	2.2	回答考评人员提出的关于油路系统、阀系统、电气控制回路有关问题	（提出 3～5 个问题）符合规程和实际设备情况		不能回答考评人员提出的问题，每一题扣 3 分
	3	油压异常处理		19	
	3.1	油压增高及降低的原因	原因正确、齐全		异常原因回答不正确扣 3 分；每少回答一个原因扣 3 分
	3.2	排除故障（设故障两处）	修复或更换正确		排除故障的方法不正确扣 3 分；每少处理一处故障扣 4 分；故障点找不到扣 3 分；不会处理故障扣 3 分
	4	油泵打压有困难时的处理		51	
	4.1	油泵启动频繁（设置两处故障）	答案正确、齐全，修复或更换正确		故障原因回答不正确扣 3 分；每少回答一个原因扣 2 分；找不到故障点扣 3 分；不会处理故障扣 3 分；处理不正确或没处理好扣 3 分；每少处理一处扣 3 分
	4.2	油泵打压时间过长（设置两处故障）	答案正确、齐全，修复或更换正确		故障原因回答不正确扣 3 分；每少回答一个原因扣 2 分；找不到故障点扣 3 分；不会处理故障扣 3 分；处理不正确或没处理好扣 3 分；每少处理一处扣 3 分
	4.3	油泵打不上压（设置两处故障）	答案正确、齐全，修复或更换正确		故障原因回答不正确扣 3 分；每少回答一个原因扣 2 分；找不到故障点扣 3 分；不会处理扣 3 分；处理不正确或没处理好扣 3 分；每少处理一处扣 3 分

续表

	序号	项目名称	质量要求	满分	得分或扣分
评分标准	5	安全文明工作		8	
	5.1	填写检修记录	齐全、正确		填写不规范或有错误扣1分
	5.2	向运行人员交待检修内容、项目	遵守安全工作规程		不清理现场，向运行人员交待不清楚扣1分
	5.3	安全文明	执行安全工作规程、检修工艺导则，环境清洁，无野蛮作业		每违反安全工作规程一次扣1分；违反检修工艺导则扣2分；环境脏、乱、差扣1分
	5.4	办理工作票终结手续	符合安全工作规程		不会办理工作结束扣2分 注：野蛮作业，出现人身及设备事故取消考核

行业：电力工程　　　　工种：变电检修　　　　等级：技师/高技

编　号	C21B038	行为领域	e	鉴定范围	2
考核时限	120min	题　型	B	题　分	100（30）
试题正文	断路器的行程和分、合闸时间的测量及调整				
需要说明的问题和要求	1. 鉴定基地 2. 现场闲置设备做好安全措施 3. 配合 1～2 名工人 4. 以 SW6—220 型断路器为例				
工具、材料、设备场地	SW6—220 型断路器一台常用电工工具、常用量具、公用工具，按检修工艺配备有关材料、工器具等				

评分标准	序号	项目名称	质量要求	满分	得分或扣分
	1	测量及调整前准备		17	
	1.1	着装、工器具、材料、备品、备件	着装合理、材料合格、工具齐全		着装不符合检修安全扣 1 分；测量调整用的工器具、仪表、材料和备品备件每缺少一件扣 1 分
	1.2	技术资料	包括运行缺陷记录、检修报告、检修调试记录及检修工艺；编制工序工艺标准卡并经审核		每缺少一件技术资料影响检修扣 1 分；未编制工序工艺标准卡并送审扣 2 分
	1.3	办理开工手续	正确办理工作票、履行开工手续，复核安全措施		不办理工作票、履行开工手续扣该项全部分数 17 分；不了解工作票内容和现场安全措施扣 1 分
	1.4	调整前检查			
	1.5	断路器在分闸状态，检查分闸缓冲器、复核中间机构箱 A 尺寸	A 尺寸为(14±2)mm		不确认分闸缓冲器已经打到底就连接三相水平拉杆，再和操动机构活塞杆连接扣 2 分；不检查 A 尺寸扣 1 分；不检查三相主轴外拐臂分、合闸角度是否基本一致，各接头螺扣连接深度是否合格扣 3 分
		液压管路排气	至无气泡为止		

续表

	序号	项目名称	质量要求	满分	得分或扣分
评分标准	1.5	检查活塞杆行程及微动开关位置与压力值对应关系 检查油泵电机打压时间 底座内注入适量合格绝缘油 导电杆插到较低位置	检修工艺 不超过 3min		不会启动油泵打压到额定油压（打开高压放油阀，放压，再打压，循环 3～4 次，直至气体排完为止）扣 3 分 不会按检修工艺要求检查扣 2 分 不了解或不清楚油泵打压（从零开始升至额定压力）所需时间扣 2 分 不检查缓冲器是否在油内或不注油扣 2 分；不检查导电杆是否插到较低位置扣 1 分
	2	行程的测量与调整		47	
	2.1	行程的测量	检修工艺熟练		不会在合闸位置时将行程测杆拧在导电杆端部螺孔内，将超行程测量管套在行程杆外面扣 3 分；不会分别测量行程杆和超行程管露出触座端正面的长度 C 和 D 扣 3 分；不会将断路器缓慢分闸到底，分别测量行程杆和超行程管露出触座端面的长度 A 和 B 扣 3 分；不会计算总行程扣 3 分；不会计算超行程扣 3 分；不会做慢合、分扣 3 分
	2.2	行程调整 总行程的调整，总行程不合格调整	准确		不会调整提升杆连接螺母扣 3 分；不注意超行程随着变化扣 1 分；调整时不先从整靠机构箱的一柱开始依次进行扣 3 分

续表

	序号	项目名称	质量要求	满分	得分或扣分
评分标准	2.3	调整后	深度不小于 20mm		不复核三相 A 尺寸基本一致并在合格范围内扣 3 分；不复核三相主轴外拐臂分、合闸角度是否基本一致，各接头螺扣连接深度是否合格扣 3 分
		超行程的调整 总行程合格	会调整		不清调整总行程影响超行程扣 1 分；不会通过改变导电杆连接螺母来调整超行程扣 3 分；不知导电杆拧出（进）一圈，超行程增大（缩小）约 2mm 扣 3 分
		超行程调整合格后	紧固良好，会测量		不把调整部位紧固，平垫圈、弹簧垫圈、开口销锁紧螺母不齐全、开口锁不开口扣 3 分；不在额定油压下操作复查行程数据扣 3 分
		本体未注油前控制操作	不超过 3 次		超过 3 次扣 3 分
	3	合闸时间的测量和调整		27	
	3.1	分闸时间的调整	执行检修工艺		不会接线或不会测量扣 3 分；不会通过调节分闸阀顶杆的长短及节流片的孔径大小来进行调整各扣 3 分；不会缩短顶杆使时间增大，加长顶杆使时间缩短扣 3 分；不知道节流片孔径小，时间增大扣 3 分
	3.2	合闸时间的调整	符合检修工艺		不会接线操作或不会测量扣 4 分；不会通过调节合闸阀顶杆的长短及节流片的孔径大小来调整扣 4 分

续表

	序号	项目名称	质量要求	满分	得分或扣分
评分标准	3.3	注意问题	综合考虑		不知道改变节流片孔径大小对速度也有影响，不校对分、合闸速度扣2分；不清楚分、合闸阀顶杆过度的调长和调短也有影响又不校对分、合闸动作电压扣2分
	3.4	测量动、静触头分、合闸不同期	合闸不同期5ms，分闸不同期3ms		不会按质量要求测量扣3分
	4	安全文明工作		9	
	4.1	填写检修记录	齐全、正确		填写不规范、不全或有错误扣2分
	4.2	清理现场，向运行人员交待检修内容、项目	符合安全工作规程		不清理现场，向运行人员交待不清楚扣2分
	4.3	安全文明	执行安全工作规程、检修工艺，环境清洁，无野蛮作业		每违反检修工艺扣1分；违反安规一次扣1分；环境脏、乱、差扣2分
	4.4	办理工作票终结手续	符合安全工作规程		不会办理工作票结束扣1分 注：野蛮作业，出现人身事故取消考核

行业：电力工程　　　工种：变电检修　　　等级：技师/高技

<table>
<tr><td>编　　号</td><td>C21B039</td><td>行为领域</td><td>e</td><td>鉴定范围</td><td>3</td></tr>
<tr><td>考核时限</td><td>120min</td><td>题　　型</td><td>B</td><td>题　　分</td><td>100（30）</td></tr>
<tr><td>试题正文</td><td colspan="5">GIS 组合电器刀闸气室泄漏的处理</td></tr>
<tr><td>需要说明的问题和要求</td><td colspan="5">1. 鉴定基地
2. 现场闲置设备，做好安全措施
3. 配合 2 名工人
4. 不考核回收充气装置操作内容</td></tr>
<tr><td>工具、材料、设备场地</td><td colspan="5">GIS 组合电器具有刀闸气室间隔一台，SF_6 气体防护用具，常用电工工具，专用工具，备品备件，SF_6 气体回收充气装置一台，消耗性材料（凡士林、白布、无水酒精、无毛纸、密封圈）</td></tr>
<tr><td rowspan="4">评分标准</td><td>序号</td><td>项目名称</td><td>质量要求</td><td>满分</td><td>得分或扣分</td></tr>
<tr><td>1</td><td>泄漏处理前准备</td><td></td><td>22</td><td></td></tr>
<tr><td>1.1</td><td>着装、备品、备件、工器具、材料</td><td>合理、齐全、合格</td><td></td><td>不按 SF_6 电气设备运行检修人员的安全防护守则着装扣 2 分；备品备件、工器具、材料不合格或不齐全，每少一件扣 1 分</td></tr>
<tr><td>1.2</td><td>技术资料</td><td>包括运行缺陷记录、新气及气室内 SF_6 气体化验单、有关 SF_6 气体使用安全技术管理规则、用于电器设备的 SF_6 气体质量监督与安全导则、GIS 设备结构图、SF_6 电气设备试验检修人员安全防护暂行规定；编制工序工艺标准卡并经审核</td><td></td><td>每缺少一件技术资料影响检漏、泄漏处理扣 2 分；未编制工序工艺标准卡并送审扣 2 分</td></tr>
</table>

续表

	序号	项目名称	质量要求	满分	得分或扣分
评分标准	1.3	安全措施	符合 SF_6 电气设备运行检修人员安全防护规定，符合安全工作规程		设备安装室不通风20min，不检测室内气体含量扣 2 分；一个人单独进入室内扣 1 分；不穿戴防护服、不戴防毒面具及防护手套扣 2 分；刀闸气室分解前一个月不取气做生物毒性试验及有关色谱分析扣 3 分；封盖打开后，分解检查前不详细核对图纸，不清楚气室情况及停电情况扣 2 分；无施工检漏和无处理泄漏方案、安全技术措施扣 2 分；工作室无防尘、防潮措施扣 1 分；工作人员不换鞋，不穿防护服，不戴防护帽和口罩扣 1 分；分解不在晴天，且相对湿度＞80%时进行扣 1 分
	1.4	办理开工手续	正确办理工作票、履行开工手续，复核安全措施		不办理工作票、履行开工手续扣该项全部分数 22 分；不了解工作票内容和现场安全措施和泄漏气室的状况不清楚扣 1 分
	2	GIS 泄漏气室检漏		10	
		经检漏发现 GIS 刀闸气室密封面有泄漏	压力表明显下降，密度继电器正确动作，补气报警信号动作		泄漏气室压力表下降检查不出来扣 2 分；密度继电器动作（是否误动）判断不了扣 2 分；不会判断气室是否泄漏扣 2 分；对需要检漏的每个密封面或接头四周不会缓慢移动 SF_6 检漏仪探头进行检查或发出响声不知泄漏扣 2 分；不会校对检漏仪或不接地扣 2 分

续表

	序号	项目名称	质量要求	满分	得分或扣分
评分标准	3	泄漏气室进行 SF_6 气体回收	泄漏气室与其他气室隔开，必须隔离泄漏气室电气设备，必须停电处理密封面	10	泄漏气室电气设备停电不彻底，无安全措施未发现扣 1 分；泄漏气室与其他气室 SF_6 气体未隔离开、有影响扣 3 分；不会用 SF_6 回收装置将泄漏气室 SF_6 气体抽出进行过滤干燥处理扣 3 分；回收装置误操作造成泄漏污染扣 3 分
	4	泄漏气室分解检查，密封面处理、组装		30	
	4.1	分解检查	执行 SF_6 电气设备检修工艺，SF_6 电气设备制造、运行及试验检修人员的安全防护暂行规定		在一般情况下，分解性检查应预先通知制造厂，不通知扣 2 分；不设现场指导，施工人员不熟悉施工的基本方法及技术要求扣 1 分；分解不按制造厂要求，不对照装配图进行分解和装复扣 1 分；不会分解或不均匀拆除螺丝扣 1 分；不对解体后的零配件进行干燥处理扣 1 分；工作间隙不勤洗手，人体外露部分不用风机特殊冲洗（不对全身冲洗）扣 1 分；工作场所不保持干燥、清洁和通风扣 1 分；工作人吸烟、吃食品扣 2 分；内部不用柔软卫生纸擦除，不用空气压缩机吹扣 1 分；解体后零件、瓷套或壳体不用四氯化碳或无水酒精等清洗剂进行清洗扣 1 分；在解体拆卸过程中相连部件不做记录，组装时互相错位，不保持原来位置和方向扣 1 分；分解设备时不用真空吸尘器除零部件上的粉尘，不用汽油清洗金属零部件，不用丙酮或酒精清洗绝缘扣 1 分

续表

	序号	项目名称	质量要求	满分	得分或扣分
评分标准	4.2	密封面的处理及组装	执行检修工艺及厂家说明书、SF_6电气设备检修防护规定；密封槽面不能有划痕，槽内和法兰平面不能生锈，槽内无杂物；更换密封圈，新密封圈和橡胶类制品不准用汽油清洗，检修后组装应按制造厂有关技术要求及标准执行；密封脂也可用FL—8 聚三氟氮乙烯酯，用丙酮或香蕉水清洗密封面及槽		不检查密封槽和槽内法兰平面情况扣 1 分；轻微缺陷不用 800 号水砂纸及金相砂纸打磨光洁扣 2 分；不用四氯化碳或无水酒精清洗密封面和槽，不用无纤维高级卫生纸反复揩擦扣 1 分；槽内有纤维及异物扣 1 分；拆下的密封圈不更换扣 2 分；用汽油清洗密封圈后，不用无纤维高级卫生纸蘸四氯化碳或无水酒精仔细清擦扣 2 分；不检查密封圈有无气泡和径向划痕，不经试放确认正确扣 2 分；不在密封槽内涂适量密封脂及在 0 型密封圈上涂适量密封脂放入槽内扣 1 分；含硅的密封脂涂在与 SF_6 气体接触的密封圈内侧扣 1 分；不在密封圈外侧的法兰面上薄涂中性凡士林或 2 号低温润滑脂扣 1 分；法兰连接缝及螺栓不用 703 密封脂或胶玻璃用的硅胶密封扣 1 分；法兰连接或封盖时，扳手力矩不按厂家规定，不均匀地紧固螺栓扣 1 分；每次工作不复查，不检查内部螺丝紧固情况扣 1 分
	5 5.1	组装气室，SF_6气体充装 干燥处理	按 SF_6 气体回收装置使用规定进行，执行 SF_6 电气设备检修人员防护规定	20	对气室不会抽真空和干燥处理扣 2 分；不满足抽真空至规定指标扣 2 分；无专人负责扣 1 分；误操作引起后果扣 2 分

续表

	序号	项目名称	质量要求	满分	得分或扣分
评分标准	5.2	充气、检漏	按 SF_6 气体安全使用规定，用高灵敏度气体检漏仪对设备所有密封、焊接面管理接头进行检漏，连续观察3～5天，确认无漏点，充装完毕		不净化 SF_6 气体扣1分；新气体不符合标准又不复测扣2分；不会使用充气装置充气扣2分；误操作扣2分；补气压力不折算到20℃时的压力扣1分；补气后不可靠关闭GIS充气阀扣1分；12h后不对充气室进行含水量检测扣3分；不对气室进行检漏并确认无泄漏各扣1分
	5.3	气体静止12h后，测量微水；24h后进行工频交流耐压	按照规定		不清楚试验过程扣2分
	6	安全文明泄漏处理		8	
	6.1	填写检修记录	齐全、正确		填写不全，有错误扣1分
	6.2	向运行人员交待检修内容、项目	符合安全工作规程		不清理现场，向运行人员交待不清楚扣1分
	6.3	安全文明泄漏处理	执行安全工作规程、SF_6 电气设备检修人员防护规定和厂家技术规定，环境清洁，无野蛮作业		每违反安全工作规程1次扣1分；每违反 SF_6 电气设备检修人员防护规定一次扣2分；环境脏、乱、差扣1分
	6.4	办理工作票终结手续	符合安全工作规程		不会办理工作票结束扣1分 注：野蛮作业、出现人身及设备事故取消考核

行业：电力工程　　　　工种：变电检修　　　　等级：中/高

<table>
<tr><td>编　号</td><td>C43B040</td><td>行为领域</td><td>e</td><td>鉴定范围</td><td colspan="2">3</td></tr>
<tr><td>考核时限</td><td>180min</td><td>题　型</td><td>B</td><td>题　分</td><td colspan="2">100</td></tr>
<tr><td>试题正文</td><td colspan="6">LW6 系列 SF_6 断路器小修</td></tr>
<tr><td>需要说明的问题和要求</td><td colspan="6">1. 变电站现场或鉴定基地
2. 一人单独操作，辅助工人 2 人
3. LW6 系列 SF_6 断路器常规维护小修</td></tr>
<tr><td>工具、材料、设备场地</td><td colspan="6">LW6—110W 型 SF_6 断路器一台及液压操作机构
常用电工工具、公用工具、专用工具、仪表、小型滤油机等，以及航空液压油、凡士林油、低温润滑油等、消耗性材料（油漆、导电膏、凡士林、黄油、砂布、白布、液压油）</td></tr>
<tr><td rowspan="9">评分标准</td><td>序号</td><td>项目名称</td><td>质量要求</td><td>满分</td><td colspan="2">得分或扣分</td></tr>
<tr><td>1</td><td>检修前准备</td><td></td><td>10</td><td colspan="2"></td></tr>
<tr><td>1.1</td><td>着装、工器具、设备、材料、备品备件</td><td>齐全、合格</td><td></td><td colspan="2">着装影响安全检修扣 2 分；每缺少一件工器具、设备、材料、备品备件影响检修扣 2 分</td></tr>
<tr><td>1.2</td><td>技术资料</td><td>包括检修工艺导则、设备运行缺陷记录、大修报告、高压绝缘试验记录；编制工序工艺标准卡并经审核</td><td></td><td colspan="2">每少一件技术资料影响检修顺利进行扣 2 分；未编制工序工艺标准卡并送审扣 2 分</td></tr>
<tr><td>1.3</td><td>检查工器具、设备</td><td>完好、不损坏、正确运转</td><td></td><td colspan="2">小型滤油机有缺陷不能正常运转扣 2 分</td></tr>
<tr><td>1.4</td><td>办理开工手续</td><td>正确办理工作票、履行开工手续，复核安全措施</td><td></td><td colspan="2">不办理工作票、履行开工手续扣该项全部分数 10 分；不了解工作票内容和现场安全措施扣 1 分</td></tr>
<tr><td>2</td><td>断路器检修</td><td></td><td>30</td><td colspan="2"></td></tr>
<tr><td>2.1</td><td>检查断路器处于分闸位置</td><td>断路器处于分闸位置</td><td></td><td colspan="2">未确认断路器处于分闸位置扣 5 分</td></tr>
<tr><td>2.2</td><td>断开操作机构能源</td><td>断开电源空气开关</td><td></td><td colspan="2">未断开操作机构中的电源扣 5 分</td></tr>
</table>

续表

	序号	项目名称	质量要求	满分	得分或扣分
评分标准	2.3	释放操作机构油压	拧开高压放油阀，使其油压回零		未拧开高压放油阀，使其油压回零扣5分
	2.4	断路器外观清扫、检查	绝缘子完好、清洁干净		未检查断路器外观扣3分
	2.5	引流线检查	引流线牢固、接触处无氧化		不检查引流线，不判断接触处氧化程度扣3分
	2.6	SF_6气体检查	通过带温度补偿的密度继电器或压力表检查SF_6气体压力值应在标准范围内（0.6MPa） SF_6气体微水测量（支柱≤1200μL/L（20℃）、断口≤300μL/L（20℃）		未检查SF_6气体压力值是否在标准范围内3分 未进行SF_6气体微水测量并进行检漏工作，扣3分
	2.7	密度继电器的校验，检漏	按规定校验，检漏		未进行密度继电器校验，检漏扣3分
	3	液压元件的检查		20	
	3.1	各部件、接头、油过滤器、油箱及液压油	各部件无损坏及脏污无渗漏、接头完好无裂纹 检查机构油过滤器，清洗低压油箱及油过滤器不得有杂物，过滤机构箱液压油		未检查渗漏、接头扣2分；未检查机构油过滤器扣2分；未清洗低压油箱及油过滤器不得有杂物，未过滤液压油扣2分
	3.2	氮气预充压力值的检查	用手力泵从零表压开始打压，压力表指针从快速上升到突然缓慢上升这一数据，即可视为预充压力表		未按规定操作扣2分

续表

	序号	项目名称	质量要求	满分	得分或扣分
评分标准	3.3	油泵检查	油泵运转稳定，无卡塞、异响；合上油泵电源启动油泵打压（零表压），油压上升至 31.6MPa 的时间≤5min，一次重合闸后油泵打压时间≤3min		未按规定操作扣 2 分
	3.4	微动开关检查	起泵、止泵、分闸、合闸、零压闭锁符合厂家数据		未按规定操作扣 2 分
	3.5	辅助开关检查	动作可靠、接触良好		未检查扣 2 分
	3.6	保压试验	断开油泵电源，液压系统分别处在分闸、合闸位置，在额定油压下放置 12h，检查压力降≤1.0MPa（在环境温度相同时）		未断油泵电源扣 2 分；液压系统分别处在分闸、合闸位置；未在额定油压下放置 12h 后检查压力降≤1.0MPa 扣 4 分
	4	高压试验 ① 拉杆、断口绝缘测试 ② 耐压试验 ③ 回路电阻测试 ④ 最低动作电压测试	大于 10 000MΩ 符合规程数据 小于 50μΩ 30%～65%Ue	20	未进行高压试验每项扣 5 分
	5	补刷相色油漆 整体除锈补漆 遗留物检查、现场清理	正确、均匀 无明显锈 无遗留物、现场清洁	10	未进行补刷相色油漆、整体除锈补漆、遗留物检查、现场清理扣 10 分

续表

	序号	项目名称	质量要求	满分	得分或扣分
评分标准	6	安全文明工作		10	
	6.1	填写检修记录	齐全、正确		填写不全，有错误扣 2 分
	6.2	清理现场，向运行人员交待检修内容、项目	符合安全工作规程		不清理现场，向运行人员交待不清楚扣 2 分
	6.3	安全文明	执行安全工作规程、检修工艺导则、各种器具使用说明书，环境清洁，无野蛮作业		每违反安规工作规程一次扣 2 分；违反检修工艺、各种器具使用方法不当各扣 1 分；环境脏、乱、差扣 2 分 注：野蛮作业，出现人身及设备事故取消考核

行业：电力工程　　　工种：变电检修　　　等级：中/高

编　号	C43B041	行为领域	e	鉴定范围	3
考核时限	120min	题　型	B	题　分	100
试题正文	10kV 户外电容器组小修				
需要说明的问题和要求	1. 变电站现场或鉴定基地 2. 1 人单独操作，辅助工人 1 人 3. 10kV TBB10 系列电容器组常规维护小修				
工具、材料、设备场地	10kV TBB10 系列电容器一组 常用电工工具、公用工具、仪表、消耗性材料（油漆、导电膏、凡士林、黄油、砂布、白布）				

评分标准	序号	项目名称	质量要求	满分	得分或扣分
	1	检修前准备		10	
	1.1	着装、工器具、材料、备品备件	齐全、合格		着装影响安全检修扣 2 分；每缺少一件工器具、材料、备品备件影响检修扣 2 分
	1.2	技术资料	包括检修工艺导则、设备运行缺陷记录、大修报告、高压绝缘试验记录；编制工序工艺标准卡并经审核		每少一件技术资料影响检修顺利进行扣 2 分；未编制工序工艺标准卡并送审扣 2 分
	1.3	检查工器具	完好、不损坏		工器具有缺陷不能正常使用扣 2 分
	1.4	办理开工手续	正确办理工作票、履行开工手续，复核安全措施		不办理工作票、履行开工手续扣该项全部分数 10 分；不了解工作票内容和现场安全措施扣 1 分
	2	电容器组检修		15	
	2.1	检查电容器组接地刀闸处于合闸位置	接地刀闸处于合闸位置		未确认接地刀闸处于合闸位置扣 5 分

续表

	序号	项目名称	质量要求	满分	得分或扣分
评分标准	2.2	电容器外观清扫、检查	绝缘子完好、清洁；电容器本体、油位、呼吸器无异常；引流线牢固、接触处无氧化		未进行电容器外观清扫、检查扣5分
	2.3	高压试验 ① 电容器绝缘测试 ② 电容量测试	对壳绝缘电阻不低于2000MΩ 电容值偏差不超出额定值的–5%～＋10%范围		未进行高压试验扣5分
	3	电抗器检修		10	
	3.1	电抗器外观清扫、检查	绝缘子完好、清洁；电抗器本体无异常；引流线牢固、接触处无氧化		未进行电抗器外观清扫、检查扣5分
	3.2	高压试验 ① 电抗器绝缘测试 ② 电抗器各相直流电阻测试	大于1000MΩ 符合规程数据		未进行高压试验扣5分
	4	放电线圈检修		10	
	4.1	放电线圈外观清扫、检查	绝缘子完好、清洁；放电线圈本体无异常；引流线牢固、接触处无氧化		未进行放电线圈外观清扫、检查扣5分
	4.2	高压试验 电抗器绝缘测试	大于1000MΩ		未进行高压试验扣5分
	5	避雷器检修		10	
	5.1	避雷器外观清扫、检查	绝缘子完好、清洁；避雷器本体无异常；引流线牢固、接触处无氧化		未进行避雷器外观清扫、检查扣5分

续表

	序号	项目名称	质量要求	满分	得分或扣分
评分标准	5.2	高压试验 ① 避雷器绝缘测试 ② 避雷器对地泄漏测试	大于 1000MΩ 符合规程数据		未进行高压试验扣 5 分
	6	接地刀闸检修		5	
	6.1	接地刀闸外观清扫、检查	绝缘子完好、清洁；接地刀闸本体无异常；引流线牢固、接触处无氧化；接地刀闸操作灵活、接触良好		未进行接地刀闸外观清扫、检查扣 5 分
	7	电力电缆检修		10	
	7.1	电缆外观清扫、检查	防雨绝缘子完好、清洁；引流线牢固、接触处无氧化；接地线接触良好		未进行电力电缆外观清扫、检查扣 5 分
	7.2	高压试验 ① 电缆绝缘测试 ② 耐压试验	大于 1000MΩ 符合规程数据		未进行高压试验扣 5 分
	8	补刷相色油漆 整体除锈补漆 遗留物检查、现场清理	正确、均匀 无明显锈 无遗留物、现场清洁	10	未进行补刷相色油漆、整体除锈补漆、遗留物检查、现场清理扣 10 分

续表

	序号	项目名称	质量要求	满分	得分或扣分
评分标准	9	安全文明工作		20	
	9.1	填写检修记录	齐全、正确		填写不全，有错误扣 4 分
	9.2	清理现场，向运行人员交待检修内容、项目	符合安全工作规程		不清理现场，向运行人员交待不清楚扣 4 分
	9.3	安全文明	执行安全工作规程、检修工艺导则、各种器具使用说明书，环境清洁，无野蛮作业		每违反安规工作规程一次扣 4 分；违反检修工艺、各种器具使用方法不当扣 4 分；环境脏、乱、差扣 4 分 注：野蛮作业，出现人身及设备事故取消考核

行业：电力工程　　　工种：变电检修　等级：技师/高级技师

编　　号	C21B042	行为领域	e	鉴定范围	3
考核时限	130min	题　　型	B	题　　分	100
试题正文	10kV 户外交联聚乙烯电缆头制作与试验				
需要说明的问题和要求	1. 变电站现场或鉴定基地 2. 1 人单独操作，辅助工人 2 人 3. 10kV 户外交联电缆头现场制作与试验				
工具、材料、设备场地	10kV 户外交联电缆一段，10kV 户外热缩电缆头一套，常用电工工具、公用工具、仪表、液化气瓶、喷枪、消耗性材料（砂布、白布、焊锡丝、焊锡膏）				

评分标准	序号	项目名称	质量要求	满分	得分或扣分
	1	检修前准备		10	
	1.1	着装、工器具、材料	齐全、合格		着装影响安全工作扣 2 分；每缺少一件工器具、材料、影响工作扣 2 分
	1.2	技术资料	包括 10kV 户外交联电缆头制作说明书、电气设备预防性试验规程；编制工序工艺标准卡并经审核		每少一件技术资料影响工作顺利进行扣 2 分；未编制工序工艺标准卡并送审扣 2 分
	1.3	检查工器具	齐全、完好、不损坏		工器具有缺陷不能正常使用扣 2 分
	1.4	办理开工手续	正确办理工作票、履行开工手续，复核安全措施		不办理工作票、履行开工手续扣该项全部分数 10 分；不了解工作票内容和现场安全措施扣 1 分
	2	电缆头制作		50	
	2.1	将电缆一端固定在工作台上	固定位置便于工作，电缆一端离工作台大约一米距离		未固定好或位置不便于工作扣 5 分
	2.2	剥离电缆外护层、钢铠、内衬层	将外护层剥去 700～800mm，保留钢铠 30mm，其余锯除，距钢铠带断口保留 20mm 内衬层，其余切除		钢铠带断口保留不整齐、钢铠伤内衬层扣 5 分

续表

	序号	项目名称	质量要求	满分	得分或扣分
评分标准	2.3	焊接接地线	除去填充物，分开线芯，塞入垫锥。将钢铠、铜屏蔽打光，将地线一端用铜线绑在其上并焊接，将热缩环收在钢铠部位。将另一地线一端一分成三股，分别绑在铜屏蔽上并焊接。用绝缘带包绕在钢铠焊接接地线外，让钢铠接地线与铜屏蔽接地线间隔开		焊接接地线伤绝缘层、焊接接地线不牢固扣10分
	2.4	收缩绝缘手指套	将电缆擦净，将填充胶包绕在焊接接地线外，套入手指套，尽量下压，从指套上端向下加热固定		手指套不到位、手指套损坏扣5分
	2.5	剥离电缆铜屏蔽、半导体层	从手套端向上量取50mm铜屏蔽，其余剥除，保留20mm半导层，其余剥除，清洁线芯绝缘，把硅脂膏涂在半导体层与线芯绝缘附近 用应力疏散胶将半导体层与绝缘体间的台阶缠平，套入应力管，搭铜屏蔽20mm，加热固定，用应力疏散胶将应力管与绝缘体间的台阶缠平		铜屏蔽断口保留不整齐、绝缘层外半导体清洁不干净扣10分
	2.6	压接引线端子	参照压接端子内孔深度，把线芯绝缘剥离等长距离，露出线芯。剥离处削成锥体，用适合压模压接端子		引线端子压接不紧扣5分

续表

	序号	项目名称	质量要求	满分	得分或扣分
评分标准	2.7	收缩三相绝缘管	在端子与线芯绝缘处绕密封胶，套入绝缘管至指套根部，自下往上环绕加热固定，把密封胶张在端子与绝缘管附近，套入短密封管，加热固定		绝缘管内有气泡、绝缘管口密封不严扣5分
	2.8	收缩防雨伞裙	将三孔伞裙套入，加热固定。然后再套入单孔伞裙，加热固定（每相两个伞裙间距 100mm）。套入相色管，加热固定，户外电缆头制作完毕		伞裙固定不紧、间距太大或太小扣5分
	3 3.1	高压试验 主绝缘测试	使用5000V绝缘电阻表测试，耐压试验前、后大于1000MΩ	20	未进行高压试验每项扣10分
	3.2	耐压试验	符合规程数据		
	4	安全文明工作		20	
	4.1	填写安装记录	齐全、正确		填写不全，有错误扣4分
	4.2	清理现场，向运行人员交待检修内容、项目	符合安全工作规程		不清理现场，向运行人员交待不清楚扣4分
	4.3	安全文明	执行安全工作规程、检修工艺导则、各种器具使用说明书，环境清洁，无野蛮作业 注：野蛮作业，出现人身及设备事故取消考核		每违反安规、规程一次扣4分；违反制作工艺、各种器具使用方法不当各扣4分；环境脏、乱、差扣4分

行业：电力工程　　　工种：变电检修　等级：技师/高级技师

<table>
<tr><td>编　　号</td><td>C21B043</td><td>行为领域</td><td>e</td><td>鉴定范围</td><td>3</td></tr>
<tr><td>考核时限</td><td>120min</td><td>题　　型</td><td>B</td><td>题　　分</td><td>100（30）</td></tr>
<tr><td>试题正文</td><td colspan="5">10kV 中置式开关柜真空断路器拒合故障处理</td></tr>
<tr><td>需要说明的问题和要求</td><td colspan="5">1. 变电站现场或鉴定基地
2. 一人单独操作，辅助工人 1 人
3. 10kV 系列中置式开关柜（设置两个故障）</td></tr>
<tr><td>工具、材料、设备场地</td><td colspan="5">10kV 中置式开关柜及真空断路器（弹簧操作机构）一台
常用电工工具、公用工具、专用工具、万用表等、消耗性材料（各类开口销、各类半圆弹性销、导电膏、凡士林、黄油、砂布、白布、润滑油）</td></tr>
</table>

<table>
<tr><td rowspan="7">评
分
标
准</td><td>序号</td><td>项目名称</td><td>质量要求</td><td>满分</td><td>得分或扣分</td></tr>
<tr><td>1</td><td>故障处理前准备</td><td></td><td>10</td><td></td></tr>
<tr><td>1.1</td><td>着装、工器具、设备、材料、备品备件</td><td>齐全、合格</td><td></td><td>着装影响安全检修扣 2 分；缺少工器具、设备、材料、备品备件影响检修扣 2 分</td></tr>
<tr><td>1.2</td><td>技术资料</td><td>包括检修工艺导则、设备运行缺陷记录、大修报告、高压绝缘试验记录、厂家设备说明书；编制工序工艺标准卡并经审核</td><td></td><td>少技术资料影响检修顺利进行扣 2 分；未编制工序工艺标准卡并送审扣 2 分</td></tr>
<tr><td>1.3</td><td>检查工器具、设备</td><td>完好、不损坏</td><td></td><td>工器具、设备有缺陷不能正常使用扣 2 分</td></tr>
<tr><td>1.4</td><td>办理开工手续</td><td>正确办理工作票或事故处理单、履行开工手续，复核安全措施</td><td></td><td>不办理工作票或事故处理单、履行开工手续扣该项全部分数 10 分；不了解工作票内容和现场安全措施扣 1 分</td></tr>
<tr><td>2</td><td>分析异常原因</td><td></td><td>20</td><td></td></tr>
</table>

续表

	序号	项目名称	质量要求	满分	得分或扣分
评分标准	2.1	结合10kV中置式真空断路器工作原理图口述说明	贮能过程、分合闸过程清楚		不会结合图说明贮能过程扣5分；不清楚分、合闸过程扣5分
	2.2	回答考评人员提出的关于弹簧贮能系统、控制系统、电气控制回路有关问题	（提出3～5个问题）符合规程和实际设备情况		不能回答考评人员提出的问题，每一题扣2分
	3	电路异常的处理		30	
	3.1	电机未拉动弹簧储能的原因（设故障两处）	依次检查储能保险、插件、行程开关、电机是否正常		排除故障的方法不正确扣3分；每少处理一处故障扣3分；故障点找不到扣3分；不会处理故障扣3分
	3.2	弹簧已储能，断路器拒合（设故障两处）	依次检查合闸保险、插件、合闸线圈、行程开关是否正常		排除故障的方法不正确扣3分；每少处理一处故障扣3分；故障点找不到扣3分；不会处理故障扣3分
	4	机械异常的处理		30	
	4.1	弹簧已储能，合闸线圈已动作，弹簧未释能，断路器拒合（设故障两处）	依次检查合闸线圈行程、断路器是否未在试验位置形成闭锁合闸顶板		排除故障的方法不正确扣3分；每少处理一处故障扣3分；故障点找不到扣3分；不会处理故障扣3分
	4.2	弹簧已储能，合闸线圈已动作，弹簧已释能，断路器合闸后不能保持（设故障两处）	依次检查合闸牵引杆行程是否正常、分闸挂钩角度、间隙及磨损情况		排除故障的方法不正确扣3分；每少处理一处故障扣3分；故障点找不到扣3分；不会处理故障扣3分

续表

	序号	项目名称	质量要求	满分	得分或扣分
评分标准	5	安全文明工作		10	
	5.1	填写检修记录	齐全、正确		填写不规范或有错误扣1分
	5.2	向运行人员交待检修内容、项目	遵守安全工作规程		不清理现场，向运行人员交待不清楚扣2分
	5.3	安全文明	执行安全工作规程、检修工艺导则，环境清洁，无野蛮作业		违反安全工作规程扣2分；违反检修工艺导则扣2分；环境脏、乱、差扣1分
	5.4	办理工作票终结手续	符合安全工作规程		不会办理工作结束扣2分 注：野蛮作业，出现人身及设备事故取消考核

行业：电力工程　　　工种：变电检修　等级：技师/高级技师

编　号	C21B044	行为领域	e	鉴定范围	3
考核时限	120min	题　型	B	题　分	100（30）
试题正文	10kV户内真空断路器真空灭弧室的整体更换处理				
需要说明的问题和要求	1. 变电站现场或鉴定基地 2. 一人单独操作，辅助工人1人 3. 10kV ZN28—10型真空断路器 4. 真空灭弧室1个				
工具、材料、设备场地	10kVZN28—10型真空断路器配CD10型电磁操作机构（一台） 常用电工工具、公用工具、专用工具、测试仪器等、型号相同真空灭弧室、消耗性材料（各类开口销、各类半圆弹性销、导电膏、凡士林、黄油、砂布、白布、润滑油）				

评分标准	序号	项目名称	质量要求	满分	得分或扣分
	1	更换处理前准备		10	
	1.1	着装、工器具、设备、材料、备品备件	齐全、合格		着装影响安全检修扣2分；缺少工器具、设备、材料、备品备件影响检修扣2分
	1.2	技术资料	包括检修工艺导则、设备运行缺陷记录、大修报告、高压绝缘试验记录、厂家设备说明书；编制工序工艺标准卡并经审核		少技术资料影响检修顺利进行扣2分；未编制工序工艺标准卡并送审扣2分
	1.3	检查工器具、设备	完好、不损坏		工器具、设备有缺陷不能正常使用扣2分
	1.4	办理开工手续	正确办理工作票或事故处理单、履行开工手续，复核安全措施		不办理工作票或事故处理单、履行开工手续扣该项全部分数10分；不了解工作票内容和现场安全措施扣1分

续表

	序号	项目名称	质量要求	满分	得分或扣分
评分标准	2	真空灭弧理论分析		10	
	2.1	结合10kV真空断路器灭弧原理、真空定义、真空间隙绝缘性能口述说明	灭弧原理、真空定义、真空间隙绝缘性能清楚		不会结合图说明灭弧原理扣2分；不清楚真空定义、真空间隙绝缘性能扣2分
	2.2	回答考评人员提出的关于电极材料、电极表面行状、间隙距离、电压波形等有关问题	（提出3～5个问题）符合规程和实际设备情况		不能回答考评人员提出的问题，每一题扣2分
	3	更换前试验，查出需要更换的真空灭弧室		10	不清楚查出需要更换真空灭弧室的方法扣5分；试验方法正确扣5分
	3.1	绝缘电阻	大于10 000MΩ		
	3.2	交流耐压	交流耐压42kV，1min		
	4	真空灭弧室拆卸（分闸位置）		20	
	4.1	拆卸真空灭弧室下端动触头拐臂处销子	不损坏销子、销孔		不清楚拆卸方法扣2分；拆卸损坏销子、销孔扣2分
	4.2	拆卸上、下接线座引线螺栓	不损坏螺栓、真空灭弧室		不清楚拆卸方法扣2分；拆卸损坏螺栓、真空灭弧室扣2分

续表

	序号	项目名称	质量要求	满分	得分或扣分
评分标准	4.3	拆卸真空灭弧室上、下接线座固定螺栓	不损坏螺栓、真空灭弧室		不清楚拆卸方法扣2分；拆卸损坏螺栓、真空灭弧室扣2分
	4.4	拆卸上、下接线座与绝缘子连接螺栓，取出真空灭弧室	不损坏螺栓、真空灭弧室		不清楚拆卸方法扣4分；拆卸损坏螺栓、真空灭弧室扣4分
	5	真空灭弧室装配		20	
	5.1	按拆卸相反顺序装配真空灭弧室	不损坏销子、销孔、螺栓、真空灭弧室；更换相真空灭弧室位置与其他相纵向、横向误差不大于±1mm		不清楚装配方法扣10分；装配损坏销子、销孔、螺栓、真空灭弧室扣10分
	6	更换后试验		20	
		① 机械特性	触头开距(11±1)mm、超行程41mm、总行程41mm、平均合闸速度0.4～0.7m/s、平均合闸速度(1.0±0.3)m/s、不同期2≤ms、合闸弹跳≤2ms		未进行高压试验每项扣4分
		② 回路电阻	小于60μΩ		
		③ 最低动作电压	30%～65%Ue		
		④ 耐压前绝缘电阻	大于10 000MΩ		
		⑤ 交流耐压	交流耐压 42kV，1min		
		⑥ 耐压后绝缘电阻	大于10 000MΩ		

续表

	序号	项目名称	质量要求	满分	得分或扣分
评分标准	7	安全文明工作		10	
	7.1	填写检修记录	齐全、正确		填写不规范或有错误扣1分
	7.2	向运行人员交待检修内容、项目	遵守安全工作规程		不清理现场，向运行人员交待不清楚扣2分
	7.3	安全文明	执行安全工作规程、检修工艺导则，环境清洁，无野蛮作业		违反安全工作规程扣2分；违反检修工艺导则扣2分；环境脏、乱、差扣1分
	7.4	办理工作票终结手续	符合安全工作规程		不会办理工作结束扣2分 注：野蛮作业，出现人身及设备事故取消考核

行业：电力工程　　　工种：变电检修　等级：技师/高级技师

编　　号	C21B045	行为领域	e	鉴定范围	3
考核时限	120min	题　　型	B	题　　分	100（30）
试题正文	主变压器风机停运故障处理				
需要说明的问题和要求	1. 变电站现场或鉴定基地 2. 一人单独操作，辅助工人1人 3. 主变压器风机系统（设置两个故障）				
工具、材料、设备场地	主变压器风机系统（含风机和风冷控制箱）一套 常用电工工具、公用工具、专用工具、万用表、500V绝缘电阻表等、消耗性材料（风机、主令开关、空气开关、接触器、热继电器、导线、刷子、白布等）				
评分标准	序号	项目名称	质量要求	满分	得分或扣分
	1	故障处理前准备		10	
	1.1	着装、工器具、设备、材料、备品备件	齐全、合格		着装影响安全检修扣2分；缺少工器具、设备、材料、备品备件影响检修扣2分
	1.2	技术资料	包括检修工艺导则、设备运行缺陷记录、风机控制箱图纸、厂家设备说明书；编制工序工艺标准卡并经审核		少技术资料影响检修顺利进行扣2分；未编制工序工艺标准卡并送审扣2分
	1.3	检查工器具、设备	完好、不损坏		工器具、设备有缺陷不能正常使用扣2分
	1.4	办理开工手续	正确办理工作票或事故处理单、履行开工手续，复核安全措施		不办理工作票或事故处理单、履行开工手续扣该项全部分数10分；不了解工作票内容和现场安全措施扣1分
	2	分析异常原因		20	
	2.1	结合风机控制箱图纸，口述说明风机工作原理	起动过程、停止过程清楚		不会结合图说明工作原理扣5分；不清楚起动过程、停止过程扣5分

续表

	序号	项目名称	质量要求	满分	得分或扣分
评分标准	2.2	回答考评人员提出的关于温度起动系统、电源控制回路、风机保护回路有关问题	（提出 3～5 个问题）符合规程和实际设备情况		不能回答考评人员提出的问题，每一题扣 2 分
	3	电机异常的处理		25	
	3.1	电源、空气开关、接触器、热继电器正常，电机不能起动（设故障两处）	主要检查电机，相间电阻为 20～90Ω（视电机容量）；相间及对地绝缘电阻＞2MΩ		排除故障的方法不正确扣 5 分；每少处理一处故障扣 5 分；故障点找不到扣 5 分；不会处理故障扣 5 分
	4	电路异常的处理		25	
	4.1	电机正常，电机不能起动（设故障两处）	依次检查电源电压正确、空气开关通断良好、接触器能起动、热继电器触点无断开		排除故障的方法不正确扣 5 分；每少处理一处故障扣 5 分；故障点找不到扣 5 分；不会处理故障扣 5 分
	5	故障处理后试运行		10	
	5.1	起动	设定到风机起动值，风机正常起动，运行无异响，转向正确		故障处理后没有起动、停止试验各扣 5 分
	5.2	停止	离开风机起动值，风机正常停止		

续表

	序号	项目名称	质量要求	满分	得分或扣分
评分标准	6	安全文明工作		10	
	6.1	填写检修记录	齐全、正确		填写不规范或有错误扣1分
	6.2	向运行人员交待检修内容、项目	遵守安全工作规程		不清理现场，向运行人员交待不清楚扣2分
	6.3	安全文明	执行安全工作规程、检修工艺导则，环境清洁，无野蛮作业		违反安全工作规程扣2分；违反检修工艺导则扣2分；环境脏、乱、差扣1分
	6.4	办理工作票终结手续	符合安全工作规程		不会办理工作结束扣2分 注：野蛮作业，出现人身及设备事故取消考核

行业：电力工程　　　工种：变电检修　等级：技师/高级技师

<table>
<tr><td>编　　号</td><td>C21B046</td><td>行为领域</td><td>e</td><td>鉴定范围</td><td>2</td></tr>
<tr><td>考核时限</td><td>120min</td><td>题　　型</td><td>B</td><td>题　　分</td><td>100</td></tr>
<tr><td>试题正文</td><td colspan="5">SF_6断路器气室受潮处理</td></tr>
<tr><td>需要说明的问题和要求</td><td colspan="5">1. 鉴定基地
2. 现场闲置设备，做好安全措施
3. 配合一名工人
4. 以一台110kV断路器气室受潮处理为例</td></tr>
<tr><td>工具、材料、设备场地</td><td colspan="5">SF_6气体回收充气装置一台，真空泵一台，麦氏真空计一台，检漏仪一台，SF_6微水测试仪各一台，SF_6新气一瓶，高纯N_2一瓶，常用电工工具，防毒面具两套，备品、备件，消耗性材料（凡士林、白布、无水酒精）</td></tr>
<tr><td rowspan="5">评分标准</td><td>序号</td><td>项目名称</td><td>质量要求</td><td>满分</td><td>得分或扣分</td></tr>
<tr><td>1</td><td>SF_6断路器气室受潮处理操作前的准备工作</td><td></td><td>10</td><td></td></tr>
<tr><td>1.1</td><td>着装、工具、材料备品备件</td><td>合理、齐全、合格</td><td></td><td>着装不符安全导则规定扣1分；每缺少一件工具、材料、备品、备件影响操作扣1分</td></tr>
<tr><td>1.2</td><td>技术资料</td><td>包括运行缺陷记录、新气及气室内SF_6气体化验单、有关SF_6气体使用安全技术管理规则、用于电器设备的SF_6气体质量监督与安全导则、SF_6电气设备试验检修人员安全防护暂行规定、SF_6气体回收充气装置使用说明书；编制工序工艺标准卡并经审</td><td></td><td>没有装置使用说明书和作业指导书扣2分；
没有SF_6电气设备制造运行及试验检修人员安全防护暂行规定扣1分；未编制工序工艺标准卡并送审扣2分</td></tr>
<tr><td>1.3</td><td>办理开工手续</td><td>正确办理工作票、履行开工手续，复核安全措施</td><td></td><td>不办理工作票、履行开工手续扣该项全部分数10分
不了解工作票内容和现场安全措施扣1分</td></tr>
</table>

续表

	序号	项目名称	质量要求	满分	得分或扣分
评分标准	2	处理前的准备		10	1）不清楚操作顺序表就进行操作扣2分 2）不检查所用工器具的外观情况扣1分 3）不会正确使用 SF_6 气体回收装置扣2分 4）不会正确使用微水仪和检漏仪扣2分 5）不会正确充注 SF_6 气体扣1分 6）不使用防毒面具扣2分
	2.1	操作顺序 1）SF_6 断路器气体回收 2）抽真空 3）充高纯 N_2 4）测试高纯 N_2 微水含量 5）放掉 N_2 至0表压 6）抽真空 7）充注合格 SF_6 气体 8）测试 SF_6 气体的微水含量、并进行检漏	严格按照每一个功能的操作顺序进行标准化的操作		
	3	回收 SF_6 气体		20	
	3.1	正确连接 SF_6 气体回收装置至断路器的管路	按装置使用说明书、操作要求进行		不正确连接断路器与回收充气装置的管路扣5分
	3.2	SF_6 气体回收装置至断路器连接管道抽真空	遵守设备运行维修导则、装置使用说明书要求，绝对防止误操作		管道不是专用的、不清洁、不干燥扣5分 未对管路抽真空扣5分

续表

	序号	项目名称	质量要求	满分	得分或扣分
评分标准	3.3	回收 SF_6 气体至 SF_6 断路器至 0 表压			SF_6 气体未完全回收扣 5 分
	4	对 SF_6 断路器本体抽真空		20	
	4.1	正确连接真空泵至 SF_6 断路器的管路			不正确连接断路器与真空泵的管路扣 5 分
	4.2	启动真空泵对断路器气室进行抽真空处理	遵守装置使用说明书要求、遵守 SF_6 电气设备制造，运行及试验检修人员安全防护暂行规定、用于电气设备的 SF_6 气体质量监督与运行管理导则；真空度为 133.32Pa 时抽半小时，停泵半小时，记下真空值 A，再隔五小时，读真空值 B，若 B—A＜133.32Pa，认为合格		电源搭接不规范扣 5 分 真空计使用不当扣 5 分 真空度不符合要求扣 5 分
	5	充注高纯 N_2、N_2 微水测试		10	
	5.1	待真空度抽至符合要求后，充注高纯 N_2 至 0.2MPa	高纯 N_2 微水含量应小于 8μg/g		充注高纯 N_2 前未对高纯 N_2 进行微水含量测试扣 2 分 真空度未符合要求就充注高纯 N_2 扣 2 分
	5.2	待充注高纯 N_2 24 小时后，用微水仪测试高纯 N_2 微水	微水含量≤150ppm，视为处理合格		未测试 N_2 微水含量扣 4 分 充注 N_2 不足 24 小时就进行 N_2 微水含量测试扣 2 分
	6	抽真空、充注 SF_6 气体、测试微水		20	

续表

	序号	项目名称	质量要求	满分	得分或扣分
评分标准	6.1	待高纯 N_2 微水含量测试合格后，放掉高纯 N_2 至0表压，对气室抽真空	真空度为 133.32Pa 时抽半小时，停泵半小时，记下真空值A，再隔五小时，读真空值B，若B–A＜133.32Pa，认为合格		放掉高纯 N_2 未进行抽真空扣4分；抽真空时真空度未达到133.32Pa以下扣2分
	6.2	充注合格的 SF_6 气体	SF_6 新气具备出厂日期和出厂合格证 SF_6 新气微水含量应小于 8μg/g		SF_6 气体无出厂日期和出厂合格证扣2分 充注 SF_6 气体时未进行微水含量测试扣2分
	6.3	SF_6 气体微水测试、检漏	按 SF_6 气体安全使用规定，用高灵敏度气体检漏仪对设备所有密封面、接头进行检漏，确认无漏点 充装完毕24h后测试 SF_6 气体微水含量：微水含量≤150ppm，视为合格		充注 SF_6 气体不足 24h 就进行 SF_6 气体微水含量测试扣2分 未测试 SF_6 气体微水含量扣4分 充注完毕后未对 SF_6 断路器所有密封面和接头进行检漏试验扣4分
	7	安全文明工作		10	
	7.1	填写检修记录	齐全、正确		填写不规范或有错误扣2分
	7.2	向运行人员交待检修内容、项目	符合安全工作规程		不清理现场、向运行人员交待不清楚扣2分
	7.3	安全文明	执行安全工作规程、SF_6 气体电气设备制造运行及试验检修人员安全防护暂行规定；环境清洁，无野蛮作业		每违反安全工作规程一次扣1分；违反 SF_6 气体电气设备安全防护暂行规定扣1分；环境脏、乱、差扣2分
	7.4	办理工作票终结手续	符合安全工作规程		不办理工作票结束扣2分 注：野蛮作业、出现人身及设备事故取消考核

4.2.3 综合操作

行业：电力工程　　　　工种：变电检修　　　　等级：初/中

编　号	C54C047	行为领域	e	鉴定范围	3
考核时限	80min	题　型	C	题　分	100（50）
试题正文	高压隔离开关的更换安装与调整				
需要说明的问题和要求	1. 鉴定基地，高压开关柜，内有 GN19—10 型隔离开关 2. 现场闲置设备，做好安全措施 3. 配合一名工人 4. 以 GN19—10 型高压隔离开关为例				
工具、材料、设备场地	GN19—10 型隔离开关一组 常用电工工具、电焊机、铁锯、电钻、量具 备有消耗性材料				

评分标准	序号	项目名称	质量要求	满分	得分或扣分
	1	更换安装前的准备		8	
	1.1	工具、材料	工具、材料齐全		每少一件工具、材料影响设备的更换与安装扣 1 分
	1.2	隔离开关外观检查	新的开关全面检查后无损伤、无灰尘污物		不检查外观扣 2 分；机械摩擦部分不涂工业凡士林油扣 1 分
	1.3	检修技术资料	厂家安装使用说明书、以往检修记录齐全 编制工序工艺标准卡并经审核		看不懂安装说明书扣 1 分； 未编制工序工艺标准卡并送审扣 2 分
	1.4	办理开工手续	工作票安全措施正确、进度合理		不办理工作票、履行开工手续扣该项全部分数 8 分 不清楚工作地点安全措施，不了解进度扣 2 分
	2	安装		80	
	2.1	拆除旧的隔离开关	不要损害周围设备		损坏周围设备扣 8 分
	2.2	新隔离开关的固定	固定牢固，位置正确，不倾斜		固定不牢、倾斜严重扣 8 分

续表

	序号	项目名称	质量要求	满分	得分或扣分
		将隔离开关固定在原位置			
		固定拐臂	根据调整要求确定主轴上拐臂的初始角钻孔，打入定位销		初始角不对、钻孔不合格，定位锁固定不住拐臂扣6分
		连接隔离开关与操作机构的连杆	连杆连接正确，组合合理，无损伤，无变形		原连杆损伤变形严重不更换扣6分；连杆组合不合理、连接错误扣4分
	2.3	调整			
		调节主轴转动角度	等于70°		不会利用调节机构中扁形板的不同连接孔调节扣6分
评分标准		分闸后同一极断口最短距离调节手动操作	最短距离不得小于150mm		不会调节、不满足要求扣5分
			手柄向上时隔离开关应为闭合位置，手柄向下时应为打开位置，在分合位置时机构定位锁应可靠锁住		手柄位置与开关分、合位置不对应扣5分；定位锁锁不住易误操作扣8分
		辅助开关调整	分闸信号应在隔离开关的触刀行进到全部行程的75%以后发出，合闸信号应在触刀与静触头接触时发出		不会用调节连动臂上孔的位置调节扣5分；操动机构达到分闸位置时，常分触头不在闭合位置扣4分
	2.4	检查验收操作数次检查	无卡住，无妨碍，动作无异常现象		操作3～5次有卡住、阻碍现象扣4分
		触刀与静触头压力检查	根据厂家提供的弹簧尺寸检验压力弹簧对触头接触面的正压力		不会检查弹簧尺寸确定压力扣4分
		接线端检查	与母线连接处接触必须良好，可靠固定，不应有母线方面传来的机械应力		不检查接线端接触情况扣4分

续表

	序号	项目名称	质量要求	满分	得分或扣分
评分标准	2.4	机构转动部分检查	转动部分涂工业凡士林油		不涂工业凡士林油扣3分
	3	安全文明检修，办理工作结束		12	
	3.1	填写检修记录	齐全、正确		填写不正确扣2分
	3.2	清理现场向运行人员交待	按安全工作规程规定办		不清理现场，向运行人员交待不清楚扣2分
	3.3	安全文明检修	严格执行安全工作规程、检修工艺，环境清洁，物品摆放整齐，无野蛮作业		每违反安全工作规程一次扣1分；违反检修工艺规程要求扣1分；现场混乱扣2分
	3.4	办理工作票终结手续	工作票办理结束符合要求		工作票办理结束又去工作扣2分 注：野蛮作业，出现较大人身、设备事故取消考核

行业：电力工程　　　工种：变电检修　　　等级：中/高

<table>
<tr><td>编　　号</td><td>C43C048</td><td>行为领域</td><td>e</td><td>鉴定范围</td><td>2</td></tr>
<tr><td>考核时限</td><td>80min</td><td>题　　型</td><td>C</td><td>题　　分</td><td>100（20）</td></tr>
<tr><td>试题正文</td><td colspan="5">隔离开关检修前检查测试及本体的拆卸</td></tr>
<tr><td>需要说明的问题和要求</td><td colspan="5">1. 鉴定基地
2. 现场闲置设备，做好安全措施
3. 配合二名工人
4. 以 GW7—220 型隔离开关为例</td></tr>
<tr><td>工具、材料、设备场地</td><td colspan="5">GW7—220 型刀闸一台、吊车一台、高空作业车台或架
常用检修用电工工具、起吊用具、绳子、枕木、
备品、备件、消耗性材料</td></tr>
</table>

<table>
<tr><td rowspan="7">评分标准</td><td>序号</td><td>项目名称</td><td>质量要求</td><td>满分</td><td>得分或扣分</td></tr>
<tr><td>1</td><td>检修前准备</td><td></td><td>7</td><td></td></tr>
<tr><td>1.1</td><td>着装、工具、机具、材料、备品、备件</td><td>工具、机具、材料齐全，着装正确合格</td><td></td><td>每缺少一件工具、机具、材料影响检修扣 1 分；着装不符合安全规定扣 2 分</td></tr>
<tr><td>1.2</td><td>检修技术资料</td><td>包括运行缺陷记录，大修报告，检修工艺规程，大修安全技术措施；
编制工序工艺标准卡并经审核</td><td></td><td>每缺少一件技术资料影响检修扣 1 分
未编制工序工艺标准卡并送审扣 2 分</td></tr>
<tr><td>1.3</td><td>办理工作票开工手续</td><td>按电业安全工作规程办理</td><td></td><td>不办理工作票、履行开工手续扣该项全部分数 7 分
不会办理工作票许可手续或工作票有问题扣 2 分</td></tr>
<tr><td>2</td><td>设备停电后外部检查及测试</td><td></td><td>14</td><td></td></tr>
<tr><td>2.1</td><td>先手动，后电动，各三次对主刀闸进行分合闸操作检查</td><td>无抖动、卡塞，三相分合闸同步无过位、欠位，每对动、静触头插入深度和上、下及中心位置正确</td><td></td><td>不会检查测量扣 3 分；有缺陷未发现扣 3 分</td></tr>
</table>

续表

	序号	项目名称	质量要求	满分	得分或扣分
评分标准	2.2	检查在分闸位置时动、静触头间开距	符合厂家要求		不会检查或不清楚扣2分
	2.3	检查传动及操作机构	无异常，灵活无卡涩		不会检查扣2分
	2.4	检查接地刀闸动作情况。检查三相同步及三相插入深度分、合到位情况	分、合各一次，符合厂家检修工艺要求		不会检查，有缺陷未发现扣2分
	2.5	进行检修前的相关测试并作好记录	按有关尺寸进行测试记录，遵守检修工艺导则		不知测试、不做记录扣2分
	3	本体的拆卸		67	
	3.1	拆卸前准备及连接杆件的拆卸			
		断开电动机构有关电源	断开电动机、加热器、电气连锁回路、继电保护回路、电压回路的电源，取下控制保险		电源未彻底断开，有一回路电源扣6分；不取下控制保险器扣2分
		用专用作业车将每相引线拆下	引线缓慢放下，防止伤人及设备		不按要求将每相引线用绳捆好，另一端不固定在基座槽钢上、拧下线夹连接螺栓、缓慢放下扣6分
		拆主刀闸机构主轴与垂直传动杆脱离	无损伤		不会拧下主刀闸机构上部联轴器抱夹的连接螺栓扣2分
		取出垂直传动杆	无损伤		不分会拧下主刀闸垂直传动杆上部接套的定位螺钉（抽出万向接叉圆柱锁）扣2分

续表

	序号	项目名称	质量要求	满分	得分或扣分
评分标准	3.2	取出接地刀闸、机构垂直传动杆	无损伤		不会拧下垂直传动杆一端联轴器连接螺栓，另一端接套定位螺钉（万向接叉应用铜棒冲出圆柱锁）扣2分
		取出主刀闸（接地刀闸）相间水平连杆			不会拨出中相主刀闸轴承座、传动臂上短连杆及相间水平连杆两端圆柱销上的开口销、取出相间水平连杆及接地刀闸水平连杆各扣1分
		取下接地刀闸圆柱销及闭锁杆			不会拨出接地刀闸闭锁杆及两端圆柱销上开口锁拆卸扣1分
	3.3	主刀闸系统起吊拆卸 用10号铁丝将接地刀闸导电管牢固地绑扎在底座槽钢上	会绑扎起吊绳，注意系好牵引绳，吊装时受微力		不绑扎接地刀闸导电管扣1分
		将吊装绳牢固地固定在底座槽钢两端，并挂在起吊挂钩上			不会绑扎绳结扣4分；不会系电工绳扣3分；起吊方法不正确扣3分
		松开底座槽钢与基础相连的地脚固定螺栓，检查主刀闸起吊重心	起吊重心（中心）与起吊挂钩位置相对应时才可拧地脚固定螺栓，将主刀闸平稳地吊在平整的地面上（底座槽钢下放置枕木）		起吊方法不对，拧下地脚螺栓的时机不对各扣2分；没放在枕木下扣1分；无防倾倒措施扣7分

续表

	序号	项目名称	质量要求	满分	得分或扣分
评分标准	3.4	主刀闸（含均压环）及接地刀闸静触头装配拆卸 带有均压环的静触头装配应先拆下均压环	无损伤		不会拆均压环扣2分
		拆卸静触头装配	无损伤		不会拧下静触头装配与支柱绝缘子间的固定螺栓，取下并放置在检修平台上扣3
	3.5	主刀闸系统拆卸将主刀闸系统平稳地吊至检修平台上（有均压环应先拆均压环）	无损伤、碰损		不会拧下主刀闸支板与操作绝缘子相连的固定螺栓扣2分；不会绑扎扣、不会将主刀闸系统吊起扣3分；损伤主刀闸系统零部件扣5分
	3.6	接地刀闸装配及底座装配拆卸 拆下接地刀闸，装配与底座槽钢相连接的接地软铜导电带	无损伤		不会拆软铜导电带扣1分；不剪断接地刀闸装配与底座槽钢的捆绑铁丝扣1分
		拧下轴承座与底座槽钢相连的螺栓，取出轴承座	无损伤		不会拆卸轴承座或有损伤扣2分
		拆卸拐臂轴承座	无损伤		不会拧下主刀闸（含接地刀闸）、垂直传动杆的拐臂轴承座与底座槽钢相连螺栓扣2分

续表

	序号	项目名称	质量要求	满分	得分或扣分
评分标准	4	安全文明检修，办理工作结束		12	
	4.1	填写检修记录	齐全、正确		填写不规范或有错误扣2分
	4.2	清理现场，向运行人员交待	按安全工作规程办理		向运行人员交待不清楚，不清理现场扣2分
	4.3	安全文明检修	严格执行安全工作规程、检修工艺，环境清洁，无野蛮作业		每违反安全规程一次扣2分；违反检修工艺规程扣2分；环境脏、乱、差扣2分
	4.4	办理工作票终结手续	按安全工作规程办理		不会办理工作票结束扣2分 注：野蛮作业，出现人身及设备事故取消考核

行业：电力工程　　　　工种：变电检修　　　　等级：中/高

编　　号	C43C049	行为领域	e	鉴定范围	2
考核时限	120min	题　　型	C	题　　分	100（50）
试题正文	断路器的解体检修（大修）				
需要说明的问题和要求	1. 鉴定基地 2. 现场闲置设备，做好安全措施 3. 考评员根据考核时间适当进行口述，不超过本题量1/4 4. 配合二名工人可以做一些不在考核内容的准备工作，减少考核时间 5. 以SN10—10Ⅱ型断路器为例				
工具、材料、设备场地	SN10—10Ⅱ型断路器开关柜一台、交直流电源 常用电工工具、公用工具、常用量具 专用工具、备品、备件、消耗性材料				

评分标准	序号	项目名称	质量要求	满分	得分或扣分
	1	检修前准备		8	
	1.1	着装、工器具、仪表、材料、备品、备件	合理、齐全、合格		安全防护措施不当，着装不符合安全要求扣1分；每缺少一件工器具、仪表、材料、备品、备件影响检修扣1分
	1.2	安全用具、交直流电源	齐全、合格		每缺少一件扣1分
	1.3	检修技术资料	包括运行缺陷记录，大修报告，检修工艺，预防性试验规程；编制工序工艺标准卡并经审核		不会用运行资料分析设备缺陷，无检修工艺扣1分；未编制工序工艺标准卡并送审扣2分
	1.4	办理工作票开工手续	符合安全工作规程		不办理工作票、履行开工手续扣该项全部分数8分 不会办理工作票，不清楚安全措施扣2分
	2	外部检查及测试	外部检查项目齐全测试标准清楚	3	不检查本体框架和传动连杆接地线每项扣1分；不进行手、电动分、合闸检查扣1分；不检查各部密封情况，每项扣1分

续表

评分标准	序号	项目名称	质量要求	满分	得分或扣分
	3	断路器解体，检修分解程序		22	
	3.1	上帽及静触头座检修	符合检修工艺质量标准		分解组装程序不清楚，不会用专用工具扣 2 分；拆下的零部件摆放乱，易损坏、受潮扣 1 分；上帽静触头座分解组装程序不对扣 2 分；不检查各元件扣 1 分；不按工艺质量标准处理触头扣 2 分
	3.2	灭弧室检修	检查、清洗处理符合质量标准		不检查不清洗灭弧片扣 2 分；不处理不更换灭弧片扣 2 分；组装错误扣 2 分
	3.3	绝缘筒下接线座导向装置及动触杆检修	检查、清洗处理符合质量标准		不检查绝缘筒下接线座、导向装置动触杆及各元件每一次扣 2 分；组装错误扣 2 分
	3.4	基座分解装配检修	符合检修工艺质量标准		转轴密封处理不好扣 2 分；不会拆装扣 1 分；不按质量标准检查扣 1 分
	4	断路器本体组装		4	
		断路器本体组装程序正确	符合工艺质量标准		不会组装扣 2 分；不按工艺质量标准组装每一项扣 1 分；密封圈处理不合格，有渗漏每处扣 1 分
	5	框架检修、主轴拆装、检查主轴框架、分闸限位器、分闸弹簧、合闸缓冲弹簧、支持绝缘子	符合检修工艺导则要求	8	主轴拆装不符合工艺要求一项扣 2 分；有缺陷不处理，不检查框架分闸限位器、分闸弹簧、合闸缓冲弹簧、支持绝缘子每项扣 2 分；各缓冲器不清洁、不牢固、不起作用扣 2 分；不会调节缓冲器扣 2 分

续表

	序号	项目名称	质量要求	满分	得分或扣分
评分标准	6	传动连杆检修	分解、检查、清洗、处理、组装符合检修导则要求	5	分解、组装不正确各扣2分；有缺陷不处理，垂直连杆、水平连杆、拐臂、各轴孔轴销、轴承不符合工艺质量标准每项扣3分
	7	整体组装，各相安装在框架上，操作机构、水平连杆、拐臂、断路器的机械连接	连接良好，角度正确，符合检修工艺要求及验收规范	7	断路器各相中心尺寸不满足要求扣2分；水平连杆连接卡劲不灵活扣2分；水平连杆上拐臂与垂线间夹角不符合要求扣2分；垂直连杆长度不满足要求、弯曲、螺扣少扣，每项扣1分
	8	调整与机械特性试验	调整断路器各种行程，间隙正确；三相注油合格，绝缘油到位，测调分、合闸速度、组装逆止阀、油气分离器等符合工艺质量标准	16	H尺寸、动触杆行程不满足要求扣2分；不会调解扣2分；缺油及油不合格扣2分；注油后不进行电动分、合闸复测行程尺寸又不会调整各扣2分；引弧触指不对准横吹弧道，逆止阀、油气分离器忘装各扣3分；分、合闸速度不满足要求扣2分；不会调整分、合闸速度扣3分
	9	电气试验	绝缘拉杆绝缘部分高压试验；分、合闸时间测定；最低动作电压测试；远方操作良好，符合电力设备预防性试验规程及检修工艺导则	15	绝缘电阻不测或不会测扣2分；没有交流耐压成绩扣1分；回路电阻不测或不会测扣2分；断路器分、合闸时间不满足要求扣2分；不会调整扣3分；分、合闸最低动作电压不满足要求扣2分；不会调节扣2分；不进行远方操作扣1分

续表

	序号	项目名称	质量要求	满分	得分或扣分
评分标准	10	外部引线和接地线的检修、组装，整体清扫和部分刷漆	符合检修工艺导则	5	引线接触不良，螺栓不全扣2分；接触面有缺陷不处理扣1分；接地线不装扣1分；不清扫，缺漆不处理，无防锈措施扣1分
	11	安全文明检修		7	
	11.1	填写检修记录，大修报告	齐全、正确		检修内容填写错误有漏项或不合格各扣2分
	11.2	清理现场，向运行人员交待	安全工作规程办理		现场有遗留物，向运行人员交待不清楚各扣1分
	11.3	安全文明检修	严格执行安全工作规程、检修工艺规程，环境清洁，无野蛮作业，物品摆放整齐		检修过程中每违反安全工作规程一次扣1分；作业违反检修工艺规程扣1分；环境脏、乱、差扣1分
	11.4	办理工作票终结手续	按安全工作规程办理		不会办理工作票结束扣1分 注：野蛮作业，出现人身及设备事故取消考核

行业：电力工程　　　　工种：变电检修　　　　等级：中

<table>
<tr><td>编　　号</td><td>C04C050</td><td>行为领域</td><td>e</td><td>鉴定范围</td><td>2</td></tr>
<tr><td>考核时限</td><td>120min</td><td>题　　型</td><td>C</td><td>题　　分</td><td>100（50）</td></tr>
<tr><td>试题正文</td><td colspan="5">变压器套管的大修与安装</td></tr>
<tr><td>需要说明的问题和要求</td><td colspan="5">1. 鉴定基地
2. 现场闲置设备要做好安全措施
3. 由一名工人配合
4. 以10kV变压器为例</td></tr>
<tr><td>工具材料、设备场地</td><td colspan="5">10kV变压器一台，5t吊车一台，按变压器检修工艺导则配备工器具、备品备件和消耗性材料</td></tr>
<tr><td rowspan="7">评分标准</td><td>序号</td><td>项目名称</td><td>质量要求</td><td>满分</td><td>得分或扣分</td></tr>
<tr><td>1</td><td>大修安装前准备</td><td></td><td>5</td><td></td></tr>
<tr><td>1.1</td><td>着装、工具、起重工具、材料、备品备件</td><td>齐全、合格</td><td></td><td>着装影响安全扣1分；大修安装所必需的工器具、起重工具、备品、备件和材料每少一件扣1分</td></tr>
<tr><td>1.2</td><td>技术资料</td><td>包括运行缺陷记录，大修报告，变压器检修工艺导则，有关安全工作规程，变压器说明书；编制工序工艺标准卡并经审核</td><td></td><td>大修安装必备的技术资料每缺少一件扣1分；未编制工序工艺标准卡并送审扣2分</td></tr>
<tr><td>1.3</td><td>办理开工手续</td><td>符合安全工作规程</td><td></td><td>不办理工作票、履行开工手续扣该项全部分数5分
不会办理工作票开工手续扣1分</td></tr>
<tr><td>2</td><td>变压器解体</td><td></td><td>26</td><td></td></tr>
<tr><td>2.1</td><td>检查变压器套管</td><td>清洁</td><td></td><td>不检查，不清洗套管外表面的灰尘、油垢各扣2分；未清洗干净扣2分</td></tr>
</table>

续表

	序号	项目名称	质量要求	满分	得分或扣分
评分标准	2.2	吊出变压器器身	油箱排油至箱盖以下（高度大于 50mm） 起吊绑扎正确、平衡、无损伤；滴净残油，将器身平稳放在油盘上		排油量不够扣 2 分；不会起吊扣 3 分；起吊损伤零部件扣 5 分；残油未排净及未平稳在盘中各扣 2 分
	2.3	用 8″胶钳夹住导杆上端	不准松动，下坠		不会此项内容扣 2 分
	2.4	导杆推入套管中	不损伤		不会拆除导杆螺母、取出铜垫圈及底垫瓷盖和封环扣 2 分；导杆未推入套管中扣 2 分；损伤上述零件扣 2 分
	2.5	拆除套管压件	不损伤		不会拆除套管压件、取出瓷套及密封胶垫扣 2 分
	3	套管检修		36	
	3.1	清洗各零部件	导杆、瓷盖、瓷套、铜螺母、垫片、铁压件、箱盖、套管密封面清洁无油垢		不会用清洗剂清洗或清洗不干净（每一个零件）扣 2 分
	3.2	检修各零部件	无损伤、烧伤、破碎，无脱焊，无滑扣，焊接牢固，无裂纹，无沟痕等		不会检查导杆、螺纹有无电弧灼伤、滑扣，导杆尾部与引线的焊接是否牢固，存在缺陷未发现各扣 4 分；不会检查瓷压盖、瓷套有无损伤、裂纹、放电，瓷套内部固定导电杆的凹槽瓷套是否破碎、掉茬各扣 3 分；不会检查套管密封面是否平整，有无径向沟痕扣 3 分
	3.3	处理缺陷	按检修工艺要求进行		发现缺陷不会处理每项扣 3 分；不会清理锈蚀，不会补焊、攻丝每项扣 3 分；密封面存在缺陷不处理扣 3 分；严重损伤不更换每项扣 3 分；不更换密封环及密封胶垫扣 4 分

续表

	序号	项目名称	质量要求	满分	得分或扣分
评分标准	4	套管组装 组装应按分解相反的程序进行	均匀紧固铁压件螺母，密封胶压缩量达到1/3，导杆上固定件准确进入套管内部凹槽中，密封环压缩量达到1/2，油箱油静油压试验 30min 各部分无渗漏	23	不会组装、不会按说明书组装各扣 3 分；组装程序错误每项扣 1 分；密封胶垫未按工艺要求压缩扣 3 分；不会均匀紧固螺母扣 2 分；不会将导杆上固定件准确放入凹槽中扣 5 分；密封环未按工艺要求压缩扣 1 分；发现渗漏扣 4 分；起吊有问题扣 3 分
	5	安全文明检修		10	
	5.1	填写检修记录	齐全、正确		填写不全或有错误扣 2 分
	5.2	清理现场，向运行人员交待	符合安全工作规程		不清理现场，向运行人员交待不清楚扣 2 分
	5.3	安全文明检修	遵守安全工作规程、检修工艺，环境清洁，无野蛮作业		每违反安全规程每次扣 1 分；违反变压器检修工艺导则扣 2 分；环境脏乱、差扣 1 分
	5.4	办理工作票终结手续	符合安全工作规程		不会办理工作票结束扣 1 分 注：野蛮作业、出现人身及设备事故取消考核

行业：电力工程　　工种：变电检修　　等级：高/技师

编　号	C32C051	行为领域	e	鉴定范围	2
考核时限	120min	题　型	C	题　分	100（50）
试题正文	断路器中间机构箱、基座箱传动系统的检修和灭弧单元的组装				
需要说明的问题和要求	1. 鉴定基地 2. 现场闲置设备，做安全措施 3. 配合一名工人 4. 在 SW6—220/110 型断路器导电系统检修后进行 5. 不包括水平拉杆 6. 以 SW6—220/110 型断路器为例				
工具、材料、设备场地	SW6—220/110 型断路器一台 按检修工艺导则配备检修工器具、材料、备品、备件、专用工具				
评分标准	序号	项目名称	质量要求	满分	得分或扣分
	1	检修前准备		7	
	1.1	着装、工器具、专用工具、材料、备品备件	合理、齐全、合格		着装不符合检修安全扣 1 分；每缺少一件工器具、专用工具、材料、备品、备件影响检修扣 1 分
	1.2	技术资料	包括运行缺陷记录、检修报告、检修记录、检修工艺导则、检修安全技术组织措施； 编制工序工艺标准卡并经审核		每缺少一件必备的技术资料影响检修扣 1 分；不清楚检修项目和内容扣 1 分 未编制工序工艺标准卡并送审扣 2 分
	1.3	办理工作票开工手续	符合安全工作规程		不办理工作票、履行开工手续扣该项全部分数 7 分 不了解现场安全措施，不会办理工作票开工手续扣 1 分
	1.4	停电后外部检查及试验	口述说明项目、内容		不口述外部检查内容扣 1 分；不口述试验内容扣 0.5 分；口述内容不全扣 0.5 分
	2	检修中间机构箱		25	
	2.1	分解 拆出滚轮	不损伤		不会将中间机构上端两个滑动轴锁抽出扣 2 分

续表

	序号	项目名称	质量要求	满分	得分或扣分
评分标准		拧出导电杆	不损伤		不会拆开侧盖板，将导电杆提起松开并帽扣2分
		取出中间机构	不损伤		不会将箱体两侧的轴销抽出，由侧面手孔拆出扣2分
		分解中间机构	不损伤		不会分解扣2分
	2.2	清洗检查清洗	用汽油清洗干净		不会将各轴销、滚轮、垫圈及连板清洗干净扣2分
		检查各连板和轴销、孔和轴销间隙配合	无弯曲、变形，各轴孔、轴销的配合间隙不大于0.35m		不会按质量要求检查扣2分；不会修整，情况严重不更换扣2分；不按质量要求检查孔和轴销配合，少一处扣2分 检查滑道焊缝无开焊不检查，应补焊的不焊扣2分
	2.3	组装 组装按分解的相反的顺序进行	组装后各开口销齐全，并开口，上滑道两轴销在相对运动时最小间隙保证在2mm以上		不会组装扣2分，不会按质量要求检查组装情况扣2分；组装时不再次用绝缘油清洗各零件扣2分；组装后不检查中间机构是否有卡滞扣1分
	3	组装灭弧单元		28	
	3.1	装好毛毡垫、中间触头	组装按分解的相反顺序进行		不会在下铝法兰上装好毛毡垫及中间触头扣2分
	3.2	装好密封垫下铝法兰	更换新胶垫		不更换新胶垫扣1分；不将下铝法兰放在中间机构箱上，不均匀拧紧螺栓扣2分
	3.3	将玻璃钢筒清洗干净装上下法兰拧紧			不会将玻璃钢筒清洗干净，安装不牢固扣1分

续表

	序号	项目名称	质量要求	满分	得分或扣分
评分标准	3.4	组装灭弧室瓷套及有关密封	更换新胶垫		不更换新胶垫扣2分；不放好密封垫，不会将灭弧室瓷套吊起、套落在玻璃筒外侧、扶正瓷套扣3分；不放上密封垫、将铝帽坐落在密封垫上扣2分；不保证铝帽接线端子与灭弧室放油阀的方向一致扣2分
	3.5	测量有关距离	玻璃钢筒安装后，上端面至铝法兰上端面距离按检修工艺规定不小于12mm		不会扶好铝帽，不会放铝压圈，通气管拧在铝压圈上，不将盖板临时盖上，定位后不将通气管和盖板拆下扣2分；不会装上铁压圈，将铝法兰拧紧后，不测量铝法兰上端面至铝帽凸台的距离扣2分；不会均匀拧紧铁压圈上的螺栓再安装下衬筒、灭弧室装配、上衬筒并压紧铜压圈，不会测量引弧距扣3分
	3.6	校对导电杆的拉力和静触头中心位置	导电杆接入静触头的力大于225N，静动触头在同一中心线上		不会在铝帽凸台上放回锌片，装上静触头（压油活塞未装），不清楚固定螺栓暂不拧紧扣2分；不会将行程测量杆拧在导电杆螺孔内拉动导电杆、校正静触头中心扣2分；不均匀拧紧固定螺栓，校对导电杆拉力扣2分
	4	分解检修传动主轴、分闸缓冲器、底座及合闸保持弹簧		34	

续表

	序号	项目名称	质量要求	满分	得分或扣分
评分标准	4.1	分解	不损伤，Ⅰ、Ⅱ型需拆下油缓冲器连接销		不会取下水平拉杆的连接轴销，拆下合闸保持弹簧扣2分；不会拆下底座方盒盖板，取下绝缘拉杆与内拐臂连接的连接轴销扣2分；不会拆下外拐臂轴套弹簧、黄铜垫圈及密封圈内拐臂扣2分；不会取出缓冲器扣1分
	4.2	清洗检查 清洗零件	执行检修工艺		不清洗干净扣2分
		检查合闸保持弹簧底座放油阀	执行检修		不按检修工艺质量要求检查有无变形、裂纹、锈蚀和渗漏各扣2分
		检查接地线与基础焊接处、内拐臂黄铜垫、弹簧轴套键与键槽	主轴表面光滑，内拐臂无裂纹		工艺不按检修工艺质量要求检查有无变形、倾斜、损坏和焊接处是否良好各扣2分
	4.3	检查大轴内拐臂	弹簧特性符合检修工艺，活塞表面无锈蚀，运动灵活，活塞与筒内壁配合间隙在0.25～0.317mm		不会检查大轴磨损变形、内拐臂裂纹情况，大轴有沟痕不会用油石或800号水磨砂布磨光扣3分
		检查缓冲器的弹簧、活塞、活塞杆逆止阀	组装后大轴转动灵活，用弹簧秤拉外拐臂轴孔处，（其拉力不大于80N）		不会检查弹簧是否变形，活塞锈蚀、磨损及缸体配合活塞杆是否打秃、逆止阀动作是否灵活各扣2分
		组装 组装按分解相反的顺序进行			不会组装扣2分；大轴组装时先将两侧的轴套放入轴孔内，穿上大轴，转动灵活后抽出大轴，此项工作不会扣2分；不会再套上内轴套和三个“V”形密封胶圈且胶圈凹槽向里（向内拐臂侧），将大轴装回扣2分；将大轴装回时不会将密封圈、大轴均匀涂上一层滑石粉或中性凡士林油扣2分；组装外拐臂时，不注意花键的缺口应对准大轴缺口，再上紧夹紧螺栓和顶丝扣2分

续表

	序号	项目名称	质量要求	满分	得分或扣分
评分标准	5	安全文明检修		6	
	5.1	填写检修记录	齐全、正确		填写不规范或有错误扣1分
	5.2	向运行人员交待	符合安全工作规程		不清理现场，向运行人员交待不清楚扣1分
	5.3	安全文明检修	符合安全工作规程、检修工艺，环境清洁，无野蛮作业		每违反安全工作规程一次扣1分；违反检修工艺扣1分；环境脏、乱、差扣1分
	5.4	办理工作票终结手续	符合安全工作规程		不会办理工作票结束扣1分 注：野蛮作业，出现人身及设备事故取消考核

行业：电力工程　　工种：变电检修　　等级：高级工/技师

编　号	C32C052	行为领域	e	鉴定范围	3
考核时限	120min	题　型	C	题　分	100（50）
试题正文	隔离开关导电系统严重过热处理及设备大修措施内容				
需要说明的问题和要求	1. 鉴定基地，GW6—220G 型刀闸 2. 现场闲置设备，应做安全措施 3. 配合一名工人 4. 设备大修措施结合设备口述 5. 以 GW6—220G 型隔离开关为例				
工具材料、设备场地	GW6—220G 型刀闸，专业作业台（车、架），检修电工工具按检修工艺规程或有关定额准备，备件备品，消耗性材料，专用工具等				

评分标准	序号	项目名称	质量要求	满分	得分或扣分
	1	编制设备大修措施		40	
	1.1	安全措施	根据电业安全工作规程（电气部分、热力和机械部分）电力建设安全工作规程有关部分		不清楚安全措施扣 2 分；不熟悉电业安全工作规程扣 2 分；不熟悉电力建设安全工作规程扣 2 分
	1.2	技术措施及质量标准	包括高压交流隔离开关检修工艺规程，电气装置安装工艺，高压电器施工及验收规范，电气装置安装工艺，电气设备交接试验标准，电力设备预防性试验规程		不熟悉主接线扣 2 分；不清楚编制技术措施及质量标准依据扣 2 分；不熟悉检修工艺扣 2 分；不熟悉质量标准扣 2 分；不熟悉验收规范有关部分扣 2 分；不熟悉预防性试验规程有关部分扣 2 分
	1.3	组织措施	根据检修劳动定额、预算定额、调度批准进度、现有技术力量合理组织		不清楚检修劳动定额扣 2 分；不知预算定额扣 2 分；不清楚调度批准进度、技术力量扣 2 分
	1.4	大修用工具材料、备品备件准备	按检修工艺规程或产品说明书、缺陷情况预算定额		大修工具材料不清楚扣 2 分；备品备件不清楚扣 2 分；专用工具不了解扣 2 分；不掌握缺陷情况与易损件关系扣 2 分
	1.5	进度安排	熟悉编制网络计划图一般原则及程序		不会安排进度扣 2 分；不会编制网络计划图扣 4 分 不清楚有哪些大修技术资料扣 2 分

续表

	序号	项目名称	质量要求	满分	得分或扣分
评分标准	1.6	技术资料	包括大修报告，缺陷记录，有关施工图及加工图，有关规程及产品说明书		
	2	导电系统严重过热处理前准备		9	
	2.1	着装、工具材料、备品备件	着装合理；工具、材料和应更换的备件准备齐全、合格		着装影响检修人身安全扣1分；影响检修的工具、材料每缺少一件扣1分；更换过热设备的备件没准备好扣2分
	2.2	检修技术资料	包括缺陷记录、过热元件、大修报告及检修工艺、产品说明书		不了解过热元件及部位和有关技术资料扣3分
	2.3	办理工作票开工手续	按安全工作规程办理开工手续		不会办理工作票，不了解工作票内容扣2分
	3	导电系统严重过热处理		41	
	3.1	过热元件			发现过热不清楚什么部位的元件过热扣4分
		动触头烧损严重、接触不良、压力不够	发现过热		检查不到过热元件扣3分
		传动装置接线板过热	发现过热		不清楚过热原因扣2分
		导电折架过热	无损伤		

续表

	序号	项目名称	质量要求	满分	得分或扣分
评分标准	3.2	动触头过热处理——分解、组合、处理、更换	无损伤		不会分解、组合动触头扣2分；轻微损伤不用00号砂布或细齿扁锉平刮刀修整，严重烧伤不更换各扣3分；触头不用浓度为25.28%的氨水浸泡15s后，刷洗硫化银层（用尼龙刷子），不用清水洗并抹干涂中性凡士林油扣2分；压力不够，不会调整合闸定位螺钉外露部分的长度扣3分 不清楚过热原因扣2分；接线板导电接触面轻微氧化不用00号砂布或平刮刀处理，严重者不更换，不会分解组合各扣3分；软铜导电带两端导电接触面连接不紧，不会紧固连接件扣3分
	3.3	传动装置接线板过热处理	无损伤，烧伤深度不大于1mm，软铜导电带截面折损不超过10%		不清楚过热原因扣4分；上、下导电管不会分解、组合扣3分；导电管两端导电接触面氧化，严重者不更换或不转180°使用，轻微过热不用00号砂布处理各扣3分；连接带不紧，不会紧固连接件扣2分；活动关节，软铜导电带两端导电接触面严重氧化不更换扣2分
	3.4	分解、组合、会处理、会更换 导电折架过热处理			
	4	安全文明处理办理工作结束		10	
	4.1	填写检修记录	记录齐全、正确		处理缺陷记录不填全、有错误扣2分
	4.2	清理现场，向运行人员交待	按安全工作规程办理		向运行人员交待不全，不清理现场扣1分
	4.3	安全文明作业	严格执行安全工作规程、检修工艺，环境清洁、无野蛮作业		每违反安规一次扣1分；不按检修工艺处理缺陷扣2分；环境脏、乱、差扣2分
	4.4	办理工作票终结手续	按安全工作规程办理，手续符合规定		不会办理工作票结束扣1分 注：野蛮作业，出现人身及设备事故取消考核

行业：电力工程　　　　工种：变电检修　　　　等级：技师/高技

编　　号	C21C053	行为领域	e	鉴定范围	2
考核时限	120min	题　　型	C	题　　分	100（50）
试题正文	隔离开关主刀闸静触头装配的检修				
需要说明的问题和要求	1. 鉴定基地 GW7—220 型隔离开关 2. 现场闲置设备做好安全措施 3. 大修检修工艺及质量标准结合设备口述 4. 以 GW7—220 型隔离开关为例				
工具、材料、设备场地	GW7—220 型隔离开关一组，检修用的电工工具、高空作业车或高空作业架（车），备有易损件及消耗性材料				

评分标准	序号	项目名称	质量要求	满分	得分或扣分
	1	主刀闸静触头大修前准备		10	
	1.1	工具、材料、备品、备件	齐全、合格		每缺少一件工具、材料、备品、备件影响检修扣 1 分；着装不合格扣 1 分
	1.2	检修技术资料	包括缺陷记录，上次大修报告，有关产品说明书，检修工艺规程；编制工序工艺标准卡并经审核		每缺少一件技术资料扣 1 分；未编制工序工艺标准卡并送审扣 2 分
	1.3	办理工作票开工手续	按安全工作规程办理		不办理工作票、履行开工手续扣该项全部分数 10 分 不会办理工作票开工手续扣 2 分
	1.4	检查高空作业架（车）	安全、可靠		不检查扣 1 分
	2	静触头装配的大修		80	
	2.1	分解	分解方法正确，不损伤零件		不会分解、分解方法错误扣 5 分

续表

	序号	项目名称	质量要求	满分	得分或扣分
	2.1	拆防雨罩，静触头固定支架，触指。触指拉簧静触座定位螺钉拉弹簧接地刀闸静触头			损伤零件一件扣2分；不清楚拧下有关固定螺栓、连接螺栓、止位螺钉、定位螺钉扣5分
	2.2	检修 检查防雨罩，U形架、U形架螺孔、螺纹	无裂纹，无锈蚀，无过热变形，无缺齿，螺纹完好、清洁		防雨罩开裂不更换，用钢丝刷除锈后，不做防锈处理扣3分；U形架有锈不用00号砂布除锈，不做防锈处理扣3分；若严重过热变形、缺齿而不更换扣3分；U形螺纹轻微损伤不用丝锥套攻，严重不更换不处理扣3分
评分标准		检查触指及转动接触面	触指无烧伤、无变形，烧伤、磨损深度不大于0.5mm		转动接触面磨损、烧伤、退火变形，不用细齿扁锉修理、校正扣5分；若严重烧伤、过热变形不更换扣4分
		检查触指拉簧，圆柱销	无锈蚀、无变形，拉簧圈间无间隙		有变形、锈蚀，未受力不复位不更换扣4分
		检查支架及螺孔、螺纹、支架板	支架及转动杆完好，无锈蚀，螺孔、螺纹完好		锈蚀严重不更换，轻微锈蚀不用00号砂布除锈，又不用丝锥套攻各扣5分
		静触座的检查，检查与触指接触部分的圆弧表面磨损情况	光滑、无明显沟痕、沟痕深度≤0.3mm		不光滑、沟痕深度大不更换扣2分
		检查静触座与线夹连接的接触圆弧面	接触圆弧面平整，无氧化膜		不平或有氧化膜不用细齿扁锉处理扣2分

续表

	序号	项目名称	质量要求	满分	得分或扣分
评分标准	2.2	检查静触座转动轴孔内、止位孔内螺纹	转动轴孔光滑完好、无磨损，止位孔内螺纹完好、无锈蚀		孔内损伤、不平滑不处理扣2分；不用丝锥套攻螺纹扣2分；除锈后不涂黄油扣3分
		检查均压环检查底板	均压环无损伤、无变形，底板无损伤变形、无锈蚀		不检查均压环或有变形不处理扣3分；不用00号砂布除锈扣2分；损伤、变形严重不更换扣3分
	2.3	组装、调试完毕	各零件部件完好、清洁；组装前各零件清洗干净，导电接触面涂导电脂，孔内涂中性凡士林，弹簧涂黄油、防雨罩、标准件完好；触指安装平整，弹簧作用正常，触指复位良好		不用清洗剂清洗零件扣3分；导电接触面不涂导电脂或中性凡士林扣4分；螺纹孔洞不涂中性凡士林油，弹簧簧内、外不涂黄油扣4分；更换的元件不是标准件扣3分；触指不平整扣2分；不检查弹簧触指是否复位扣3分
	3	安全文明检修办理工作结束		10	
	3.1	填写检修记录	齐全、正确		填写错误或不完全扣2分
	3.2	清理现场向运行人员交待	符合安全工作规程要求		不清理现场、向运行人员交待不清楚扣2分
	3.3	安全文明检修	严格执行安全工作规程、检修工艺规程，环境清洁，物品摆放整齐，无野蛮作业		每违反安全规程及检修工艺规程规定1次扣2分；现场脏、乱、差扣2分
	3.4	办理工作票终结手续	办理工作票结束，交回工作票		办理结束不合格或到时间不办理工作票结束各扣2分 注：野蛮作业，出现人身及设备事故取消考核

行业：电力工程　　　　工种：变电检修　　　　等级：技师/高技

编　　号	C21C054	行为领域	e	鉴定范围	2
考核时限	120min	题　　型	C	题　　分	100（20）
试题正文	GIS 漏气检查及气体回收充气装置的操作				
需要说明的问题和要求	1. 现场检修设备或闲置设备，做好安全措施 2. 施工安装设备				
工具、材料、设备场地	63～220kV GIS 设备装置一台，气体回收充气装置一台，检漏设备，合格 SF_6 气体一瓶 检修常用电工工具、公用工具、量具、消耗性材料				

评分标准	序号	项目名称	质量要求	满分	得分或扣分
	1	漏气检查准备		10	
	1.1	着装、工器具、材料、备品备件、仪器、仪表	合理、齐全、合格		安全防护措施不当扣 1 分；着装不符合要求扣 1 分；每缺少一件工器具、材料、备品备件、仪器、仪表影响检测扣 1 分
	1.2	安全用具检查	齐全、合格		安全用具不合格扣 1 分；进行 SF_6 气体工作的安全措施不合理、不齐全各扣 2 分
	1.3	GIS 设备技术资料	运行缺陷记录、检修报告、检修工艺导则、预防试验规程 GIS 设备结构图和安装图正确、齐全；编制工序工艺标准卡并经审核		没有检测必备技术资料扣 1 分；不会识图、不知密封点扣 1 分；未编制工序工艺标准卡并送审扣 2 分
	1.4	办理开工手续	符合安全工作规程		不办理工作票、履行开工手续扣该项全部分数 10 分；不会办理工作票开工手续扣 2 分
	2	气体回收装置检查	各结构功能完善，操作系统正常，满足工艺质量要求，注意有关注意事项	3	不会使用气体回收装置，不清楚维护规则各扣 1 分；不了解功能、作用扣 1 分；操作系统不会检查扣 1 分
	3	检查漏气的方法		20	

续表

	序号	项目名称	质量要求	满分	得分或扣分
评分标准	3.1	宏观检查	使用 SF_6 泄漏报警仪、氧量仪报警和生物监测符合运行维护导则的有关规定		不会用 SF_6 泄漏报警仪扣 2 分；不了解或不会用氧量仪报警装置扣 2 分；不知技术指标扣 2 分；不知生物监测作用扣 1 分
	3.2	密度继电器和压力表检查	根据厂家规定进行密度压力监测，监察过程和方法符合运行维护导则要求		不了解密度继电器作用，不会用它检查漏气情况扣 2 分；不了解压力表作用，不会用它检查漏气情况扣 2 分；不懂监测回路相互作用，不会分析判断漏气情况扣 2 分
	3.3	微观检查	利用压力——时间曲线法、年泄漏法或独立气室压力检测法按运行维护导则及 SF_6 气体质量监督与安全管理导则指标进行分析和判断		不会用压力——时间曲线法分析判断泄漏情况扣 2 分；不会用独立气室压力检测法分析判断 GIS 某气室泄漏情况扣 2 分；不会用年泄漏率计算法分析判断 GIS 泄漏情况扣 2 分；不了解厂家 SF_6 气体压力——温度曲线，报警压力、补气压力和额定压力与泄漏的关系各扣 1 分
	4	密封点泄漏检测	SF_6 检漏仪的使用方法正确，密封点泄漏判断准确	15	不了解 SF_6 检漏仪使用方法和注意事项扣 3 分；不会用 SF_6 检漏仪检查泄漏扣 3 分；不会使用扣罩法检查密封点泄漏扣 3 分；不会用挂瓶法检查密封点泄漏情况扣 3 分；无检漏仪时不会用肥皂泡法检查密封点泄漏扣 3 分
	5	年泄漏率计算	清楚目前 GIS 年泄漏率各种计算方法、有关公式和计算参数的来源	15	不了解扣罩法的使用注意事项及有关测量扣 3 分；不会计算扣 3 分；不了解局部包扎法，不会计算年泄漏率扣 3 分；不会用曲线——密度法计算年泄漏率扣 3 分；不会应用曲线——密度法扣 3 分

续表

	序号	项目名称	质量要求	满分	得分或扣分
评分标准	6	SF_6气体回收充放装置的操作	装置的使用完全符合安全技术规定，清楚安全注意事项	20	不清楚回收装置操作注意事项扣3分；不会抽真空操作扣2分；不会净化SF_6气体扣2分；不会充气操作，不会回收SF_6气体功能的操作各扣3分；不了解压缩、真空、净化、散热、控制、存储系统的作用各扣2分；不会对GIS抽真空操作，不会向GIS气室充入SF_6气体回收操作各扣3分；不会吸附剂活化操作扣2分；不知SF_6气体质量指标和回收气体有关安全处理扣3分
	7	填写检漏、气体回收和充气记录	齐全、准确	5	不会填写记录扣2分；填写错误或漏项扣2分；不清楚记录的作用扣1分
	8	安全文明检漏及回收充放SF_6气体		12	
	8.1	填写检修记录	齐全、准确		填写不规范或有错误扣2分
	8.2	清理现场，向运行人员交待	符合安全工作规程		不清理现场、向运行人员交待不清楚扣2分
	8.3	安全文明检漏回收充放	执行安全工作规程及SF_6电气设备制造、运行及试验检修人员安全防护暂行规定，环境清洁，无野蛮作业		每违反安全工作规程一次扣1分；每违反SF_6电气设备运行及试验检修人员安全防护暂行规定一次扣1分；违反SF_6气体回收充放注意事项扣2分；环境脏、乱、差扣2分
	8.4	办理工作票终结手续	符合安全工作规程		不会办理工作结束扣2分 注：野蛮作业，出现人身及设备事故取消考核

行业：电力工程　　　工种：变电检修　　　等级：技师/高技

编　号	C21C055	行为领域	e	鉴定范围	2
考核时限	150min	题　型	C	题　分	100（50）
试题正文	有载分接开关和电动机构的连接与调试				
需要说明的问题和要求	1. 鉴定基地 2. 现场闲置设备要做安全措施 3. 由一名检修工配合 4. 考核电动机构的安装和开关连接及调试 5. 以 CVⅢ350Y/110（63）—10193W 型有载分接开为例				
工具、材料、设备场地	CVⅢ350Y/110（63）—10193W 型有载分接开关与电动机构 检修常用电工工具、公用工具、摇表、万用表，按检修工艺配备消耗性材料				

评分标准	序号	项目名称	质量要求	满分	得分或扣分
	1	有载开关联接及调试前准备		30	
	1.1	着装、工器具、仪表、材料、备品备件	合理、齐全、合格		着装影响检修安全扣 1 分；每缺少一件工器具、仪表、材料、备品备件影响工作扣 1 分
	1.2	技术资料	包括运行缺陷记录，大修记录，检修工艺导则，有载分接开关电动机构的连接结构安装图、布置图、接线图、控制回路图，有关使用说明书及试验报告等；编制工序工艺标准卡并经审核		每缺少必备技术资料一件影响检修进行扣 2 分；不熟悉有载分接开关及电动机构各扣 4 分；不熟悉控制回路扣 3 分；结合图不会介绍各部件名称、作用，每处扣 2 分；未编制工序工艺标准卡并送审扣 2 分
	1.3	办理工作票开工手续	符合安全工作规程，做好安全防护措施		不办理工作票、履行开工手续扣该项全部分数 30 分；不会办理工作票，不清楚安全措施，没设警戒线各扣 3 分；防护措施不全扣 3 分

续表

	序号	项目名称	质量要求	满分	得分或扣分
评分标准	2	连接调试	1. 电动机构安装正确	56	从正面、侧面两方向观察不垂直扣5分
			2. 正确安装水平轴及垂直轴		两轴不互相垂直扣5分；垂直轴从正面、侧面观察不垂直扣5分；没有膨胀间隙扣5分
			3. 开关和机构正、反两个方向耦合良好		正、反旋转圈数差大于3.75圈扣5分，级进红线但没进入观察窗扣10分
			4. 电气、机构限位灵活		有一处不灵扣5分
			5. 手动、电动连锁灵活		不连锁扣5分
			6. 与主控室接线正确		有一处不对扣 5 分最多扣10分
			7. 电器绝缘良好		
	3	安全文明检修		14	
	3.1	填写检修记录	齐全正确		填写不全或有错误扣2分
	3.2	清理现场，向运行人员交待	符合安全工作规程		不清理现场，向运行人员交待不清楚扣2分
	3.3	安全文明检修	执行安全工作规程、检修工艺导则、有载分接开关使用说明，环境清洁，无野蛮作业		每违反安规一次扣2分；违反检修工艺导则、有载分接开关使用说明扣4分；环境脏、乱、差扣2分；野蛮作业，出现人身及设备事故扣50～100分
	3.4	办理工作票终结手续	符合安全工作规程		不会办理工作票结束扣1分

5 试卷样例

中级变电检修工知识要求试卷

一、选择题（每题 1 分，共 25 分）

下列每题都有 4 个答案，其中只有一个正确答案，将正确答案的代号填入括号内。

1. 如果两个同频率正弦交流电的初相角$\varphi_1-\varphi_2>0$，这种情况为（　　）。

（A）两个正弦交流电同相；（B）第一个正弦交流电超前第二个正弦交流电；（C）两个正弦交流电反相；（D）第二个正弦交流电超前第一个正弦交流电。

2. 在 RL 串联的变流电路中，阻抗“Z”的模是（　　）。

（A）$R+X$；（B）$(R+X)^2$；（C）R^2+X^2；（D）$\sqrt{R^2+X^2}$。

3. 某线圈有 100 匝，通过的电流为 2A，则该线圈的磁势为（　　）安匝。

（A）50；（B）400；（C）；200；（D）0.02。

4. 将一根导线均匀拉长为原长的 2 倍，则它的阻值为原阻值的（　　）倍。

（A）2；（B）1；（C）0.5；（D）4。

5. 断路器之所以具有灭弧能力，主要是因为它具有（　　）。

（A）灭弧室；（B）绝缘油；（C）快速机构；（D）并联电容器。

6. 绝缘油做气体分析试验的目的是检查其是否会出现（　　）现象。

（A）过热放电；（B）酸价增高；（C）绝缘受潮；（D）机

械损坏。

7. 功率因数 $\cos\varphi$是表示电气设备的容量发挥效力的一个系数，其大小为（　　）。

（A）P/Q；（B）P/S；（C）R/X；（D）X/Z。

8. 35kV 多油断路器中的油的主要作用是（　　）。

（A）熄灭电弧；（B）相间绝缘；（C）对地绝缘；（D）灭弧及相间、对地绝缘。

9. 避雷器的作用在于它能防止（　　）对设备的侵害。

（A）直击雷；（B）进行波；（C）感应雷；（D）三次谐波。

10. 真空断路器的触头常常采用（　　）触头。

（A）桥式；（B）指形；（C）对接式；（D）插入。

11. 耦合电容器用于（　　）。

（A）高频通道；（B）均压；（C）提高功率因数；（D）补偿无功功率。

12. 当物体受平衡力作用时，它处于静止状态或做（　　）。

（A）变速直线运动；（B）变速曲线运动；（C）匀速直线运动；（D）匀速曲线运动。

13. 阻波器的作用是阻止（　　）电流流过。

（A）工频；（B）高频；（C）雷电；（D）故障。

14. 任何施工人员，发现他人违章作业时，应该（　　）。

（A）报告违章人员的主管领导予以制止；（B）当即予以制止；（C）报告专职安全人员予以制止；（D）报告公安机关予以制止。

15. 在水平面或侧面进行錾切、剔工件毛刺或用短而小的錾子进行錾切时，握錾的方法采用（　　）法。

（A）正握；（B）反握；（C）立握；（D）正反握。

16. 液压千斤顶活塞行程一般是（　　）mm。

（A）150；（B）200；（C）250；（D）100。

17. 互感器加装膨胀器应选择（　　）的天气进行。

（A）多云、湿度为75%；（B）晴天、湿度为60%；（C）阴天、湿度为70%；（D）雨天。

18. GW6型隔离开关，合闸终了位置动触头上端偏斜不得大于（　　）mm。

（A）±50；（B）±70；（C）±60；（D）±100。

19. 连接CY3液压机构与工作缸间的油管路，沿操作机构方向约有（　　）的升高坡度，以便于排气用。

（A）1%；（B）0.5%；（C）2%；（D）1.5%。

20. 断路器与水平传动拉杆连接时，轴销应（　　）。

（A）垂直插入；（B）任意插入；（C）水平插入；（D）45°角插入。

21. 电气设备的外壳接地属于（　　）。

（A）工作接地；（B）保护接地；（C）防雷接地；（D）接零。

22. 检查隔离开关接触情况所用塞尺是（　　）。

（A）0.06mm×10mm；（B）0.07mm×10mm；（C）0.05mm×10mm；（D）0.04mm×10mm。

23. 在油断路器中，灭弧的最基本原理是利用电弧在绝缘油中燃烧，使油分解为高压力的气体吹动电弧，使电弧被（　　）冷却最后熄灭。

（A）变粗；（B）变细；（C）拉长；（D）变短。

24. 对六氟化硫断路器、组合电器进行充气时，其容器及管道必须干燥，工作人员必须（　　）。

（A）戴手套和口罩；（B）戴手套；（C）戴防毒面具；（D）随意操作。

25. 矩形母线宜减少直角弯曲，弯曲处不得有裂纹及显著的折皱，当125mm×10mm及其以下铝母线焊成平弯时，最小允许弯曲半径（R）为（　　）倍的母线厚度。

（A）1.5；（B）2.5；（C）2.0；（D）3。

二、判断题（每题1分，共25分）

判断下列描述是否正确，对的在括号内打“√”，错的在括号内打“×”。

1. 三相电源中，任意两条相线间的电压为线电压。（　）

2. 两只电容器的电容不等，而它们两端的电压一样，则电容大的电容器带的电荷量多，电容小的电容器带的电荷量少。（　）

3. 所谓正弦量的三要素即为最大值、平均值和有效值。（　）

4. 电容器具有阻止交流电通过的能力。（　）

5. 设备的额定电压是指正常工作电压。（　）

6. 型号为 DK 的绝缘弧板可在油中使用；型号为 DY 的绝缘弧板可在空气中使用。（　）

7. 连接组别是表示变压器一、二次绕组的连接方式及线电压之间的相位差的，以时钟表示。（　）

8. 铜母线接头表面搪锡是为了防止铜在高温下，迅速氧化和电化腐蚀以及避免接触电阻增加。（　）

9. 用板牙套丝时，为了套出完好的螺纹，圆杆的直径应比螺纹的直径稍大一些。（　）

10. 通常所说的负载大小是指负载电流的大小。（　）

11. 电气设备安装后，如有厂家的出厂合格证明，即可投入正式运行。（　）

12. 在发生人身触电事故时，为了解救触电人，可以不经许可就断开有关的设备电源，事后立即向上级汇报。（　）

13. 用隔离开关可以拉合无故障的电压互感器和避雷器。（　）

14. 压力式滤油机是利用滤油纸的毛细管吸收和黏附油中的水分和杂质，而使油得到干燥和净化。（　）

15. 在薄板上钻孔时要采用大月牙形圆弧钻头。（　）

16. SW6 系列断路器其支柱中的变压器油只起绝缘散热作用而无其他作用。（　）

17. 设备线夹压接前应测量压接管管孔的深度，并在导线

上划印，保证导线插入长度与压接管深度一致。(　　)

18. 紧固变压器套管法兰螺丝时，不需要沿圆周均匀紧固。(　　)

19. SF_6气体的缺点是电气性能受电场均匀程度及水分、杂质影响特别大。(　　)

20. 母线的相序排列一般规定为：上下布置的母线应该由下向上，水平布置的母线应由外向里。(　　)

21. 接触器是用来实现低压电路的接通和断开的，并能迅速切除短路的电流设备。(　　)

22. 断路器的控制回路主要由三部分组成：控制开关、操动机构、控制电缆。(　　)

23. 充氮运输的变压器，将氮气排尽后，方可进入检查而不致窒息。(　　)

24. 四氯化碳灭火器对电气设备发生的火灾具有较好的灭火作用，四氯化碳不燃烧也不导电。(　　)

25. 母线用的金属元件要求尺寸符合标准，不能有伤痕、砂眼和裂纹等缺陷。(　　)

三、简答题（每题 5 分，共 30 分）

1. 断路器在大修时为什么要测量速度?

2. 潮湿对绝缘材料有何影响?

3. 变压器的大修项目有哪些?

4. 测二次回路的绝缘应使用多大的绝缘电阻表?其绝缘电阻的标准是多少?

5. 使绝缘子发生闪络放电现象的原因是什么?如何处理?

6. CY 液压机构打不上压力的原因有哪些?

四、计算题（每题 5 分，共 10 分）

1. 如图 1 所示，已知电阻 R_1=2kΩ，R_2=5kΩ，B 点的电位 V_B为 20V，C 点的电位 V_C为−5V，试求电路中 A 点的电位是多少?

2. 已知一台三相 35/0.4kV 所内变压器，其容量 S 为 50kVA，求一、二次额定电流 I_1、I_2 是多少？

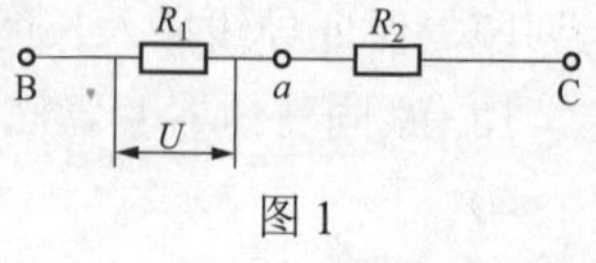

图 1

五、绘图题（每题 5 分，共 10 分）

1. 绘出单臂电桥原理图，并写出平衡公式。

2. 画出三相变压器 Y，y 接线组的相量图和接线图。

中级变电检修工技能要求试卷

一、互感器、断路器、隔离开关设备的检查及清扫（20 分）

二、互感器、断路器设备线夹和引流线的检修及过热处理（30 分）

三、断路器的解体检修（大修）（50 分）

中级变电检修工知识要求试卷答案

一、选择题

1.（B）；2.（D）；3.（C）；4.（D）；5.（A）；6.（A）；7.（B）；8.（D）；9.（B）；10.（C）；11.（A）；12.（C）；13.（B）；14.（B）；15.（B）；16.（B）；17.（B）；18.（A）；19.（B）；20.（C）；21.（B）；22.（B）；23.（C）；24.（A）；25.（B）。

二、判断题

1.（√）；2.（√）；3.（×）；4.（×）；5.（√）；6.（×）；7.（√）；8.（√）；9.（√）；10.（√）；11.（×）；12.（√）；13.（√）；14.（√）；15.（√）；16.（×）；17.（√）；18.（×）；19.（√）；20.（×）；21.（×）；22.（√）；23.（√）；24.（√）；25.（√）。

三、简答题

1. 答：原因有：

（1）速度是保证断路器正常工作的主要参数。

（2）速度过慢，会加长灭弧时间，导致加重设备损坏和影响电力系统稳定。

（3）速度过慢，易造成越级跳闸，扩大停电范围。

（4）速度过慢，易烧坏触头，增高内压，引起爆炸。

2. 答：绝缘材料有一定的吸潮性，由于潮气中含有大量的水分，绝缘材料吸潮后将使绝缘性能大大恶化，致使绝缘材料的介电常数、导电损耗和介质性能角的正切 $\tan\delta$ 增大，导致强度降低，甚至有关性能遭到破坏，因此对每一种绝缘材料必须规定其严格的含水量。

3. 答：变压器的大修项目有：

（1）部分排油后拆卸套管、储油柜、冷却器、净油器、测温装置等，并对其进行检修。

（2）吊开钟罩或吊出器身检修。

（3）绕组、引线、铁芯、紧固杆、压钉及接地法兰检修。

（4）油箱、附件（包括套管吸湿器）等检修。

（5）冷却器、油泵、水泵、风扇、阀门等附属设备检修。

（6）安全保护装置检修。

（7）油保护装置、测温装置、操作控制箱等检修。

（8）分接开关检修。

（9）全部密封胶垫的更换和组装试漏。

（10）必要时对器身干燥处理。

（11）变压器油处理或换油。

（12）清扫并喷涂油漆。

（13）试验及试运行。

4. 答：测二次回路的绝缘电阻最好使用 1000V 绝缘电阻表，如果没有 1000V 的也可以用 500V 绝缘电阻表。绝缘电阻的标准为运行中的不低于 1MΩ，新投入的室内不低于 20MΩ，室外不低于 10MΩ。

5. 答：原因有绝缘子表面和瓷裙内落有污秽，受潮以后耐压强度降低，绝缘子表面形成放电回路，使泄漏电流增大，当达到一定值时，造成表面击穿放电；绝缘子表面落有污秽虽然很小，但由于电力系统中发生某种过电压，在放电电压的作用下使绝缘子表面闪络放电。

处理方法为当绝缘子发生闪络放电后，绝缘子表面绝缘性能下降很大，应立即更换，并对未闪络放电绝缘子进行清洁处理。

6. 答：可能原因有：

（1）油泵的低压侧有空气。

（2）油泵进油管路堵塞。

（3）高压放油阀未复位。

（4）合闸一、二级阀的阀口封闭不严。

四、计算题

1. 解：B、C 两点间电压 $U_{BC}=V_B-V_C=20-(-5)=25$（V）

电路中电流 $I=\dfrac{U_{BC}}{R_1+R_2}=\dfrac{25}{(2+5)\times10^3}=3.57\times10^{-3}(A)$

R_1 两端电压 $U_1=IR_1=3.57\times10^{-3}\times2\times10^3=7.14$（V）

A 点电位 $V_A=V_B-U_1=20-7.14=12.86$（V）

答：A 点的电位是 12.86V。

2. 解：已知 $U_1=35kV$，$U_2=0.4kV$

根据公式 $S=\sqrt{3}\,UI$

一次额定电流 $I_1=\dfrac{S}{\sqrt{3}U_1}=\dfrac{50}{1.73\times35}=0.83(A)$

二次额定电流 $I_2=\dfrac{S}{\sqrt{3}U_2}=\dfrac{50}{1.73\times0.4}=72(A)$

答：此变压器一次额定电流为 0.85A，二次额定电流为 72A。

五、绘图题

1. 作图如下，见图 2。

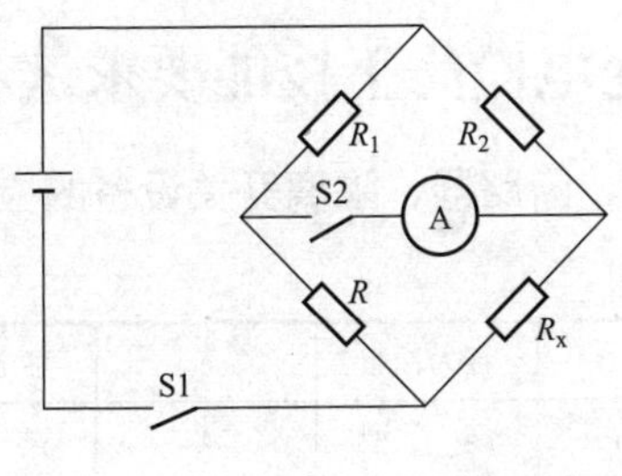

图 2

电桥平衡时，$R_x=(RR_2)/R_1$

2. 作图如下，见图 3。

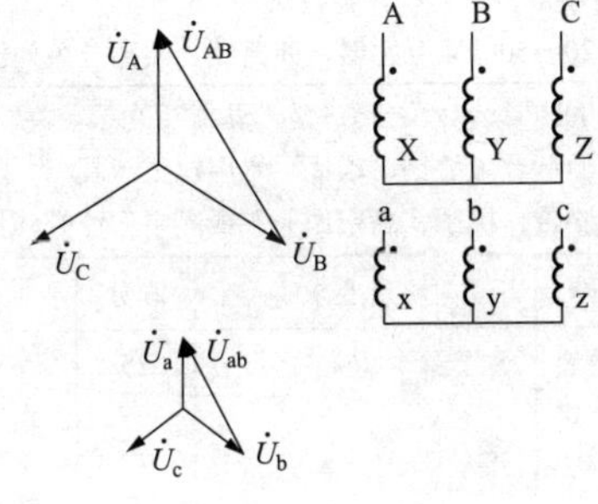

图 3

中级变电检修工技能要求试卷答案

一、互感器、断路器、隔离开关设备的检查及清扫操作见下表

<table>
<tr><td>编　　号</td><td>C54A</td><td>行为领域</td><td>e</td><td>鉴定范围</td><td>1</td></tr>
<tr><td>考核时限</td><td>120min</td><td>题　　型</td><td>A</td><td>题　　分</td><td>100（20）</td></tr>
<tr><td>试题正文</td><td colspan="5">互感器、断路器、隔离开关设备的检查及清扫</td></tr>
<tr><td>需要说明的问题和要求</td><td colspan="5">1. 需一名人员配合，应有一个鉴定场地设备
2. 现场闲置设备
3. 进行专人监护，安全措施可靠
4. 遇有事故停止考核，撤离现场
5. 以 220～500kV 互感器、断路器、隔离开关为例</td></tr>
<tr><td>工具、材料、设备场地</td><td colspan="5">220～500kV 互感器、断路器、隔离开关
破布、酒精、硫酸钠、水桶、常用电工工具
安全绳腰带、梯子、高空作业车或高空作业升降台</td></tr>
</table>

<table>
<tr><td rowspan="6">评分标准</td><td>序号</td><td>项目名称</td><td>质量要求</td><td>满分</td><td>得分或扣分</td></tr>
<tr><td>1</td><td>设备检查及清扫前准备</td><td></td><td>25</td><td></td></tr>
<tr><td>1.1</td><td>着装、材料、工具符合规定</td><td>着装符合规程规定，材料齐全</td><td></td><td>着装违背安全工作规程每一处扣 2 分；不检查清扫用材料或工具不全扣 2 分</td></tr>
<tr><td>1.2</td><td>检查安全用具</td><td>安全用具合格</td><td></td><td>不检查安全用具，高空作业车（台）有问题或使用方法不当扣 9 分</td></tr>
<tr><td>1.3</td><td>查看运行资料</td><td>掌握设备缺陷</td><td></td><td>不看运行资料，不了解设备缺陷扣 3 分</td></tr>
<tr><td>1.4</td><td>办理工作票开工手续</td><td>熟悉安全措施、有监护人，按规定办理工作票</td><td></td><td>不清楚检查安全措施扣 3 分；不办开工作业手续就工作扣 3 分；不会办理工作票扣 3 分</td></tr>
</table>

续表

	序号	项目名称	质量要求	满分	得分或扣分
评分标准	2	在设备架构上（登高）作业	登高方法对；按规定用梯子、高空作业车或高空作业升降台；遵守安全规程（热力和机械部分，变电部分电力建设）有关高空作业规定；安全绳系挂在牢固可靠处；严禁用力登设备，防止损害设备	30	登高方法不正确扣4分；不会按规定使用梯子、高空作业车、高空作业升降台（车）扣4分；违反安全规程的规定进行高空作业每一处扣2分；安全绳系挂地点不可靠，危害人身和设备的安全扣10分；用力登设备，使设备倾斜损伤扣10分
	3	设备检查	设备线夹无裂纹、无松动、无氧化、无过热，注油设备无渗漏，呼吸器硅胶不变色；瓷套瓷质部分清洁无破损、裂纹、放电痕迹；隔离开关、断路器，机械传递部分无损伤、无弯曲裂纹，各部分连接完整、良好	20	不检查设备线夹或有缺陷未发现各扣5分；不检查注油设备有无渗漏现象扣3分；不检查瓷质部分或有缺陷不处理每一处扣3分；不检查机械传动部分完整性或存在缺陷未发现扣4分
	4	设备清扫	设备清扫顺序从上到下，从内到外；设备清扫要按防污措施、现场运行规程和检修规程的质量要求进行；保持一定距离，防止高空作业车或高空作业台碰撞设备	15	清扫顺序不对或不彻底扣2分；清扫质量不好，有脏污，每一处扣1分；高空作业车或作业台碰撞设备扣4分；对设备有损伤扣5分

续表

	序号	项目名称	质量要求	满分	得分或扣分
评分标准			清扫时认真不允许遗漏 不能将清扫用材料和工具存放在设备上		设备清扫有遗漏每一处扣1分 清扫材料或工具放在设备上扣2分
	5	办理工作结束、工作票终止	填写检修记录 清理现场环境卫生，向运行人员交待 按安全工作规程规定办理工作票，无人身伤害	10	填写检修记录不规范扣3分 现场卫生不好扣2分；向运行人员交待不清扣2分 不按规程办理工作票扣3分 有人身伤害取消考核

二、互感器、断路器设备线夹和引流线的检修及过热处理

见下表

行业：电力工程　　工种：变电检修　　等级：初/中

编　　号	C54B	行为领域	e	鉴定范围	3
考核时限	80min	题　　型	B	题　　分	100（30）
试题正文	互感器、断路器设备线夹和引流线的检修及过热处理				
需要说明的问题和要求	1. 鉴定基地 2. 现场闲置设备，做好安全措施 3. 以63～220kV互感器、断路器为例				
工具、材料、设备场地	铜铝过渡设备线夹、多股铝导线、（120～240）钻床 常用电工工具、常用量具、公用工具、虎钳 锉刀、铁锯、消耗性材料				

评分标准	序号	项目名称	质量要求	满分	得分或扣分
	1	检修前准备		8	
	1.1	着装、器具、材料、备品、备件	着装合理，工具、材料、备品、备件齐全、合格		着装影响安全检修扣1分；每缺少一件工具、材料、备品、备件影响检修扣1分
	1.2	检修技术资料	包括运行中缺陷记录、变电站主接线、设备线夹规格、电气设备施工验收规范和安全工作规程		每少一件缺陷处理技术资料影响检修扣1分
	1.3	办理工作票开工手续	办理工作票开工手续		不了解工作票安全措施和现场安全措施扣1分；不办理工作票开工手续扣1分
	2	设备线夹及引流线检修		67	

续表

	序号	项目名称	质量要求	满分	得分或扣分
评分标准	2.1	分解，固定好引流线	无损伤		不用绳索固定连接导线，拧下设备线夹扣2分；绑扎绳使用不正确扣2分；不将引流线缓慢放下而碰撞设备扣3分；对导电接触面无防护措施扣2分
	2.2	检修，检查引流线			对轻微损伤不会用钢丝刷或00号砂布处理扣2分；断股修理不当或损伤严重不更换扣2分；引流线长度过小，对设备有拉力不更换扣2分；引流线弛度过大、安全距离不够不更换扣2分；三相引流线不一致却不处理扣2分
		检查设备线夹螺栓	无烧伤、断股，无锈蚀，无裂纹、齐全		不检查螺栓生锈、裂纹情况扣1分；轻微锈蚀不会处理扣2分；严重锈蚀、裂纹不更换扣3分；螺栓不齐全每缺一件扣1分；螺纹损坏不更换扣2分
		检查设备线夹	无氧化层、无裂纹、无烧伤或烧伤深度＜1mm		不会检查设备线夹接触面扣2分；接触面有熔化痕迹不用细锉或00号玻璃砂纸处理扣2分；烧伤深度＞1mm不更换扣2分；接触面氧化层不用00号砂布处理扣2分；毛刺不用细锉处理

续表

	序号	项目名称	质量要求	满分	得分或扣分
评分标准					扣2分；接触面加工平整无氧化膜，接触面减少超过原截面，铜材料大于3%，铝材料大于5%扣3分；镀银层不会锉磨，不用尼龙刷处理扣1分；室外设备不用铜铝过渡线夹扣10分；严重烧伤、裂纹、断裂不更换扣1分
	2.3	组装 检查设备线夹与设备连接	正确、无松动，螺栓齐全，引流线对地安全距离合格		不检查压接夹与导线连接情况扣2分；不检查螺栓连接线夹与导线连接情况扣2分；不检查设备线夹与设备连接情况扣2分；铜铝过渡线夹接反扣2分；接触面不涂中性凡士林或导电脂扣1分；接触面不严密，用0.05mm×10mm塞尺检查不合格（>5mm）扣3分；接触面歪斜，影响接触面美观扣2分
		检查螺栓	齐全坚固		螺栓不紧，各螺栓配合压力不一样扣2分；缺少一个平垫、弹簧垫扣1分；螺栓穿入方向不对、不便检查扣2分；螺栓规格与孔不配套扣1分

续表

	序号	项目名称	质量要求	满分	得分或扣分
评分标准		检查引流导线	无损伤、弛度合适、符合安全距离		不检查引流导线受力情况扣1分；不检查引流导线弛度、对地安全距离扣1分；三相引流导线不一样扣1分
	3	引流线及线夹过热处理		13	
	3.1	检查引流线	无损伤、断股，接触良好		引流线严重烧伤、断股不更换扣1分；更换的引流线与原来引流线规格不一样扣1分；更换的引流线与设备线夹连接不可靠扣1分；设备线夹严重烧伤，接触面损失＞10%或深度＞1mm不更换扣1分
	3.2	检查设备线夹设备线夹加工	无损伤，其规格满足要求，遵守检修施工验收规范		压接线夹裂纹、过热不更换扣1分；不考虑设备端子大小、材质、形状、高差、角度而加工线夹扣1分；钻线夹端子孔与设备端子不配合扣1分；不会使用电钻、钻床，不按要求使用扣1分；不会绑扎铝导线扣1分；不测量压接管深度、导线长度，不知插入多长扣1分；不用钢丝刷将压接管内氧化膜去掉，不用00号砂布将导线氧化膜去掉扣1分；不涂电力复合脂或中性凡士林油扣1分；不会使用钳压器压接扣1分

续表

	序号	项目名称	质量要求	满分	得分或扣分
评分标准	4	安全文明检修办理工作结束		12	
	4.1	填写检修记录	记录齐全、正确		填写不规范或有错误扣 2 分
	4.2	清理现场，向运行人员交待	符合安全工作规程		不清理现场，不会向运行人员交待扣 2 分
	4.3	安全文明检修	执行安全工作规程、检修工艺，环境清洁，无野蛮作业		每违反安全工作规程一次扣 2 分；违反检修工艺扣 2 分；环境脏、乱、差扣 2 分
	4.4	办理工作结束	符合工作结束手续		工作票办理结束后又回去工作扣 2 分 注：野蛮作业，出现人身设备事故扣 12 分或取消考核

三、断路器的解体检修（大修）操作见下表

行业：电力工程　　工种：变电检修　　等级：技师/高级技师

<table>
<tr><td>编　　号</td><td colspan="2">C43C</td><td>行为领域</td><td>e</td><td>鉴定范围</td><td>2</td></tr>
<tr><td>考核时限</td><td colspan="2">120min</td><td>题　　型</td><td>C</td><td>题　　分</td><td>100（50）</td></tr>
<tr><td>试题正文</td><td colspan="6">断路器的解体检修（大修）</td></tr>
<tr><td>需要说明的问题和要求</td><td colspan="6">1. 鉴定基地
2. 现场闲置设备，做好安全措施
3. 考评员根据考核时间适当进行口述，不超过本题量 1/4
4. 配合二名工人可以做一些不在考核内容的准备工作，减少考核时间
5. 以 SN10—10Ⅱ型断路器为例</td></tr>
<tr><td>工具、材料、设备场地</td><td colspan="6">SN10—10Ⅱ型断路器开关柜一台、交直流电源
常用电工工具、公用工具、常用量具
专用工具、备品、备件、消耗性材料</td></tr>
<tr><td rowspan="7">评分标准</td><td>序号</td><td>项目名称</td><td>质量要求</td><td>满分</td><td colspan="2">得分或扣分</td></tr>
<tr><td>1</td><td>检修前准备</td><td></td><td>8</td><td colspan="2"></td></tr>
<tr><td>1.1</td><td>着装、工器具、仪表、材料、备品、备件</td><td>合理、齐全、合格</td><td></td><td colspan="2">安全防护措施不当，着装不符合安全要求扣 1 分；每缺少一件工器具、仪表、材料、备品、备件影响检修扣 1 分</td></tr>
<tr><td>1.2</td><td>安全用具、交直流电源</td><td>齐全、合格</td><td></td><td colspan="2">每缺少一件扣 1 分</td></tr>
<tr><td>1.3</td><td>检修技术资料</td><td>包括运行缺陷记录，大修报告，检修工艺，预防性试验规程</td><td></td><td colspan="2">不会用运行资料分析设备缺陷，无检修工艺扣 1 分</td></tr>
<tr><td>1.4</td><td>办理工作票开工手续</td><td>符合安全工作规程</td><td></td><td colspan="2">不会办理工作票，不清楚安全措施扣 2 分</td></tr>
<tr><td>2</td><td>外部检查及测试</td><td>外部检查项目齐全，测试标准清楚</td><td>3</td><td colspan="2">不检查本体框架或传动连杆接地线每项扣 1 分；不进行手、电动分、合闸检查扣 1 分；不检查各部密封情况，每项扣 1 分</td></tr>
</table>

续表

	序号	项目名称	质量要求	满分	得分或扣分
评分标准	3	断路器解体，检修分解程序		22	
	3.1	上帽及静触头座检修	符合检修工艺质量标准		分解组装程序不清楚，不会用专用工具扣2分；拆下零部件摆放乱，使之易损坏、受潮扣1分；上帽静触头座分解组装程序不对扣2分；不检查各元件扣1分；不按工艺质量标准处理触头扣2分
	3.2	灭弧室检修	检查、清洗处理，符合质量标准		不检查、不清洗灭弧片扣2分；不处理、不更换灭弧片扣2分；组装错误扣2分
	3.3	绝缘筒下接线座导向装置及动触杆检修	检查、清洗处理符合质量标准		不检查绝缘筒下接线座、导向装置动触杆及各元件每一次扣2分；组装错误扣2分
	3.4	基座分解装配检修	检修工艺质量标准		转轴密封处理不好扣2分；不会拆装扣1分；不按质量标准检查扣1分
	4	断路器本体组装		4	
		断路器本体组装程序正确	符合工艺质量标准		不会组装扣2分；不按工艺质量标准组装每一项扣1分；密封圈处理不合格、有渗漏每处扣1分

续表

	序号	项目名称	质量要求	满分	得分或扣分
评分标准	5	框架检修，主轴拆装，检查主轴框架、分闸限位器、分闸弹簧、合闸缓冲弹簧、支持绝缘子	符合检修工艺导则要求	8	主轴拆装不符合工艺要求一项扣2分；有缺陷不处理，不检查框架分闸限位器、分闸弹簧、合闸缓冲弹簧、支持绝缘子每项扣2分；各缓冲器不清洁、不牢固、不起作用扣2分；不会调节缓冲器扣2分
	6	传动连杆检修	分解、检查、清洗、处理、组装符合检修导则要求	5	分解、组装不正确各扣2分；有缺陷不处理，垂直连杆、水平连杆、拐臂、各轴孔轴销、轴承不符合工艺质量标准每项扣3分
	7	整体组装，各相安装在框架上，操作机构，水平连杆，拐臂、断路器机械连接	连接良好，角度正确，符合检修工艺要求及验收规范	7	断路器各相中心尺寸不满足要求扣2分；水平连杆连接卡劲不灵活扣2分；水平连杆上拐臂与垂线间夹角不符合要求扣2分；垂直连杆长度不满足要求、弯曲、螺扣少扣，每项扣1分

续表

	序号	项目名称	质量要求	满分	得分或扣分
评分标准	8	调整与机械特性试验	调整断路器各种行程，间隙正确；三相注油合格，绝缘油到位，测调分、合闸速度，装逆止阀、油气分离器等符合工艺质量标准	16	H尺寸、动触杆行程不满足要求扣2分；不会调节扣2分；缺油及油不合格扣2分；注油后不进行电动分、合闸复测行程尺寸又不会调整各扣2分；引弧触指不对准横吹弧道，逆止阀、油气分离器忘装各扣3分；分、合闸速度不满足要求扣2分；不会调整分、合闸速度扣3分
	9	电气试验	绝缘拉杆绝缘部分高压试验、分、合闸时间测定、最低动作电压测试远方操作良好，符合电力设备预防性试验规程及检修工艺导则	15	绝缘电阻不测或不会测扣2分；没有交流耐压成绩扣1分；回路电阻不测或不会测扣2分；断路器分、合闸时间不满足要求扣2分；不会调整扣3分；分、合闸最低动作电压不满足要求扣2分；不会调节扣2分；不进行远方操作扣1分
	10	外部引线和接地线的检修、组装，整体清扫和部分刷漆	符合检修工艺导则	5	引线接触不良，螺栓不全扣2分；接触面有缺陷不处理扣1分；接地线不装扣1分；不清扫、缺漆不处理、无防锈措施扣1分

续表

	序号	项目名称	质量要求	满分	得分或扣分
评分标准	11	安全文明检修		7	
	11.1	填写检修记录，大修报告	齐全、正确		检修内容填写错误、漏项、不合格各扣2分
	11.2	清理现场，向运行人员交待	按安全工作规程办理		现场有遗留物，向运行人员交待不清楚各扣1分
	11.3	安全文明检修	严格执行安全工作规程、检修工艺规程，环境清洁，无野蛮作业，物品摆放整齐		检修过程中每违反安全工作规程一次扣1分；作业违反检修工艺规程扣1分；环境脏、乱、差扣1分
	11.4	办理工作票终止手续	按安全工作规程办理		不会办理工作票结束扣1分 注：野蛮作业，出现人身及设备事故取消考核

6 组卷方案

6.1 理论知识考试组卷方案

技能鉴定理论知识试卷每卷不应少于五种题型，共题量不少于 50 题，每题分值不超过 5 分（试卷的题型与题量的分配，参照附表）。

试卷的题型与题量分配（组卷方案）表

题　型	鉴定工种等级		配　分	
	初级、中级	高级工、技师	初级、中级	高级工、技师
选择题	25～30 题（1 分/题）	25 题（1 分/题）	25～30	25
判断题	25～30 题（1 分/题）	25 题（1 分/题）	25～30	25
简答题	6～4 题（5 分/题）	4 题（5 分/题）	30～20	20
计算题	2 题（5 分/题）	2 题（5 分/题）	10	10
识绘图	2 题（5 分/题）	2 题（5 分/题）	10	10
论述题		2 题（5 分/题）		10
总　计	50～68	50	100	100

高级技师组卷参照技师试卷命题，但要加大难度，以综合性、论述性内容为主。

6.2 技能操作考核方案

对于技能操作试卷，库内每一个工种的各技术等级下，应最少保证有 5 套试卷（考核方案），每套试卷应由 2～3 项典型操作（或标准化作业）组成，其选项内容互为补充，不得重复。每项操作均按100分计，考评组可依据考核内容结合本区域实际情况按比例合计总分（总分为100分）。

技能操作考核由实际操作与口试或技术答辩两项内容组成，初、中级工实际操作加口试进行，技术答辩一般只在高级工、技师、高级技师中进行，并根据实际情况确定其组织方式和答辩内容。